大规模强化学习

刘　全　傅启明　钟　珊　黄　蔚　著

科学出版社
北　京

内 容 简 介

本书讨论大规模强化学习的理论及方法，介绍强化学习在大状态空间任务中的应用。该研究已成为近年来计算机科学与技术领域最活跃的研究分支之一。

全书共分六部分21章。第一部分是强化学习基础。第二部分是用于强化学习的值函数逼近方法。第三部分是最小二乘策略迭代方法。第四部分是模糊近似强化学习方法。第五部分是并行强化学习方法。第六部分是离策略强化学习方法。

本书可以作为高等院校计算机专业和自动控制专业研究生的教材，也可以作为相关领域科技工作者和工程技术人员的参考书。

图书在版编目(CIP)数据

大规模强化学习 / 刘全等著. —北京：科学出版社，2016.3
ISBN 978-7-03-047747-7

Ⅰ. ①大… Ⅱ. ①刘… Ⅲ. ①人工智能—研究 Ⅳ. ①TP18

中国版本图书馆CIP数据核字(2016)第054637号

责任编辑：王 哲 董素芹 / 责任校对：胡小洁
责任印制：张克忠 / 封面设计：迷底书装

科学出版社 出版
北京东黄城根北街16号
邮政编码：100717
http://www.sciencep.com

文林印务有限公司 印刷

科学出版社发行 各地新华书店经销

*

2016年3月第 一 版 开本：720×1 000 1/16
2018年2月第二次印刷 印张：18 1/4
字数：352 000

定价：96.00元

(如有印装质量问题，我社负责调换)

前　　言

机器学习作为人工智能领域的研究热点和前沿，一直是智能科学和智能计算领域研究的核心，是实现机器智能的关键技术。在机器学习领域，根据与环境交互的特点，机器学习方法可以分为监督学习、无监督学习和强化学习。其中强化学习基于动物生理学和心理学的有关原理，采用人类和动物学习中的“试错”机制，强调从与环境的交互中学习，学习过程中仅需要获得评价性的反馈信号，以极大化累积奖赏为学习目标。在人工智能的早期研究中，受到心理学研究的影响，强化学习一度成为机器学习的研究热点之一。但由于强化学习问题本身的复杂性，在 20 世纪 80 年代，机器学习的研究工作和成果主要集中在监督学习和无监督学习。从 20 世纪 80 年代末开始，随着强化学习的数学基础研究取得突破性进展，对强化学习的研究和应用也日益开展起来，成为目前机器学习中富有挑战性和广泛应用前景的研究领域之一。

Machine Learning 分别在 1992 年和 1996 年出版了强化学习专辑，登载了数篇强化学习的理论研究论文，其中 Sutton 于 1992 年编辑的第一个专刊标志着强化学习发展成为机器学习领域的一个重要组成部分。*Robotics and Autonomous System* 在 1995 年也出版了强化学习专辑，主要介绍了强化学习在智能机器人领域的应用情况。美国国家科学基金会于 2006 年召开了近似动态规划论坛(NSFADP’06)。IEEE 从 2007 年开始每两年召开一次以“近似动态规划与强化学习”为主题的国际研讨会(IEEE ADPRL’2007、IEEE ADPRL’2009、IEEE ADPRL’2011、IEEE ADPRL’2013、IEEE ADPRL’2015)，到目前已召开 5 届。IEEE 计算机学会于近年专门成立了近似动态规划与强化学习的技术委员会(IEEE TC on ADPRL)。随着国内外对于强化学习理论和应用重视程度的不断提高，目前强化学习已经成为过程控制、作业调度、路径规划、Web 信息搜索、证券管理、期权定价等领域对目标行为优化的一种重要技术。

强化学习技术是一种介于监督学习和非监督学习之间的在线机器学习方法。由于其具有通过与环境交互并根据相关反馈进行学习的特性，使得该方法非常适合在线、实时预测及决策问题的处理。在大数据环境下，由于数据具有体量大、结构复杂、变化迅速等特点，难以将传统的机器学习方法直接用于大数据对象的求解，即使勉强将某些机器学习方法用于解决大数据的问题，通常也难以取得较为理想的结果。由于强化学习具有不需要监督信号且仅根据反馈信息就可以自学习的特性，使得其在大数据分析和处理方面受到国内外研究者的广泛关注。

本书作者多年来一直从事强化学习的研究工作，在国家自然科学基金、国家博士后基金、教育部科学研究重点项目、江苏省自然科学基金以及江苏省高校重点项目的资助下，提出了一整套大规模强化学习理论，解决了一系列强化学习方法的核心技术，并将这些理论和方法用于解决实际问题。

本书的主要内容曾发表于国内外权威期刊和学术会议上，部分内容已获省部、市级奖励。本书是在此基础上，经过进一步深化、加工而成的，是对已有研究成果的全面总结。全书共分六部分 21 章。第一部分是强化学习基础，包括第 1 章：强化学习概述；第 2 章：大规模或连续状态空间的强化学习。第二部分是用于强化学习的值函数逼近方法，包括第 3 章：梯度下降值函数逼近模型的改进；第 4 章：基于 LSSVR 的 Q-值函数分片逼近模型；第 5 章：基于 ANRBF 网络的 Q-V 值函数协同逼近模型；第 6 章：基于高斯过程的快速 Sarsa 算法；第 7 章：基于高斯过程的 Q 学习算法。第三部分是最小二乘策略迭代方法，包括第 8 章：最小二乘策略迭代算法；第 9 章：批量最小二乘策略迭代算法；第 10 章：自动批量最小二乘策略迭代算法；第 11 章：连续动作空间的批量最小二乘策略迭代算法。第四部分是模糊近似强化学习方法，包括第 12 章：一种基于双层模糊推理的 Sarsa(λ)算法；第 13 章：一种基于区间型二型模糊推理的 Sarsa(λ)算法；第 14 章：一种带有自适应基函数的模糊值迭代算法。第五部分是并行强化学习方法，包括第 15 章：基于状态空间分解和智能调度的并行强化学习；第 16 章：基于资格迹的并行时间信度分配强化学习算法；第 17 章：基于并行采样和学习经验复用的 E^3 算法。第六部分是离策略强化学习方法，包括第 18 章：基于线性函数逼近的离策略 Q(λ)算法；第 19 章：基于二阶 TD Error 的 Q(λ)算法；第 20 章：基于值函数迁移的快速 Q-Learning 算法；第 21 章：离策略带参贝叶斯强化学习算法。

本书总体设计、修改和审定由刘全完成，参加撰写的有傅启明、钟珊、黄蔚、杨旭东、肖飞、周鑫、穆翔、陈桂兴等，对以上作者付出的艰辛劳动表示感谢。本书的撰写参考了国内外有关研究成果，他们的丰硕成果和贡献是本书学术思想的重要来源，在此对涉及的专家和学者表示诚挚的谢意。本书也得到了苏州大学计算机科学与技术学院及软件形式化与自动推理学科组部分老师和学生的大力支持和协助，他们是凌兴宏、伏玉琛、朱斐、章晓芳、章宗长、陈冬火、鲁逊、周小科、王辉、金海东、王浩、于俊、孙洪坤、高龙、施梦宇、庄超、周谊成、尤树华、许丹、钱炜晟、章鹏、翟建伟、梁斌、徐进、许志鹏、朱海军、孙慈嘉、周倩等，在此一并表示感谢。

机器学习是一个快速发展、多学科交叉的研究方向，其理论及应用均存在大量亟待解决的问题。限于作者的水平，书中难免有不足之处，敬请读者指正。

作　者

2015 年 12 月

目　　录

第 1 章　强化学习概述

1.1　简　　介

通过与环境交互学习是人类获取知识的主要方法，也是人类提高智能水平的基本途径。人类智能研究的一个最核心问题就是构建具有类似人类智能的系统。该系统的一个主要特征就是能够适应未知环境，并逐渐增强其自身能力。

研究发现，生物进化过程中为适应环境而进行的学习主要有两个特点：一是生物从来不是静止地、被动地等待，而是主动地对环境进行试探；二是环境对试探动作产生的反馈是评价性的，生物根据对环境的评价来调整未来的行为。在人工智能领域中，将具有以上两个特点的学习称为强化学习(Reinforcement Learning, RL)，也可以称为增强学习或再励学习[1-3]。强化学习是从控制理论、统计学、心理学等相关学科发展而来的，最早可以追溯到巴普洛夫的条件反射实验。但直到 20 世纪 80 年代末、90 年代初强化学习技术才得到广泛的重视。由于强化学习具有自学习和在线学习的优点，它被认为是设计智能系统的核心技术之一。目前随着强化学习理论的不断发展和完善，强化学习技术越来越多地应用于工业控制、作业调度、生产管理等方面，并逐步成为机器学习领域的研究热点。

强化学习是一种交互式的学习方法，其主要特点为试错(trial-and-error)搜索和延迟回报(delay return)。学习过程是智能体(Agent)与环境不断交互并从环境的反馈信息中学习的过程。Agent 与环境交互的过程如下：①Agent 感知当前的环境状态(state)；②根据当前的状态和奖赏值(reward)(强化信号)，Agent 选择一个动作(action)并执行该动作；③当 Agent 所选择的动作作用于环境时，环境转移到新状态，并给出新的奖赏；④Agent 根据环境反馈的奖赏值，计算回报值(return)，并将回报值作为更新内部策略的依据。具体如图 1.1 所示。

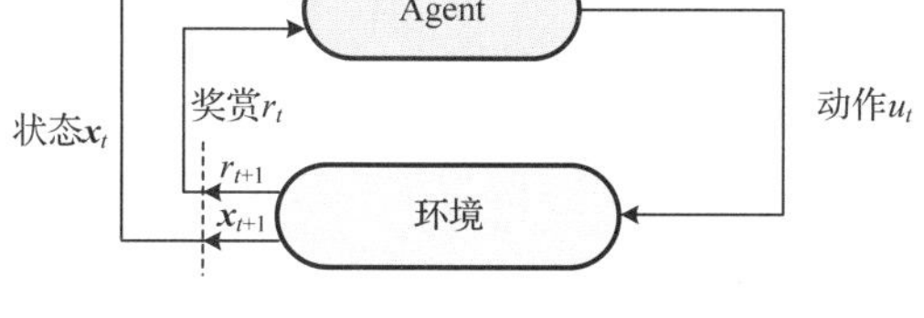

图 1.1　强化学习中 Agent 与环境交互过程

在这个过程中，并没有告诉 Agent 应该采取哪个动作，而是由 Agent 根据环境的反馈信息自己发现的。Agent 选择动作的原则是：尽量让 Agent 在以后的学习过程中从环境获得的正强化信号概率增大，即 Agent 应该使自己的动作受到环境奖励的概率增大，受到惩罚的概率减小。正是这样的学习特点，使得强化学习成为与监督学习(supervised learning)和非监督学习(unsupervised learning)并列的一种学习技术。

经典的强化学习算法，虽然在形式上提供了统一的框架，但在实际应用中存在以下几方面问题。

(1)“维数灾”，即学习参数个数随状态变量维数呈指数级增长的现象。经典的强化学习算法不具备较好的伸缩性。在一些大状态空间或连续状态空间的学习任务中，强化学习系统通常没有足够的资源和能力在有限的时间和空间内学习到一个合理的解决方案。“维数灾”问题严重限制了强化学习技术的广泛应用。

(2)收敛速度慢。收敛速度慢与“维数灾”问题有着密切的关系。多数强化学习算法收敛到最优解的理论保障都是建立在“任意状态都能被无限次访问到”这个前提条件之上的。当问题环境比较复杂或出现“维数灾”问题时，Agent 的探索策略不能保证每个状态都能在有限的时间内被访问足够多的次数，因而 Agent 没有足够的经验能够在这些较少遇到的状态下作出正确的决策，这必然会导致算法的收敛速度较慢。这就使得强化学习在处理具有实时性要求的在线学习任务时，显得力不从心。

(3)探索(exploration)和利用(exploitation)平衡问题。在强化学习中，Agent 难以权衡长期和短期利益。一方面为了获得较高的奖赏，Agent 需要利用学到的经验在已经探索过的动作中贪心地选择一个获益最大的动作；另一方面，为了发现更好的策略，Agent 需要扩大探索范围，尝试以前没有或较少试过的动作。这样 Agent 就处于进退两难的境地。

(4)时间信度分配问题。由于强化学习具有延迟回报的特点，即环境反馈给系统的信息比较稀疏且具有较大的延时。所以当 Agent 收到一个奖赏信号时，决定先前的哪些行为应分配到相应的信度以及各自分配多少信度是比较困难的。例如，考虑在足球比赛游戏中选择参赛队伍的问题，假设选定的队伍在比赛的最后一秒以一分之差输掉了比赛，那么仅惩罚最后那一时刻的系统行为是不明智的。

针对强化学习中的“维数灾”问题，目前的解决方法主要包括状态聚类方法[4]、有限策略空间搜索方法[5]、值函数近似方法[6-8]、关系强化学习方法[9,10]、分层强化学习方法[11,12]等。

状态聚类方法通过把多个相似状态聚为单一状态而有效地缩减了状态空间，但缩减后的状态空间不具备马尔可夫(Markov)属性，导致强化学习系统的振荡周期很长，甚至无法收敛。有限策略空间搜索方法根据可观测的局部状态直接在有限的搜索空间中寻优，该方法经常陷入局部最优，求解质量得不到保证。值函数近似方法使用一组特征基函数的组合来近似表示值函数，但所需的特征只有在具备问题先验知识的前提下才可以获取，并且也没有一种通用的近似方法能适用于所有的学习任务，如果该方法中的泛化偏置与问题不匹配，将导致收敛速度很慢，甚至不能正确收敛。关系强化学习方法用关系结构将强化学习泛化到关系表达的状态和动作上，通过使用一阶逻辑和决策树来学习决策，该方法的优点是可以将相似环境中的对象和已经学习到的知识泛化到不同的任务中。另外，使用关系表示也是一种比较自然的利用先验知识的方式，然而对于许多强化学习任务，很难给出一阶逻辑表示的先验知识。分层强化学习方法是通过在强化学习的基础上增加“抽象”机制，把整个任务分解为不同层次上的子任务，使每个子任务在规模较小的子问题空间中求解，并且求得的子任务策略可以复用，从而加快问题的求解速度，但是在复杂环境或未知环境中学习时，任务的层次结构很难事先确定。针对强化学习在实际应用中收敛速度慢的问题，已有很多研究对强化学习算法提出改进，从不同的角度来提高强化学习的收敛速度[13-15]，然而这些改进算法不可避免地增加了问题求解的复杂性。

针对强化学习探索和利用难以平衡的问题，目前的解决方案主要包括 ε 贪心、玻尔兹曼(Boltzmann)探索方法、最优初始值(Optimal Initial Value，OIV)方法、贝叶斯模型方法、置信区间估计方法、探索奖励方法等[16]。

在实际应用中，一个单独的学习 Agent 很难应对特征丰富的大状态空间问题，随着问题的状态空间在大小和维数上的不断增长，或者问题的复杂程度不断增加，一些已有的解决“维数灾”问题的方法越来越难以有效应用。因为像函数近似这类提高强化学习算法可扩展性的方法的能力是有限的，它们可以在一定程度上提高算法的扩展能力，却很难应付一些状态空间巨大的实际问题，如中国象棋(空间复杂度 10^{52})、围棋(空间复杂度 10^{160})[17]等。

直观上，通过增加计算、存储和网络宽带等资源可以从根本上提升算法的收敛速度和扩展能力。这就需要依赖于分布式的并行计算机体系结构。因此，并行强化学习方法[18,19]被提出，并成为强化学习研究的一个重要分支。该方法通过多个独立学习并共享信息的 Agent 来并行强化学习过程。其主要出发点是多个 Agent 能够用比单个 Agent 少得多的时间来完整地探索复杂的状态空间，并且这些 Agent 可以分布在不同的计算节点上，以便充分发挥并行体系结构的优势。

1.2　形式框架

1.2.1　马尔可夫决策过程

强化学习问题可以利用马尔可夫决策过程(Markov Decision Processes, MDP)[20]框架来形式化地描述。

MDP 包含环境的状态空间 $\boldsymbol{X}$、Agent 的动作空间 U、环境的迁移函数 f 以及奖赏函数 ρ 等 4 个部分，即 $\langle \boldsymbol{X},U,f,\rho\rangle$。

(1) 状态。

环境的状态集 $\boldsymbol{X}$ 定义为一个有穷集合 $\{\boldsymbol{x}_1,\boldsymbol{x}_2,\cdots,\boldsymbol{x}_N\}$。这里，$N$ 为状态空间大小，即 $|\boldsymbol{X}|=N$。

(2) 动作。

Agent 的动作集 U 定义为一个有穷集合 $\{u_1,u_2,\cdots,u_M\}$。这里，M 为状态空间大小，即 $|U|=M$。动作用来控制系统的状态。

(3) 迁移函数及奖赏函数。

在离散的时间步 k，对状态 $\boldsymbol{x}_k$ 采取动作 u_k，状态迁移到下一状态 $\boldsymbol{x}_{k+1}$，并得到奖赏。其迁移通过迁移函数得到，奖赏通过奖赏函数得到。根据迁移情况，可以分为确定环境迁移和随机环境迁移。

1) 确定环境迁移

确定环境迁移就是对状态 $\boldsymbol{x}$ 采取动作 u 后，根据迁移函数，迁移到确定的下一状态。其迁移函数 $f:\boldsymbol{X}\times U\to\boldsymbol{X}$

$$\boldsymbol{x}_{k+1}=f(\boldsymbol{x}_k,u_k)$$

同时，根据奖赏函数 $\rho:\boldsymbol{X}\times U\to\mathbb{R}$ 有

$$r_{k+1}=\rho(\boldsymbol{x}_k,u_k)$$

这里假设 $\|\rho\|_\infty=\sup_{x,u}|\rho(\boldsymbol{x},u)|$ 是有穷的。奖赏是对采取动作 u_k，状态从 $\boldsymbol{x}_k$ 迁移到 $\boldsymbol{x}_{k+1}$ 得到的立即效果的评价，而不是对长期效果的评价。

例 1.1 确定环境环保机器人 MDP。环保机器人具有收集空易拉罐和返回基站充电两方面功能。考虑确定环境，如图 1.2 所示。

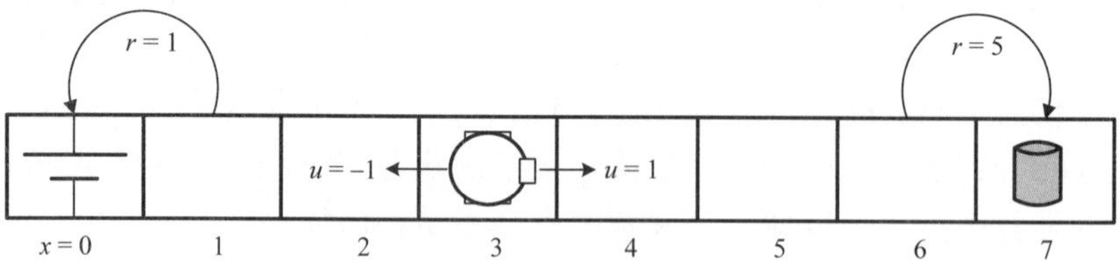

图 1.2 确定环境环保机器人问题

在该问题中，状态 x 描述机器人的位置。为了简化问题，将状态空间离散化为 8 个不同的状态，分别表示为 0～7：$X=\{0,1,2,3,4,5,6,7\}$。动作 u 描述机器人的运动方向，为了简化问题，机器人只能向左（$u=-1$）和向右（$u=1$）移动，其离散动作空间为 $U=\{-1, 1\}$。状态 0 和 7 为吸收状态(absorbing state)，即一旦机器人到达这两个状态，就不会再离开。对应的迁移函数是

$$f(x,u)=\begin{cases}x+u, & 1\leqslant x\leqslant 6\\ x, & x=0 \text{ 或 } x=7\end{cases}$$

到达状态 7，机器人可以捡到一个易拉罐，并得到 5 的奖赏；到达状态 0，机器人充电，并得到 1 的奖赏；其他情况，奖赏均为 0。特别是当机器人到达吸收状态后，无论采取什么动作，只能得到 0 的奖赏。对应的奖赏函数是

$$\rho(x,u)=\begin{cases}5, & x=6,u=1\\ 1, & x=1,u=-1\\ 0, & \text{其他}\end{cases}$$

2) 随机环境迁移

随机环境迁移就是对状态 $\boldsymbol{x}$ 采取动作 u 后，根据迁移函数，迁移到的下一状态是不确定的，而是一个随机变量。其迁移函数 $\tilde{f}:\boldsymbol{X}\times U\times\boldsymbol{X}\to[0,\infty)$ 。在状态 $\boldsymbol{x}_k$ 中，采取动作 u_k 后，下一状态 $\boldsymbol{x}_{k+1}$ 的概率在区间 $\boldsymbol{X}_{k+1}\subseteq\boldsymbol{X}$ 中，即

$$P(\boldsymbol{x}_{k+1}\in\boldsymbol{X}_{k+1}|\boldsymbol{x}_k,u_k)=\int_{X_{k+1}}\tilde{f}(\boldsymbol{x}_k,u_k,\boldsymbol{x}')\mathrm{d}\boldsymbol{x}'$$

这里为了表明动作出现的次序，定义了一个离散的全局时间变量，$k=1,2,\cdots$。这样 $\boldsymbol{x}_k$ 表示在时间 k 时的状态 $\boldsymbol{x}$，而 $\boldsymbol{x}_{k+1}$ 表示在时间 $k+1$ 时的状态 $\boldsymbol{x}$。任意 $\boldsymbol{x}$ 和 u，$\tilde{f}(\boldsymbol{x},u,\cdot)$ 为一个带“·”的有效概率密度函数，这里“·”代表随机变量 $\boldsymbol{x}_{k+1}$。由于奖赏与迁移相关，迁移不再由目前的状态和所采取的动作决定，而奖赏函数也必然依赖于下一个状态，即 $\tilde{\rho}:\boldsymbol{X}\times U\times\boldsymbol{X}\to\mathbb{R}$ 。当状态迁移到 $\boldsymbol{x}_{k+1}$ 后，获得奖赏 r_{k+1}，即

$$r_{k+1}=\tilde{\rho}(\boldsymbol{x}_k,u_k,\boldsymbol{x}_{k+1})$$

这里假设 $\|\tilde{\rho}\|_\infty=\sup_{\boldsymbol{x},u,\boldsymbol{x}'}|\tilde{\rho}(\boldsymbol{x},u,\boldsymbol{x}')|$ 是有穷的。

当状态空间为离散时，迁移函数可以由 $\bar{f}:\boldsymbol{X}\times U\times\boldsymbol{X}\to[0,1]$ 给出，在状态 $\boldsymbol{x}_k$ 中，采取动作 u_k 后，到达下一状态 $\boldsymbol{x}'$ 的概率为

$$P(\boldsymbol{x}_{k+1}=\boldsymbol{x}'|\boldsymbol{x}_k,u_k)=\bar{f}(\boldsymbol{x}_k,u_k,\boldsymbol{x}')$$

对于任意 $\boldsymbol{x}$ 和 u，函数 $\bar{f}$ 必须满足 $\sum_{\boldsymbol{x}'}\bar{f}(\boldsymbol{x}_k,u_k,\boldsymbol{x}')=1$ 。

例 1.2　随机环境环保机器人 MDP。重新考虑例 1.1 的环保机器人问题。假设由于地面的问题，采取某一动作后，状态迁移不再确定。当采取某一动作试图向某一方向移动时，机器人成功移动的概率为 0.80，保持原地不动的概率为 0.15，移动到相反方向的概率为 0.05，如图 1.3 所示。

迁移函数 $\bar{f}$ 可以通过表 1.1 给出。

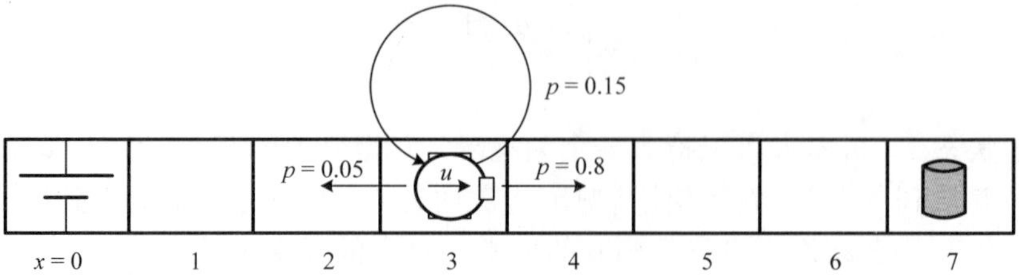

图 1.3 随机环境环保机器人问题

表 1.1 环保机器人 MDP 的随机动态

(x,u)	$\bar{f}(x,u,0)$	$\bar{f}(x,u,1)$	$\bar{f}(x,u,2)$	$\bar{f}(x,u,3)$	$\bar{f}(x,u,4)$	$\bar{f}(x,u,5)$	$\bar{f}(x,u,6)$	$\bar{f}(x,u,7)$
(0,−1)	1	0	0	0	0	0	0	0
(1,−1)	0.80	0.15	0.05	0	0	0	0	0
(2,−1)	0	0.80	0.15	0.05	0	0	0	0
(3,−1)	0	0	0.80	0.15	0.05	0	0	0
(4,−1)	0	0	0	0.80	0.15	0.05	0	0
(5,−1)	0	0	0	0	0.80	0.15	0.05	0
(6,−1)	0	0	0	0	0	0.80	0.15	0.05
(7,−1)	0	0	0	0	0	0	0	1
(0,+1)	1	0	0	0	0	0	0	0
(1,+1)	0.05	0.15	0.80	0	0	0	0	0
(2,+1)	0	0.05	0.15	0.80	0	0	0	0
(3,+1)	0	0	0.05	0.15	0.80	0	0	0
(4,+1)	0	0	0	0.05	0.15	0.80	0	0
(5,+1)	0	0	0	0	0.05	0.15	0.80	0
(6,+1)	0	0	0	0	0	0.05	0.15	0.80
(7,+1)	0	0	0	0	0	0	0	1

对应的奖赏函数 $\tilde{\rho}:\boldsymbol{X}\times U\times\boldsymbol{X}\to\mathbb{R}$ 为

$$\tilde{\rho}(x,u,x')=\begin{cases}5, & x\neq 7, x'=7\\ 1, & x\neq 0, x'=0\\ 0, & \text{其他}\end{cases}$$

1.2.2 策略

给定一个 MDP $\langle \boldsymbol{X},U,f,\rho\rangle$，策略就是在某一状态下，所采取的动作或所采取动作的概率，分为确定策略(deterministic policy)和随机策略(stochastic policy)两种。其中确定策略 $h(\boldsymbol{x})$ 定义为 $h:\boldsymbol{X}\to U$，它的输出为一个动作序列；随机策略 $h(\boldsymbol{x},u)$ 定义为 $h:\boldsymbol{X}\times U\to[0,1]$，对于每个状态，它的输出为在该状态下所采取动作的概率，并有 $h(\boldsymbol{x},u)\geqslant 0$ 且 $\sum_{u\in U}h(\boldsymbol{x},u)=1$。

MDP 应用一个策略的方法如下。

(1) 从初始状态分布 I 中产生一个初始状态 $\boldsymbol{x}_0$。

(2) 根据策略 h，给出所要采取的动作 $u_0 = h(\boldsymbol{x}_0)$，并执行该动作 u_0。

(3) 根据迁移函数和奖赏函数得到下一状态和相应的奖赏，即 $f(\boldsymbol{x}_0, u_0, \boldsymbol{x}_1)$ 和 $r_0 = \rho(\boldsymbol{x}_0, u_0, \boldsymbol{x}_1)$。

(4) 不断重复第 (1) 步～第 (3) 步的过程，产生一个序列：$\boldsymbol{x}_0, u_0, r_0, \boldsymbol{x}_1, u_1, r_1, \cdots$。

(5) 如果任务是情节式的，序列将终止于状态 $\boldsymbol{x}_{\text{goal}}$；如果任务是连续式的，序列将无穷延伸。

1.2.3 回报

Agent 的任务是在与环境交互的过程中，学习一个策略 $h: \boldsymbol{X} \to U$，使得其产生的累计奖赏 (reward)，即回报最大。假设从时间步 k 接收到的奖赏序列表示为 $r_{k+1}, r_{k+2}, \cdots$，那么最简单的情况，回报就是奖赏之和，即

$$R_k = r_{k+1} + r_{k+2} + \cdots + r_T$$

式中，T 为终止时间步。Agent 与环境交互的过程中，任务可以自然地被分成带有终止时间步的片段，该任务称为情节式 (episodes) 任务。如果无法分解成若干片段，整个任务需不断地无限期地进行下去，该任务称为连续式 (continous) 任务。

根据不同任务的需要，回报的计算通常可以采取以下几种方式。

(1) 折扣累计回报 (discounted cumulative return)。

$$R_k = \sum_{i=0}^{\infty} \gamma^i r_{k+i+1}$$

式中，$\gamma < 1$ 为一个常量，它确定了延迟与立即回报的相对比例。

(2) 有限期回报 (finite horizon return)。

$$R_k = \sum_{i=0}^{K} \gamma^i r_{k+i+1}$$

(3) 无限期平均回报 (infinite horizon average return)。

当 $K \to \infty$ 时，可以采用一种无限期平均回报，即

$$R_k = \lim_{K \to \infty} \frac{1}{K} \sum_{i=0}^{K} \gamma^i r_{k+i+1}$$

1.3 值 函 数

几乎所有的强化学习算法都是以评估值函数为基础。通过值函数将MDP的最优标准与策略联系起来。值函数通常分为状态动作值函数 (Q-值函数) 和状态值函数 (V-值函数)。

在确定策略 $h(\boldsymbol{x})$ 下，一个状态 $\boldsymbol{x}$，采取一个给定动作 u 的 Q-值函数 $Q^h:\boldsymbol{X}\times U\to\mathbb{R}$，记为 $Q^h(\boldsymbol{x},u)$

$$Q^h(\boldsymbol{x},u)=\sum\nolimits_{k=0}^{\infty}\gamma^k\rho(\boldsymbol{x}_k,u_k) \tag{1.1}$$

式中，$(\boldsymbol{x}_0,u_0)=(\boldsymbol{x},u)$，对于 $k\geqslant 0$，$\boldsymbol{x}_{k+1}=f(\boldsymbol{x}_k,u_k)$，且对于 $k\geqslant 1$，$u_k=h(\boldsymbol{x}_k)$，那么由式(1.1)可以推出 Bellman 等式为

$$\begin{aligned}
Q^h(\boldsymbol{x},u)&=\rho(\boldsymbol{x},u)+\sum\nolimits_{k=1}^{\infty}\gamma^k\rho(\boldsymbol{x}_k,u_k)\\
&=\rho(\boldsymbol{x},u)+\gamma\sum\nolimits_{k=1}^{\infty}\gamma^{k-1}\rho(\boldsymbol{x}_k,h(\boldsymbol{x}_k))\\
&=\rho(\boldsymbol{x},u)+\gamma\left[\rho(f(\boldsymbol{x},u),h(f(\boldsymbol{x},u)))+\gamma\sum\nolimits_{k=2}^{\infty}\gamma^{k-2}\rho(\boldsymbol{x}_k,h(\boldsymbol{x}_k))\right]\\
&=\rho(\boldsymbol{x},u)+\gamma Q^h(\rho(f(\boldsymbol{x},u),h(f(\boldsymbol{x},u))))
\end{aligned}$$

Bellman 最优等式，就是一个状态 $\boldsymbol{x}$，采取一个给定动作 u 后，最优的 Q 值，记为 $Q^*(\boldsymbol{x},u)$，它等于立即奖赏与下一个状态最优动作的折扣最优 Q-值函数之和，即

$$Q^*(\boldsymbol{x},u)=\rho(\boldsymbol{x},u)+\gamma\max_{u'}Q^*(f(\boldsymbol{x},u),u')$$

最优 Q-值函数是在所有的策略中，最好的 Q-值函数，即

$$\begin{cases}Q^*(\boldsymbol{x},u)=\max\limits_{h}Q^h(\boldsymbol{x},u)\\ h^*(\boldsymbol{x})\in\arg\max\limits_{u}Q^*(\boldsymbol{x},u)\end{cases} \tag{1.2}$$

通常，对于给定的 Q-值函数 Q，当策略 h 满足

$$h(\boldsymbol{x})\in\arg\max_{u}Q(\boldsymbol{x},u) \tag{1.3}$$

时，称为关于 Q 是贪心的。因此，为了找到一个最优策略，先找 Q^*，然后利用式(1.3)计算关于 Q^* 的贪心策略。

在随机策略 $h(\boldsymbol{x},u)$ 下

$$Q^h(\boldsymbol{x},u)=\rho(\boldsymbol{x},u)+\gamma\sum\nolimits_{u'}(h(f(\boldsymbol{x},u),u')\cdot Q^h(f(\boldsymbol{x},u),u'))$$

在确定策略 $h(\boldsymbol{x})$ 下，一个状态 $\boldsymbol{x}$ 的 V-值函数 $V^h:\boldsymbol{X}\to\mathbb{R}$，记为 $V^h(\boldsymbol{x})$。V-值函数 V^h 和 V^* 满足 Bellman 等式

$$V^h(\boldsymbol{x})=\rho(\boldsymbol{x},h(\boldsymbol{x}))+\gamma V^h(f(\boldsymbol{x},h(\boldsymbol{x})))$$

$$V^*(\boldsymbol{x})=\max_{u}[\rho(\boldsymbol{x},u)+\gamma V^*(f(\boldsymbol{x},u))]$$

最优策略 h^* 可以通过 V^* 计算得出，即

$$h^*(\boldsymbol{x}) \in \underset{u}{\arg\max}[\rho(\boldsymbol{x},u)+\gamma V^*(f(\boldsymbol{x},u))] \tag{1.4}$$

在求解最优策略时，利用式(1.4)要比利用式(1.2)困难得多，因为在式(1.4)中必须知道 MDP 模型中的动态 f 和奖赏函数 ρ 。而在式(1.2)中，Q-值函数依赖于动作，已经包含了关于迁移方面的信息。

在随机策略 $h(\boldsymbol{x},u)$ 下

$$V^h(\boldsymbol{x})=\sum\nolimits_u(h(\boldsymbol{x},u)\cdot(\rho(\boldsymbol{x},u)+\gamma V^h(f(\boldsymbol{x},u))))$$

V-值函数与 Q-值函数的关系为

$$\begin{cases} V^h(\boldsymbol{x})=Q^h(\boldsymbol{x},h(\boldsymbol{x})) \\ V^*(\boldsymbol{x})=\max\limits_h V^h(\boldsymbol{x})=\max\limits_u Q^*(\boldsymbol{x},u) \end{cases} \tag{1.5}$$

1.4　解决强化学习问题

解决强化学习问题就是计算一个最优策略 h^*，使得到的回报最大化。主要包括三种基本方法：动态规划(Dynamic Programming, DP)、蒙特卡罗(Monte Carlo, MC)和时间差分(Temporal Difference, TD)。这三种算法的主要区别在于：基于模型的和模型无关的算法。

基于模型的算法主要指动态规划方法，这类算法 MDP 模型事先已知，通过模型，可以利用 Bellman 等式计算值函数。大多数基于模型的算法，通常计算状态值函数，然后利用模型，可以计算出该状态下的最优动作。

模型无关的算法主要指强化学习算法，这类算法不依赖于精确的模型。而是依赖某一策略与环境交互过程中得到的状态迁移和奖赏样本。这些样本用于评估状态动作值函数。由于 MDP 模型事先未知，Agent 必须通过探索 MDP 得到信息，所以为了得到最优策略，平衡探索和利用的问题是至关重要的。

这两类解决强化学习问题的方法都主要采用值迭代和策略迭代算法。

1.4.1　动态规划：基于模型的解决技术

动态规划是在给定模型情况下，计算 MDP 最优化策略的一类算法。在解决强化学习问题方面，由于动态规划算法存在需要完整的环境模型且计算代价太大等问题，限制了其实际应用。但作为强化学习的基础，其理论方面具有很重要的意义。

1)值迭代

令所有的 Q-值函数集为 ∂，那么 Q 值映射 $T:\partial\to\partial$，这样任意 Q-值函数可以通过 Bellman 最优等式给出。

在确定环境下，T 映射为

$$[T(Q)](\boldsymbol{x},u)=\rho(\boldsymbol{x},u)+\gamma\max_{u'}Q(f(\boldsymbol{x},u),u')$$

在随机环境下，T 映射为

$$[T(Q)](\boldsymbol{x},u)=E_{\boldsymbol{x}'\sim\tilde{f}(\boldsymbol{x},u)}\{\tilde{\rho}(\boldsymbol{x},u,\boldsymbol{x}')+\gamma\max_{u'}Q(\boldsymbol{x}',u')\}$$

如果状态空间是有穷的，随机情况下的 Q 值迭代映射可以写成加和形式，即

$$[T(Q)](\boldsymbol{x},u)=\sum_{x'}\bar{f}(\boldsymbol{x},u,\boldsymbol{x}')[\bar{\rho}(\boldsymbol{x},u,\boldsymbol{x}')+\gamma\max_{u'}Q(\boldsymbol{x}',u')]$$

确定情况下，Q 值迭代算法步骤如算法 1.1 所示。

算法 1.1　确定情况 Q 值迭代算法

(1) 输入动态性 f，奖赏函数 ρ，折扣因子 γ
(2) 初始化 Q-值函数，如 $Q_0\leftarrow 0$
(3) repeat（在每一轮迭代 $\ell=0,1,2,\cdots$）
(4)　　$Q\leftarrow Q_\ell$
(5)　　for 每对 $(\boldsymbol{x},u)$ do
(6)　　　　$Q(\boldsymbol{x},u)\leftarrow\rho(\boldsymbol{x},u)+\gamma\max_{u'}Q(f(\boldsymbol{x},u),u')$
(7)　　end for
(8)　　$Q_{\ell+1}\leftarrow Q$
(9) until　$Q_{\ell+1}=Q_\ell$
(10) $Q^*=Q_\ell$

随机情况下，Q 值迭代算法步骤如算法 1.2 所示。

算法 1.2　随机情况 Q 值迭代算法

(1) 输入动态性 $\bar{f}$，奖赏函数 $\tilde{\rho}$，折扣因子 γ
(2) 初始化 Q-值函数，如 $Q_0\leftarrow 0$
(3) repeat（在每一轮迭代 $\ell=0,1,2,\cdots$）
(4)　　$Q\leftarrow Q_\ell$
(5)　　for 每对 $(\boldsymbol{x},u)$ do
(6)　　　　$Q(\boldsymbol{x},u)\leftarrow\sum_{x'}\bar{f}(\boldsymbol{x},u,\boldsymbol{x}')\left[\tilde{\rho}(\boldsymbol{x},u,\boldsymbol{x}')+\gamma\max_{u'}Q(\boldsymbol{x}',u')\right]$
(7)　　end for
(8)　　$Q_{\ell+1}\leftarrow Q$
(9) until　$Q_{\ell+1}=Q_\ell$
(10) $Q^*=Q_\ell$

随机情况的 Q 值迭代算法，执行如下。

(1) 开始于 Q-值函数 Q_0。

(2) 迭代地更新每一个状态动作对的值，得到下一值函数 $Q_\ell(\ell=1,2,3,\cdots)$，同时得到如下的 Q-值函数序列

$$Q_0 \to Q_1 \to Q_2 \to Q_3 \to \cdots \to Q^*$$

可以证明，当因子 $\gamma<1$ 时，值迭代 T 是收缩的，即对于任意函数对 Q 和 Q'，存在

$$\|T(Q)-T(Q')\|_\infty \leqslant \gamma\|Q-Q'\|_\infty$$

因为 T 是收缩的，因此 T 存在唯一不动点 (fixed point) $Q^*=T(Q^*)$。T 的唯一不动点实际上就是 Q^*，当 $\ell\to\infty$ 时，Q 值迭代渐近收敛到 Q^*。Q 迭代以 γ 的速度收敛到 Q^*，即 $\|Q_{\ell+1}-Q^*\|_\infty \leqslant \gamma\|Q_\ell-Q^*\|_\infty$，从 Q^* 中可以计算出一个最优策略。

例 1.3　用于环保机器人的 Q 值迭代。

本例中，将 Q 值迭代算法应用于例 1.1 和例 1.2 的环保机器人问题中。折扣因子 γ 设置为 0.5。

将算法 1.1 所示的 Q 值迭代算法应用于确定情况的环保机器人中。从初始状态都为 0 的 Q-值函数，即 $Q_0=0$ 开始，算法产生的 Q-值函数序列填入表 1.2 中(虚线上方)，其中每个单元格表示在某一状态下两个动作的 Q 值，中间用分号(；)隔开，分号前面的为−1 的动作，后面的是 1 的动作。例如，$Q_3(2,1)$ 表示在第 3 轮迭代中，第 2 个状态采用动作 1 的 Q 值，即

$$Q_3(2,1)=\rho(2,1)+\gamma\max_u Q(f(2,1),u)=0+0.5\max_u(Q(3,u))=0+0.5\times0.25=0.125$$

表 1.2　确定清洁机器人问题的 Q 值迭代结果

	x=0	x=1	x=2	x=3	x=4	x=5	x=6	x=7
Q_0	0; 0	0; 0	0; 0	0; 0	0; 0	0; 0	0; 0	0; 0
Q_1	0; 0	1; 0.000	0.500; 0.000	0.250; 0.000	0.125; 0.000	0.063; 0.000	0.031; 5	0; 0
Q_2	0; 0	1; 0.250	0.500; 0.125	0.250; 0.063	0.125; 0.031	0.063; 2.500	1.250; 5	0; 0
Q_3	0; 0	1; 0.250	0.500; 0.125	0.250; 0.063	0.125; 1.250	0.625; 2.500	1.250; 5	0; 0
Q_4	0; 0	1; 0.250	0.500; 0.125	0.250; 0.625	0.313; 1.250	0.625; 2.500	1.250; 5	0; 0
Q_5	0; 0	1; 0.250	0.500; 0.313	0.250; 0.625	0.313; 1.250	0.625; 2.500	1.250; 5	0; 0
Q_6	0; 0	1; 0.250	0.500; 0.313	0.250; 0.625	0.313; 1.250	0.625; 2.500	1.250; 5	0; 0
h^*	*	−1	−1	1	1	1	1	*
V^*	0	1	0.500	0.625	1.250	2.5	5	0

算法在经过 6 轮迭代后收敛：$Q_6=Q_5=Q^*$。表 1.2 中最后两行(虚线下面)给出了最优策略和最优 V-值函数，它们分别根据式(1.2)和式(1.5)由 Q^* 计算得到。在策略表示中，“*”代表在该状态可以采取任意动作而不会改变策略的量。

下面考虑例 1.2 介绍的随机环保机器人问题。针对该随机变化，使用算法 1.2

进行 Q 值迭代，产生的 Q-值函数序列如表 1.3 所示(表中没有列出所有迭代)。算法在 12 轮迭代后完全收敛。例如

$$
\begin{aligned}
Q_3(2,1) &= \bar{f}(2,1,1)\cdot[\tilde{\rho}(2,1,1)+\gamma\max_u Q(1,u)] \\
&\quad + \bar{f}(2,1,2)\cdot[\tilde{\rho}(2,1,2)+\gamma\max_u Q(2,u)] \\
&\quad + \bar{f}(2,1,3)\cdot[\tilde{\rho}(2,1,3)+\gamma\max_u Q(3,u)] \\
&= 0.05\times(0+0.5\times0.874)+0.15\times(0+0.5\times0.382)+0.80\times(0+0.5\times0.161) \\
&= 0.115
\end{aligned}
$$

表 1.3　随机清洁机器人的 Q 值迭代结果(Q-值函数和 V-值函数的值精确到 3 位小数)

	x=0	x=1	x=2	x=3	x=4	x=5	x=6	x=7
Q_0	0; 0	0; 0	0; 0	0; 0	0; 0	0; 0	0; 0	0; 0
Q_1	0; 0	0.800; 0.110	0.320; 0.044	0.128; 0.018	0.051; 0.007	0.020; 0.003	0.258; 4.020	0; 0
Q_2	0; 0	0.868; 0.243	0.374; 0.101	0.161; 0.042	0.069; 0.017	0.129; 1.619	1.199; 4.342	0; 0
Q_3	0; 0	0.874; 0.265	0.382; 0.115	0.167; 0.049	0.112; 0.660	0.494; 1.875	1.326; 4.373	0; 0
Q_4	0; 0	0.875; 0.268	0.383; 0.117	0.182; 0.287	0.211; 0.807	0.573; 1.910	1.342; 4.376	0; 0
⋮	⋮	⋮	⋮	⋮	⋮	⋮	⋮	⋮
Q_{12}	0; 0	0.875; 0.271	0.389; 0.200	0.204; 0.373	0.260; 0.838	0.588; 1.915	1.344; 4.376	0; 0
⋮	⋮	⋮	⋮	⋮	⋮	⋮	⋮	⋮
Q_{22}	0; 0	0.875; 0.271	0.389; 0.200	0.204; 0.373	0.260; 0.838	0.588; 1.915	1.344; 4.376	0; 0
h^*	*	−1	−1	1	1	1	1	*
V^*	0	0.875	0.389	0.373	0.838	1.915	4.376	0

得到的最优策略和最优 V-值函数在表 1.3 中给出(虚线下方)。与确定情况相比，虽然随机情况中得到的 Q-值函数和 V-值函数都不相同，然而得到的最优策略却是相同的。

2) 策略迭代

策略迭代算法通常由策略评估(policy evaluate)和策略改进(policy improvement)两部分构成。在策略评估中，根据当前策略计算值函数；在策略改进中，通过对值函数最大化，改进策略。重复这两个过程，直到收敛到最优策略。

基于 Q-值函数的策略改进算法步骤如算法 1.3 所示。

算法 1.3　Q-值函数的策略改进算法

(1) 初始化策略 h_0

(2) repeat 在每一轮迭代 $\ell=0,1,2,\cdots$

(3)　　找到 h_ℓ 的 Q-值函数 Q^{h_ℓ}　　　　策略评估

(4)　　$h_{\ell+1}(\boldsymbol{x})\in\arg\max_u Q^{h_\ell}(\boldsymbol{x},u)$　　　　策略改进

(5) until　$h_{\ell+1}=h_\ell$

(6) $h^*=h_\ell,\ Q^*=Q^{h_\ell}$

算法开始于任意策略 h_0，在每个迭代步 ℓ，计算当前策略 h_ℓ 的 Q-值函数 Q^{h_ℓ}，这一步称为策略评估，通过对 Q^{h_ℓ} 贪心，找到一个新的策略 $h_{\ell+1}$，即

$$h_{\ell+1}(\boldsymbol{x})\in\arg\max_u Q^{h_\ell}(\boldsymbol{x},u)$$

这一步称为策略改进。

通过策略迭代，产生一个由策略和 Q-值函数交替的序列，即

$$h_0\to Q^{h_0}\to h_1\to Q^{h_1}\to\cdots\to Q^*\to h^*$$

随着 $\ell\to\infty$，Q-值函数渐渐收敛到 Q^*，同时找到最优策略 h^*。

在离散状态和动作空间中，策略迭代的关键步骤是策略评估。策略改进只需要利用 Q-值函数，对当前动作下的所有动作进行穷举即可。

在动态规划的策略迭代中，策略评估使用迁移和奖赏函数的知识。

令所有的 Q-值函数集表示为 Q，那么 Q 值策略评估映射为 $T^h:\partial\to\partial$，对任意 Q-值函数可以通过 Bellman 等式，即式(1.6)或式(1.7)给出。

在确定环境下，T^h 映射为

$$[T^h(Q)](\boldsymbol{x},u)=\rho(\boldsymbol{x},u)+\gamma Q(f(\boldsymbol{x},u),h(f(\boldsymbol{x},u)))\tag{1.6}$$

在随机环境下，T^h 映射为

$$[T^h(Q)](\boldsymbol{x},u)=E_{\boldsymbol{x}'\sim\tilde{f}(\boldsymbol{x},u,\cdot)}\{\tilde{\rho}(\boldsymbol{x},u,\boldsymbol{x}')+\gamma Q(\boldsymbol{x}',h(\boldsymbol{x}'))\}\tag{1.7}$$

如果状态空间是有穷的，随机情况下的 Q 值策略评估映射可以写成加和形式，即

$$[T^h(Q)](\boldsymbol{x},u)=\sum_{\boldsymbol{x}'}\bar{f}(\boldsymbol{x},u,\boldsymbol{x}')[\bar{\rho}(\boldsymbol{x},u,\boldsymbol{x}')+\gamma Q(\boldsymbol{x}',h(\boldsymbol{x}'))]$$

确定情况 MDP，Q 值策略迭代算法步骤如算法 1.4 所示。

算法 1.4　确定情况 MDP，Q 值策略迭代算法

(1) 输入待评估的策略 h，动态 f，奖赏函数 ρ，折扣因子 γ

(2) 初始化 Q-值函数，如 $Q_0^h\leftarrow 0$

(3) repeat 在每轮迭代 $\tau=0,1,2,\cdots$

(4)　　for 每个 $(\boldsymbol{x},u)$ do

(5)　　　　$Q_{\tau+1}^h(\boldsymbol{x},u)\leftarrow\rho(\boldsymbol{x},u)+\gamma Q_\tau^h(f(\boldsymbol{x},u),h(f(\boldsymbol{x},u)))$

(6)　　end for

(7) until　$Q_{\tau+1}^h=Q_\tau^h$

(8) $Q^h=Q_\tau^h$

随机情况 MDP，Q 值策略迭代算法步骤如算法 1.5 所示。

算法 1.5　随机情况 MDP，Q 值策略迭代算法

(1) 输入待评估的策略 h，动态性 $\bar{f}$，奖赏函数 $\tilde{\rho}$，折扣因子 γ
(2) 初始化 Q-值函数，如 $Q_0^h \leftarrow 0$
(3) repeat 在每轮迭代 $\tau = 0,1,2,\cdots$
(4) 　　for 每个 $(\boldsymbol{x},u)$ do
(5) 　　　　$Q_{\tau+1}^h(\boldsymbol{x},u) \leftarrow \sum_{x'} \bar{f}(\boldsymbol{x},u,\boldsymbol{x}')\left[\tilde{\rho}(\boldsymbol{x},u,\boldsymbol{x}') + \gamma Q_\tau^h(\boldsymbol{x}',h(\boldsymbol{x}'))\right]$
(6) 　　end for
(7) until 　$Q_{\tau+1}^h = Q_\tau^h$
(8) $Q^h = Q_\tau^h$

Q-值函数的策略评估开始于任意 Q-值函数 Q_0^h，且在每一步迭代 τ，使用 $Q_{\tau+1}^h = T^h(Q_\tau^h)$ 更新 Q-值函数。

与 Q 值迭代映射类似，可以证明，当因子 $\gamma < 1$ 时，策略评估映射 T^h 是收缩的，即对于任意函数对 Q 和 Q'，存在

$$\left\|T^h(Q) - T^h(Q')\right\|_\infty \leqslant \gamma \left\|Q - Q'\right\|_\infty$$

因为 T^h 是收缩的，所以 T 存在唯一不动点，当 $\tau \to \infty$ 时，Q-值函数的策略评估渐渐收敛到 Q^h。因为 T^h 对于 γ 是收缩的，所以策略评估以 γ 的速度收敛到 Q^h，即 $\left\|Q_{\tau+1}^h - Q^h\right\|_\infty \leqslant \gamma \left\|Q_\tau^h - Q^h\right\|_\infty$。

例 1.4　用于环保机器人的策略迭代。

本例中，将 Q 值策略评估算法应用于例 1.1 和例 1.2 的环保机器人问题中。每轮单独的策略迭代都需要对当前策略执行一次完整的策略评估，再加上一次策略改进。折扣因子 γ 设置为 0.5。

首先考虑确定性情况，其中使用 Q-值函数的策略评估采用算法 1.4 所示的形式。开始于一个初始策略：对所有 $\boldsymbol{x}$，$h_0(\boldsymbol{x}) = 1$，策略迭代产生的 Q-值函数序列及其策略如表 1.4 所示。表 1.4 中，对一个给定的策略进行评估产生的 Q-值函数序列位于虚线下面，被评估的策略位于虚线上面，它们之间用虚线隔开。在两次策略迭代后算法收敛。实际上，策略在第二次改进后就已经是最优策略：$h_3 = h_2 = h^*$。

表 1.4　确定性清洁机器人问题的策略迭代结果，Q 值精确到小数点后面 3 位

	x=0	x=1	x=2	x=3	x=4	x=5	x=6	x=7
h_0	*	1	1	1	1	1	1	1
Q_0	0; 0	0; 0	0; 0	0; 0	0; 0	0; 0	0; 0	0; 0
Q_1	0; 0	1; 0.000	0.000; 0.000	0.000; 0.000	0.000; 0.000	0.000; 0.000	0.00; 5	0; 0

续表

	x=0	x=1	x=2	x=3	x=4	x=5	x=6	x=7
Q_2	0; 0	1; 0.000	0.000; 0.000	0.000; 0.000	0.000; 0.000	0.000; 2.500	1.25; 5	0; 0
Q_3	0; 0	1; 0.000	0.000; 0.000	0.000; 0.000	0.000; 1.250	0.625; 2.500	1.25; 5	0; 0
Q_4	0; 0	1; 0.000	0.000; 0.000	0.000; 0.625	0.313; 1.250	0.625; 2.500	1.25; 5	0; 0
Q_5	0; 0	1; 0.000	0.000; 0.313	0.156; 0.625	0.313; 1.250	0.625; 2.500	1.25; 5	0; 0
Q_6	0; 0	1; 0.156	0.078; 0.313	0.156; 0.625	0.313; 1.250	0.625; 2.500	1.25; 5	0; 0
Q_7	0; 0	1; 0.156	0.078; 0.313	0.156; 0.625	0.313; 1.250	0.625; 2.500	1.25; 5	0; 0
h_1	*	−1	1	1	1	1	1	*
Q_0	0; 0	0; 0	0; 0	0; 0	0; 0	0; 0	0; 0	0; 0
Q_1	0; 0	1; 0.000	0.5; 0.000	0.000; 0.000	0.000; 0.00	0.000; 0.000	0.000; 5	0; 0
Q_2	0; 0	1; 0.000	0.5; 0.000	0.000; 0.000	0.000; 0.00	0.000; 2.500	1.250; 5	0; 0
Q_3	0; 0	1; 0.000	0.5; 0.000	0.000; 0.000	0.000; 1.25	0.625; 2.500	1.250; 5	0; 0
Q_4	0; 0	1; 0.000	0.5; 0.000	0.000; 0.625	0.313; 1.25	0.625; 2.500	1.250; 5	0; 0
Q_5	0; 0	1; 0.000	0.5; 0.313	0.156; 0.625	0.313; 1.25	0.625; 2.500	1.250; 5	0; 0
Q_6	0; 0	1; 0.156	0.5; 0.313	0.156; 0.625	0.313; 1.25	0.625; 2.500	1.250; 5	0; 0
Q_7	0; 0	1; 0.156	0.5; 0.313	0.156; 0.625	0.313; 1.25	0.625; 2.500	1.250; 5	0; 0
h_2	*	−1	−1	1	1	1	1	*
Q_0	0; 0	0; 0	0; 0	0; 0	0; 0	0; 0	0; 0	0; 0
Q_1	0; 0	1; 0.000	0.500; 0.000	0.250; 0.000	0.000; 0.000	0.000; 0.000	0.000; 5	0; 0
Q_2	0; 0	1; 0.250	0.500; 0.000	0.250; 0.000	0.000; 0.000	0.000; 2.500	1.250; 5	0; 0
Q_3	0; 0	1; 0.250	0.500; 0.000	0.250; 0.000	0.000; 1.250	0.625; 2.500	1.250; 5	0; 0
Q_4	0; 0	1; 0.250	0.500; 0.000	0.250; 0.625	0.313; 1.250	0.625; 2.500	1.250; 5	0; 0
Q_5	0; 0	1; 0.250	0.500; 0.313	0.250; 0.625	0.313; 1.250	0.625; 2.500	1.250; 5	0; 0
Q_6	0; 0	1; 0.250	0.500; 0.313	0.250; 0.625	0.313; 1.250	0.625; 2.500	1.250; 5	0; 0
h_3	*	−1	−1	1	1	1	1	*

现在考虑随机性情况。对于随机情况，使用 Q-值函数的策略评估采用算法 1.5。初始策略与确定性情况相同(总是往右移动)，策略及策略迭代产生的 Q-值函数序列如表 1.5 所示(没有列出所有 Q-值函数)。尽管 Q-值函数与确定性情况不同，却产生了相同的策略序列。

表 1.5　随机性清洁机器人问题的策略迭代结果，Q 值精确到小数点后面 3 位

	x=0	x=1	x=2	x=3	x=4	x=5	x=6	x=7
h_0	*	1	1	1	1	1	1	1
Q_0	0; 0	0; 0	0; 0	0; 0	0; 0	0; 0	0; 0	0; 0
Q_1	0; 0	0.800; 0.050	0.020; 0.001	0.001; 0.000	0.000; 0.000	0.000; 0.000	0.250; 4.000	0; 0
Q_2	0; 0	0.804; 0.054	0.022; 0.001	0.001; 0.000	0.000; 0.000	0.100; 1.600	1.190; 4.340	0; 0
Q_3	0; 0	0.804; 0.055	0.022; 0.001	0.001; 0.000	0.040; 0.640	0.485; 1.872	1.324; 4.372	0; 0
Q_4	0; 0	0.804; 0.055	0.022; 0.001	0.017; 0.256	0.197; 0.803	0.571; 1.909	1.324; 4.376	0; 0
⋮	⋮	⋮	⋮	⋮	⋮	⋮	⋮	⋮

续表

	x=0	x=1	x=2	x=3	x=4	x=5	x=6	x=7
Q_{24}	0; 0	0.813; 0.124	0.071; 0.162	0.113; 0.367	0.257; 0.838	0.588; 1.915	1.344; 4.376	0; 0
h_1	*	−1	1	1	1	1	1	*
Q_0	0; 0	0; 0	0; 0	0; 0	0; 0	0; 0	0; 0	0; 0
Q_1	0; 0	0.800; 0.110	0.320; 0.020	0.008; 0.001	0.000; 0.000	0.000; 0.000	0.250; 4.000	0; 0
Q_2	0; 0	0.861; 0.123	0.346; 0.023	0.009; 0.001	0.000; 0.000	0.100; 1.600	1.190; 4.340	0; 0
Q_3	0; 0	0.865; 0.124	0.348; 0.024	0.009; 0.001	0.040; 0.640	0.485; 1.872	1.324; 4.372	0; 0
Q_4	0; 0	0.865; 0.124	0.348; 0.024	0.026; 0.257	0.197; 0.803	0.571; 1.909	1.342; 4.376	0; 0
⋮	⋮	⋮	⋮	⋮	⋮	⋮	⋮	⋮
Q_{24}	0; 0	0.870; 0.188	0.371; 0.182	0.121; 0.367	0.258; 0.838	0.588; 1.915	1.344; 4.376	0; 0
h_2	*	−1	−1	1	1	1	1	*
Q_0	0; 0	0; 0	0; 0	0; 0	0; 0	0; 0	0; 0	0; 0
Q_1	0; 0	0.800; 0.110	0.320; 0.044	0.128; 0.008	0.003; 0.000	0.000; 0.000	0.250; 4.000	0; 0
Q_2	0; 0	0.868; 0.243	0.371; 0.053	0.149; 0.010	0.004; 0.000	0.100; 1.600	1.190; 4.340	0; 0
Q_3	0; 0	0.874; 0.264	0.378; 0.054	0.152; 0.010	0.044; 0.640	0.485; 1.872	1.324; 4.372	0; 0
Q_4	0; 0	0.875; 0.267	0.379; 0.054	0.168; 0.266	0.201; 0.803	0.571; 1.909	1.342; 4.376	0; 0
⋮	⋮	⋮	⋮	⋮	⋮	⋮	⋮	⋮
Q_{24}	0; 0	0.875; 0.271	0.389; 0.200	0.204; 0.373	0.26; 0.838	0.588; 1.915	1.344; 4.376	0; 0
h_3	*	−1	−1	1	1	1	1	*

也有其他计算 Q^h 的方式。例如，在确定情况中，映射 T^h 对于 Q 值是线性的。在随机情况中，由于状态空间 $\boldsymbol{X}$ 包含的状态值个数是有穷的，策略评估映射 T^h 也是线性的。所以，如果状态和动作空间是有穷的，并且 $\boldsymbol{X}\times U$ 的基数不是太大(如最多几千个)，则可以通过直接求解 Bellman 线性方程组来找到 Q^h 值。

使用值迭代方式进行策略迭代的一个有利条件是 Q^h 的Bellman等式在Q值上具有线性特征。相比较而言，Bellman 最优等式(Q^*)的右边求解最大值而导致了高度非线性。这使得一般来说策略迭代比值迭代更易于求解。另外，在实际应用中，离线策略迭代算法通常经过较少次数的迭代就能收敛[1,21,22]，可能小于离线值迭代算法的迭代次数。但是这并不意味着策略迭代的计算复杂度小于值迭代，例如，尽管使用 Q-值函数的策略评估的计算复杂度通常小于 Q 值迭代，但是每一轮单独的策略迭代就需要一次完整的策略评估。

1.4.2　强化学习：模型无关的解决技术

强化学习主要解决的是：在迁移函数和奖赏函数等知识不完备的情况下，与环境交互，不断地通过对采样评估进行学习。因此与动态规划相比，该类算法不依赖于 MDP 模型，即迁移函数和奖赏函数的先验知识。只是通过对 MDP 抽样，得到关于未知模型的统计知识。

强化学习主要包括 3 种方法：①模型学习或间接学习，该方法在与环境的交互过程中，学习迁移和奖赏模型，并利用学习到的模型，采用动态规划方法进行学习；②直接学习，该方法不需要 MDP 模型，直接对某一状态及其采取的动作进行评估；③模型与规划学习，该方法将模型学习与直接学习混合使用，一方面进行模型无关的动作值评估，另一方面利用近似的模型加速学习速度。

在强化学习方法中，采用的一类重要算法是时间差分(Temporal Difference, TD)算法。TD 算法的基本思想起源于心理学中针对次要增强信号的学习机理和实验的研究。1998 年，Sutton 提出了 Markov 链学习预测的形式化理论和 TD(λ)学习算法。TD(λ)算法是一类多步学习预测算法，参数λ($0\leqslant\lambda\leqslant1$)是决定算法性能的一个关键参数。下面对 $\lambda=0$ 和 $0<\lambda\leqslant1$ 两种情况分别进行介绍。

1. TD(0)

TD 算法是利用经验信息解决预测问题的一类算法。在策略 h 下，给定某一经验信息，TD 算法就是利用这些经验信息，去评估 V^h 或 Q^h 的 V 值或 Q 值。如果在时刻 k，访问到非终止状态 $\boldsymbol{x}_k$，TD 方法基于 k 时刻之后的信息来评估当前的状态 $\boldsymbol{x}_k$。其中的 TD(0)方法是最简单的一种 TD 方法，它只需要 $\boldsymbol{x}_{k+1}$ 出现之后，即可对当前 $\boldsymbol{x}_k$ 进行评估。

$$Q(\boldsymbol{x}_k,u_k)=Q(\boldsymbol{x}_k,u_k)+\alpha_k[r_{k+1}+\gamma Q(\boldsymbol{x}_{k+1},u_{k+1})-Q(\boldsymbol{x}_k,u_k)]$$

式中，$\alpha_k\in(0,1]$ 为学习率；方括号中的部分为时间差分，即 $(\boldsymbol{x}_k,u_k)$ 的 Q 值的更新估计值 $r_{k+1}+\gamma Q(\boldsymbol{x}_{k+1},u_{k+1})$ 与其当前估计值 $Q(\boldsymbol{x}_k,u_k)$ 的差值。图 1.4 为 TD(0)的更新图。

图 1.4　TD(0)的更新图

表格型 TD(0)算法步骤如算法 1.6 所示。

算法 1.6　表格型 TD(0)算法

(1) 输入折扣因子 γ，学习率 $\{\alpha_k\}_{k=0}^{\infty}$

(2) 初始化 Q-值函数，如 $Q_0^h\leftarrow0$，令 h 为任意评估策略

(3) 设置初始状态 $\boldsymbol{x}_0$

(4) for 每个时间步 $k=0,1,2,\cdots$, do

(5) 　$u_k\leftarrow$ 根据策略 h，状态 $\boldsymbol{x}_k$ 采取的动作

(6) 　根据动作 u_k，得到下一状态 $\boldsymbol{x}_{k+1}$ 以及奖赏 r_{k+1}

(7) 　$u_{k+1}\leftarrow$ 根据策略 h，状态 $\boldsymbol{x}_{k+1}$ 采取的动作

(8) 　$Q(\boldsymbol{x}_k,u_k)=Q(\boldsymbol{x}_k,u_k)+\alpha_k\left[r_{k+1}+\gamma Q(\boldsymbol{x}_{k+1},u_{k+1})-Q(\boldsymbol{x}_k,u_k)\right]$

(9) end for

(10) 输出 $Q^h=Q$

TD(n)方法，对当前状态 $\boldsymbol{x}_k$ 的评估是基于之后的 n 步信息的，图 1.5 为 TD(n) 的更新图。

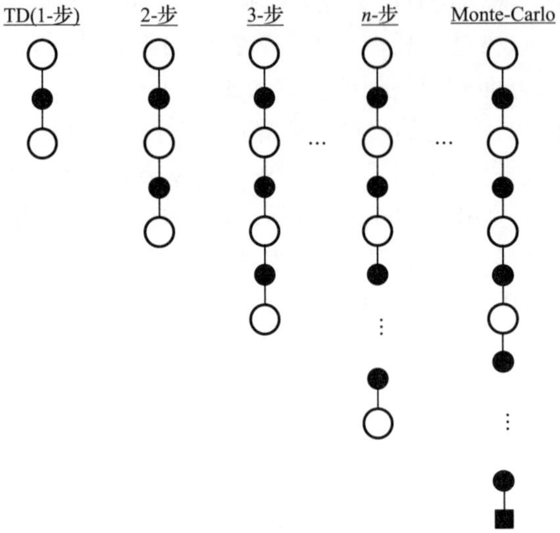

图 1.5　TD(n)的更新图

在 k 时刻的 n-步回报，记为 $R_k^{(n)}$。

因此 1-步 TD 的回报公式为

$$R_k^{(1)} = r_{k+1} + \gamma Q_k(\boldsymbol{x}_{k+1}, u_{k+1})$$

2-步 TD 的回报公式为

$$R_k^{(2)} = r_{k+1} + \gamma r_{k+2} + \gamma^2 Q_k(\boldsymbol{x}_{k+2}, u_{k+2})$$
$$\vdots$$

n-步 TD 的回报公式为

$$R_k^{(n)} = r_{k+1} + \gamma r_{k+2} + \gamma^2 r_{k+3} + \cdots + \gamma^{n-1} r_{k+n} + \gamma^n Q_k(\boldsymbol{x}_{k+n}, u_{k+n})$$

n-步 TD 回报的更新公式为

$$Q(\boldsymbol{x}_k, u_k) = Q(\boldsymbol{x}_k, u_k) + \alpha_k [R_k^{(n)} - Q(\boldsymbol{x}_k, u_k)]$$

这里，1-步 TD 与 TD(0)相同，即当 $\lambda = 0$ 时，称这种 TD 为 1-步 TD。

2. TD(λ)

TD(λ)算法为 n-步更新的加权平均，每个权重依次按 λ ($0 \leqslant \lambda \leqslant 1$)递减，常量 $(1-\lambda)$，TD(λ)的更新图如图 1.6 所示。

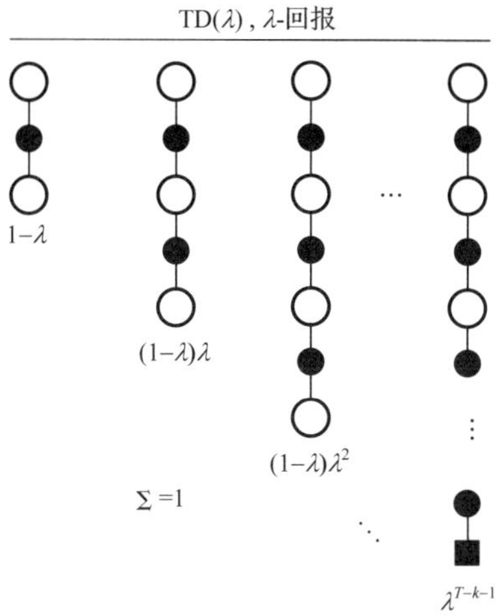

图 1.6 TD（λ）的更新图

λ-回报公式为

$$R_k^\lambda = (1-\lambda)\sum_{n=1}^{\infty}\lambda^{n-1}R_k^{(n)}$$

考虑终止状态 T 时刻的情况，在 $n \geqslant T$ 时，n-步回报都等于 R_k，因此回报公式也可以写成

$$R_k^\lambda = (1-\lambda)\sum_{n=1}^{T-k-1}\lambda^{n-1}R_k^{(n)} + \lambda^{T-k-1}R_k$$

λ-回报的更新公式为

$$Q(\boldsymbol{x}_k,u_k) = Q(\boldsymbol{x}_k,u_k) + \alpha_k\left[R_k^{(\lambda)} - Q(\boldsymbol{x}_k,u_k)\right]$$

这种方法是一种理论的或向前观点的方法。对于每一个访问的状态，需要向前取得所有的未来状态的回报信息，因此实现非常困难。

TD（λ）向后观点，提供了一种易于实现的增量方式，并从理论上证明了向前观点和向后观点的等价性。对于每个状态都对应一个资格迹（eligibility trace）。在 k 时刻，状态 $\boldsymbol{x}$，动作 u 的资格迹表示为 $e_k(\boldsymbol{x},u)\in\mathbb{R}^+$。在每个时间步，所有状态的资格迹都以 $\gamma\lambda$ 衰减，当前访问到的状态的资格迹增加 1。

对于所有的 $\boldsymbol{x},u$

$$e_k(\boldsymbol{x},u) = \begin{cases} \gamma\lambda e_{k-1}(\boldsymbol{x},u)+1, & \boldsymbol{x}=\boldsymbol{x}_k, u=u_k \\ \gamma\lambda e_{k-1}(\boldsymbol{x},u), & \text{其他} \end{cases}$$

式中，λ 为迹衰减参数。

δ_k 为在时刻 k 的时间差分差值，即

$$\delta_k = r_{k+1} + \gamma Q_k(\boldsymbol{x}_{k+1},u_{k+1}) - Q_k(\boldsymbol{x}_k,u_k)$$

在每一步，都根据资格迹对所有的状态动作对 $\boldsymbol{x},u$ 进行更新

$$Q_{k+1}(\boldsymbol{x},u)=Q_k(\boldsymbol{x},u)+\alpha\delta_k e_k(\boldsymbol{x},u)$$

3. Q 学习

利用模型无关的技术评估 Q-值函数最基本而著名的方法是 Q 学习，它是一种模型无关的值迭代方法。这种方法由 Watkins[23]提出。

Q 学习采用离策略(off-policy)方法，即所采取的行为策略和评估策略不同，其评估公式为

$$Q_{k+1}(\boldsymbol{x}_k,u_k)=Q_k(\boldsymbol{x}_k,u_k)+\alpha_k[r_{k+1}+\gamma\max_{u'}Q_k(\boldsymbol{x}_{k+1},u')-Q_k(\boldsymbol{x}_k,u_k)] \tag{1.8}$$

式中，$\alpha_k\in(0,1]$ 为学习率；方括号中的项为时间差分，即 $(\boldsymbol{x}_k,u_k)$ 的最优 Q 值 $r_{k+1}+\gamma\max\limits_{u'}Q_k(\boldsymbol{x}_{k+1},u')$ 与当前的评估 $Q_k(\boldsymbol{x}_k,u_k)$ 之间的差值。

在确定情况下，新的评估就是在状态动作对 $(\boldsymbol{x}_k,u_k)$ 中，应用到 Q_k 的 Q 迭代映射，即

$$[T(Q)](\boldsymbol{x},u)=\rho(\boldsymbol{x},u)+\gamma\max_{u'}Q(f(\boldsymbol{x},u),u')$$

这里由观察到的奖赏 r_{k+1} 替代 $\rho(\boldsymbol{x}_k,u_k)$，观察到的下一状态 $\boldsymbol{x}_{k+1}$ 替代 $f(\boldsymbol{x}_k,u_k)$。

在随机情况下，Q 迭代映射为

$$[T(Q)](\boldsymbol{x},u)=E_{\boldsymbol{x}'\sim\tilde{f}(\boldsymbol{x},u,\cdot)}\{\tilde{\rho}(\boldsymbol{x},u,\boldsymbol{x}')+\gamma\max_{u'}Q(\boldsymbol{x}',u')\} \tag{1.9}$$

该公式为一个期望。式(1.8)只是式(1.9)的一个样例，因此 Q 学习也可以看成是基于样例的随机近似过程。

4. Sarsa 学习

Sarsa 学习是一种模型无关的策略迭代算法。该算法于 1994 年由 Rummery 和 Niranjan 等提出。其名称也来自于其构成方式，即它是由一个状态动作对迁移到下一个状态动作对的五元组 $(\boldsymbol{x}_k,u_k,r_{k+1},\boldsymbol{x}_{k+1},u_{k+1})$ 组成的。Sarsa 学习算法采用在策略(on-policy)方法，即所采取的行为策略和评估策略相同。其评估公式为

$$Q_{k+1}(\boldsymbol{x}_k,u_k)=Q_k(\boldsymbol{x}_k,u_k)+\alpha_k\left[r_{k+1}+\gamma Q_k(\boldsymbol{x}_{k+1},u_{k+1})-Q_k(\boldsymbol{x}_k,u_k)\right]$$

式中，$\alpha_k\in(0,1]$ 为学习率；方括号中的项为时间差分，即 $(\boldsymbol{x}_k,u_k)$ 的 Q 值更新评估 $r_{k+1}+\gamma Q_k(\boldsymbol{x}_{k+1},u_{k+1})$ 与当前的评估 $Q_k(\boldsymbol{x}_k,u_k)$ 之间的差值。

1.5 本章小结

本章介绍了强化学习的基本概念和马尔可夫决策过程的相关理论基础，并介绍

了本书的相关符号。给出了强化学习的几种经典的算法：动态规划、TD、Q 学习、Sarsa 学习等方法，这些算法都为后续章节的相关算法奠定了理论基础。

参考文献

[1] Sutton R, Barto A. Reinforcement Learning: An Introduction. Cambridge: MIT Press, 1998.

[2] Kaelbing L, Littman M, Moore A. Reinforcement learning: A survey. Journal of Artificial Intelligence Research, 1996: 237-285.

[3] 高阳，陈世福，陆鑫. 强化学习研究综述. 自动化学报, 2004, 33(1): 86-99.

[4] Singh S, Jaakola T, Jordan M. Reinforcement learning with soft state aggregation. The 1994 Conference on Neural Information Processing Systems, Cambridge, 1995.

[5] LaTorre A, Pena J, Muelas S, et al. Learning hybridization strategies in evolutionary algorithms. Intelligent Data Analysis, 2010, 14(3): 333-354.

[6] Akiyama T, Hachiya H, Sugiyama M. Efficient exploration through active learning for value function approximation in reinforcement learning. Neural Networks, 2010, 23(5): 639-648.

[7] Langlois M, Sloan R. Reinforcement learning via approximation of the Q-function. Journal of Experimental and Theoretical Artificial Intelligence, 2010, 22(3): 219-235.

[8] 姚明海，瞿心昱，李佳鹤，等. 基于 ART2 的 Q 学习算法研究. 控制与决策, 2011, 26(2): 227-232.

[9] Zaragoza J, Morales E. Relational reinforcement learning with continuous actions by combining behavioral cloning and locally weighted regression. Journal of Intelligent Learning Systems and Applications, 2010, 2(2): 69-79.

[10] Mohan S, Laird J E. Relational reinforcement learning in infinite Mario. Proceedings of the 24th AAAI Conference on Artificial Intelligence, Menlo Park, 2010.

[11] 王文玺，肖世德，孟祥印，等. 基于 Agent 的递阶强化学习模型与体系结构. 机械工程学报, 2010, 46(2): 76-82.

[12] Kozlova O, Sigaud O, Meyer C. TeXDYNA: Hierarchical reinforcement learning in factored MDPs. The 11th International Conference on Simulation of Adaptive Behavior: from Animals to Animals, Berlin, 2010.

[13] 童亮，陆际联，龚建伟. 一种快速强化学习方法研究. 北京理工大学学报, 2005, 25(4): 328-331.

[14] 王洪彦. 新的启发式 Q 学习算法. 计算机工程, 2009, 35(22): 173-175.

[15] 宋清昆，胡子婴. 基于经验知识的 Q-学习算法. 控制理论与应用，2006, 25(11):10-12.

[16] Szita I, Lorincz A. The many faces of optimism: A unifying approach. The 25th International Conference on Machine Learning, New York, 2008.

[17] 徐心和，王娇．中国象棋计算机博弈关键技术分析．小型微型计算机系统，2006，27(6)：961-969.

[18] Krechmar R. Parallel reinforcement learning. The 6th World Conference on Systemics, Cybernetics, and Informatics, New York, 2002.

[19] Wingate D, Seppi K. P3VI: A partitioned, prioritized value iterator. The 21st International Conference on Machine Learning, New York, 2004.

[20] Puterman M L. Markov Decision Processes: Discrete Stochastic Dynamic Programming. New York: John Wiley & Sons, 2014.

[21] Istratescu V. Fixed Point Theory: An Introduction. Berlin: Springer, 1981.

[22] Madani O. On policy iteration as a Newton's method and polynomial policy iteration algorithms. The 18th National Conference on Artificial Intelligence and 14th Conference on Innovative Applications of Artificial Intelligence, Edmonton, 2002.

[23] Watkins C. Learning from Delay Rewards. Cambridge: University of Cambridge.

第 2 章　大规模或连续状态空间的强化学习

本章内容主要包括大规模或连续状态空间强化学习框架介绍、近似表示方法以及求解方法。

2.1　简　　介

经典的动态规划(Dynamic Programming，DP)和强化学习算法需要对值函数和策略确切地表示。这就需要对每个状态或状态动作对的回报值(V 值或 Q 值)进行存储。对于状态和动作空间有限的情况，这种方法是有效可行的。但对于大规模或连续状态空间来说，精确地存储每个状态或状态动作对的值函数和策略通常难以做到，需要对值函数和策略近似存储。在实际中，大多数任务都具有大的或连续的状态(动作)空间，因此采用 DP/RL 算法来解决问题时，近似是必须的。

在经典 DP/RL 中常用的值迭代、策略迭代和策略搜索等算法，都无法直接应用于大的或连续空间问题，因此相应地提出近似值迭代、近似策略迭代和近似策略搜索算法。

在 DP/RL 中，近似不只是表示问题，还存在另外两种近似。

(1) 在任何 DP/RL 算法中，都需要采取基于样本的近似方法。

首先对于确定环境下的 Q 值迭代算法，每一轮迭代，其实现方法为

$$\text{对于每个}\,(\boldsymbol{x},u)\,\text{执行}:Q_{l+1}(\boldsymbol{x},u)=\rho(\boldsymbol{x},u)+\gamma\max_{u'}Q_l(f(\boldsymbol{x},u),u') \tag{2.1}$$

当状态空间 $(\boldsymbol{x},u)$ 包含无穷多的元素时，在有限的时间内，遍历到每个状态动作对是不可能的。因此在 DP/RL 中，必须通过在线采样，选取部分有限的状态动作对进行评估。

(2) 在随机环境下的 Q 值迭代算法中，除了与确定情况一样，需要采样评估外，还需要考虑随机问题本身的不确定性问题。

对于不确定环境下的 Q 值迭代算法，每一轮迭代，其实现方法为

$$Q_{l+1}(\boldsymbol{x},u)=E_{\boldsymbol{x}'\sim\tilde{f}(\boldsymbol{x},u)}\{\tilde{\rho}(\boldsymbol{x},u,\boldsymbol{x}')+\gamma\max_{u'}Q_l(\boldsymbol{x}',u')\} \tag{2.2}$$

通常，期望是无法精确计算的，必须利用有限的样本，通过某些方法求得期望值的估计值。

在 DP/RL 求解过程中，采用的逼近器主要分为两种。

(1) 带参数化值函数逼近器(parametric approximator)。带参数化值函数逼近器是一个从参数空间到目标空间的映射。映射形式和参数个数事先由先验知识给定，参数的值通过关于目标函数的样本数据来调整。

(2) 非带参数化值函数逼近器(nonparametric approximator)。非带参数化值函数逼近器的构造来源于样本数据。尽管称为“非参”的逼近器，但通常非带参数化值函数逼近器仍然带有参数，只不过参数的个数和参数的值都依赖于样本数据。

在式(2.1)、式(2.2)中，当对状态动作对 $(\boldsymbol{x},u)$ 进行极大化操作时，除了需要考虑状态以外，还需要考虑动作，在连续动作情况下，这种极大化操作存在潜在的非凹最大化问题，这类问题很难求解。为了简化该类问题，许多算法将连续的动作空间离散成一个有限的动作空间，然后在有限的动作空间上计算每个动作的值函数，最后通过枚举的方式找出最大值。

在模型无关的强化学习算法中，通常 Agent 与环境交互，并对直接采样进行评估。对于大规模状态或动作空间，通过函数逼近方法求解问题，利用有限域下的样本来调整估计效果，并“泛化”到整个空间域中，达到控制策略的目的。

2.2 近似表示

与传统的基于表格的 DP/RL 不同，使用函数逼近进行值预测，k 时刻的近似值函数 Q_k 不再表示为一个表格项，而是表示成一个含有参数向量 $\boldsymbol{w}_k$ 的带参函数形式。即值函数 Q_k 完全依赖于 $\boldsymbol{w}_k$，随着时间步的改变只有 $\boldsymbol{w}_k$ 发生改变。值函数 Q_k 不需要存储，而是通过 $\boldsymbol{w}_k$ 计算得出。

2.2.1 带参数化值函数逼近

带参数化值函数逼近器是从参数空间到目标函数空间的映射，在 DP/RL 中，目标函数可以是值函数或者策略。通常函数的形式和参数的个数都是事先设定的，而不依赖于样本数据。逼近器的参数是通过关于目标函数的样本数据来调整的。

考虑参数化为一个 n 维向量 $\boldsymbol{w}$ 的 Q-值函数逼近器。逼近器可以表示为一个近似映射 $F:\mathbb{R}^n \to \mathbb{Q}$，$\mathbb{R}^n$ 为 n 维的参数空间，$\mathbb{Q}$ 为 Q-值函数空间。每个参数向量 $\boldsymbol{w}$ 都与一个近似 Q-值函数相对应，即

$$\hat{Q} = F(\boldsymbol{w}) \tag{2.3}$$

写成状态动作对的形式为

$$\hat{Q}(\boldsymbol{x},u) = [F(\boldsymbol{w})](\boldsymbol{x},u) \tag{2.4}$$

式中，$[F(\boldsymbol{w})](\boldsymbol{x},u)$ 表示对于状态动作对 $(\boldsymbol{x},u)$ 的评估的 Q-值函数 $[F(\boldsymbol{w})]$。因此对于每个状态动作对，不再存储其 Q 值，而只存储一个 n 维的向量，这样对于大规模空

间来说，对其 Q 值的表示进行了压缩。假设状态和动作空间均为离散的，n 通常远远小于 $|\boldsymbol{X}|\cdot|U|$（$|\cdot|$ 表示基数），这样就可以得到一个 Q-值函数空间的压缩表示。通常近似函数 F 所表示的 Q-值函数集只是目标值函数空间 $\mathbb{Q}$ 的一个子集，因此对于任意 Q-值函数只能近似表示为 $\hat{Q}$。

由于线性函数逼近器算法简单，容易在理论上进行算法分析，所以常用的带参数化值函数逼近器是线性逼近器。线性带参 Q-值函数逼近器是由 n 个基函数（Basis Function，BF），$\phi_1,\cdots,\phi_n:\boldsymbol{X}\times U\to\mathbb{R}$ 和 n 维参数向量 $\boldsymbol{w}$ 组成的。状态动作对 $(\boldsymbol{x},u)$ 对应的近似 Q 值的线性计算公式为

$$\hat{Q}(\boldsymbol{x},u)=[F(\boldsymbol{w})](\boldsymbol{x},u)=\sum\nolimits_{l=1}^{n}\phi_l(\boldsymbol{x},u)w_l=\boldsymbol{\phi}^{\mathrm{T}}(\boldsymbol{x},u)\boldsymbol{w} \tag{2.5}$$

式中，$\boldsymbol{\phi}(\boldsymbol{x},u)=(\phi_1(\boldsymbol{x},u),\phi_2(\boldsymbol{x},u),\cdots,\phi_n(\boldsymbol{x},u))^{\mathrm{T}}$ 为由 BF 组成的 n 维向量。在文献[1]中，BF 也称为特征。

为了简化在动作空间的极大化问题，在许多 DP/RL 算法中，经常采用离散动作逼近器，动作空间被离散成有穷的小数目的动作值，BF 只依赖于状态，因此称为状态依赖（state-dependent）BF。

从初始的动作空间 U 中选择一个离散的、有穷的动作集：$u_1,u_2,\cdots,u_M$，则离散的动作空间表示为 $U_d=\{u_1,u_2,\cdots,u_M\}$。$N$ 个状态依赖 BF 定义为 $\bar{\phi}_1,\bar{\phi}_2,\cdots,\bar{\phi}_N:\boldsymbol{X}\to\mathbb{R}$，且动作空间 U_d 中每一个动作对应一组 BF。对于任意状态-离散动作对，近似 Q-值函数的计算如式（2.6）所示

$$[F(\boldsymbol{w})](\boldsymbol{x},u_j)=\boldsymbol{\phi}^{\mathrm{T}}(\boldsymbol{x},u_j)\boldsymbol{w} \tag{2.6}$$

式中，$\boldsymbol{\phi}^{\mathrm{T}}(\boldsymbol{x},u_j)$ 是关于状态动作对的 BF 向量，其中所有与当前的离散动作无关的 BF 都被置为 0，即

$$\boldsymbol{\phi}(\boldsymbol{x},u_j)=(\underbrace{0,\cdots,0}_{u_1},\cdots,0,\underbrace{\bar{\phi}_1,\bar{\phi}_2,\cdots,\bar{\phi}_N}_{u_j},0,\cdots,\underbrace{0,\cdots,0}_{u_M}) \tag{2.7}$$

因此，参数向量 $\boldsymbol{w}$ 含有 NM 个元素。这类逼近器可以看成 Q-值函数中 M 个不同的状态无关的切片，每一个切片都与 M 个离散动作中的一个动作相对应。

下面介绍几种常用的逼近器编码技术。

1）粗糙编码技术

粗糙编码（coarse coding）主要应用于二维、连续的状态集。该技术将状态空间用 N 个圆圈完全覆盖，每个圆圈即代表一种特征，如图 2.1 所示。如果状态在一个圆圈内部，那么相应的特征值为 1，即为“在场”（present）；否则特征值为 0，并称为“缺席”（absent）。这种类型的 0-1 特征，就称为二值特征。给定一个状态，状态包含在哪个圆圈内部，其特征为 1。这种以重叠方式形成的特征（不一定是圆）来表

示一个状态的编码方式就称为粗糙编码。如图 2.1 所示，在状态空间中，状态 $\boldsymbol{X}_1$ 的值可以泛化到 $\boldsymbol{X}_2$、$\boldsymbol{X}_3$、$\boldsymbol{X}_4$。

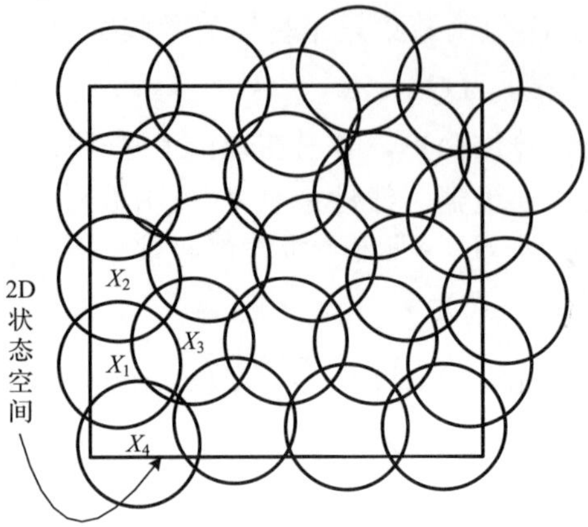

图 2.1　粗糙编码

对于粗糙编码，将状态空间完全覆盖于 N 个可能相交的子空间中。其中 $\boldsymbol{X}_i$ 为这个划分中的第 i 个子空间，$i=1,2,\cdots,N$。对于一个给定的动作，逼近器对 $\boldsymbol{X}_i$ 中所有状态赋予相同的 Q 值。其状态依赖 BF，用二值表示为

$$\phi_i(\boldsymbol{x})=\begin{cases}1, & \boldsymbol{x}\in\boldsymbol{X}_i\\0, & \text{其他}\end{cases}\tag{2.8}$$

由于 $\boldsymbol{X}_i$ 可能是相交的，如果 $\boldsymbol{X}_{i_1}$ 与 $\boldsymbol{X}_{i_2}$ 相交，那么在 $\boldsymbol{X}\in\boldsymbol{X}_{i_1}\cap\boldsymbol{X}_{i_2}$ 处，活动 BF 不是唯一的。因此在 BF 向量中，在场的 BF 个数大于等于 1。这样如果在一个点(状态) $\boldsymbol{X}\in\boldsymbol{X}_i$ 上训练，那么所有与 $\boldsymbol{X}_i$ 交叉的圆圈所对应的参数都会受到影响。如果圆圈比较小，那么泛化的距离就比较短；如果圆圈比较大，泛化的距离就比较远，如图 2.2(a)所示。与 $\boldsymbol{X}_i$ 交叉的圆圈越多，影响就越大，如图 2.2(b)所示。而且特征的形状决定了泛化的特征。例如，如果它们不是严格的圆，而是向一个方向拉长，那么其拉长方向的泛化能力也随之增强，如图 2.2(c)所示。

利用状态依赖 BF 的定义和状态动作 BF 的表达式，状态动作 BF 可以写成

$$\phi_{[i,j]}(\boldsymbol{x},u)=\begin{cases}1, & \boldsymbol{x}\in\boldsymbol{X}_i, u=u_j\\0, & \text{其他}\end{cases}\tag{2.9}$$

式中，符号 $[i,j]$ 表示对应于 i 和 j 的标量索引，$[i,j]=i+(j-1)N$。如果将 n 维 BF 向量安排在一个 $N\times M$ 矩阵中，则第一列由 N 个元素组成，第二列由后续 N 个元素组成，以此类推。因此，向量中下标为 $[i,j]$ 的元素就是矩阵中第 i 行、第 j 列的元素。对于 $\boldsymbol{X}\times U_d$ 中的任何一点，都能激活至少一个状态动作 BF，如果 $u\notin U_d$，则没有 BF 被激活。

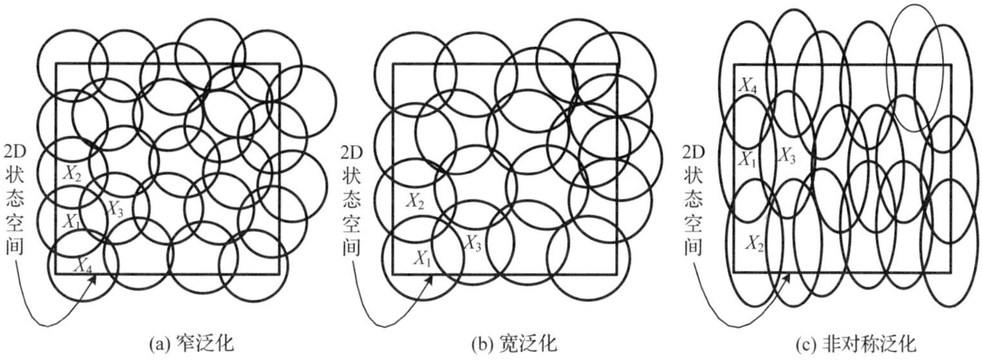

图 2.2　特征的大小和形状对泛化的影响

2) Tile 编码技术

Tile 编码是粗糙编码的一种，适合于在线学习。在 Tile 编码中，由多个特征的感受域组合在一起，形成了对输入空间的完全分割。每个这样的完全分割称为一个 Tiling，而分割中的每一部分称为一个 Tile。每个 Tile 是一个二值特征，如图 2.3 所示。

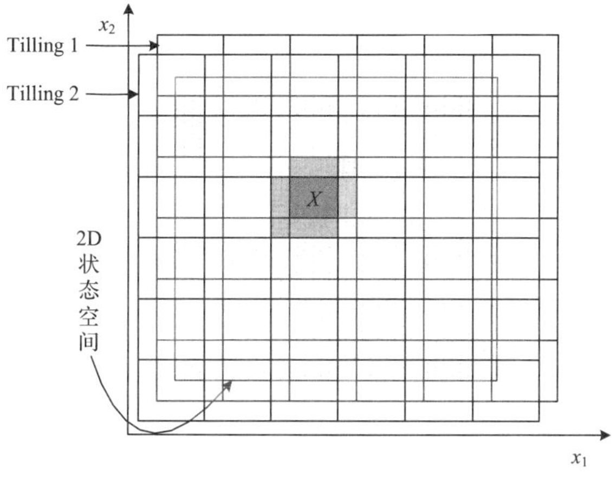

图 2.3　Tile 编码

Tile 编码是一种比较简单的特征抽取方法，这种特征表示方法的优点是特征数目与状态空间的大小无关，而是可以完全设定的。对于任意状态，每个 Tiling 中只有一个特征(Tile)出现，所以在场的特征总是与 Tiling 的数目相同。

设整个状态空间由 M 个 Tiling 组成，每个 Tiling 表示为 $T_i(0<i<M)$。每个 Tiling 被划分成 N 个不相交的子集。$\boldsymbol{X}_j$ 是这 T_i 个划分中的第 j 个子集，$j=1,2,\cdots,N$。对应于式(2.7)的 BF，状态依赖 BF，如式(2.10)所示

$$\phi_{(iM+j)}(\boldsymbol{x})=\begin{cases}1, & \boldsymbol{x}\in T_i\cdot \boldsymbol{X}_j\\ 0, & \text{其他}\end{cases} \tag{2.10}$$

在实际应用中，可以根据 Tiling 的个数设置学习速度，如 $\alpha=\dfrac{1}{M}$，其中 M 为 Tiling 的个数，通常为了达到稳定收敛的效果，降低学习的速度，将 $\alpha=\dfrac{1}{M}$ 除以一个常数 c，即 $\alpha=\dfrac{1}{cM}$。在这种情况下，每一次更新，只是向目标移动了 $1/c$ 的“路程”。

使用网格式 Tiling，考虑二维状态空间。在这个空间中，给定一个点的坐标 (x,y)，很容易计算出 Tile 所在的索引。当用若干个 Tiling 时，可以将状态的离散网格加上一个随机位移得到。对于状态 $(\boldsymbol{x})$，通过计算它在每个 Tiling 中的坐标 (m,n)，就可以获得一组对应的特征向量，每个特征向量对应的参数值的线性累加就是估计的函数值[2]。

3）径向基函数

径向基函数（Radial Basis Function, RBF）是从粗糙编码向连续值特征的自然扩展。该方法中每个特征不再是 0 或 1，而是 [0,1] 区间的任意值，该值反映了特征“在场”的程度。考虑标准的（椭圆）高斯 RBF，RBF 可以定义为

$$\bar{\phi}_i(\boldsymbol{x})=\frac{\phi_i'(\boldsymbol{x})}{\sum_{i'=1}^{N}\phi_{i'}'(\boldsymbol{x})},\quad \phi_i'(\boldsymbol{x})=\exp\left(-\frac{1}{2}[\boldsymbol{x}-\boldsymbol{c}_i]^{\mathrm{T}}\boldsymbol{B}_i^{-1}[\boldsymbol{x}-\boldsymbol{c}_i]\right) \tag{2.11}$$

式中，ϕ_i' 是非标准化的径向基函数；向量 $\boldsymbol{c}_i=(c_{i,1},c_{i,2},\cdots,c_{i,D})\in\mathbb{R}^D$ 是第 i 个 RBF 的中心；对称正定矩阵 $\boldsymbol{B}_i\in\mathbb{R}^{D\times D}$ 表示其径向宽度。根据不同结构的径向宽度矩阵 $\boldsymbol{B}_i$，可以得到不同形状的 RBF。对于一般的径向宽度矩阵，RBF 呈椭圆形。如果径向宽度矩阵是一个对角阵，即 $\boldsymbol{B}_i=\mathrm{diag}(b_{i,1},\cdots,b_{i,D})$，则 RBF 为对称 RBF。在这种情况下，RBF 的宽度可以表示为一个向量 $\boldsymbol{b}_i=(b_{i,1},\cdots,b_{i,D})$。此外，如果 $b_{i,1}=\cdots=b_{i,D}$，则 RBF 呈现球形 RBF。

RBF 与二值特征相比的主要优点是它们产生的逼近函数平滑且可微。另外一些使用 RBF 网络的学习方法还可以改变特征的中心和宽度，使其更加精确地反映目标函数。

2.2.2 非参数化值函数逼近

带参数化值函数逼近中需要预先设定模型，学习效果很大程度上依赖于初始模型的设定，容易陷入局部极小值。不同于带参数化值函数逼近，非参数化值函数逼近是一种基于样本的学习方式，具有较高的灵活性。非参数化值函数逼近模型主要有基于高斯过程和基于核的值函数逼近模型[3-8]。考虑基于核的 Q-值函数逼近模型，

如式(2.12)所示

$$\hat{Q}(\boldsymbol{x},u)=\sum_{l_s=1}^{n_s}\boldsymbol{\kappa}((\boldsymbol{x},u),(\boldsymbol{x}_{l_s},u_{l_s}))\boldsymbol{w}_{l_s} \tag{2.12}$$

式中，$\boldsymbol{w}_1,\cdots,\boldsymbol{w}_{n_s}$ 为参数向量；$\{(\boldsymbol{w}_{l_s},u_{l_s})\,|\,l_s=1,\cdots,n_s\}$ 为样本集合；$\boldsymbol{\kappa}:\boldsymbol{X}\times U\times\boldsymbol{X}\times U\mapsto\mathbb{R}$ 为核函数。高斯核函数是一个被广泛使用的核函数，定义如下

$$\boldsymbol{\kappa}((\boldsymbol{x},u),(\boldsymbol{x}',u'))=\exp\left(-\frac{1}{2}\begin{bmatrix}\boldsymbol{x}-\boldsymbol{x}'\\u-u'\end{bmatrix}^{\mathrm{T}}\boldsymbol{B}^{-1}\begin{bmatrix}\boldsymbol{x}-\boldsymbol{x}'\\u-u'\end{bmatrix}\right) \tag{2.13}$$

其中，核宽度矩阵 $\boldsymbol{B}\in\mathbb{R}^{(D+C)\times(D+C)}$ 必须是对称正定的。这里 D 表示状态维度，C 表示动作维度。假定 $\boldsymbol{\kappa}((\boldsymbol{x},u),\cdot)=(\boldsymbol{\kappa}((\boldsymbol{x},u),(\boldsymbol{x}_1,u_1)),\cdots,\boldsymbol{\kappa}((\boldsymbol{x},u),(\boldsymbol{x}_{n_s},u_{n_s})))^{\mathrm{T}}$，式(2.12)可以变形为 $\hat{Q}(\boldsymbol{x},u)=\boldsymbol{\kappa}^{\mathrm{T}}((\boldsymbol{x},u),\cdot)\boldsymbol{w}$。对比式(2.6)定义的近似 Q-值函数 $\hat{Q}(\boldsymbol{x},u)=\boldsymbol{\phi}^{\mathrm{T}}(\boldsymbol{x},u)\boldsymbol{w}$，如果 $n=n_s$，$\boldsymbol{\kappa}$ 和 ϕ 定义为高斯函数，且这些高斯函数具有相同的中心和宽度，那么式(2.12)和式(2.6)形式完全一样。关键区别是，在非参数化逼近模型中 n_s 是根据样本来确定的，是变化的，而且核函数的形式也是根据样本来调整的。参数化逼近模型的参数个数和 ϕ 为事先设定的，不可改变。

非参数逼近模型的学习完全依赖于样本，这对于在线强化学习算法会有一定的问题，收敛性难以得到保证。当样本量比较大时，将会带来更大的计算代价。

2.3　值函数逼近求解方法

在参数化值函数逼近模型的求解方法中，按照求解方式的不同，分为在线和离线两类。典型的在线算法为梯度下降法。当值函数逼近模型为线性模型时，典型的离线训练方法为二次优化问题。当二次优化问题的约束条件为等式约束时，可利用最小二乘方法求解。

非参数值函数逼近模型利用非参数回归方法来求解。这些方法与参数化逼近模型的求解方法没有本质不同，如标准 SVM 所用的凸二次规划问题、最小二乘 SVM 所用的最小二乘方法等。

梯度下降法本质就是对目标函数求偏导，沿着梯度的反方向调整逼近模型的权值，是一种在线的求解方法。最小二乘法能够在线性目标被高斯噪声干扰的情况下获得最优结果。考虑到解的数值稳定性，Hoerl 和 Kennard 提出了岭回归方法，使用伪逆来代替最小二乘方法中遇到的奇异矩阵问题。上述最小二乘和岭回归都会遇到矩阵求逆问题，对于矩阵求逆可以用迭代技术来求解。下面详细描述两种基本的解法：梯度下降方法和最小二乘回归。

2.3.1　梯度下降方法

利用梯度下降方法来解决强化学习问题时，首先要对算法中的值函数进行建模。以线性参数化 Q-值函数逼近模型为例，建模如式(2.6)所示。在式(2.6)所示模型的基础上通过最小化均方误差(Mean Squared Error, MSE)来逼近最优值函数[9]。MSE 形式化定义为

$$\mathrm{MSE}(\boldsymbol{w}_t)=\sum_{\boldsymbol{x}\in \boldsymbol{X},u\in U}\hat{P}(\boldsymbol{x},u)\left[Q^{\pi}(\boldsymbol{x},u)-\hat{Q}_t(\boldsymbol{x},u)\right]^2 \tag{2.14}$$

式中，$Q^{\pi}(\boldsymbol{x},u)$ 和 $\hat{Q}_t(\boldsymbol{x},u)$ 为状态动作对 $(\boldsymbol{x},u)$ 的真实值和 t 时刻的估计值；$\hat{P}(\cdot,\cdot)$ 为状态动作对的权值分布，用来权衡各状态动作对的真实值与估计值的误差的平方。

采用 TD 方法时，$\delta=Q^{\pi}(\boldsymbol{x},u)-\hat{Q}_t(\boldsymbol{x},u)$ 为 TD 误差，采用梯度下降递归迭代策略来最小化 MSE[10]。计算过程如式(2.15)所示

$$\begin{aligned}\boldsymbol{w}_{t+1}&=\boldsymbol{w}_t-\frac{1}{2}\alpha\nabla_{\boldsymbol{w}_t}\left[Q^{\pi}(\boldsymbol{x}_t,u_t)-\hat{Q}_t(\boldsymbol{x}_t,u_t)\right]^2\\&=\boldsymbol{w}_t+\alpha\left[Q^{\pi}(\boldsymbol{x}_t,u_t)-\hat{Q}_t(\boldsymbol{x}_t,u_t)\right]\nabla_{\boldsymbol{w}_t}\hat{Q}_t(\boldsymbol{x}_t,u_t)\end{aligned} \tag{2.15}$$

如果学习率 α 随时间衰减，并满足式(2.16)所示条件，那么可以证明采用梯度下降方法的线性学习模型是收敛的[11]，即

$$\sum_{t=0}^{\infty}\alpha_t=\infty,\quad \sum_{t=0}^{\infty}\alpha_t^2<\infty \tag{2.16}$$

梯度下降方法简单、高效，可以对逼近模型进行在线训练。然而梯度下降方法对于不可微的目标函数不适用，而且当目标函数存在局部极值时，容易陷入局部最优。算法 2.1 描述了基于梯度下降方法的参数化线性 Q-值函数逼近的学习算法[11]。算法中利用 ε-greedy 策略来平衡探索和利用。

算法 2.1　基于梯度下降的线性 Q-值函数逼近学习算法

(1) 输入基函数组 $\phi_1,\cdots,\phi_n:\boldsymbol{X}\times U\mapsto\mathbb{R}$，状态转移函数 T，奖赏函数 R，折扣因子 γ，探索因子序列 $\{\varepsilon_t\}_{t=0}^{\infty}$，学习率序列 $\{\alpha_t\}_{t=0}^{\infty}$

(2) 初始化参数向量，如 $\boldsymbol{w}_0\leftarrow 0$

(3) 初始化系统状态 $\boldsymbol{x}_0$

(4) repeat(对每个时间步 $t=0,1,2,\cdots$)

① $u_t\leftarrow\begin{cases}\text{以概率 } 1-\varepsilon_t,\ u\in\arg\max_{\bar{u}}(\boldsymbol{\phi}^{\mathrm{T}}(\boldsymbol{x}_t,\bar{u})\boldsymbol{w})\\ \text{以概率}\varepsilon_t,\ \text{在}U\text{中随机选择动作}u\end{cases}$

② 执行动作 u_t，观察后继状态 $\boldsymbol{x}_{t+1}$ 及奖赏 r_{t+1}

③ $\boldsymbol{w}_{t+1}\leftarrow\boldsymbol{w}_t+\alpha_t[r_{t+1}+\gamma\max_{u'}(\boldsymbol{\phi}^{\mathrm{T}}(\boldsymbol{x}_{t+1},u')\boldsymbol{w}_t)-\boldsymbol{\phi}^{\mathrm{T}}(\boldsymbol{x}_t,u_k)\boldsymbol{w}_t]\boldsymbol{\phi}(\boldsymbol{x}_t,u_t)$

(5) until 满足设定的终止条件

(6) 输出 $\boldsymbol{w}^* = \boldsymbol{w}_{t+1}$

2.3.2 最小二乘回归

最小二乘回归是在一定的样本集合下，以最小化目标函数估计值与真实值之差的平方和为目标的回归优化问题，以式(2.6)所示的线性参数化 Q-值函数逼近模型为例，该问题可以形式化描述为式(2.17)，即

$$\min_{\boldsymbol{w}} \quad \sum\nolimits_{l_s=1}^{n_s} (Q(\boldsymbol{x}_{l_s}, u_{l_s}) - [F(\boldsymbol{w})](\boldsymbol{x}_{l_s}, u_{l_s}))^2 \tag{2.17}$$

式中，$Q(\boldsymbol{x}_{l_s}, u_{l_s})$ 和 $[F(\boldsymbol{w})](\boldsymbol{x}_{l_s}, u_{l_s})$ 分别为在样本点 $(\boldsymbol{x}_{l_s}, u_{l_s})$ 下的真实值和估计值，样本集合为 $\{(\boldsymbol{x}_{l_s}, u_{l_s}) \mid l_s = 1, 2, \cdots, n_s\}$。在确定性 MDP 中，采用一步 TD 方法时，这里的 $Q(\boldsymbol{x}_{l_s}, u_{l_s})$ 可以用 $R(\boldsymbol{x}_{l_s}, u_{l_s}) + \gamma \max_{u'} [F(\theta)](T(\boldsymbol{x}_{l_s}, u_{l_s}), u')$ 来代替。如果这里的 F 映射为线性参数化形式，则式(2.17)是一个典型的凸二次优化问题。算法 2.2 描述了在确定性 MDP 中，利用最小二乘回归方法来求解 Q-值函数逼近模型的学习算法[11]。

算法 2.2　确定性 MDP 中的最小二乘近似 Q 迭代

(1) 输入环境模型中的状态转移函数 T，奖赏函数 R，折扣因子 γ，逼近映射 F，样本 $\{(\boldsymbol{x}_{l_s}, u_{l_s}) \mid l_s = 1, 2, \cdots, n_s\}$

(2) 初始化参数向量，如 $\boldsymbol{w}_0 \leftarrow 0$

(3) repeat (对每轮迭代 $l = 0, 1, 2, \cdots$)

(4) 　　repeat (对所有的 $l_s = 1, 2, \cdots, n_s$)

(5) 　　　　$Q_{l+1}(\boldsymbol{x}_{l_s}, u_{l_s}) \leftarrow R(\boldsymbol{x}_{l_s}, u_{l_s}) + \gamma \max_{u'} [F(\boldsymbol{w}_l)](T(\boldsymbol{x}_{l_s}, u_{l_s}), u')$

(6) 　　until 遍历所有的数据

(7) 　　$\boldsymbol{w}_{l+1} \leftarrow \boldsymbol{w}', \text{where } \boldsymbol{w}' \in \arg\min_{\boldsymbol{w}} \sum\nolimits_{l_s=1}^{n_s} (Q_{l+1}(\boldsymbol{x}_{l_s}, u_{l_s}) - [F(\boldsymbol{w}_l)](\boldsymbol{x}_{l_s}, u_{l_s}))^2$

(8) until $\boldsymbol{w}_{t+1}$ 满足要求

(9) 输出 $\boldsymbol{w}^* = \boldsymbol{w}_{t+1}$

2.4 本章小结

本章介绍了强化学习值函数逼近相关的理论基础和框架，为后续章节提供了相应的符号体系和理论基础。将问题拓展到连续空间后，在对状态和状态空间以及动作和动作空间表示的基础上，阐述了强化学习在大规模情况下的经典表示方法、求解方法和算法等。

参 考 文 献

[1] Bertsekas D, Tsitsiklis J. Neuro-Dynamic Programming. Massachusetts: Athena Scientific, 1996.

[2] 王巍巍, 陈兴国, 高阳. 一种结合 Tile Coding 的平均奖赏强化学习算法. 模式识别与人工智能, 2008, 21(4): 446-452.

[3] Engel Y, Mannor S, Meir R. Bayes meets Bellman: The Gaussian process approach to temporal difference learning. The 20th International Conference on Machine Learning, Washington, 2003.

[4] Ormoneit D, Sen Ś. Kernel-based reinforcement learning. Machine Learning, 2002, 49(2-3): 161-178.

[5] Xu X, Xie T, Hu D, et al. Kernel least-squares temporal difference learning. International Journal of Information Technology, 2005, 11(9): 54-63.

[6] Xu X, Hu D, Lu X. Kernel-based least squares policy iteration for reinforcement learning. IEEE Transactions on Neural Networks, 2007, 18: 973-992.

[7] Taylor G, Parr R. Kernelized value function approximation for reinforcement learning. The 26th International Conference on Machine Learning, New York, 2009.

[8] Mangasarian O, Shavlik J, Wild E. Knowledge-based kernel approximation. The Journal of Machine Learning Research, 2004, 5: 1127-1141.

[9] Mitchell T M. Machine Learning. Beijing: China Machine Press, 2003.

[10] Sutton R, Barto A. Reinforcement Learning: An Introduction. Massachusetts: MIT Press, 1998.

[11] Busoniu L, Babuska R, De S, et al. Reinforcement Learning and Dynamic Programming Using Function Approximators. Florida: CRC Press, 2010.

第 3 章　梯度下降值函数逼近模型的改进

针对连续空间下传统强化学习算法初始性能差和收敛速度慢的问题，提出利用势函数塑造奖赏机制，通过额外的奖赏信号自适应地将模型知识传递给学习器，从而有效提高算法的初始性能和收敛速度[1,2]。鉴于 RBF 网络具有优良的性能[3]，故利用归一化 RBF(Normalized RBF, NRBF) 网络作为势函数，提出梯度下降(Gradient Descent，GD) 版的强化学习算法——NRBF-GD-Sarsa(λ)[4-7]。本章从理论上分析了 NRBF-GD-Sarsa(λ) 算法的收敛性，并通过实验验证了 NRBF-GD-Sarsa(λ)算法具有较好的初始性能和收敛速度。

3.1　改进的梯度下降值函数逼近模型

3.1.1　势函数塑造奖赏机制

定义 3.1　势函数(Potential Function, PF)。PF 来源于物理学中的势，在保守场中，单位质点在 A 点与参考点的势能之差是一定的，这个势能差就定义为保守场中 A 点的“势”。强化学习中通过一个实值函数 $\Phi:\boldsymbol{X}\mapsto\mathbb{R}$ 来表征 Agent 处于某一情境所具有的势，其中 $\boldsymbol{X}$ 为任意状态空间。$\Phi(x)$ 越大说明状态 $\boldsymbol{x}$ 越接近目标状态，这里的实值函数 Φ 称为势函数。

定义 3.2　基于势函数的塑造奖赏(Potential Function Based on Shaping Reward, PF-SR)。基于势函数 $\Phi:\boldsymbol{X}\mapsto\mathbb{R}$ 定义一个有界实值映射 $F:\boldsymbol{X}\times U\times\boldsymbol{X}\mapsto\mathbb{R}$，其中 $\boldsymbol{X}$ 为任意状态空间，U 为离散动作空间，塑造奖赏定义为

$$F(\boldsymbol{x}_t,u_t,\boldsymbol{x}_{t+1})=\gamma\Phi(\boldsymbol{x}_{t+1})-\Phi(\boldsymbol{x}_t) \tag{3.1}$$

式中，$\gamma\in[0,1]$ 为折扣率。塑造奖赏就是当前状态和后继状态势的折扣差值。

定义 3.3　基于塑造奖赏的连续状态马尔可夫决策过程(Shaping Reward Based Continuous State Markov Decision Process, SR-CS-MDP)。SR-CS-MDP 为一个四元组 $M'=\{\boldsymbol{X},U,R',T\}$，其中，$\boldsymbol{X}$ 为任意连续状态空间，U 为任意离散动作空间，$R':\boldsymbol{X}\times U\times\boldsymbol{X}\mapsto\mathbb{R}$ 为在原始奖赏函数 R 的基础上融入塑造奖赏之后的奖赏函数，$R'(\boldsymbol{x},u,\boldsymbol{x}')=R(\boldsymbol{x},u,\boldsymbol{x}')+F(\boldsymbol{x},u,\boldsymbol{x}')$，$T:\boldsymbol{X}\times U\times\boldsymbol{X}\mapsto\mathbb{R}$ 为状态转移函数[8]。在 SR-CS-MDP 中一个典型的交互过程为：在时间步 t，Agent 感知到当前的状态 $\boldsymbol{x}_t\in\boldsymbol{X}$，根据当前行为策略 $h(\boldsymbol{x}_t,u_t)=p(u_t\mid\boldsymbol{x}_t)$，选择一个动作 $u_t\in U$，将 u_t 作用于环境，$\boldsymbol{x}_t$ 以概率 $T(\boldsymbol{x}_t,u_t,\boldsymbol{x}_{t+1})$ 转移至 $\boldsymbol{x}_{t+1}\in\boldsymbol{X}$，并给出立即奖赏值 $R'(\boldsymbol{x}_t,u_t,\boldsymbol{x}_{t+1})$。

下面以具有 n 维连续状态空间的强化学习问题为例，阐述一种利用 NRBF 网络构建势函数的方法，引入 NRBF 网络之前需要给出状态空间高斯划分的定义。NRBF 网络与状态空间高斯划分一一对应[9]。

定义 3.4　连续状态空间 $\boldsymbol{X}=\{\boldsymbol{x}\mid\boldsymbol{x}=[x_1,\cdots,x_n]^{\mathrm{T}},x_i\in D_i,i=1,2,\cdots,n\}$，连续域 D_i 被离散化为 m_i 个子域，$i=1,2,\cdots,n$，记为 $m=\prod_{i=1}^{n}m_i$，$\boldsymbol{X}$ 则被划分为 m 个连续子空间，记为 $\boldsymbol{B}_1,\cdots,\boldsymbol{B}_m$。用 n 维向量 $\boldsymbol{c}_k=(c_{k1},\cdots,c_{kn})^{\mathrm{T}}$、$\boldsymbol{\sigma}_k=(\sigma_{k1},\cdots,\sigma_{kn})^{\mathrm{T}}$ 分别表示第 k 个子空间的中心及宽度，$k=1,2,\cdots,m$。为了简化问题，本章采用轴对齐(axis-aligned)形状的高斯函数。用 m 个 n 维高斯函数 $\phi_1(\boldsymbol{x}),\cdots,\phi_m(\boldsymbol{x})$ 分别与划分所得的 m 个连续子空间 $\boldsymbol{B}_1,\cdots,\boldsymbol{B}_m$ 一一对应，其中 $\phi_k(\boldsymbol{x})=\exp\left(-\sum_{j=1}^{n}(x_j-c_{kj})^2/2\sigma_{kj}^2\right)$，$k=1,2,\cdots,m$，若：① $\boldsymbol{B}_i\neq\boldsymbol{B}_j$，$i\neq j$，$i,j=1,2,\cdots,m$，即所有划分分块两两不重合；② $\Omega(\phi_i(\boldsymbol{x}))\supset\boldsymbol{B}_i$，$i=1,2,\cdots,m$，即任意高斯函数的状态空间投影真包含对应的划分分块，Ω 为投影算子；③ $\bigcup_{i=1}^{m}\boldsymbol{B}_i\supseteq\boldsymbol{X}$，即所有划分分块并集包含原状态空间，则称 $\boldsymbol{B}_1,\cdots,\boldsymbol{B}_m$ 为状态空间的一个高斯划分，$\phi_1(\boldsymbol{x}),\cdots,\phi_m(\boldsymbol{x})$ 为各分块的基函数。

下面通过两个例子来说明状态空间的高斯划分，图 3.1(a)和图 3.1(b)分别为利用 3 个一维和 9 个二维等距高斯函数平均划分状态空间 $\boldsymbol{X}=\{\boldsymbol{x}\mid\boldsymbol{x}=[x_1],x_1\in[-2,2]\}$ 和 $\boldsymbol{X}=\{\boldsymbol{x}\mid\boldsymbol{x}=[x_1,x_2]^{\mathrm{T}},x_1,x_2\in[-2,2]\}$ 的划分示意图。

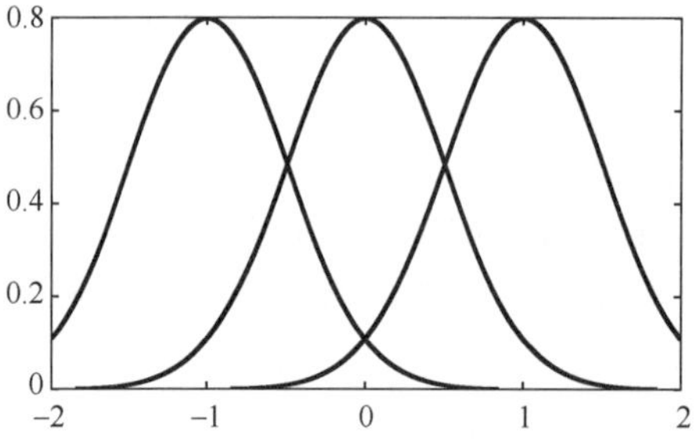

(a) 一维状态空间

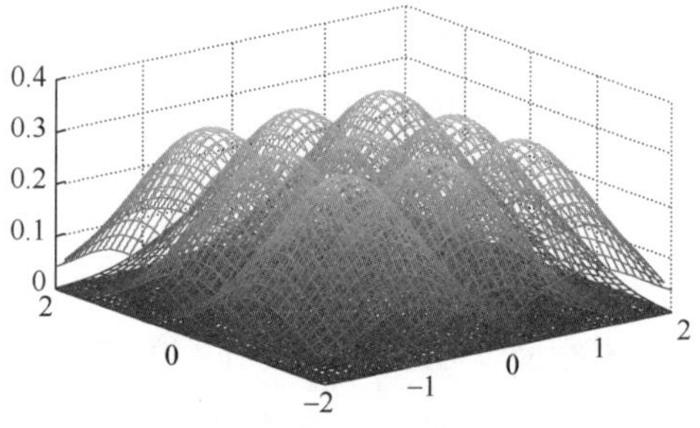

(b) 二维状态空间

图 3.1　状态空间高斯划分

基于上述状态空间高斯划分，可以导出对应的 RBF 网络。在此基础上，将状态空间高斯划分确定的基函数进行归一化处理，构建一个 NRBF 网络，具体定义如下。

定义 3.5　NRBF 网络是一种 $n\times m\times 1$ 的三层归一化带反馈机制的神经网络，它可在线自适应地调整隐藏层各节点的权值。NRBF 网络的结构如图 3.2 所示。

(1) 最底层称为输入层，表示 n 维输入向量，这里是状态向量 $\boldsymbol{x}=(x_1,\cdots,x_n)^{\mathrm{T}}\in\mathbb{R}^n$。

(2) 中间层称为隐藏层，共 m 个隐节点。每个隐节点内置一个激活函数，这里采用高斯 RBF。隐节点激活函数定义为

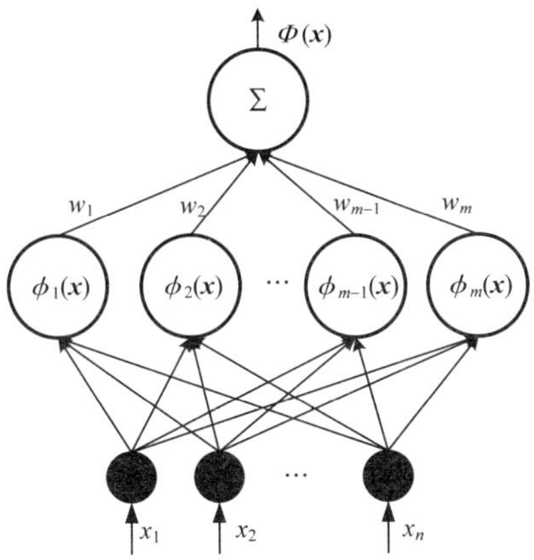

图 3.2 NRBF 网络结构图

$$\phi_i(\boldsymbol{x})=\left[\exp\left(-\sum\nolimits_{j=1}^{n}\frac{(x_j-c_{ij})^2}{2\sigma_{ij}^2}\right)\right]\left[\sum\nolimits_{k=1}^{m}\exp\left(-\sum\nolimits_{j=1}^{n}\frac{(x_j-c_{kj})^2}{2\sigma_{kj}^2}\right)\right]^{-1},\quad \forall i=1,2,\cdots,m \tag{3.2}$$

这里的激活函数就是对应高斯划分中归一化后的基函数，其中 n 维向量 $\boldsymbol{c}_i=(c_{i1},\cdots,c_{in})^{\mathrm{T}}$ 、$\boldsymbol{\sigma}_i=(\sigma_{i1},\cdots,\sigma_{in})^{\mathrm{T}}$ 分别表示状态空间高斯划分中的第 i 个子空间的中心向量及其宽度。

(3) 最上层称为输出层，对隐藏层各节点进行加权求和，表示为 $\boldsymbol{\Phi}(\boldsymbol{x})=\sum\nolimits_{i=1}^{m}w_i\phi_i(\boldsymbol{x})$，其中 w_i 是经状态空间高斯划分后生成的各子空间分块的权重。隐藏层的每个激活函数和输出权值，与对应的状态空间划分紧密耦合，知识就通过这样的一种耦合机制进行传递。

(4) 调整输出层权值 $\boldsymbol{w}=(w_1,w_2,\cdots,w_m)^{\mathrm{T}}$ 。对隐藏层各激活函数的输出进行线性加权求和，得到势函数，形式化描述为 $\Phi(\boldsymbol{x})=\boldsymbol{w}^{\mathrm{T}}\boldsymbol{\phi}(\boldsymbol{x})$ 。这里利用梯度下降方法来调整权值 $\boldsymbol{w}$ ，具体方法如下：$\boldsymbol{w}=\boldsymbol{w}+\beta\delta\nabla_{\boldsymbol{w}}\Phi(\boldsymbol{x})=\boldsymbol{w}+\beta\delta\boldsymbol{\phi}(\boldsymbol{x})$，其中 δ 为学习过程中产生的 TD 误差；$\beta\in[0,1]$ 为步长参数，控制梯度调整的速度，β 越大，调整越快，但越容易引起振荡；梯度向量为 $\nabla_{\boldsymbol{w}}\Phi(\boldsymbol{x})=\partial\Phi(\boldsymbol{x})/\partial\boldsymbol{w}=\partial(\boldsymbol{w}^{\mathrm{T}}\boldsymbol{\phi}(\boldsymbol{x}))/\partial\boldsymbol{w}=\boldsymbol{\phi}(\boldsymbol{x})$ ，其中 $\boldsymbol{\phi}(\boldsymbol{x})=(\phi_1(\boldsymbol{x}),\cdots,\phi_m(\boldsymbol{x}))^{\mathrm{T}}$ 为输入向量 $\boldsymbol{x}$ 经过隐藏层激活函数编码后得到的特征向量。

3.1.2 基于势函数塑造奖赏机制的值函数逼近模型

本章提出的算法属于行动者-评论家(actor-critic)模型[10]，如图 3.3 所示。

行动者(actor)部分：Agent 感知到环境(environment)的当前状态(state)，根据不断修正优化的策略(policy)选择一个动作(action)，并将此动作作用于环境，环境随后对此作出响应，给出一个立即奖赏(reward)，并转移至一个后继状态。

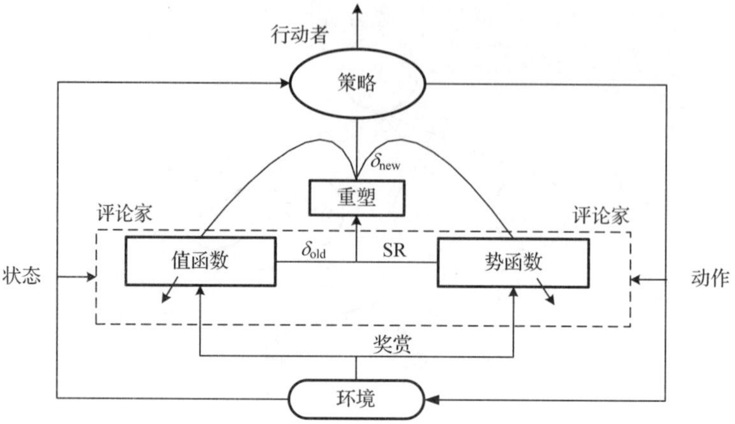

图 3.3　算法框架

评论家(critic)部分：包含值函数和势函数两个评论子模型。在收集到状态、动作、奖赏等信息后，值函数模型利用梯度下降，计算出 TD 误差 δ_{old}，势函数模型则计算出塑造奖赏 SR。然后利用 SR 重塑(remodel)TD 误差，得到新的 TD 误差 δ_{new}。δ_{new} 反作用于两个评论子模型和策略模块，两者根据 δ_{new} 进行修正优化。算法按上述流程不断循环，直至收敛到一个最优策略。

3.2　NRBF-GD-Sarsa(λ)算法

3.2.1　算法描述

考虑具有连续状态空间 $\boldsymbol{X}$ 和离散动作空间 U 的强化学习问题。值函数模型为 $Q(\boldsymbol{x},u)=\boldsymbol{\theta}^{\mathrm{T}}\boldsymbol{\varphi}(\boldsymbol{x},u)$，其中 $\boldsymbol{\theta}\in\mathbb{R}^n$，$\boldsymbol{\varphi}(\cdot,\cdot)\in\mathbb{R}^n$。势函数模型为 $\boldsymbol{\Phi}(\boldsymbol{x})=\boldsymbol{w}^{\mathrm{T}}\boldsymbol{\phi}(\boldsymbol{x})$，其中 $\boldsymbol{w}\in\mathbb{R}^m$，$\boldsymbol{\phi}(\cdot)\in\mathbb{R}^m$。基于 NRBF 网络的梯度下降 Sarsa(λ)算法描述如下。

算法 3.1　NRBF-GD-Sarsa(λ)

---

(1) 状态空间高斯划分，初始化 NRBF 网络激活函数 $\boldsymbol{\phi}(\cdot)=(\phi_1(\cdot),\phi_2(\cdot),\cdots,\phi_m(\cdot))^{\mathrm{T}}$

(2) 构建 NRBF 网络势函数模型 $\boldsymbol{\Phi}(\cdot)=\boldsymbol{w}^{\mathrm{T}}\boldsymbol{\phi}(\cdot)$，$\boldsymbol{w}=\boldsymbol{0}\in\mathbb{R}^m$

(3) 构建带有 Hash 机制的 10 个 8×8 的 Tiling 编码模块

(4) 构建线性值函数模型 $Q(\cdot,\cdot)=\boldsymbol{\theta}^{\mathrm{T}}\boldsymbol{\varphi}(\cdot,\cdot)$，初始化权值及资格迹向量 $\boldsymbol{\theta}=\boldsymbol{0}\in\mathbb{R}^h$，$\boldsymbol{e}=\boldsymbol{0}\in\mathbb{R}^h$

(5) repeat(对每一个情节)

(6)　　初始化当前状态 $\boldsymbol{x}$ 及动作 u

(7)　　repeat(对该情节中的每一步)

(8)　　　　执行动作 u，观察 r，$\boldsymbol{x}'$

　　　将数据 $<\boldsymbol{x}',U(\boldsymbol{x}')>$ 输入当前值函数模型
　　　$u' \leftarrow$ 通过动作选择策略（ε-greedy，softmax 等）选择状态 $\boldsymbol{x}'$ 下的动作
　　　收集数据 $<\boldsymbol{x},u,\boldsymbol{x}',r,u'>$
　　　计算 TD 误差，$\delta_{\text{old}} = r + \gamma Q(\boldsymbol{x}',u') - Q(\boldsymbol{x},u)$
　　　计算塑造奖赏，$F(\boldsymbol{x},u,\boldsymbol{x}') = \gamma \varPhi(\boldsymbol{x}') - \varPhi(\boldsymbol{x})$
　　　计算新 TD 误差，$\delta_{\text{new}} = \delta_{\text{old}} + F(\boldsymbol{x},u,\boldsymbol{x}')$
　　　更新资格迹，$\boldsymbol{e} \leftarrow \gamma\lambda\boldsymbol{e} + \nabla_{\boldsymbol{w}} Q(\boldsymbol{x},u) = \gamma\lambda\boldsymbol{e} + \boldsymbol{\varphi}(\boldsymbol{x},u)$
　　　将 δ_{new} 反馈给值函数模型及势函数模型
　　　调整值函数及势函数模型权值，$\boldsymbol{\theta} \leftarrow \boldsymbol{\theta} + \alpha\delta_{\text{new}}\boldsymbol{e}$，$\boldsymbol{w} \leftarrow \boldsymbol{w} + \beta\delta_{\text{new}}\boldsymbol{\phi}(\boldsymbol{x})$
　　　$\boldsymbol{x} = \boldsymbol{x}'$，$u = u'$
　　until $\boldsymbol{x}$ 是终止状态
until 运行完设定情节数或满足其他终止条件

NRBF-GD-Sarsa(λ)算法中的 $\boldsymbol{\varphi}(\boldsymbol{x},u)$ 为状态动作对 $(\boldsymbol{x},u)$ 的特征向量。本算法的值函数模型首先利用 Tile 编码机制对状态 $\boldsymbol{x}$ 进行编码，得到状态 $\boldsymbol{x}$ 的特征向量。然后根据不同的动作 u，利用 Hash 机制将得到的状态特征向量映射到 h 维的状态动作对的特征向量空间，从而得到 $(\boldsymbol{x},u)$ 的特征向量 $\boldsymbol{\varphi}(\boldsymbol{x},u)$。

Tile 编码简单高效，能够高度契合在线学习任务的特性[11]。利用 Tile 编码机制提取状态特征向量的过程如下，假设状态空间为 n 维矩形区域，按照随机偏移规则，采用 $i(\geqslant 1)$ 个比状态空间略大的 n 维矩形区域重叠覆盖整个状态空间。这里的矩形区域称为 Tiling，共有 i 个 Tiling。每个 Tiling 被划分为 $j(\geqslant 1)$ 个 Tile，每个 Tile 表示的是状态特征向量中的某一特征分量的感受区域。这里得到的状态特征向量为 $i \times j$ 维。如果状态 $\boldsymbol{x}$ 出现在第 $k(1 \leqslant k \leqslant i \times j)$ 个 Tile 的感受区域中，则将 $\boldsymbol{x}$ 的特征向量中的第 k 个分量置为 1。编码完成后，$i \times j$ 维的状态特征向量中仅有 i 个分量被置为 1，其余为 0。经过 Tiling 编码得到的状态特征向量具有一定的稀疏性，不仅可以有效控制特征向量的有效长度，而且有利于降低计算复杂度。Tile 编码中使用的 Tiling 数目越多，编码的精度就越高，但计算复杂度也会越高。

3.2.2　算法收敛性分析

下面从误差更新的角度切入，与经典的 GD-Sarsa(λ)算法[12,13]进行比较，分析 NRBF-GD-Sarsa(λ)算法的收敛性，并证明 NRBF-GD-Sarsa(λ)算法与利用势函数进行初始化的 GD-Sarsa(λ)算法收敛性是一致的。

定理 3.1　在确定性马尔可夫决策过程中，若算法具有相同的经验序列，那么 NRBF-GD-Sarsa(λ)算法与利用势函数初始化的 GD-Sarsa(λ)算法具有一致的收敛性。

证明　分别用 L 和 $\tilde{L}$ 表示 GD-Sarsa(λ)算法和 NRBF-GD-Sarsa(λ)算法的学习器。考虑具有连续状态空间 $\boldsymbol{X}$ 和离散动作空间 U 的强化学习问题。$\forall \boldsymbol{x}\in \boldsymbol{X},u\in U$，$L$ 的值函数 $Q(\boldsymbol{x},u)=\boldsymbol{\theta}^{\mathrm{T}}\boldsymbol{\varphi}(\boldsymbol{x},u)$，初始化为 $Q(\boldsymbol{x},u)=Q_0(\boldsymbol{x},u)+\Phi(\boldsymbol{x})$，其中 $Q_0(\boldsymbol{x},u)=\boldsymbol{\theta}_0^{\mathrm{T}}\boldsymbol{\varphi}(\boldsymbol{x},u)$，$\Phi(\boldsymbol{x})$ 为势函数，$\tilde{L}$ 的值函数 $\tilde{Q}(\boldsymbol{x},u)=\tilde{\boldsymbol{\theta}}^{\mathrm{T}}\boldsymbol{\varphi}(\boldsymbol{x},u)$，初始化为 $\tilde{Q}(\boldsymbol{x},u)=Q_0(\boldsymbol{x},u)$。假设在状态 $\boldsymbol{x}$ 下采取动作 u 转移到状态 $\boldsymbol{x}'$，获得回报 r，在 $\boldsymbol{x}'$ 下根据行为策略选择动作 u'，那么可以得到一个经验五元组 $<\boldsymbol{x},u,\boldsymbol{x}',r,u'>$。$L$ 和 $\tilde{L}$ 按式(3.3)和式(3.4)分别更新各自的权值，即

$$\boldsymbol{\theta}\leftarrow\boldsymbol{\theta}+\alpha\underbrace{\left[r+\gamma Q(\boldsymbol{x}',u')-Q(\boldsymbol{x},u)\right]}_{\delta Q(\boldsymbol{x},u)}\boldsymbol{e} \tag{3.3}$$

$$\tilde{\boldsymbol{\theta}}\leftarrow\tilde{\boldsymbol{\theta}}+\alpha\underbrace{\left[r+\gamma\tilde{Q}(\boldsymbol{x}',u')-\tilde{Q}(\boldsymbol{x},u)+F(\boldsymbol{x},u,\boldsymbol{x}')\right]}_{\delta\tilde{Q}(\boldsymbol{x},u)}\tilde{\boldsymbol{e}} \tag{3.4}$$

式中，$\delta Q(\boldsymbol{x},u)$、$\delta\tilde{Q}(\boldsymbol{x},u)$ 为 TD 误差；$\boldsymbol{e}$、$\tilde{\boldsymbol{e}}$ 为对应逼近模型的资格迹向量。状态动作对 $(\boldsymbol{x},u)$ 的当前值函数与初始值函数的差分别记为 $\Delta Q(\boldsymbol{x},u)$、$\Delta\tilde{Q}(\boldsymbol{x},u)$。将式(3.3)和式(3.4)权值更新映射到 Q-值函数的更新，Q-值函数变化量如式(3.5)和式(3.6)所示，即

$$\Delta Q(\boldsymbol{x},u)=Q(\boldsymbol{x},u)-Q_0(\boldsymbol{x},u)-\Phi(\boldsymbol{x})=(\alpha\delta Q(\boldsymbol{x},u)\boldsymbol{e})^{\mathrm{T}}\boldsymbol{\varphi}(\boldsymbol{x},u) \tag{3.5}$$

$$\Delta\tilde{Q}(\boldsymbol{x},u)=\tilde{Q}(\boldsymbol{x},u)-Q_0(\boldsymbol{x},u)=(\alpha\delta\tilde{Q}(\boldsymbol{x},u)\tilde{\boldsymbol{e}})^{\mathrm{T}}\boldsymbol{\varphi}(\boldsymbol{x},u) \tag{3.6}$$

假定现在 L 和 $\tilde{L}$ 具有相同的学习经验序列，利用归纳法证明 L 和 $\tilde{L}$ 等价，即要证明 $\forall \boldsymbol{x}\in \boldsymbol{X},u\in U$，$\Delta Q\left(\boldsymbol{x},u\right)=\Delta\tilde{Q}\left(\boldsymbol{x},u\right)$。归纳证明如下。

(1) 当值函数 $Q(\boldsymbol{x},u)$ 和 $\tilde{Q}(\boldsymbol{x},u)$ 都是初始模型时，$\Delta Q(\boldsymbol{x},u)=\Delta\tilde{Q}(\boldsymbol{x},u)=0$。

(2) 假设到目前为止，$\forall \boldsymbol{x}\in \boldsymbol{X},u\in U$，有 $\Delta Q(\boldsymbol{x},u)=\Delta\tilde{Q}(\boldsymbol{x},u)$。在此基础上，当前时间步获得了一个新的经验五元组 $<\boldsymbol{x},u,\boldsymbol{x}',r,u'>$，此时 TD 误差计算如下

$$\begin{aligned}\delta Q(\boldsymbol{x},u)&=r+\gamma Q(\boldsymbol{x}',u')-Q(\boldsymbol{x},u)\\&=r+\gamma(Q_0(\boldsymbol{x}',u')+\Phi(\boldsymbol{x}')+\Delta Q(\boldsymbol{x}',u'))-Q_0(\boldsymbol{x},u)-\Phi(\boldsymbol{x})-\Delta Q(\boldsymbol{x},u)\\&=r+\gamma(Q_0(\boldsymbol{x}',u')+\Delta Q(\boldsymbol{x}',u'))-Q_0(\boldsymbol{x},u)-\Delta Q(\boldsymbol{x},u)+\gamma\Phi(\boldsymbol{x}')-\Phi(\boldsymbol{x})\\\delta\tilde{Q}(\boldsymbol{x},u)&=r+\gamma\tilde{Q}(\boldsymbol{x}',u')-\tilde{Q}(\boldsymbol{x},u)+F(\boldsymbol{x},u,\boldsymbol{x}')\\&=r+\gamma(Q_0(\boldsymbol{x}',u')+\Delta\tilde{Q}(\boldsymbol{x}',u'))-Q_0(\boldsymbol{x},u)-\Delta\tilde{Q}(\boldsymbol{x},u)+\gamma\Phi(\boldsymbol{x}')-\Phi(\boldsymbol{x})\\&=r+\gamma(Q_0(\boldsymbol{x}',u')+\Delta Q(\boldsymbol{x}',u'))-Q_0(\boldsymbol{x},u)-\Delta Q(\boldsymbol{x},u)+\gamma\Phi(\boldsymbol{x}')-\Phi(\boldsymbol{x})\end{aligned}$$

基于上述计算过程，可得 $\delta\tilde{Q}(\boldsymbol{x},u)=\delta Q(\boldsymbol{x},u)$，即在此新经验的作用下 L 和 $\tilde{L}$ 获得的 TD 误差相同。另一方面，由于具有相同的经验序列，L 和 $\tilde{L}$ 资格迹同步更新，由于每个时间步 L 和 $\tilde{L}$ 获得的 TD 误差相同，所以，L 和 $\tilde{L}$ 资格迹每个时间步的更新量相同，所以对任一时间步有 $\boldsymbol{e}=\tilde{\boldsymbol{e}}$。根据式(3.5)和式(3.6)可得，$\forall \boldsymbol{x}\in \boldsymbol{X},u\in U$，

$\Delta Q(\boldsymbol{x},u)=\Delta\tilde{Q}(\boldsymbol{x},u)$。综上所述，在相同经验下，$L$ 和 $\tilde{L}$ 等价，即证明在确定性 MDP 中，若具有相同的学习经验序列，则 NRBF-GD-Sarsa(λ)算法与利用势函数进行初始化的 GD-Sarsa(λ)算法收敛性一致。

证毕。

定理 3.2　如果学习率 α 可以随时间衰减，那么本章所提的 NRBF-GD-Sarsa(λ)算法至少能够收敛到原问题的一个局部最优解。

证明　从文献[14]得知，强化学习中采用梯度下降训练方法的线性学习算法，如 Sutton 等提出的 GD-Sarsa(λ)算法，如果学习率 α 可以随时间衰减，那么能够保证该算法至少能收敛到原问题的一个局部最优解。又因为定理 3.1 证明了在具有相同经验序列的情况下，NRBF-GD-Sarsa(λ)算法与利用势函数初始化的 GD-Sarsa(λ)算法具有一致的收敛性。而强化学习算法中任意初始化的值函数都不会改变算法的收敛结果，因此，NRBF-GD-Sarsa(λ)算法在满足 $\sum_{t=0}^{\infty}\alpha_t=\infty$，$\sum_{t=0}^{\infty}\alpha_t^2<\infty$ 的条件下，如果学习率 α 可以随时间衰减，至少能够收敛到原问题的一个局部最优解。

证毕。

3.3　仿 真 实 验

3.3.1　实验描述

为了验证所提算法的性能，采用具有二维连续状态空间与一维离散动作空间的 Mountain Car 实验进行仿真研究。Mountain Car 实验除了系统的状态观测值以外，没有任何关于系统动力学模型的先验知识，因此难以采用传统的基于模型的最优化控制方法进行求解。图 3.4 是 Mountain Car 问题的示意图。

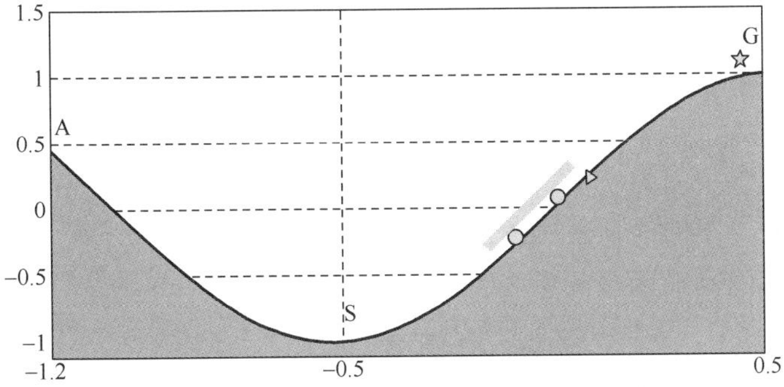

图 3.4　Mountain Car 示意图

图 3.4 中的曲线代表一个山谷的地形，其中 S 为山谷最低点，G 为右端最高点，

A 则为左端最高点。小车的任务是在动力不足的条件下，从 S 点以尽量短的时间运动到 G 点。系统的状态用两个连续变量 y 和 v 表示，其中 y 为小车的水平位移，v 为小车的水平速度，状态空间约定如式(3.7)所示，即

$$\left\{\boldsymbol{x} \mid \boldsymbol{x}=[y,v]^{\mathrm{T}}, -1.2 \leqslant y \leqslant 0.5, -0.07 \leqslant v \leqslant 0.07\right\} \subseteq \mathbb{R}^2 \tag{3.7}$$

当小车位于 S 点、G 点和 A 点时，y 的取值分别为−0.5，0.5 和−1.2。动作空间为 $\{u_1,u_2,u_3\}$，表示小车所受水平方向的力，包含三个离散的控制量，即 $u_1=+1$、$u_2=0$ 和 $u_3=-1$，分别代表全油门向前、零油门和全油门向后三个控制行为。仿真实验中，系统的动力学特性描述为

$$\begin{cases} \dot{v} = \text{bound}[v + 0.001u - g\cos(3y)] \\ \dot{y} = \text{bound}[y + \dot{v}] \end{cases} \tag{3.8}$$

式中，$g=0.0025$ 为与重力有关的系数；u 为控制量；$\dot{v}$ 为新的水平速度；$\dot{y}$ 为新的水平位移。目标是在没有任何模型先验知识的前提下，控制小车以最短时间从 S 点运动到 G 点。上述控制问题可以用一个确定性 MDP 来建模，奖赏函数为

$$r_t = \begin{cases} -1, & y < 0.5 \\ 0, & y \geqslant 0.5 \end{cases} \tag{3.9}$$

3.3.2 实验设置

将本章所提 NRBF-GD-Sarsa(λ)算法与 Sutton 等提出的 GD-Sarsa(λ)算法及 Maei 等提出的 Greedy-GQ 算法在相同的实验环境下分别独立重复进行 30 次仿真实验，并比较不同参数值对算法的影响。仿真实验中，每次实验设定的情节数为 1000，每个情节的最大时间步数设置为1000。小车的初始状态设为 $y=0$ 和 $v=0$，当小车到达 G 点或时间步数超过 1000 时，一个情节结束。然后系统状态重新进行初始化，开始下一个情节的学习。学习完设定的 1000 个情节后，一次实验结束。学习算法的性能由三个指标来评价：①收敛速度，即算法能够在多少个情节内收敛；②收敛结果，即算法收敛后，小车从初始点到达目标点 G 所用的时间步；③初始性能，即每次实验的前 5 个情节中，小车从初始点到达目标点 G 所用的时间步。

本问题的状态空间为一个二维连续空间，首先将状态空间进行高斯划分，在每一维分别用 8 个等距的高斯基函数来对状态空间进行划分，$\boldsymbol{c}_i=(c_{i1},\cdots,c_{in})^{\mathrm{T}}$ 是宽度为 $\boldsymbol{\sigma}_i=(\sigma_{i1},\cdots,\sigma_{in})^{\mathrm{T}}$ 的高斯函数的中心位置。势函数定义为

$$\Phi(\boldsymbol{x}) = \sum_{i=1}^{64} w_i \phi_i(\boldsymbol{x})$$

$$\phi_i(\boldsymbol{x}) = \left[\exp\left(-\sum_{j=1}^{n} \frac{(x_j - c_{ij})^2}{2\sigma_{ij}^2}\right)\right]\left[\sum_{k=1}^{64} \exp\left(-\sum_{j=1}^{n} \frac{(x_j - c_{kj})^2}{2\sigma_{kj}^2}\right)\right]^{-1} \tag{3.10}$$

针对式(3.7)所示的二维连续状态空间，使用10个8×8的Tiling来编码，10个Tiling按照随机偏移规则来覆盖状态空间。状态编码过程如下：在设置好的10个Tiling中，查找状态落在哪10个Tile的接收区域，在对应的640维二进制编码中将对应位置置1，其余位置置0。本实验中每个状态经过10个8×8的Tiling编码后，采用Hash机制进行变换，得到对应的特征向量。

实验中状态动作对的特征向量维数设置为3000维，即$\boldsymbol{\varphi}(\boldsymbol{x},u)\in\mathbb{R}^{3000}$，折扣率$\gamma=1.0$，衰减因子$\lambda=0.9$，权值向量为$\boldsymbol{\theta}\in\mathbb{R}^{3000}$，初始化为$\mathbf{0}$。采用如式(3.10)所述的8×8个等距的高斯基函数来对二维状态空间进行高斯划分，得到NRBF网络势函数模型。高斯基函数的宽度向量设为$\boldsymbol{\sigma}=(0.1,0.1)^{\mathrm{T}}$，NRBF输出层权值向量$\boldsymbol{w}\in\mathbb{R}^{8\times8}$，初始化为$\mathbf{0}$，NRBF学习率为$\beta=0.05$。另外，考虑到本问题奖赏值设定如式(3.9)所示，结合问题特性，行为策略使用ε-greedy，$\varepsilon=0$，即贪心策略。由于学习过程中得到的奖赏都是–1，权值向量初值都为$\mathbf{0}$，故初始值函数为0，而最终真实值函数都是负的，所以在学习初期即使$\varepsilon=0$也保证了有效的探索。随着值函数不断地逼近真实值，此行为策略将指导小车获得最优爬山路径。

3.3.3　实验分析

NRBF-GD-Sarsa(λ)算法、GD-Sarsa(λ)算法和Greedy-GQ算法的30次仿真实验结果如图3.5所示。图3.5中有3行3列共9幅图，横坐标表示情节数，最大设为1000，纵坐标为每个情节小车从谷底爬到目标点所走的时间步数，最大时间步设为1000。A、B、C三列对应算法的学习率取值分别为0.05/10=0.005、0.15/10=0.015和0.5/10=0.05，这里的10是状态编码环节所用的Tiling数目；1、2、3三行分别是Greedy-GQ算法、GD-Sarsa(λ)算法和NRBF-GD-Sarsa(λ)算法，其中每一幅图是某一种算法在对应学习率下的30次仿真实验的学习结果。从图3.5列向比较中可以看出，在相同学习率下，NRBF-GD-Sarsa(λ)算法初始性能和收敛速度最好，GD-Sarsa(λ)算法次之，Greedy-GQ算法最差；从图3.5行向比较中可以看出，三个算法随着学习率的增大收敛速度明显加快，Greedy-GQ算法反差最为明显，GD-Sarsa(λ)算法反差稍小，NRBF-GD-Sarsa(λ)算法反差最小。NRBF-GD-Sarsa(λ)算法对学习率适应性较强。

上述30次仿真结果的均值比较如图3.6所示。图3.6从上向下共三幅图，学习率分别为0.005、0.015、0.05，从图中可以直观地看出，在收敛速度和初始性能方面，NRBF-GD-Sarsa(λ)算法相比GD-Sarsa(λ)算法和Greedy-GQ算法效果更好，而在最终收敛结果方面，学习率为0.005时，NRBF-GD-Sarsa(λ)与GD-Sarsa(λ)算法优于Greedy-GQ算法，在学习率为0.015和0.05时，三种算法收敛结果基本相同。

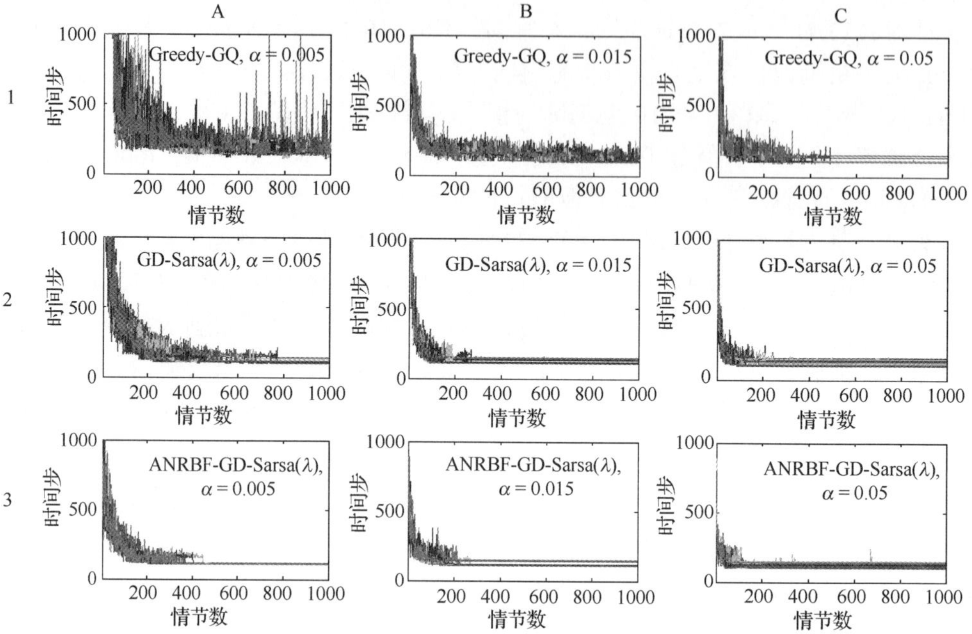

图 3.5　Mountain Car 问题中三种算法的性能比较

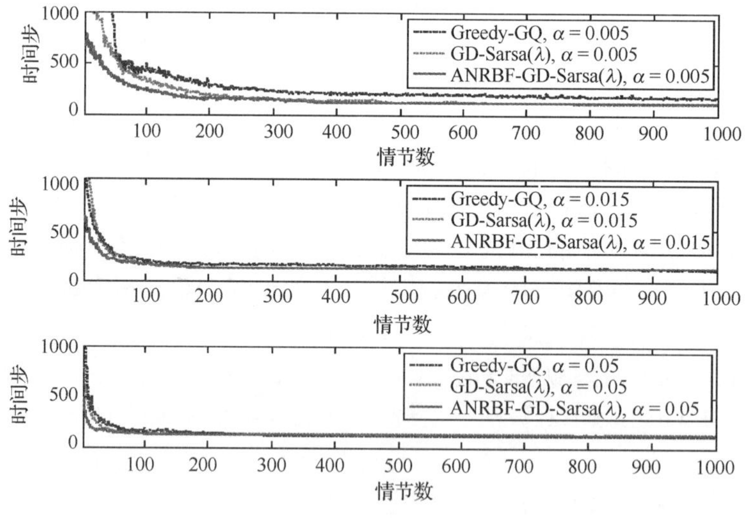

图 3.6　Mountain Car 问题中三种算法的性能比较(续)

图 3.5 和图 3.6 展示的实验结果详细数据分析见表 3.1、表 3.2 和表 3.3。三张表列出了三个算法采用不同学习率独立运行 30 次仿真实验所得结果的统计值。表 3.1 列出了 30 次实验中算法收敛所需要的情节数的最大、最小和平均值；表 3.2 列出了 30 次实验中算法收敛后，小车从谷底爬到山顶 G 所需的时间步数的最大、最小和平

均值；表 3.3 重点比较三个算法的初始性能，关注 30 次仿真实验中的前 5 个情节时间步数的平均值。因为结果曲线存在一定的随机和振荡性，所以这里最大、最小和平均值统一用一个区间表示。当学习率为 0.005 和 0.015 时，Greedy-GQ 算法在设定的 1000 个情节内并未收敛，在图 3.5 中反映为曲线图振荡比较厉害，在表中标识为 N。从表 3.1 和表 3.2 中可以看出，相比其他两个算法，NRBF-GD-Sarsa(λ) 算法具有较好的初始性能和收敛速度。从表 3.3 中可以看出，30 次仿真实验平均结果中，比较算法前 5 个情节的时间步，NRBF-GD-Sarsa(λ) 最优。综上所述，三个算法收敛后到达目标点时间步数基本相同，而在初始性能和收敛速度方面，NRBF-GD-Sarsa(λ) 明显优于 GD-Sarsa(λ) 算法和 Greedy-GQ 算法。

表 3.1　三个算法收敛所需情节数比较

算法	$\alpha=0.005$			$\alpha=0.015$			$\alpha=0.05$		
	最大	最小	平均	最大	最小	平均	最大	最小	平均
Greedy-GQ	N	N	N	N	N	N	487	170	357
GD-Sarsa(λ)	773	324	762	272	100	200	130	97	112
NRBF-GD-Sarsa(λ)	445	300	367	217	109	172	210	103	110

表 3.2　三个算法收敛后到达目标点所需时间步比较

算法	$\alpha=0.005$			$\alpha=0.015$			$\alpha=0.05$		
	最大	最小	平均	最大	最小	平均	最大	最小	平均
Greedy-GQ	N	N	N	N	N	N	157	105	115
GD-Sarsa(λ)	143	105	113	149	106	120	153	108	129
NRBF-GD-Sarsa(λ)	118	112	113	147	112	123	150	104	125

表 3.3　三个算法前 5 个情节到达目标点所需时间步比较

算法	$\alpha=0.005$					$\alpha=0.015$					$\alpha=0.05$				
	1	2	3	4	5	1	2	3	4	5	1	2	3	4	5
Greedy-GQ	10^3	10^3	10^3	10^3	10^3	965	967	994	929	881	10^3	10^3	978	886	798
GD-Sarsa(λ)	10^3	10^3	10^3	10^3	10^3	10^3	10^3	10^3	986	995	789	770	623	554	612
NRBF-GD-Sarsa(λ)	722	671	791	725	694	633	561	619	529	465	498	357	366	314	296

3.4　本 章 小 结

本章旨在通过势函数塑造奖赏机制来提高强化学习算法的初始性能和收敛速度。基于 NRBF 网络和 GD 方法，提出 NRBF-GD-Sarsa(λ) 算法，然后从理论上分析了 NRBF-GD-Sarsa(λ) 算法的收敛性，并通过连续状态空间、离散动作的 Mountain Car 仿真问题对算法的有效性进行了验证。创新之处在于利用 NRBF 网络将输入空间映射到高维特征空间，通过一组高斯基函数的线性组合构建势函数，在一定程度上利用了环境模型的先验知识，从而有效提高了算法的初始性能和收敛速度。与 GD-Sarsa(λ) 算法和 Greedy-GQ 算法进行比较，结果表明，本章所提算法具有更优的性能。

参 考 文 献

[1] Ng A, Harada D, Russell S. Policy invariance under reward transformations: Theory and application to reward shaping. International Conference on Machine Learning, San Francisco, 1999.

[2] Randlov J, Alstrom P. Learning to drive a bicycle using reinforcement learning and shaping. International Conference on Machine Learning, San Francisco, 1998.

[3] Huang G, Saratchandran P, Sundararajan N. A generalized growing and pruning RBF (GGAP-RBF) neural network for function approximation. IEEE Transactions on Neural Networks, 2005, 16(1): 57-67.

[4] 肖飞，刘全，傅启明，等. 基于自适应势函数塑造奖赏机制的梯度下降 Sarsa(λ) 算法. 通信学报, 2013, 34(1): 77-88.

[5] 刘全，肖飞，傅启明，等. 基于自适应归一化 RBF 网络的 Q-V 值函数协同逼近模型. 计算机学报, 2015, 38(7): 1386-1396.

[6] 傅启明，刘全，王辉，等. 一种基于线性函数逼近的离策略 Q(λ) 算法. 计算机学报，2014, 37(3): 677-686.

[7] Liu Q, Yang X, Jing L, et al. A parallel scheduling algorithm for reinforcement learning in large state space. Frontiers of Computer Science, 2012, 6(6): 631-646.

[8] Sutton R, Barto A. Reinforcement Learning: An Introduction. Cambridge: MIT Press, 1998.

[9] 王雪松，张依阳，程玉虎. 基于高斯过程分类器的连续空间强化学习. 电子学报, 2009, 6(37): 1153-1158.

[10] Pilarski P, Dawson M, Degris T, et al. Online human training of a myoelectric prosthesis controller via actor-critic reinforcement learning. Proceedings of the IEEE International Conference on Rehabilitation Robotics, Piscataway, 2011.

[11] Sherstov A, Stone P. Function approximation via tile coding: Automating parameter choice. International Symposium on Abstraction, Reformulation and Approximation, Berlin, 2005.

[12] Maei H, Sutton R. GQ(λ): A general gradient algorithm for temporal difference prediction learning with eligibility traces. International Conference on Artificial General Intelligence, Lugano, 2010.

[13] Maei H, Szepesvári C, Bhatnagar S, et al. Toward off-policy learning control with function approximation. International Conference on Machine Learning, Haifa, 2010.

[14] Tsitsiklis J, van Roy B. An analysis of temporal-difference learning with function approximation. IEEE Transactions on Automatic Control, 1997, 42: 674-690.

第 4 章　基于 LSSVR 的 Q-值函数分片逼近模型

本章从非参数化值函数逼近角度入手[1]，提出一种基于最小二乘支持向量回归(Least Squares Support Vector Regression, LSSVR)的 Q-值函数分片逼近模型[2-5]。利用 LSSVR 模型可以将强化学习中的值函数逼近问题转化为高维特征空间中的线性回归问题，在保证泛化能力的前提下有效提高算法的收敛速度。为了提高逼近模型的精度，本章以不同的离散动作为基准，利用动作关联的多个 LSSVR 模型来分时逼近多路 Q-值函数。通过实验验证了所提算法的收敛性能。

4.1　LSSVR-Q-值函数分片逼近模型

定义 4.1　Q-值函数分片逼近模型。考虑具有连续状态空间 $\boldsymbol{X}=\{\boldsymbol{x}_j \mid j\in\mathbb{R}\}$、离散动作空间 $U=\{u_i\}_{i=1}^{k}$，$k\geqslant 2$ 的强化学习问题，利用逼近模型 M 来对这个问题的 Q-值函数进行建模，$M=\left\{M_i \mid i=1,2,\cdots,k\right\}$，其中 k 为离散动作个数。每一个离散动作对应一个子模型，子模型间相互独立。这里的 M 称为 Q-值函数分片逼近模型。

在定义 4.1 中，样本在线获取，按照样本的动作标签，分流到对应子模型的样本池，按照一定的策略构建样本池，样本池构建完毕后训练该子模型，如此不断地循环。子模型可以采用任意结构，若采用的结构相同，M 称为同构分片逼近模型，否则 M 称为异构分片逼近模型。样本池构建策略将在 4.2 节详细介绍。

基于定义 4.1，利用 LSSVR 模型建立一组同构的逼近模型，图 4.1 所示为 LSSVR-Q-值函数分片逼近模型。本逼近模型抽象化了 Agent 的概念，整个模型可以理解为一个 Agent。模型分为 RL 交互过程和回归训练过程两个部分。交互和回归训练两个过程的协同工作模式可分为同步和异步两种，下面分别定义这两种工作模式。

定义 4.2　同步工作模式。该模式工作过程描述如下：①开始时 Agent 感知到环境当前的状态 $\boldsymbol{x}_t$，将 $\boldsymbol{x}_t$ 和可选动作集合 $U=\{u_i\}_{i=1}^{k}$，$k\geqslant 2$ 送入初始 LSSVR 模型，通过初始回归模型获得当前状态 $\boldsymbol{x}_t$ 下的动作值函数 $\{Q_i(\boldsymbol{x}_t) \mid i=1,2,\cdots,k\}$ 并送入动作选择器；②根据行为策略选择一个动作 u_t 作用于环境，环境对此动作作出响应，状态转移至 $\boldsymbol{x}_{t+1}$ 并给出奖赏 r_{t+1}；③获取到数据 $<\boldsymbol{x}_t,U(\boldsymbol{x}_t),u_t,\boldsymbol{x}_{t+1},r_{t+1}>$，输入样本池构建模块，筛选并塑造样本，输出带有动作标签的样本 $<<\boldsymbol{x}_t,\ Q(\boldsymbol{x}_t,u_t)>,u_t,\boldsymbol{x}_{t+1},r_{t+1}>$，将样本按照动作标签分别输入各子模型对应的样本池，样本池建立好之后，依据样本

池进行回归训练，得到 Q-值函数模型，然后不断循环，最终 LSSVR-Q-值函数分片逼近模型逼近真实的 Q-值函数。

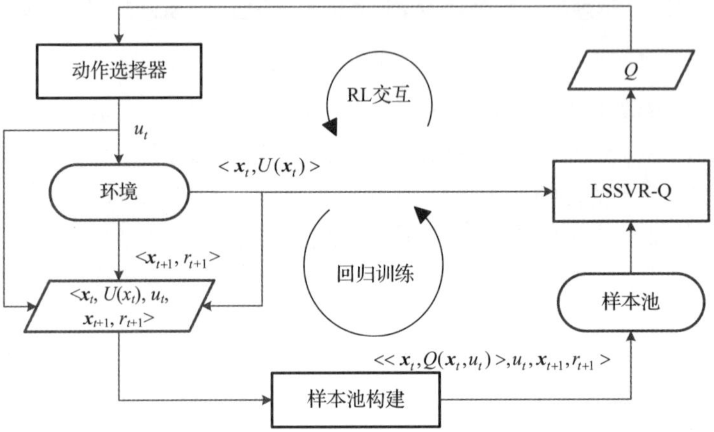

图 4.1　LSSVR-Q-值函数分片逼近模型

定义 4.3　异步工作模式。该模型工作过程描述如下：①首先只进行 RL 交互，屏蔽 LSSVR-Q 回归训练过程，随机生成一个状态 $\boldsymbol{x}$，利用设定的行为策略(如随机策略)选择一个动作 u，作用于环境，观察后继状态 $\boldsymbol{x}'$ 和奖赏 r；②利用 Q 值更新式计算 $Q(\boldsymbol{x},u)$，得到样本 $<<\boldsymbol{x}, Q(\boldsymbol{x},u)>,u,\boldsymbol{x}',r>$，将样本按照动作标签输入各子模型样本池；③不断重复第①步和第②步，直到生成设定的样本规模；④关闭 RL 交互过程，开启 LSSVR-Q 回归训练过程。每完成一次迭代后，对所有的样本利用 Q 值更新式重新计算 $Q(\boldsymbol{x},u)$，并进行下一次迭代，直到满足终止条件。

下面详细描述上述 LSSVR-Q-值函数分片逼近模型的构建与逼近过程。设定当前的假设空间为 $H=\{h:\boldsymbol{X}\mapsto Y\}$，其中 $\boldsymbol{X}=\mathbb{R}^n$ 表示输入域，$Y\subseteq\mathbb{R}$ 表示输出域。假设当前第 i 个动作对应的样本池为 $S_i=\{(\boldsymbol{x}_{ij},Q_{ij})\}_{j=1}^{N_i}\subseteq(\boldsymbol{X}\times Y)^{N_i}$，$i=1,2,\cdots,k$，其中 $\boldsymbol{x}_{ij}$ 为样本输入，Q_{ij} 为样本输出，N_i 为样本个数。利用 LSSVR-Q 模型对原问题进行建模，以最小化结构风险为目标，学习一组仿射函数 $\{f_i:\boldsymbol{X}\mapsto Y\}_{i=1}^{k}$，形式为

$$\left\{Q_i=f_i(\boldsymbol{x})=\boldsymbol{w}_i^{\mathrm{T}}\boldsymbol{\phi}(\boldsymbol{x})+b_i \mid i=1,2,\cdots,k\right\} \tag{4.1}$$

式中，$\boldsymbol{x}\in\mathbb{R}^n$ 表示待回归问题输入空间中的状态向量；$\boldsymbol{\phi}(\cdot):\mathbb{R}^n\to\mathbb{R}^{n_h}$ 将样本从输入空间非线性映射到高维特征空间，以便将输入空间中的非线性回归问题转化为高维空间中的线性回归问题；$\boldsymbol{w}_i\in\mathbb{R}^{n_h}$ 表示线性回归函数的权值向量；$b_i\in\mathbb{R}$ 是一个偏置项；$Q_i\in\mathbb{R}$ 是向量 $\boldsymbol{x}$ 在此仿射函数组的第 i 个模型下的输出值。则原问题的求解模型可表示为 k 个带有等式约束的优化问题，即

$$\left\{\begin{array}{ll}\min\limits_{w_i,b_i,e_i} & J_i(\boldsymbol{w}_i,b_i,\boldsymbol{e}_i)=\dfrac{1}{2}\boldsymbol{w}_i^{\mathrm{T}}\boldsymbol{w}_i+\dfrac{C_i}{2}\sum_{j=1}^{N_i}e_{ij}^2 \\ \text{s.t.} & Q_{ij}=\boldsymbol{w}_i^{\mathrm{T}}\boldsymbol{\phi}(\boldsymbol{x}_{ij})+b_i+e_{ij},\ j=1,2,\cdots,N_i\end{array}\right\}_{i=1}^{k} \tag{4.2}$$

式中，$e_{ik}\in\mathbb{R}$ 是误差的松弛变量；C_i 是正则化参数控制对超出误差允许范围的样本的惩罚程度，取值越大说明对样本误差惩罚越重；$\boldsymbol{w}_i$ 是一个 n_h 维的权值向量，控制模型复杂度，$\boldsymbol{w}_i$ 很容易达到无穷维，计算比较复杂，这里将原空间的约束优化问题转化为对偶空间的无约束优化问题，构造 Lagrange 函数，如式(4.3)所示

$$\left\{L_i(\boldsymbol{w}_i,b_i,\boldsymbol{e}_i;\boldsymbol{\alpha}_i)=\frac{1}{2}\boldsymbol{w}_i^{\mathrm{T}}\boldsymbol{w}_i+\frac{C_i}{2}\sum_{j=1}^{N_i}e_{ij}^2-\sum_{j=1}^{N_i}\alpha_{ij}(\boldsymbol{w}_i^{\mathrm{T}}\phi(\boldsymbol{x}_{ij})+b_i+e_{ij}-Q_{ij})\right\}_{i=1}^{k} \tag{4.3}$$

式中，$\boldsymbol{\alpha}_i=[\alpha_{i1},\cdots,\alpha_{iN_i}]^{\mathrm{T}}$ 为 Lagrange 乘子。根据 KKT(Karush-Kuhn-Tucker)最优化条件[6]得到式(4.4)为

$$\left\{\begin{array}{l}\dfrac{\partial L_i}{\partial \boldsymbol{w}_i}=0\Rightarrow \boldsymbol{w}_i=\sum_{j=1}^{N_i}\alpha_{ii}\phi(\boldsymbol{x}_{ii}) \\ \dfrac{\partial L_i}{\partial b_i}=0\Rightarrow \sum_{j=1}^{N_i}\alpha_{ij}=0 \\ \dfrac{\partial L_i}{\partial e_{ij}}=0\Rightarrow \alpha_{ij}=C_ie_{ij},\quad j=1,2,\cdots,N_i \\ \dfrac{\partial L_i}{\partial \alpha_{ij}}=0\Rightarrow \boldsymbol{w}_i^{\mathrm{T}}\phi(\boldsymbol{x}_{ij})+b_i+e_{ij}-Q_{ij}=0,\quad j=1,2,\cdots,N_i\end{array}\right\}_{i=1}^{k} \tag{4.4}$$

消去 $\boldsymbol{w}_i$ 和 $\boldsymbol{e}_i$ 后，可以得到线性方程组为

$$\left\{\begin{bmatrix}0 & \boldsymbol{1}_v^{\mathrm{T}} \\ \boldsymbol{1}_v & \boldsymbol{K}^i+\dfrac{\boldsymbol{I}}{C_i}\end{bmatrix}\begin{bmatrix}b_i \\ \boldsymbol{\alpha}_i\end{bmatrix}=\begin{bmatrix}0 \\ \boldsymbol{Q}_i\end{bmatrix}\right\}_{i=1}^{k} \tag{4.5}$$

式中，$\boldsymbol{Q}_i=[Q_{i1},\cdots,Q_{iN_i}]^{\mathrm{T}}$；$\boldsymbol{\alpha}_i=[\alpha_{i1},\cdots,\alpha_{iN_i}]^{\mathrm{T}}$；$\boldsymbol{1}_v=[1,\cdots,1]^{\mathrm{T}}$；$\boldsymbol{I}$ 是一个 N_i 阶单位矩阵，其中 $I_{ab}=\begin{cases}1, & a=b \\ 0, & a\neq b\end{cases}$；$\boldsymbol{K}^i$ 则是一个 N_i 阶核矩阵，其中 $K_{ab}^i=k(\boldsymbol{x}_a,\boldsymbol{x}_b)=\phi(\boldsymbol{x}_a)^{\mathrm{T}}\phi(\boldsymbol{x}_b)$，$a,b=1,2,\cdots,N_i$，$k(\cdot,\cdot)$ 是满足 Mercer 定理的核函数。目前应用较多的核函数有线性核、多项式核、RBF 核、Sigmoid 核以及傅里叶(Fourier)级数核等[7]。考虑到 RBF 核模型选择的简单性、计算难度小、算法易于实现等优点，故常用 RBF 核 $k(\boldsymbol{x}_a,\boldsymbol{x}_b)=\exp\{-\|\boldsymbol{x}_a-\boldsymbol{x}_b\|_2^2/(2\sigma^2)\}$。求解如式(4.5)的方程组得到式(4.6)，即

$$\left\{Q_i=f_i(\boldsymbol{x})=\boldsymbol{w}_i^{\mathrm{T}}\phi(\boldsymbol{x})+b_i=\sum_{j=1}^{N_i}\alpha_{ij}k(\boldsymbol{x},\boldsymbol{x}_{ij})+b_i\right\}_{i=1}^{k} \tag{4.6}$$

式中，α_{ij} 是 $\boldsymbol{\alpha}_i=[\alpha_{i1},\cdots,\alpha_{iN_i}]^{\mathrm{T}}$ 中的元素；b_i 是式(4.5)所示线性方程组的解。

4.2　在线稀疏化样本池构建方法

强化学习的在线特性决定了样本往往是在线获取的，不稳定的样本池将直接导致逼近模型的不稳定。基于 4.1 节描述的 LSSVR-Q-值函数分片逼近模型，考虑到逼近模型的稳定性，在选择 RL 交互和回归训练的协同工作模式中，本章采用异步工作模式。将样本池构建和回归训练过程分离，在回归训练之前构建好样本池。针对异步工作模式，首先介绍与此工作模式相适应的随机样本池的概念，如定义 4.4 所述。

定义 4.4　随机样本池。采用随机策略作为行为策略，Agent 在线地与环境进行随机一步交互，即随机生成状态 $\boldsymbol{x}$ 和动作 u，执行 u，感知后继状态 $\boldsymbol{x}'$ 和立即奖赏 r，并利用式(4.7)计算 Q 值，收集到样本 $<<\boldsymbol{x}, Q_{l+1}(\boldsymbol{x},u)>,u,\boldsymbol{x}',r>$，即

$$Q_{l+1}(\boldsymbol{x},u)=r+\gamma\max_{u'}[F(\boldsymbol{w}_l)](\boldsymbol{x}',u') \tag{4.7}$$

式中，l 表示迭代的轮数，初始为 0。然后重新随机生成状态和动作，重复上述一次交互。重复 N 次，得到 N 个样本，此 N 个样本即构成一个随机样本池。

按照定义 4.4 构建好随机样本池后，进行迭代回归训练。每完成一次迭代，利用式(4.7)更新样本中的 Q 值，然后进行下一次迭代。

为了获得较好的逼近效果，上述随机样本池中的 N 一般越大越好。然而，相比标准支持向量回归(Support Vector Regression, SVR)技术，LSSVR 丧失了稀疏性，因而随着训练样本的增加，会面临较大的计算复杂度。针对这个问题，下面基于文献[8]提出一种基于近似线性依赖(Approximate Linear Dependence, ALD)的在线稀疏化样本池构建方法。

定义 4.5　基于 ALD 的在线稀疏化样本池。首先利用定义 4.4 中的在线随机一步交互生成一个候选训练集 $\overline{S}=\{\boldsymbol{x}_1,\boldsymbol{x}_2,\cdots,\boldsymbol{x}_N\}$，为了表示方便，这里仅写出样本中的状态部分。$\boldsymbol{X}$ 表示真实样本池，基于 ALD 方法遍历该候选训练集，假设 t–1 时刻根据 ALD 方法已经选取出 m 个样本，此时真实训练集为 $S_{t-1}=\{\boldsymbol{x}_1,\boldsymbol{x}_2,\cdots,\boldsymbol{x}_m\}$，$1<m\leqslant N$。考虑候选集中的一个新样本 $\boldsymbol{x}_t$，采用文献[7]中所使用的 ALD 特征选择方法，如果满足式(4.8)

$$\min_{\boldsymbol{c}}\left\|\sum\nolimits_{j=1}^{m}c_j\phi(\boldsymbol{x}_j)-\phi(\boldsymbol{x}_t)\right\|^2\leqslant\mu \tag{4.8}$$

那么丢弃当前样本，否则 $S_t=S_{t-1}\cup\{\boldsymbol{x}_t\}$，其中 $\boldsymbol{c}=(c_1,\cdots,c_m)$，$\mu$ 为手动设定的控制精度的阈值。重复上述过程，直到遍历完候选样本池，最终得到的样本集称为基于 ALD 的在线稀疏化样本池。

4.3　LSSVR-Q 算法

考虑连续状态空间 $\boldsymbol{X}=\{\boldsymbol{x} \mid \boldsymbol{x}=[x_1,\cdots,x_n]^{\mathrm{T}}, x_i \in D_i, i=1,2,\cdots,n\}$，离散动作空间 $U=\{u_i\}_{i=1}^{k}$，$k \geqslant 2$ 的强化学习问题。LSSVR-Q 算法详细描述如下。

算法 4.1　LSSVR-Q 算法

(1) 输入 LSSVR-Q 逼近模型训练样本池样本数目 N 和测试样本集数目 T，折扣因子 γ，LSSVR 的正则化参数 C 和 RBF 核函数的宽度 σ，迭代轮数 L

(2) 生成样本池 $\{<<\boldsymbol{x}_j, Q_0(\boldsymbol{x}_j,u_j)>,u_j,\boldsymbol{x}'_j,r_j>\}_{j=1}^{N}$（参考定义 4.4 或定义 4.5）

(3) 按动作标签 $\mathrm{ID}(u_j)\in\{1,2,\cdots,k\}$ 将样本分发到各子模型的样本池，用 $N_{\mathrm{ID}(u_j)}$ 表示各子模型样本数

(4) $l \leftarrow 0$

(5) repeat

(6)　　回归训练 LSSVR-Q-值函数分片模型

(7)　　得到当前轮的 Q-值函数分片模型 $f_i^l(\boldsymbol{x})=\sum_{j=1}^{N_i}\alpha_{ij}^l k(\boldsymbol{x},\boldsymbol{x}_{ij})+b_i^l$，$i=1,2,\cdots,k$

(8)　　利用测试集测试当前的 Q-值函数模型

(9)　　repeat（对所有的 $j=1,2,\cdots,N$）

(10)　　　　$Q_{l+1}(\boldsymbol{x}_j,u_j)\leftarrow r_j+\gamma \max_{u'} f_{\mathrm{ID}(u')}^{l}(\boldsymbol{x}'_j)$

(11)　　until 遍历所有的数据

(12)　　$l \leftarrow l+1$

(13) until　$l=L$

(14) 输出 LSSVR-Q-值函数分片逼近模型 $f_i^L(\boldsymbol{x})=\sum_{j=1}^{N_i}\alpha_{ij}^L k(\boldsymbol{x},\boldsymbol{x}_{ij})+b_i^L$，$i=1,2,\cdots,k$

4.4　仿 真 实 验

为了验证所提算法的性能，针对 Mountain Car 和 DC Motor 两个问题进行仿真研究[9-11]。Mountain Car 问题的描述参考第 3 章实验部分。第 3 章学习的是从山谷最低点到山谷右侧最高点的最优路径。本章的学习任务是：小车在动力不足的条件下，从山谷中的任意一点以尽量短的时间运动到山谷右侧最高点。

DC Motor 问题示意图如图 4.2 所示。通过给马达(Motor)施加一定的直流电(DC)来控制连接在 Motor 端部的竖杆。系统状态有两维：竖杆的角度 $x_1=\alpha\in[-\pi,\pi]$ rad，角速度 $x_2=\dot{\alpha}\in[-16\pi,16\pi]$ rad/s。动作只有一维：控制电压 $u\in[-10,10]$ V。实验中动作离散化为三个值，即 $u_1=-10\mathrm{V}$、$u_2=0\mathrm{V}$、$u_3=10\mathrm{V}$。

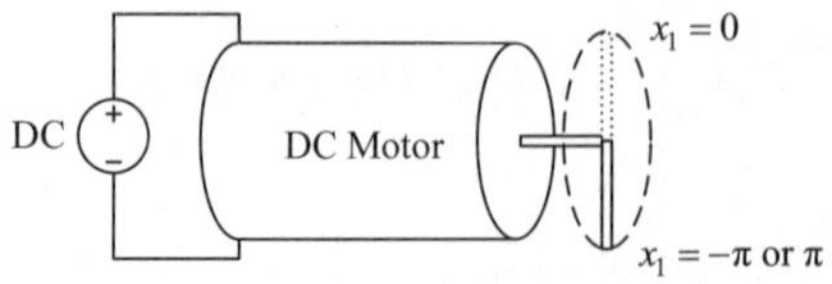

图 4.2　DC Motor 问题示意图

DC Motor 问题的学习任务是：通过调节电压，使得竖杆保持竖直平衡，即 $\boldsymbol{x}=[x_1,x_2]^{\mathrm{T}}=[0,0]^{\mathrm{T}}$。DC Motor 问题可以建模为一个二阶离散时间模型[12]，状态迁移函数和奖赏函数为

$$\boldsymbol{x}_{t+1}=\boldsymbol{A}\boldsymbol{x}_t+\boldsymbol{B}u_t,\quad \boldsymbol{A}=\begin{bmatrix}1 & 0.0049\\ 0 & 0.9540\end{bmatrix},\quad \boldsymbol{B}=\begin{bmatrix}0.0021\\ 0.8505\end{bmatrix} \tag{4.9}$$

$$r_{t+1}=-\boldsymbol{x}_t^{\mathrm{T}}\boldsymbol{Q}_{\mathrm{rew}}\boldsymbol{x}_t-R_{\mathrm{rew}}u_t^2,\quad \boldsymbol{Q}_{\mathrm{rew}}=\begin{bmatrix}5 & 0\\ 0 & 0.01\end{bmatrix},\quad R_{\mathrm{rew}}=0.01 \tag{4.10}$$

该模型由Khalil在2002年依据一个真实的直流马达构建，其中样本时间为 $T_s=0.05$。

仿真实验中，采用不同的训练集规模和训练集构建方法来进行多组仿真实验。算法参数说明与符号对照如表 4.1 所示。训练集构建方法可以选择如定义 4.4 描述的随机样本池（以 Random 表示）或者定义 4.5 描述的基于 ALD 的在线稀疏化样本池（以 ALD 表示）。LSSVR-Q 逼近模型中的核函数选择 RBF 核函数。

表 4.1　参数说明与符号对照

参数说明	参数符号	参数说明	参数符号	参数说明	参数符号
训练集规模	N	迭代轮数	L	RBF 宽度平方	σ^2
测试集规模	T	测试最大时间步	M_S	正则化参数	C
训练集构建方法	Method	折扣率	γ	ALD 阈值	μ

表 4.2 设置了三种实验模式，分别进行三组实验。模式 1 采用随机样本池，样本数为 600；模式 2 采用随机样本池，样本数为 3000；模式 3 采用 ALD 样本池，样本数为 300。在 Mountain Car 问题中采用的测试集规模为 50(50 个随机的初始状态)，迭代轮数为 200；在 DC Motor 问题中采用的测试集规模为 1（$\boldsymbol{x}_0=[-\pi,0]^{\mathrm{T}}$），迭代轮数为 50。

表 4.2　仿真实验模式设置

	N	T	Method	L	M_S	γ	σ^2	C	μ
模式 1	600	50/1	Random	200/50	1000	0.95	0.1	100	无
模式 2	3000	50/1	Random	200/50	1000	0.95	0.1	100	无
模式 3	300	50/1	ALD	200/50	1000	0.95	0.1	100	0.01

4.4.1　实验 1：Mountain Car 问题

该实验中，学习算法的性能由两个指标来评价：①收敛速度，即算法能够在多少轮迭代内收敛；②收敛结果，即算法收敛后，小车从初始点到达目标点 G 所用的平均时间步(50 个测试样本点的平均时间步)。

按照表 4.2 设置的三种实验模式进行仿真实验。图 4.3、图 4.4、图 4.5 中每幅图包含两幅子图，它们分别展示在三种实验模式下学习到的 Q-值函数分片(动作−1 对应的 Q-值函数分片)和参数 α 值。图 4.3 中对应的值函数分片包含 220 个样本，参数 α 为 220 维；图 4.4 中对应的值函数分片包含 1034 个样本，参数 α 为 1034 维；图 4.5 中对应的值函数分片包含 104 个样本，参数 α 为 104 维。

三种模式经过 200 轮回归训练后学习到的 Q-值函数分片和参数 α 值已经趋于稳定，实际上算法并不需要执行完 200 轮才能够收敛。从图 4.3、图 4.4、图 4.5 中可以看出，越接近目标的状态 Q 值越大，说明该状态越好。学习到的 α 值都是非零的，相比标准 SVM 丧失了稀疏性，因此样本量很大时需要对样本池进行稀疏化处理。

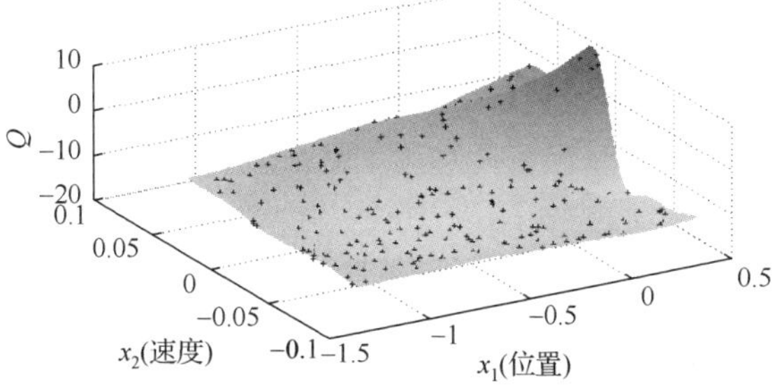

(a) 模式1学习完成后动作−1的Q-值函数分片

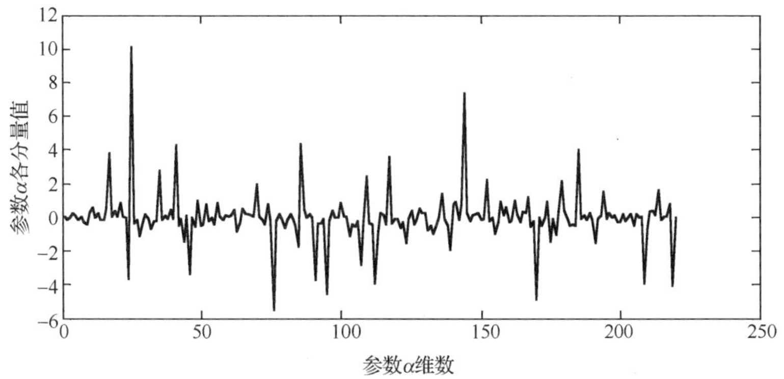

(b) 模式1学习完成后动作−1对应值函数的参数α值

图 4.3　模式 1 仿真实验

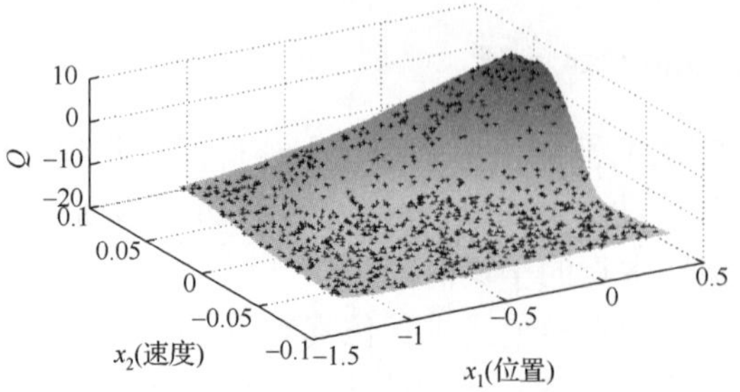

(a) 模式2学习完成后动作−1的Q-值函数分片

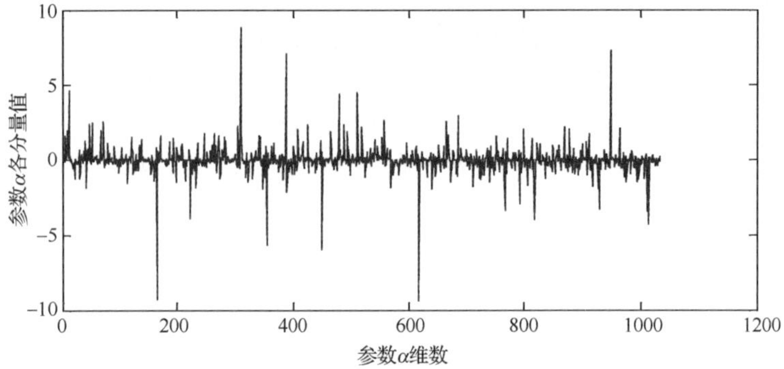

(b) 模式2学习完成后动作−1对应值函数的参数α值

图 4.4　模式 2 仿真实验

图 4.6、图 4.7 展示了三种实验模式最终学习结果的比较。图 4.6 展示的是全部 200 轮迭代的结果。为了更清楚地观察三种实验模式的学习结果，图 4.7 放大观察迭代区间为 15 到 100 轮的学习结果，从图 4.7 可以清楚地观察到三种实验模式的优劣。从图中可以看出，同样采用随机样本池的模式 1 和模式 2，样本数为 600 的模式 1 收敛速度明显快于样本数为 3000 的模式 2，然而模式 2 最终收敛后的结果却好于模式 1。采用 ALD 样本池的模式 3，在大规模缩减训练样本规模的情况下，收敛速度和收敛效果却优于其他两种模式。

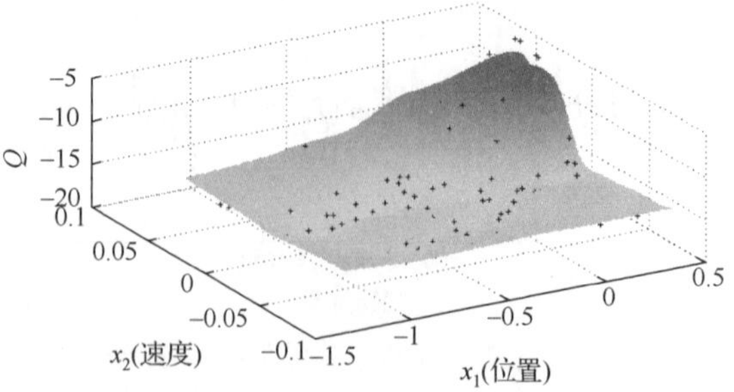

(a) 模式3学习完成后动作−1的Q-值函数分片

图 4.5　模式 3 仿真实验

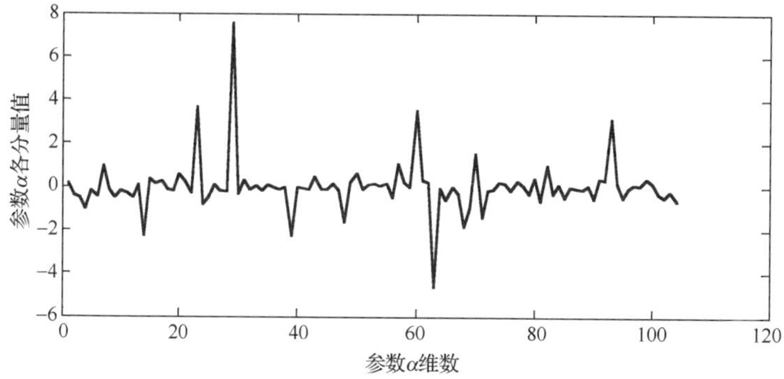

(b) 模式3学习完成后动作−1对应值函数的参数α值

图 4.5　模式 3 仿真实验(续)

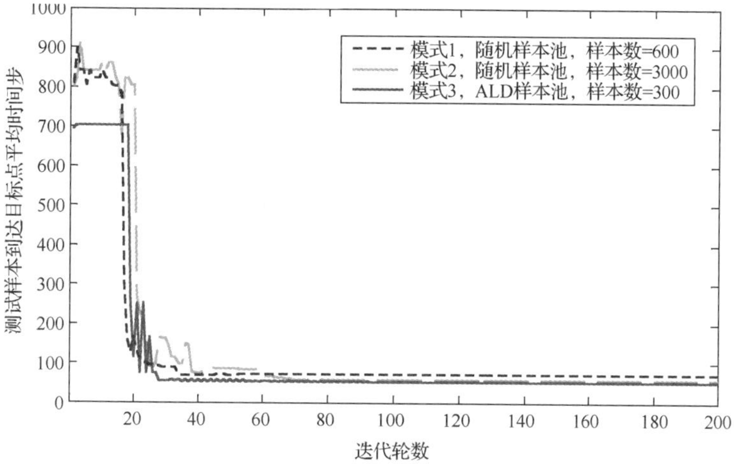

图 4.6　前 200 轮迭代的三种实验模式的学习结果比较

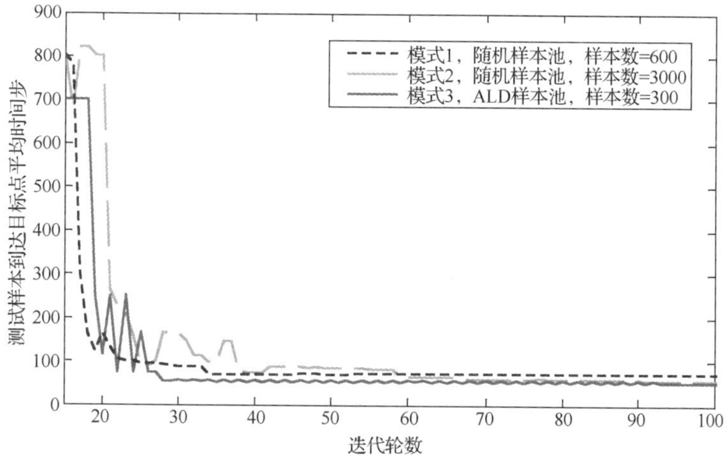

图 4.7　迭代区间为 15～100 轮的三种实验模式的学习结果比较

图 4.6、图 4.7 对应学习结果的统计数据如表 4.3 所示。从表 4.3 中可以看出，模式 1 在迭代 34 轮后收敛，最终收敛的时间步为 73；模式 2 在迭代 68 轮后收敛，最终收敛的时间步为 58；模式 3 在迭代 28 轮后收敛，最终收敛的时间步为 53。从上述实验比较和分析中可以看出，在采用随机样本池的构建策略下，样本越多，最终的收敛结果越好，但会降低收敛速度。而采用基于 ALD 的在线稀疏化样本池则可以有效提高收敛速度和收敛结果，并降低所需的样本数量。

表 4.3　三种实验模式学习结果的统计数据

	模式 1	模式 2	模式 3
迭代轮数	34	68	28
时间步	73	58	53

4.4.2　实验 2：DC Motor 问题

仿照实验 1，同样按照表 4.2 设置的三种实验模式进行仿真实验。三种实验模式经过 50 轮回归训练后学习到的 Q-值函数分片（动作−10 对应的 Q-值函数分片）如图 4.8、图 4.9、图 4.10 所示。考虑到简洁性，这里不再画出参数 α 值的曲线。该实验中，三种实验模式都能在 50 轮训练内收敛，本实验忽略算法收敛速度，着重分析算法的收敛结果。

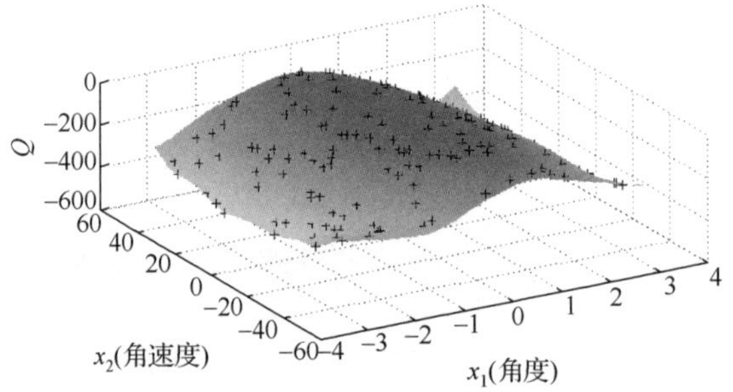

图 4.8　模式 1 学习完成后动作−10 的 Q-值函数分片

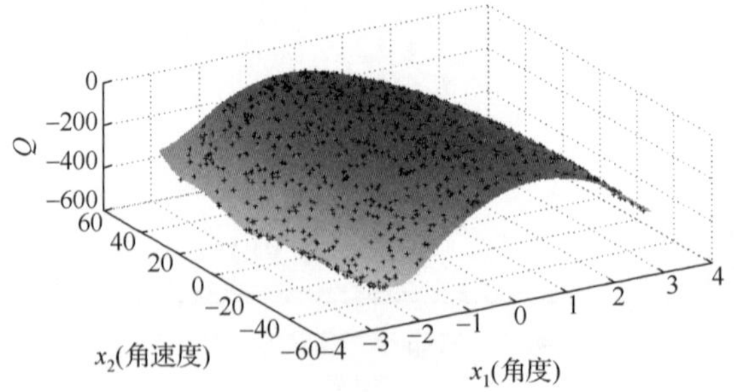

图 4.9　模式 2 学习完成后动作−10 的 Q-值函数分片

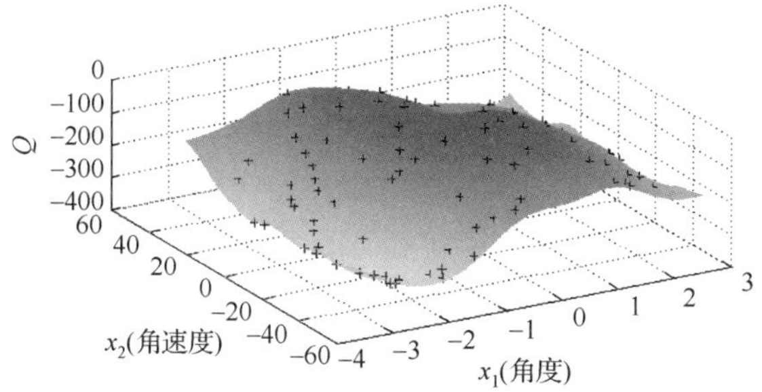

图 4.10　模式 3 学习完成后动作−10 的 Q-值函数分片

图 4.8 中对应的值函数分片包含 184 个样本；图 4.9 中对应的值函数分片包含 988 个样本；图 4.10 中对应的值函数分片包含 92 个样本。从图中可以看出三种模式学习到的 Q-值函数分片已经趋于稳定，样本越多，学习到的值函数曲线越平滑。

然而，当样本数增多时，时间和空间复杂度也会随之增大。基于 ALD 的样本池构建策略可以在损失较小精度的情况下，大幅降低时间和空间复杂度。表 4.2 中所示的三种实验模式经过 50 轮回归训练后，利用测试样本对学习效果进行测试，即从初始状态 $\boldsymbol{x}_0=[-\pi,0]^{\mathrm{T}}$ 开始，通过调节电压，使得竖杆保持竖直平衡。测试结果如图 4.11、图 4.12、图 4.13、图 4.14 所示。

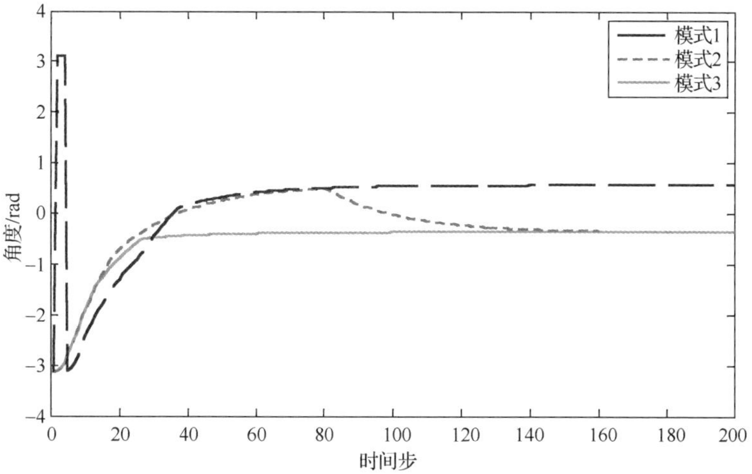

图 4.11　角度轨迹

图 4.11 呈现的是从初始状态 $\boldsymbol{x}_0=[-\pi,0]^{\mathrm{T}}$ 开始，经过 200 个时间步，角度的变化轨迹。从图中可以看出，模式 1 在初始阶段有一个跳动，模式 2 和模式 3 则相对稳定，其中模式 3 最平稳。它们最终都在 0 附近稳定，模式 2 和模式 3 相比模式 1 更接近 0。

图 4.12 呈现的是从初始状态 $\boldsymbol{x}_0=[-\pi,0]^{\mathrm{T}}$ 开始，经过 200 个时间步，角速度的

变化轨迹。从图中可以看出，三个模式在初始阶段都有波动，最终都趋向于 0。模式 3 相比模式 1 和模式 2 收敛更早。

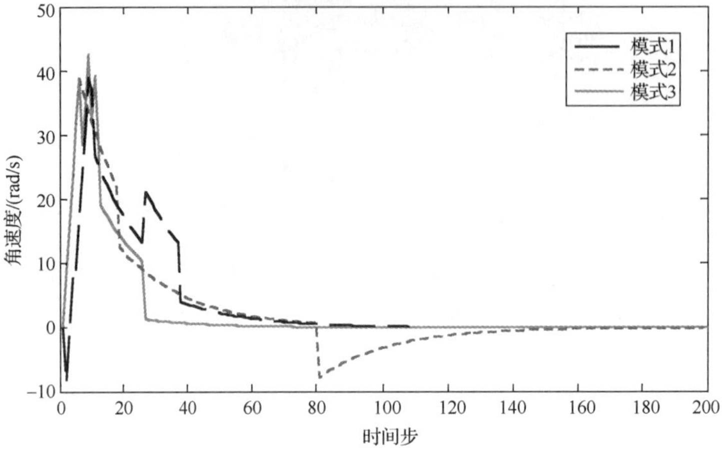

图 4.12　角速度轨迹

图 4.13 呈现的是从初始状态 $\boldsymbol{x}_0=[-\pi,0]^{\mathrm{T}}$ 开始，经过 200 个时间步，动作的变化轨迹。从图中可以看出，三个模式在初始阶段都有波动，最终都趋向于 0。模式 3 相对模式 1 和模式 2，更早地停止了波动。

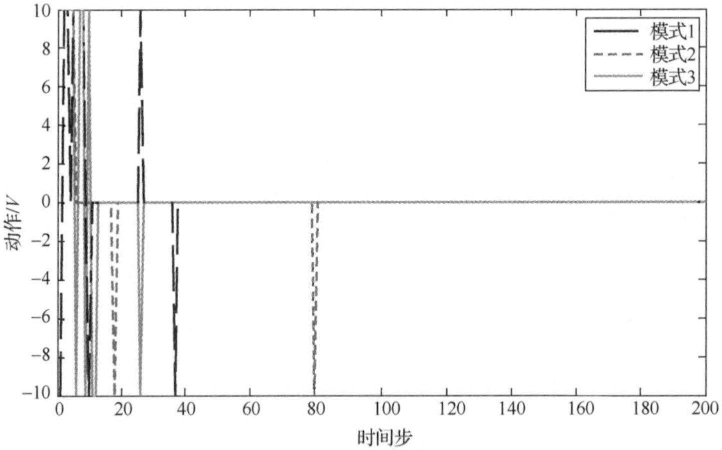

图 4.13　动作轨迹

图 4.14 呈现的是从初始状态 $\boldsymbol{x}_0=[-\pi,0]^{\mathrm{T}}$ 开始，经过 200 个时间步，立即奖赏的变化轨迹。从图中可以看出，模式 2 和模式 3 相对优于模式 1。

图 4.11～图 4.14 对应的学习结果的统计数据如表 4.4 和表 4.5 所示。表 4.4 列出使角度、角速度、动作、立即奖赏等参数稳定下来所需的时间步，表 4.5 列出角度、

角速度、动作、立即奖赏等稳定后的值。从表 4.4 可以看出，模式 3 趋于稳定的速度最快，模式 1 次之，模式 2 最慢。该结果符合稳定速度反比于样本数目的规律。综合考虑表 4.5 中的四个方面，可以得出，模式 2 稳定后的效果最好，模式 1 和模式 3 差不多。因为模式 3 样本数少于模式 1，所以从侧面反映出基于 ALD 的样本池构建策略要优于随机样本池构建策略。

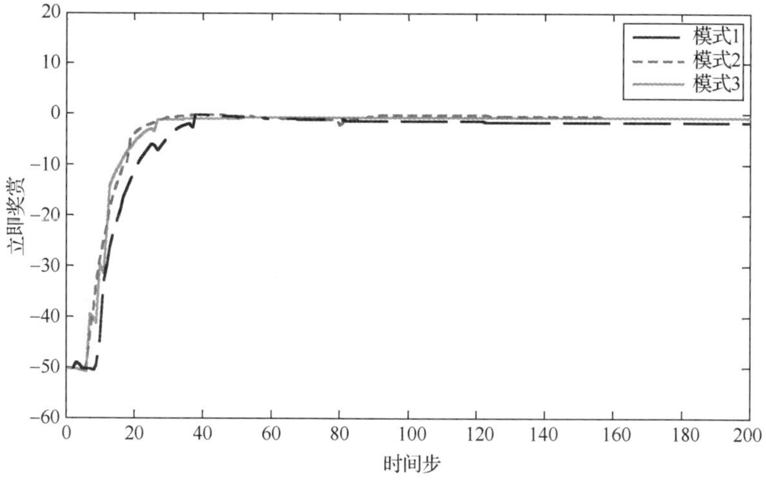

图 4.14 立即奖赏轨迹

表 4.4 三种实验模式得到稳定结果所需的时间步

	模式 1	模式 2	模式 3
角度	160	193	121
角速度	166	192	145
动作	38	82	27
立即奖赏	56	61	37

表 4.5 三种实验模式学习到的稳定值

	模式 1	模式 2	模式 3
角度	0.566	−0.355	−0.359
角速度	0.002	0.000	0.002
动作	0	0	0
立即奖赏	−0.781	−0.751	−1.004

4.5 本 章 小 结

非参数化值函数逼近是强化学习值函数逼近的重要研究方向。该类逼近方法基于数据来确定逼近模型的参数个数和函数形式，比较灵活。然而也面临一定的困难，如何高效处理大规模数据集是这一研究方向的难点。开发更加高效的算法来处理在线获取的、规模庞大的训练数据是未来需要进一步研究的方向。

参考文献

[1] Taylor G, Parr R. Kernelized value function approximation for reinforcement learning. Proceedings of the 26th International Conference on Machine Learning, New York, 2009.

[2] Suykens J, Vandewalle J. Least squares support vector machine classifiers. Neural Processing Letters, 1999, 9(3): 293-300.

[3] Suykens J, Lukas L, van Dooren P, et al. Least squares support vector machine classifiers: A large scale algorithm. Proceedings of the European Conference on Circuit Theory and Design, Torino, 1999.

[4] Chu W, Ong C, Keerthi S. An improved conjugate gradient scheme to the solution of least squares SVM. IEEE Transactions on Neural Networks, 2005, 16(2): 498-501.

[5] Keerthi S, Shevade S. SMO algorithm for least squares SVM. Proceedings of the International Joint Conference on Neural Networks, Piscataway, 2003.

[6] Sutton R S, Modayil J, Delp M, et al. Horde: A scalable real-time architecture for learning knowledge from unsupervised sensorimotor interaction. Proceedings of the 10th International Conference on Autonomous Agents and Multiagent Systems, 2011:761-768.

[7] Cristianini N, Shawe-Taylor J. An Introduction to Support Vector Machines and Other Kernel-Based Learning Methods. Cambridge: Cambridge University Press, 2000.

[8] Engel Y, Mannor S, Meir R. The kernel recursive least-squares algorithm. IEEE Transactions on Signal Processing, 2004, 52(8): 2275-2285.

[9] 肖飞, 刘全, 傅启明, 等. 基于自适应势函数塑造奖赏机制的梯度下降 Sarsa(λ)算法. 通信学报, 2013, 34(1): 77-88.

[10] 刘全, 肖飞, 傅启明, 等. 基于自适应归一化 RBF 网络的 Q-V 值函数协同逼近模型. 计算机学报, 2015, 38(7): 1386-1396.

[11] 傅启明, 刘全, 王辉, 等. 一种基于线性函数逼近的离策略 Q(λ)算法. 计算机学报, 2014, 37(3): 677-686.

[12] Busoniu L, Babuska R, de Schutter B, et al. Reinforcement Learning and Dynamic Programming Using Function Approximators. Florida: CRC Press, 2010.

第 5 章　基于 ANRBF 网络的 Q-V 值函数协同逼近模型

RBF 网络逼近模型可以有效解决连续状态空间强化学习问题。然而，强化学习的在线特性决定了 RBF 网络逼近模型会面临“灾难性扰动”问题，即新样本作用于学习模型后非常容易对之前学习到的输入输出映射关系产生破坏[1]。针对 RBF 网络逼近模型的“灾难性扰动”问题，提出了一种基于自适应归一化 RBF(Adaptive Normalized RBF, ANRBF)网络的 Q-V 值函数协同逼近模型和对应的协同逼近算法 QV(λ)。该算法对由 RBF 提取得到的特征向量进行归一化处理，并在线自适应地调整 ANRBF 网络隐藏层节点的个数、中心和宽度，可以有效提高逼近模型的抗干扰性和灵活性[2-4]。该协同逼近模型利用 Q 和 V-值函数协同塑造 TD 误差，在一定程度上利用了环境模型的先验知识，因此可以有效提高算法的收敛速度和初始性能。本章从理论上分析了 QV(λ)算法的收敛性，并对比其他函数逼近算法，通过实验验证了 QV(λ)算法具有较优的性能。

5.1　Q-V 值函数协同机制

强化学习中值函数蕴涵了一定的环境模型知识[5]，包括动作值函数和状态值函数。动作值函数与状态动作对相关联，用来表示状态动作对的好坏程度，通常用 Q 表示；状态值函数仅与状态相关联，用来表示状态的好坏程度，一般用 V 表示。考虑到两类值函数的不同特性，本章引入一种协同机制来解决强化学习问题。针对具有连续状态空间 $\boldsymbol{X}=\{\boldsymbol{x} \mid \boldsymbol{x}=[x_1,\cdots,x_n]^{\mathrm{T}}, x_i \in D_i, i=1,2,\cdots,n\}$、离散动作空间 $U=\{u_i\}_{i=1}^{k}, k \geqslant 2$ 的强化学习问题，构建 Q-V 值函数协同模型，如式(5.1)所示

$$\begin{cases} Q_i(\boldsymbol{x})=\boldsymbol{w}_i{}^{\mathrm{T}}\boldsymbol{\phi}(\boldsymbol{x})=\sum_{j=1}^{m} w_{ij}\phi_j(\boldsymbol{x}), & i=1,2,\cdots,k \\ V(\boldsymbol{x})=\boldsymbol{w}_l{}^{\mathrm{T}}\boldsymbol{\phi}(\boldsymbol{x})=\sum_{j=1}^{m} w_{lj}\phi_j(\boldsymbol{x}), & l=k+1 \end{cases} \tag{5.1}$$

其中包含 k 个 Q-值函数子模型，1 个 V-值函数子模型，$\boldsymbol{\phi}(\boldsymbol{x})=(\phi_1(\boldsymbol{x}),\cdots,\phi_m(\boldsymbol{x}))^{\mathrm{T}} \in \mathbb{R}^m$ 为状态向量 $\boldsymbol{x}$ 经由 m 个基函数提取出的特征向量，$\boldsymbol{w}_i=(w_{i1},\cdots,w_{im})^{\mathrm{T}} \in \mathbb{R}^m$ 为第 i 个离散动作对应的 Q-值函数子模型的权值向量，$\boldsymbol{w}_l=(w_{l1},\cdots,w_{lm})^{\mathrm{T}} \in \mathbb{R}^m$ 是 V-值函数子模型的权值向量。

强化学习算法中通过 TD 误差来在线自适应地调整值函数模型，实时稳定的 TD 误差不仅能够加快学习速度，而且可以有效地降低强化学习函数逼近模型的“灾难

性扰动”问题[6]。为了获得一系列实时稳定的 TD 误差，一种已经被证明行之有效的方法是利用塑造奖赏机制来重塑 TD 误差。基于塑造奖赏机制，将模型知识以奖赏的形式融入 TD 误差，新 TD 误差反馈给学习器，减少次优动作的选择次数，从而加快学习系统的收敛速度。Randlov 等[7]指出如果塑造奖赏机制使用不当，将会对学习过程产生误导。Ng 等[8]研究了融入塑造奖赏机制的算法保持策略不变性的充要条件。本章在 Ng 等工作的基础上提出利用状态值函数来对奖赏进行重新塑造。基于 V-值函数的塑造奖赏定义如下。

定义 5.1 状态值函数塑造奖赏(Shaping Reward Based on the State Value Function, SR-SVF)。基于状态值函数 $V:\boldsymbol{X}\mapsto\mathbb{R}$ 定义一个有界实值映射 $F:\boldsymbol{X}\times U\times\boldsymbol{X}\mapsto\mathbb{R}$，其中 $\boldsymbol{X}$ 为任意状态空间，U 为离散动作空间，状态值函数塑造奖赏定义为

$$F(\boldsymbol{x}_t,u_t,\boldsymbol{x}_{t+1})=\gamma V(\boldsymbol{x}_{t+1})-V(\boldsymbol{x}_t) \tag{5.2}$$

式中，$\gamma\in[0,1]$ 为折扣率；$V(\boldsymbol{x}_t)$ 和 $V(\boldsymbol{x}_{t+1})$ 分别为状态 $\boldsymbol{x}_t$ 和 $\boldsymbol{x}_{t+1}$ 的状态值。状态值函数塑造奖赏就是当前状态和后继状态之间状态值的折扣差值。

定义 5.2 协同 TD 误差(Collaborative Temporal Difference Error, C-TDE)。考虑强化学习算法的一个典型的交互过程，在 t 时刻 Agent 观察当前的状态 $\boldsymbol{x}_t$，根据当前行为策略选择一个动作 $u_t=u_i\in U,1\leqslant i\leqslant k$ 作用于环境，环境对此作出响应，状态转移至 $\boldsymbol{x}_{t+1}$ 并给出立即奖赏值 r_{t+1}，根据行为策略选择状态 $\boldsymbol{x}_{t+1}$ 下的动作 $u_{t+1}=u_j\in U,1\leqslant j\leqslant k$。融入塑造奖赏机制后的强化学习算法在 t 时刻的协同 TD 误差计算方法为

$$\begin{aligned}\delta_t&=r_{t+1}+\gamma Q_j(\boldsymbol{x}_{t+1})-Q_i(\boldsymbol{x}_t)+F(\boldsymbol{x}_t,u_t,\boldsymbol{x}_{t+1})\\&=r_{t+1}+\gamma Q_j(\boldsymbol{x}_{t+1})-Q_i(\boldsymbol{x}_t)+\gamma V(\boldsymbol{x}_{t+1})-V(\boldsymbol{x}_t)\\&=r_{t+1}+\gamma(Q_j(\boldsymbol{x}_{t+1})+V(\boldsymbol{x}_{t+1}))-(Q_i(\boldsymbol{x}_t)+V(\boldsymbol{x}_t))\end{aligned} \tag{5.3}$$

为了表示方便，式(5.3)中值函数子模型 Q_i、Q_j 和 V 并未显式地标注出时间步下标 t。

协同 TD 误差计算完毕后，需要考虑时间信度分配问题。对于传统的表格式强化学习算法或者二进制编码的函数逼近强化学习算法，利用传统的累加迹或替代迹即可解决问题[5]。但当式(5.1)中的状态特征向量为连续值时，传统的累加迹或替代迹往往会表现得很差。因此，基于本章所提的协同逼近模型的特殊性，下面定义一种新的资格迹(new trace)更新方式，如式(5.4)所示

$$\boldsymbol{e}_j(t)=\begin{cases}\max(\gamma\lambda\boldsymbol{e}_j(t-1),\nabla_{\boldsymbol{w}_i}Q_i(\boldsymbol{x}_t)), & j=i\ \text{或}\ j=l\\ \gamma\lambda\boldsymbol{e}_j(t-1), & \text{其他}\end{cases}\qquad j=1,2,\cdots,l \tag{5.4}$$

式中，$\boldsymbol{e}_j(t)$ 是在 t 时刻上述 Q-V 值函数协同模型中的第 j 个子模型的权值向量的资格迹。对于资格迹的符号表示，在不关心时刻的情况下，$\boldsymbol{e}_j(t)$ 简记为 $\boldsymbol{e}_j$。

5.2　Q-V 值函数协同逼近模型

基于定义 3.4 所述状态空间高斯划分，可以导出对应的 RBF 网络。在此基础上，将状态空间高斯划分确定的基函数进行归一化处理，然后引入自适应机制，构建一个 ANRBF 网络。下面给出基于 ANRBF 网络的 Q-V 值函数协同逼近模型的结构图及其描述，逼近模型结构如图 5.1 所示。

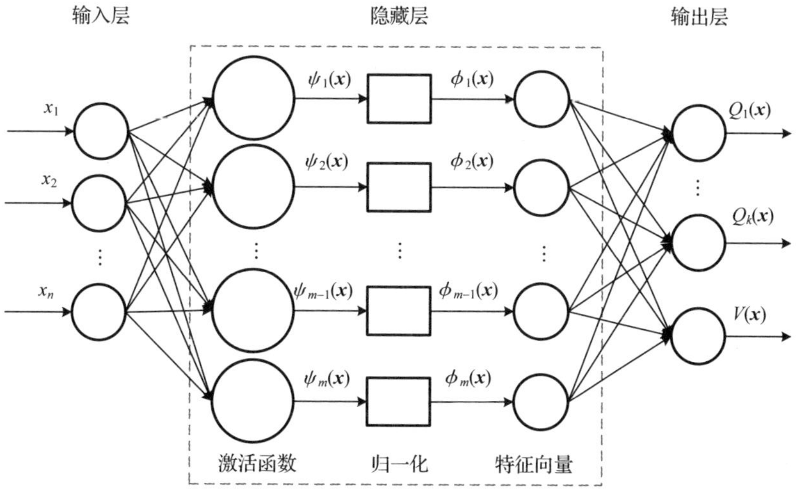

图 5.1　基于 ANRBF 网络的 Q-V 值函数协同逼近模型结构图

图 5.1 所示的 Q-V 值函数协同逼近模型是一个 $n\times m\times(k+1)$ 的三层归一化带反馈机制的神经网络，可在线自适应地调整隐藏层各节点的权值。其静态结构描述如下。

(1) 最左边称为输入层，用一个 n 维输入向量来表示，这里是状态向量 $\boldsymbol{x}=(x_1,x_2,\cdots,x_n)^{\mathrm{T}}\in\mathbb{R}^n$。

(2) 中间层称为隐藏层，可以细分为激活函数、归一化、特征向量三个部分。激活函数部分共有 m 个隐节点，每个隐节点内置一个激活函数，这里采用高斯 RBF。隐节点激活函数的定义为

$$\psi_i(\boldsymbol{x})=\exp\left(-\sum_{j=1}^{n}\frac{(x_j-c_{ij})^2}{2\sigma_{ij}^2}\right),\quad i=1,2,\cdots,m \tag{5.5}$$

式中，n 维向量 $\boldsymbol{c}_i=(c_{i1},\cdots,c_{in})^{\mathrm{T}}$、$\boldsymbol{\sigma}_i=(\sigma_{i1},\cdots,\sigma_{in})^{\mathrm{T}}$ 分别表示第 i 个高斯 RBF 的中心和宽度。归一化部分对激活函数的输出进行归一化处理，然后得到特征向量，特征向量的第 i 个分量为

$$\phi_i(\boldsymbol{x})=\psi_i(\boldsymbol{x})\left[\sum_{j=1}^{m}\psi_j(\boldsymbol{x})\right]^{-1},\quad i=1,2,\cdots,m \tag{5.6}$$

(3) 最右边称为输出层，包含 $l=k+1$ 个输出，分别是 k 个动作值函数和1个状态值函数，这些值函数是对隐藏层输出的特征向量各分量进行加权求和所得的，值函数模型的构建如式(5.1)所示。这里，式(5.1)中的 $w_{ij}, i=1,2,\cdots,l, j=1,2,\cdots,m$ 是输出层的权值。隐藏层的激活函数分布结构与对应的状态空间高斯划分紧密耦合，知识就是通过这种耦合机制进行传递的。

基于 ANRBF 网络的 Q-V 值函数协同逼近模型的工作过程描述如下：首先该逼近模型的输入层获取到一个状态向量 $\boldsymbol{x}=(x_1,\cdots,x_n)^{\mathrm{T}}\in\mathbb{R}^n$。$\boldsymbol{x}$ 输入隐藏层后，经过如式(5.5)所示的激活函数计算，得到特征向量雏形 $\psi(\boldsymbol{x})\in\mathbb{R}^m$。$\psi(\boldsymbol{x})$ 再由式(5.6)所示的归一化模块处理后，输出特征向量 $\phi(\boldsymbol{x})\in\mathbb{R}^m$。$\phi(\boldsymbol{x})$ 经过式(5.1)所示的值函数模型计算后，得到 Q 和 V-值函数的估计值。基于当前状态下的 Q-值函数的估计值，依据当前行为策略选择一个动作作用于环境，状态发生迁移并得到立即奖赏。利用式(5.2)和式(5.3)的协同机制来计算协同 TD 误差 δ。然后根据式(5.4)所示的信度分配机制，将当前时刻得到的协同 TD 误差反向传播给过去状态动作序列中的某些状态动作对，根据梯度下降方法来自适应地调整输出层权值及隐藏层各激活函数的中心和宽度。该协同逼近模型的动态结构中主要涉及 4 个方面的调整。

(1) 调整输出层权值向量 $\boldsymbol{w}_i=(w_{i1},w_{i2},\cdots,w_{im})^{\mathrm{T}}, i=1,2,\cdots,l$。具体调整方法为 $\boldsymbol{w}_i=\boldsymbol{w}_i+\alpha\delta\boldsymbol{e}_i$，其中 $\boldsymbol{e}_i=(e_{i1},e_{i2},\cdots,e_{im})^{\mathrm{T}}$，资格迹的更新策略为 $\forall i=1,2,\cdots,l$，如果 $i=\mathrm{ID}(u_t)$ 或者 $i=l$，那么 $\boldsymbol{e}_i=\max\left(\gamma\lambda\boldsymbol{e}_i,\phi\left(\boldsymbol{x}\right)\right)$，否则 $\boldsymbol{e}_i=\gamma\lambda\boldsymbol{e}_i$，其中 $\mathrm{ID}(u_t)$ 表示的是当前动作 $\boldsymbol{u}_t$ 在动作集合中的编号，如无特别说明，后面沿用此表示。

(2) 增加一个新的隐节点。如果 $|\delta|>\eta_1$ 且 $\forall j=1,2,\cdots,m$，$\max(\phi_j(\boldsymbol{x}))<\eta_2$，那么增加一个新的隐节点，$m=m+1$。初始化该隐节点所含的 RBF 激活函数的中心向量、宽度向量以及对应的输出层权值向量：$\forall u=1,2,\cdots,n$，$c_{mu}=x_u$，$\sigma_{mu}=0.1$，$\forall i=1,2,\cdots,l$，$w_{im}=0$，$e_{im}=0$，其中 η_1 和 η_2 为预先设定的阈值。

(3) 调整 $\boldsymbol{c}_j=(c_{j1},\cdots,c_{jn})^{\mathrm{T}}, j=1,2,\cdots,m$。设 $\forall j=1,2,\cdots,m$，$\boldsymbol{c}_z=\arg_{\boldsymbol{c}}\max(\phi_j(\boldsymbol{x}))$，则 $\forall u=1,2,\cdots,n$，$c_{zu}=c_{zu}-\dfrac{1}{2}\beta_1\dfrac{\partial\delta^2}{\partial c_{zu}}=c_{zu}+\beta_1\delta w_{iz}(1-\phi_z(\boldsymbol{x}))\phi_z(\boldsymbol{x})\dfrac{(x_u-c_{zu})}{\sigma_{zu}^2}$，其中 β_1 为预先设定的学习参数。

(4) 调整 $\boldsymbol{\sigma}_j=(\sigma_{j1},\cdots,\sigma_{jn})^{\mathrm{T}}, j=1,2,\cdots,m$。设 $\forall j=1,2,\cdots,m$，$\boldsymbol{\sigma}_z=\arg_{\boldsymbol{\sigma}}\max(\phi_j(\boldsymbol{x}))$，则 $\forall u=1,2,\cdots,n$，$\sigma_{zu}=\sigma_{zu}-\dfrac{1}{2}\beta_2\dfrac{\partial\delta^2}{\partial\sigma_{zu}}=\sigma_{zu}+\beta_2\delta w_{iz}(1-\phi_z(\boldsymbol{x}))\phi_z(\boldsymbol{x})\dfrac{(x_u-c_{zu})^2}{\sigma_{zu}^3}$，其中 β_2 为预先设定的学习参数。

上述 ANRBF 协同逼近模型的动态结构调整中，第(1)步、第(3)步和第(4)步都采用梯度下降的方法来进行调整，具体而言，第(3)步和第(4)步调整策略的详细推导如下

$$
\begin{aligned}
c_{zu} &= c_{zu} - \frac{1}{2}\beta_1 \frac{\partial \delta^2}{\partial c_{zu}} = c_{zu} + \beta_1 \delta \frac{\partial(\boldsymbol{w}_i^{\mathrm{T}} \phi(\boldsymbol{x}))}{\partial c_{zu}} \\
&= c_{zu} + \beta_1 \delta w_{iz} \frac{\partial \phi_z(\boldsymbol{x})}{\partial c_{zu}} = c_{zu} + \beta_1 \delta w_{iz} \frac{(1-\phi_z(\boldsymbol{x}))\phi_z(\boldsymbol{x})}{\sigma_{zu}^2}(x_u - c_{zu})
\end{aligned}
$$

同理

$$
\sigma_{zu} = \sigma_{zu} - \frac{1}{2}\beta_2 \frac{\partial \delta^2}{\partial \sigma_{zu}} = c_{zu} + \beta_2 \delta w_{iz} \frac{\partial \phi_z(\boldsymbol{x})}{\partial \sigma_{zu}} = \sigma_{zu} + \beta_2 \delta w_{iz} (1-\phi_z(\boldsymbol{x}))\phi_z(\boldsymbol{x}) \frac{(x_u - c_{zu})^2}{\sigma_{zu}^3}
$$

式中，$\boldsymbol{w}_i^{\mathrm{T}} \phi(\boldsymbol{x})$ 为当前选择的第 i 个动作的 Q-值函数，$\phi_z(\boldsymbol{x})$ 形式如式(5.6)所示。

5.3　Q-V 值函数协同逼近算法

5.3.1　QV(λ)算法

考虑具有连续状态空间 $\boldsymbol{X} = \{\boldsymbol{x} \mid \boldsymbol{x} = [x_1, \cdots, x_n]^{\mathrm{T}}, x_i \in D_i, i = 1,2,\cdots,n\}$ 和离散动作空间 $U = \{u_i\}_{i=1}^{k}, k \geqslant 2$ 的强化学习问题，利用基于 ANRBF 网络的 Q-V 值函数协同逼近模型来求解此问题。基于 5.2 节描述的 Q-V 值函数协同逼近模型，本章提出一种值函数协同逼近算法 QV(λ)，算法详细描述如下。

算法 5.1　QV(λ)：基于 ANRBF 网络的 Q-V 值函数协同逼近算法

---

(1) 输入任务环境模型

(2) 状态空间进行高斯划分

(3) 初始化 ANRBF 网络隐藏层各节点激活函数 $\boldsymbol{\psi}(\cdot) = (\psi_1(\cdot), \psi_2(\cdot), \cdots, \psi_m(\cdot))^{\mathrm{T}}$

(4) 构建如式(5.1)所示的基于 ANRBF 网络的 Q-V 值函数协同逼近模型

(5) 初始化权值及资格迹向量 $\forall i = 1,2,\cdots,l$，$\boldsymbol{w}_i = \boldsymbol{0} \in \mathbb{R}^m$，$\boldsymbol{e}_i = \boldsymbol{0} \in \mathbb{R}^m$

(6) repeat(对每一个情节)

(7) 　　初始化当前状态 $\boldsymbol{x}$ 及动作 u

(8) 　　repeat(对该情节中的每一步)

(9) 　　　　执行动作 u，观察 r，$\boldsymbol{x}'$

(10) 　　　　将数据 $<\boldsymbol{x}', U(\boldsymbol{x}')>$ 输入当前值函数模型

(11) 　　　　$u' \leftarrow$ 通过 ε-greedy、softmax 等动作选择策略选择状态 $\boldsymbol{x}'$ 下的动作

(12) 　　　　收集数据 $<\boldsymbol{x}, u, r, \boldsymbol{x}', u'>$

(13) 　　　　计算 TD 误差，$\delta_{\mathrm{old}} = r + \gamma Q_{\mathrm{ID}(u')}(\boldsymbol{x}') - Q_{\mathrm{ID}(u)}(\boldsymbol{x})$

---

(14)　　　　计算 SR-SVF，$F(\boldsymbol{x},u,\boldsymbol{x}')=\gamma V(\boldsymbol{x}')-V(\boldsymbol{x})$

(15)　　　　计算协同 TD 误差，$\delta_{\text{new}}=\delta_{\text{old}}+F(\boldsymbol{x},u,\boldsymbol{x}')$

(16)　　　　更新资格迹，对于 $\forall i=1,2,\cdots,l$

(17)　　　　if $i=\text{ID}(u)\vee i=l$

(18)　　　　　　$\boldsymbol{e}_i\leftarrow\max(\gamma\lambda\boldsymbol{e}_i,\boldsymbol{\phi}(\boldsymbol{x}))$

(19)　　　　else

(20)　　　　　　$\boldsymbol{e}_i\leftarrow\gamma\lambda\boldsymbol{e}_i$

(21)　　　　endif

(22)　　　　将 δ_{new} 反馈给 Q-V 值函数协同逼近模型

(23)　　　　调整协同逼近模型的输出层权值，$\forall i=1,2,\cdots,l$，$\boldsymbol{w}_i=\boldsymbol{w}_i+\alpha\delta_{\text{new}}\boldsymbol{e}_i$

(24)　　　　调整协同逼近模型的隐藏层结构

(25)　　　　if $|\delta_{\text{new}}|>\eta_1\wedge\forall j=1,2,\cdots,m,\max(\phi_j(\boldsymbol{x}))<\eta_2$

(26)　　　　　　新增一个隐藏节点，$m\leftarrow m+1$

(27)　　　　　　初始化，$\forall u=1,2,\cdots,n$，$c_{mu}=x_u$，$\sigma_{mu}=0.1$，$\forall i=1,2,\cdots,l$，$w_{im}=0$，$e_{im}=0$

(28)　　　　else

(29)　　　　　　$\forall j=1,2,\cdots,m$，$c_z=\arg_c\max(\phi_j(\boldsymbol{x}))$，$\sigma_z=\arg_\sigma\max(\phi_j(\boldsymbol{x}))$

(30)　　　　　　if $\delta w_{iz}>0$，对于 $\forall u=1,2,\cdots,n$

(31)　　　　　　　　$c_{zu}\leftarrow c_{zu}+\beta_1\delta w_{iz}(1-\phi_z(\boldsymbol{x}))\phi_z(\boldsymbol{x})(x_u-c_{zu})\sigma_{zu}^{-2}$

(32)　　　　　　else，对于 $\forall u=1,2,\cdots,n$

(33)　　　　　　　　$\sigma_{zu}\leftarrow\max(\sigma_{zu}+\beta_n\delta w_{iz}(1-\phi_z(\boldsymbol{x}))\phi_z(\boldsymbol{x})(x_u-c_{zu})^2\sigma_{zu}^{-3},0.001)$

(34)　　　　　　end if

(35)　　　　end if

(36)　　　　$\boldsymbol{x}=\boldsymbol{x}'$，$u=u'$

(37)　　until $\boldsymbol{x}$ 是终止状态

(38) until 运行完设定情节数或满足其他终止条件

本算法中对 Q-V 值函数协同逼近模型的调整主要涉及两个方面：①对输出层权重的调整；②对隐藏层结构的调整。根据一定的阈值条件，决定是否增加一个新的节点，或者调整最近节点的中心和宽度。调整策略采用文献[1]中所述的 RGD（Restricted Gradient Descent）调整策略。

假设 5.1　协同 TD 误差满足 $|\delta_{\text{new}}|\leqslant\eta_1$ 或者 $\forall j=1,2,\cdots,m$，$\max(\phi_j(\boldsymbol{x}))\geqslant\eta_2$，即协同 TD 误差不大于阈值 η_1，或者逼近模型隐藏层输出的最大分量不小于阈值 η_2，其中 η_1 和 η_2 为事先设定的阈值。

假设 5.2　令 $c_z=\arg_c\max(\phi_j(\boldsymbol{x}))$，$\sigma_z=\arg_\sigma\max(\phi_j(\boldsymbol{x}))$，即 c_z 和 σ_z 分别是逼近模型隐藏层各激活函数中离 $\boldsymbol{x}$ 最近一个基函数的中心向量和宽度向量。

定理 5.1　在假设 5.1 和假设 5.2 成立的条件下，RGD 调整策略有效，即逼近模型关于状态向量 $\boldsymbol{x}$ 收缩。

证明　下面分别从激活函数的中心向量和宽度向量的更新过程来证明定理 5.1。

(1) 因为特征向量 $\boldsymbol{\phi}(\boldsymbol{x})$ 是经过归一化处理的，所以 $\forall z=1,2,\cdots,n$，$\phi_z(\boldsymbol{x})\in[0,1]$，因而有 $(1-\phi_z(\boldsymbol{x}))\phi_z(\boldsymbol{x})\sigma_{zu}^{-2}\geqslant 0$ 成立。

(2) 设在状态 $\boldsymbol{x}$ 下选择的动作为 u，该动作在动作集合中的编号记为 $i=\mathrm{ID}(u)$。根据 RGD 调整策略，只有当 $\delta w_{iz}>0$ 时，才调整 c_{zu} 的大小。又因为 $\Delta c_{zu}=\beta_1\delta w_{iz}(1-\phi_z(\boldsymbol{x}))\phi_z(\boldsymbol{x})(x_u-c_{zu})\sigma_{zu}^{-2}$，所以 Δc_{zu} 的正负取决于 x_u-c_{zu} 的正负。

(3) 由 (1) 和 (2) 可得：$\boldsymbol{c}_z$ 的 u 分量 c_{zu} 向当前状态向量 $\boldsymbol{x}$ 的 u 分量 x_u 方向调整。

(4) 在 (3) 的基础上综合考虑中心向量的每一维，可得中心向量 $\boldsymbol{c}_z$ 始终向状态向量 $\boldsymbol{x}$ 的方向调整。

(5) 因为 $\phi_z(\boldsymbol{x})\in[0,1]$ 且 $\sigma_{zu}>0$，因此 $(1-\phi_z(\boldsymbol{x}))\phi_z(\boldsymbol{x})(x_u-c_{zu})^2\sigma_{zu}^{-3}\geqslant 0$，所以，当 $\delta w_{iz}<0$ 时，第 z 个 RBF 的宽度向量的 u 分量 σ_{zu} 将被缩小。

(6) 由 (3) 可知激活函数的中心向量调整的方向与状态向量 $\boldsymbol{x}$ 一致；由 (4) 可知激活函数的宽度向量调整过程是收缩的。综上所述，RGD 调整策略有效，逼近模型关于状态向量 $\boldsymbol{x}$ 收缩。

证毕。

5.3.2　算法收敛性分析

引理 5.1[9,10]　假设 Q-V 逼近模型隐藏层激活函数的候选中心向量集为 $\boldsymbol{X}=\{\boldsymbol{x}_1,\boldsymbol{x}_2,\cdots,\boldsymbol{x}_n\}$，基于 ALD 方法得到 t–1 时刻的中心向量集为 $\boldsymbol{X}_{t-1}=\{\boldsymbol{x}_1,\boldsymbol{x}_2,\cdots,\boldsymbol{x}_m\}$，$1<m\leqslant n$。考虑一个新样本 $\boldsymbol{x}_t$，如果采用文献[11]中所使用的 ALD 特征选择方法，当 $\min\limits_{\boldsymbol{c}}\left\|\sum\limits_j c_j\phi\left(\boldsymbol{x}_j\right)-\phi\left(\boldsymbol{x}_t\right)\right\|^2\leqslant\mu$ 成立时丢弃样本，否则 $\boldsymbol{X}_t=\boldsymbol{X}_{t-1}\cup\{\boldsymbol{x}_t\}$，其中 $\boldsymbol{c}=(c_1,\cdots,c_j)$，$\mu$ 为手动设定的控制精度的阈值，那么 Q-V 逼近模型的隐藏层节点数能够稳定。

引理 5.1 的证明和使用见文献[9]和文献[10]。基于引理 5.1 和定理 5.1 可得，若采用 ALD 方法选择特征，RGD 方法调整隐藏层激活函数，那么 Q-V 逼近模型的隐藏层会渐渐趋于稳定。由此引出定理 5.2，定理 5.2 证明了在 Q-V 逼近模型的隐藏层已经稳定的条件下 QV(λ) 算法的收敛性。

定理 5.2　假设 Q-V 逼近模型的隐藏层已经稳定，在确定性 MDP 中，若算法具有相同的学习经验序列，那么利用协同 TD 误差进行更新的 QV(λ) 算法与利用 TD 误差进行更新并利用 V-值函数进行初始化的 GD-Sarsa(λ) 算法具有一致的收敛性。

证明　分别用 L 和 L' 表示 GD-Sarsa(λ) 算法和 QV(λ) 算法的学习器。考虑具有

连续状态空间 $\boldsymbol{X}$ 和离散动作空间 U 的强化学习问题。$\forall \boldsymbol{x}\in \boldsymbol{X}$，$u\in U$，$L$ 的值函数建模为 $Q(\boldsymbol{x},u)=\boldsymbol{w}_{\mathrm{ID}(u)}^{\mathrm{T}}\phi(\boldsymbol{x})$，初始化为 $Q(\boldsymbol{x},u)=Q_0(\boldsymbol{x},u)+V(\boldsymbol{x})=\boldsymbol{\omega}_0^{\mathrm{T}}\phi(\boldsymbol{x})+\boldsymbol{\theta}^{\mathrm{T}}\phi(\boldsymbol{x})$；$L'$ 的值函数建模为 $Q'(\boldsymbol{x},u)=\boldsymbol{\omega}_{\mathrm{ID}(u)}^{\mathrm{T}}\phi(\boldsymbol{x})$，初始化为 $Q'(\boldsymbol{x},u)=Q_0(\boldsymbol{x},u)=\boldsymbol{\omega}_0^{\mathrm{T}}\phi(\boldsymbol{x})$。为了更加直观，这里用 $Q'(\boldsymbol{x},u)$ 表示 $Q'_{\mathrm{ID}(u)}(\boldsymbol{x})$。假设在状态 $\boldsymbol{x}$ 下采取动作 u 转移到状态 $\boldsymbol{x}'$，获得回报 r，在 $\boldsymbol{x}'$ 下根据行为策略选择动作 u'，那么可以得到一个经验五元组 $<\boldsymbol{x},u,\boldsymbol{x}',r,u'>$。基于此经验五元组，$L$ 和 L' 分别用式(5.7)和式(5.8)更新各自的权值，即

$$\boldsymbol{w}_{\mathrm{ID}(u)}\leftarrow \boldsymbol{w}_{\mathrm{ID}(u)}+\alpha\underbrace{\left[r+\gamma Q(\boldsymbol{x}',u')-Q(\boldsymbol{x},u)\right]}_{\delta Q(\boldsymbol{x},u)}\boldsymbol{e}_{\mathrm{ID}(u)} \tag{5.7}$$

$$\boldsymbol{\omega}_{\mathrm{ID}(u)}\leftarrow \boldsymbol{\omega}_{\mathrm{ID}(u)}+\alpha\underbrace{\left[r+\gamma Q'(\boldsymbol{x}',u')-Q'(\boldsymbol{x},u)+F(\boldsymbol{x},u,\boldsymbol{x}')\right]}_{\delta Q'(\boldsymbol{x},u)}\boldsymbol{e}'_{\mathrm{ID}(u)} \tag{5.8}$$

式中，$\delta Q(\boldsymbol{x},u)$ 为 TD 误差；$\delta Q'(\boldsymbol{x},u)$ 为协同 TD 误差；$\boldsymbol{e}_{\mathrm{ID}(u)}$ 和 $\boldsymbol{e}'_{\mathrm{ID}(u)}$ 分别为对应值函数模型中的第 ID(u) 个子模型的权值向量的资格迹。状态动作对 $(\boldsymbol{x},u)$ 的当前值函数与初始值函数之差分别记为 $\Delta Q(\boldsymbol{x},u)$、$\Delta Q'(\boldsymbol{x},u)$。将式(5.7)和式(5.8)的权值更新映射到 Q-值函数的更新，则 Q-值函数变化量如式(5.9)和式(5.10)所示，即

$$\Delta Q(\boldsymbol{x},u)=Q(\boldsymbol{x},u)-Q_0(\boldsymbol{x},u)-V(\boldsymbol{x})=(\alpha\delta Q(\boldsymbol{x},u)\boldsymbol{e}_{\mathrm{ID}(u)})^{\mathrm{T}}\phi(\boldsymbol{x}) \tag{5.9}$$

$$\Delta Q'(\boldsymbol{x},u)=Q'(\boldsymbol{x},u)-Q_0(\boldsymbol{x},u)=(\alpha\delta Q'(\boldsymbol{x},u)\boldsymbol{e}'_{\mathrm{ID}(u)})^{\mathrm{T}}\phi(\boldsymbol{x}) \tag{5.10}$$

假定现在 L 和 L' 具有相同的学习经验序列，利用归纳法证明 L 和 L' 等价，即要证明 $\forall \boldsymbol{x}\in \boldsymbol{X}$，$u\in U$，$\Delta Q(\boldsymbol{x},u)=\Delta Q'(\boldsymbol{x},u)$。归纳证明如下。

(1) 当值函数 $Q(\boldsymbol{x},u)$ 和 $Q'(\boldsymbol{x},u)$ 都是初始模型时，即 $\Delta Q(\boldsymbol{x},u)=\Delta Q'(\boldsymbol{x},u)=0$。

(2) 假设到目前为止，$\forall \boldsymbol{x}\in \boldsymbol{X}$，$u\in U$，有 $\Delta Q(\boldsymbol{x},u)=\Delta Q'(\boldsymbol{x},u)$。在此基础上，当前时间步获得了一个新的经验五元组 $<\boldsymbol{x},u,\boldsymbol{x}',r,u'>$，此时 TD 误差及协同 TD 误差计算如下

$$\begin{aligned}
\delta Q(\boldsymbol{x},u)&=r+\gamma Q(\boldsymbol{x}',u')-Q(\boldsymbol{x},u)\\
&=r+\gamma(Q_0(\boldsymbol{x}',u')+V(\boldsymbol{x}')+\Delta Q(\boldsymbol{x}',u'))-Q_0(\boldsymbol{x},u)-V(\boldsymbol{x})-\Delta Q(\boldsymbol{x},u)\\
&=r+\gamma(Q_0(\boldsymbol{x}',u')+\Delta Q(\boldsymbol{x}',u'))-Q(\boldsymbol{x},u)-\Delta Q(\boldsymbol{x},u)+\gamma V(\boldsymbol{x}')-V(\boldsymbol{x})\\
\delta Q'(\boldsymbol{x},u)&=r+\gamma Q'(\boldsymbol{x}',u')-Q'(\boldsymbol{x},u)+F(\boldsymbol{x},u,\boldsymbol{x}')\\
&=r+\gamma\left(Q_0(\boldsymbol{x}',u')+\Delta Q'(\boldsymbol{x}',u')\right)-Q_0(\boldsymbol{x},u)-\Delta Q'(\boldsymbol{x},u)+\gamma V(\boldsymbol{x}')-V(\boldsymbol{x})\\
&=r+\gamma\left(Q_0(\boldsymbol{x}',u')+\Delta Q(\boldsymbol{x}',u')\right)-Q_0(\boldsymbol{x},u)-\Delta Q(\boldsymbol{x},u)+\gamma V(\boldsymbol{x}')-V(\boldsymbol{x})
\end{aligned}$$

基于上述计算过程，可得 $\delta Q'(\boldsymbol{x},u)=\delta Q(\boldsymbol{x},u)$，即在此新经验的作用下 L 和 L' 获得的 TD 误差和协同 TD 误差相同。另一方面，由于具有相同的经验序列，L 和 L' 资格迹同步更新，又由于每个时间步 L 和 L' 获得的 TD 误差和协同 TD 误差相同，所以，L 和 L' 资格迹每个时间步同量更新，所以对任一时间步有 $\boldsymbol{e}_{\mathrm{ID}(u)}=\boldsymbol{e}'_{\mathrm{ID}(u)}$。根

据式(5.9)和式(5.10)可得，$\forall \boldsymbol{x} \in \boldsymbol{X}$，$u \in U$，$\Delta Q(\boldsymbol{x},u) = \Delta Q'(\boldsymbol{x},u)$。综上所述，在相同经验下，$L$ 和 L' 等价，即证明了在确定性 MDP 中，具有相同学习经验序列的情况下，QV(λ)算法与利用 V-值函数进行初始化的 GD-Sarsa(λ)算法具有一致的收敛性。

证毕。

定理 5.3　在式(5.11)所示的条件下，如果学习率 α 可以随时间衰减，那么采用梯度下降训练方法的 QV(λ)算法能够收敛到原问题的一个局部最优解，即

$$\sum_{t=0}^{\infty} \alpha_t = \infty, \qquad \sum_{t=0}^{\infty} \alpha_t^2 < \infty \tag{5.11}$$

证明　从文献[11]得知，强化学习中采用梯度下降训练方法的线性学习算法，如 Sutton 等提出的 GD-Sarsa(λ)算法，在满足式(5.11)的条件下，如果学习率 α 可以随时间衰减，那么能够保证该算法会收敛到原问题的一个局部最优解。又因为定理 5.2 证明了在具有相同经验序列的情况下，QV(λ)算法与利用 V-值函数初始化的 GD-Sarsa(λ)算法具有一致的收敛性。而强化学习算法中任意初始化的值函数都不会改变算法的收敛结果，因此，QV(λ)算法在满足式(5.11)的条件下，如果学习率 α 可以随时间衰减，一定能够收敛到原问题的一个局部最优解。

证毕。

5.4　仿真实验

5.4.1　实验描述

为了验证所提算法的性能，依然针对经典的 Mountain Car 问题(图 3.5)进行仿真研究。小车的任务是在动力不足的条件下，从山谷中的任何一点以尽量短的时间运动到 G 点。系统的状态由两个连续变量 y 和 v 表示，其中 y 为小车的水平位移，v 为小车的水平速度，Mountain Car 问题的状态空间约定为

$$\boldsymbol{X}(\mathrm{MC}) = \left\{[y,v]^{\mathrm{T}} \in \mathbb{R}^2 \mid -1.2 \leqslant y \leqslant 0.5, -0.07 \leqslant v \leqslant 0.07\right\} \tag{5.12}$$

当小车位于 S 点、G 点和 A 时，y 的取值分别为−0.5、0.5 和−1.2。控制量为小车所受水平方向的力，取三个离散值，即+1、0 和−1，分别代表全油门向前、零油门和全油门向后三个控制行为。仿真实验中，系统的动力学特性描述为

$$\begin{cases} \dot{v} = \mathrm{bound}[v + 0.001u - g\cos(3y)] \\ \dot{y} = \mathrm{bound}[y + \dot{v}] \end{cases} \tag{5.13}$$

式中，$g = 0.0025$ 为与重力有关的系数；u 为控制量。目标是在没有任何模型先验知识的前提下，控制小车从任意初始点以最短时间运动到 G 点。该控制问题可以用一个确定性 MDP 来建模，奖赏函数为

$$r_t=\begin{cases}-1, & y<0.5\\ 0, & y\geqslant 0.5\end{cases} \tag{5.14}$$

这是一个惩罚型的奖赏函数，其中下标 t 表示时间步。

5.4.2 实验设置

本章所提 QV(λ)算法是一种在策略学习算法，评估策略和行为策略相同。本实验采用 ε-greedy 作为行为策略。仿真实验中，每次实验设定的情节数为 1000，每个情节的最大时间步数设置为 1000。小车的初始状态在状态空间内随机生成，当小车到达 G 点或时间步数超过 1000 时，一个情节结束，然后系统状态重新进行初始化，开始下一个情节的学习。学习完设定的 1000 个情节后，一次实验结束。学习算法的性能由三个指标来评价：①收敛速度，即算法能够在多少个情节内收敛；②收敛结果，即算法收敛后，小车从初始点到达目标点 G 所用的平均时间步(总时间步除以当前所学情节数)；③初始性能，即每次实验的前 20 个情节中，小车从初始点到达目标点 G 所用的平均时间步。将本章提出的 QV(λ)算法与 Sutton 等[5]提出的 GD-Sarsa(λ)算法、Maei 等[12]提出的 Greedy-GQ 算法以及 Barreto 等[1]提出的 RGD-Sarsa(λ)算法进行比较，并分析资格迹、学习率、SR-SVF 和自适应机制对算法性能的影响。在相同的实验环境下分别独立重复进行 30 次仿真实验。

5.4.3 实验分析

QV(λ)算法、GD-Sarsa(λ)算法、Greedy-GQ 算法和 RGD-Sarsa(λ)算法的 30 次仿真实验结果如图 5.2 和图 5.3 所示。图中横坐标表示情节数，纵坐标表示小车从初始点到达目标点 G 所用的平均时间步。图 5.2 展示的是 QV(λ)算法与利用替代迹的 GD-Sarsa(λ)算法、Greedy-GQ 算法及利用累加迹的 RGD-Sarsa(λ)算法的结果比较。图 5.3(a)进一步比较了 QV(λ)算法与利用替代迹和累加迹的 GD-Sarsa(λ)算法的实验结果。图 5.3(b)进一步比较了QV(λ)算法与利用替代迹和累加迹的 RGD-Sarsa(λ)算法的实验结果。算法参数设置如下：QV(λ)算法和 RGD-Sarsa(λ)算法分别采用 8 个等距的高斯 RBF 来对二维连续状态空间的每一维进行高斯划分，RBF 个数为 8×8=64，宽度向量为 $\boldsymbol{\sigma}=(0.1,0.1)^{\mathrm{T}}$。其他参数设置为 $\varepsilon=0.0$，$\alpha=0.9$，$\lambda=0.9$，$\gamma=1.0$。GD-Sarsa(λ)中采用 10 个 9×9 的 Tiling 来划分状态空间，参数设置依据文献[1]中给出的最优参数设置：采用替代迹时，设置为 $\varepsilon=0.0$，$\alpha=0.14$，$\lambda=0.9$，$\gamma=1.0$，采用累加迹时，$\lambda=0.3$，其余保持不变。Greedy-GQ 算法的参数设置为 $\varepsilon=0.0$，$\alpha=0.1$，$\gamma=1.0$。

从图 5.2 和图 5.3 中可以看出，本章所提的 QV(λ)算法在收敛速度和初始性能方面明显优于其他三个算法。图 5.2 和图 5.3 所示的算法执行结果的详细分析比较如表 5.1 和表 5.2 所示。表 5.1 分析的是 4 种算法收敛所需要的情节数和收敛后到达目标点的平均时间步。QV(λ)算法大约需要 296 个情节收敛，收敛后大约需要 64 个时间步到达目标点；GD-Sarsa(λ)算法大约需要 521(替代迹)或 593(累加迹)个情节收敛，收敛后大约需要 64(替代迹)或 70(累加迹)个时间步到达目标点；Greedy-GQ 算法大约需要 524 个情节收敛，收敛后大约需要 73 个时间步到达目标点；RGD-Sarsa(λ)算法大约需要 435(替代迹)或 372(累加迹)个情节收敛，收敛后大约需要 65(替代迹)或 68(累加迹)个时间步到达目标点。表 5.2 重点分析了 4 个算法的初始性能，分别给出了 4 个算法在前 1、5、10、15、20 个情节到达目标点所需的平均时间步，可以看出，QV(λ)算法的初始性能明显优于其他三个算法。

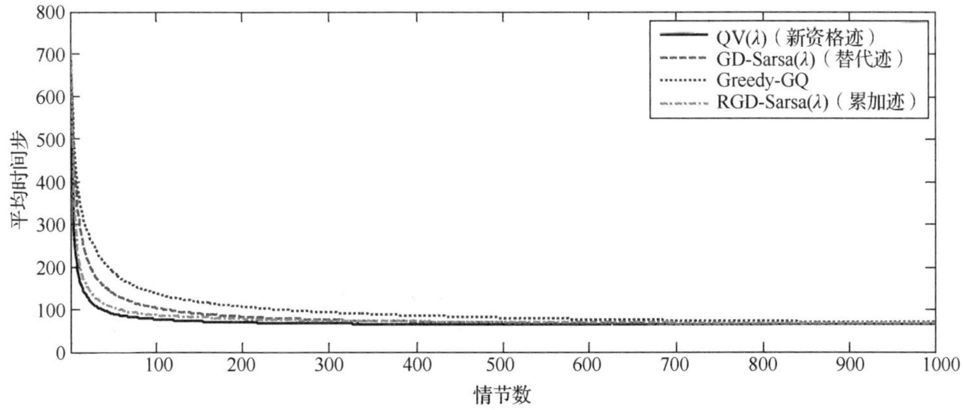

图 5.2　算法性能比较

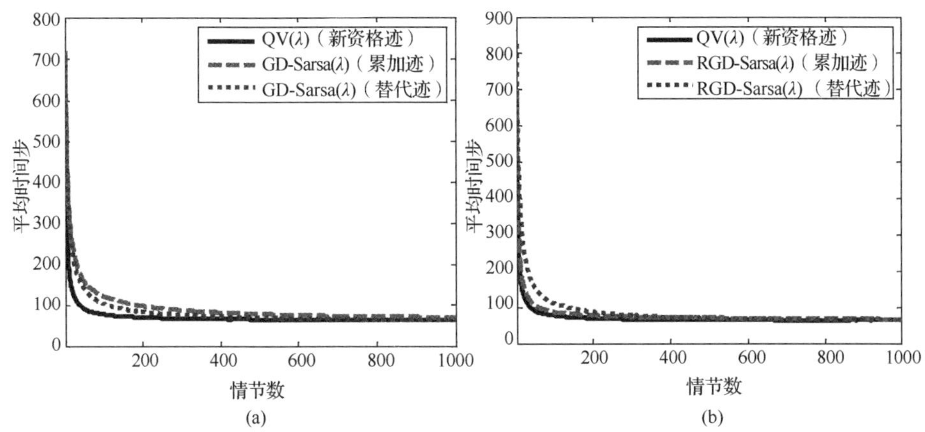

图 5.3　算法性能比较(续)

下面重点分析 SR-SVF 机制对 QV(λ)算法性能的影响。采用与上述相同的 RBF 配置，算法参数设置为 $\varepsilon=0.0$ ，$\alpha=0.9$ ，$\lambda=0.9$ ，$\gamma=0.99$ 。分别考虑两个不同的

奖赏模型，一个是如式(5.14)所示的奖赏模型；另一个奖赏模型为当 $y<0.5$ 时，$r_t=0$，当 $y\geqslant 0.5$ 时，$r_t=1$。实验结果如图 5.4 所示，同样是 30 次实验的平均结果，图 5.4(a)为基于第一种奖赏模型的算法执行结果，图 5.4(b)为基于第二种奖赏模型的算法执行结果。从图 5.4 中可以看出，带有 SR-SVF 机制的 QV(λ)算法在收敛速度和初始性能方面明显优于不带 SR-SVF 机制的 QV(λ)算法。当采用第一种奖赏模型时，由于奖赏是−1 和 0 的形式，是一种惩罚型奖赏，这时 SR-SVF 机制对算法收敛速度和初始性能提升较小；当采用第二种奖赏模型时，由于奖赏是 0 和 1 的形式，是一种鼓励型奖赏，只有到达目标状态时，才能获得一个有效奖赏。这时融入 SR-SVF 机制，可以在学习初期将环境模型知识以塑造奖赏的形式传递给学习器，从而有效提高算法的收敛速度和初始性能。

表 5.1　算法收敛性能比较

性能指标	QV(λ)	GD-Sarsa(λ)		Greedy-GQ	RGD-Sarsa(λ)	
	新资格迹	替代迹	累加迹		替代迹	累加迹
收敛情节数	296±15	521±15	593±15	524±15	435±15	372±15
平均时间步	64±15	64±15	70±15	73±15	65±15	68±15

表 5.2　算法初始性能比较

情节数	QV(λ)	GD-Sarsa(λ)		Greedy-GQ	RGD-Sarsa(λ)	
	新资格迹	替代迹	累加迹		替代迹	累加迹
前 1 个情节	696±15	706±15	717±15	668±15	826±15	705±15
前 5 个情节	252±15	428±15	434±15	473±15	495±15	334±15
前 10 个情节	172±15	311±15	315±15	369±15	365±15	211±15
前 15 个情节	144±15	250±15	267±15	313±15	296±15	173±15
前 20 个情节	127±15	214±15	239±15	283±15	253±15	153±15

在上述实验的基础上，下面重点分析学习率 α 对算法性能的影响。QV(λ)算法采用新的资格迹，λ=0.9，α 分别取值 0.1、0.5、0.9、1.0；GD-Sarsa(λ)算法采用替代迹，λ=0.9，α 分别取值 0.01、0.05、0.14、0.18，其余参数设置与图 5.3 对应实验的设置相同；而 Greedy-GQ 算法中 α 分别取值 0.005、0.015、0.05、0.1，其余参数设置与图 5.2 对应实验的设置相同；至于 RGD-Sarsa(λ)算法采用替代迹，λ=0.9，α 分别取值 0.1、0.5、0.9、1.0，其余参数设置与图 5.3 对应实验的设置相同。实验结果如图 5.5 所示，从中可以看出，QV(λ)算法在上述设定的取值中，α 取值 0.9 时效果最好，但其实为 0.1～1.0 时，算法性能的差异都很小；GD-Sarsa(λ)算法在上述设定的取值中，α 取值 0.14 时效果最好，在 0.01～0.18 时，算法性能存在着较大的差

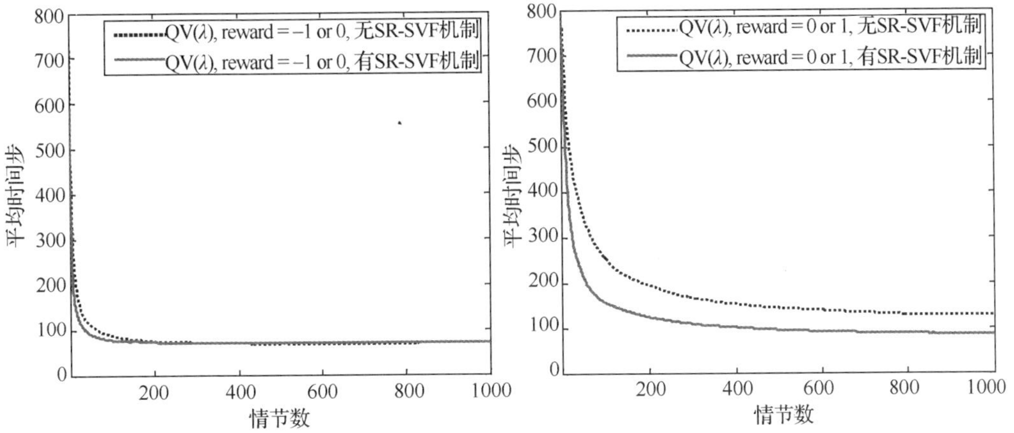

图 5.4　SR-SVF 机制对 QV(λ)算法的性能影响分析

异；Greedy-GQ 算法在上述设定的取值中，α 取值 0.1 时效果最好，在 0.005～0.1 时，算法性能差异较大；RGD-Sarsa(λ)算法在上述设定的取值中，α 取值 0.9 时效果最好，在 0.1～1.0 时，算法性能差异稍大。从上述分析比较中可以看出，本章所提的 QV(λ)算法对学习率的适应范围较广，敏感度较低，因此算法具有更强的适应性和抗干扰性。原因是 QV(λ)算法中采用归一化 RBF 网络来逼近 Q-V 值函数协同模型，状态向量经过归一化处理后，学习模型更加平滑，从而降低了算法对参数的敏感度。

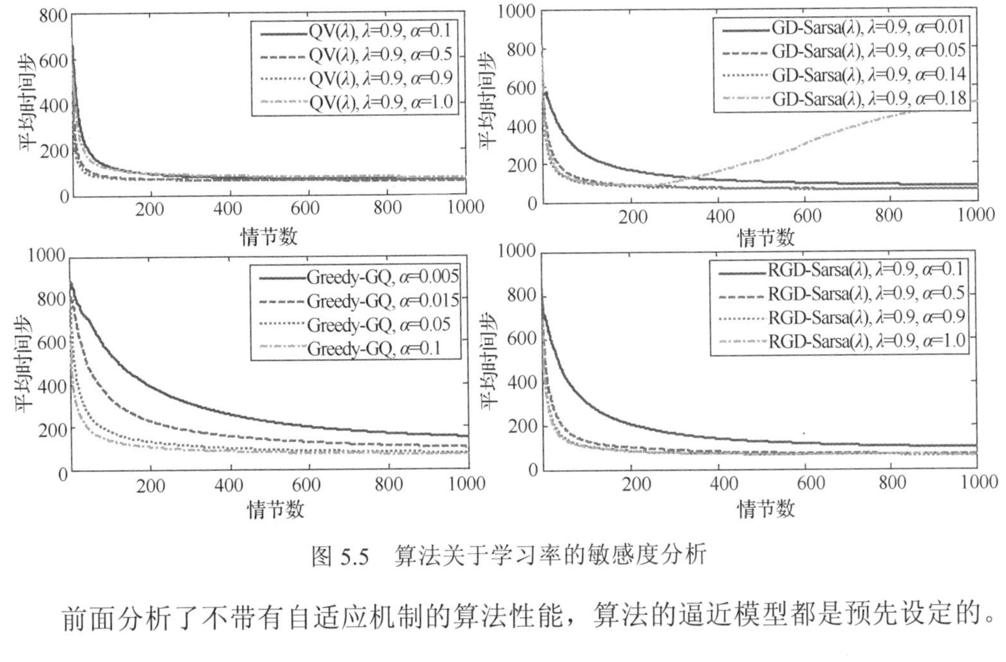

图 5.5　算法关于学习率的敏感度分析

前面分析了不带有自适应机制的算法性能，算法的逼近模型都是预先设定的。

这样的算法当初始设定改变后，算法性能很不稳定，需要进行繁杂的手动参数调优。而采用自适应机制可以避免繁杂的手动参数调优过程。图 5.6 展示了在上述实验设置的基础上，将初始 RBF 个数改变为 5×5=25、3×3=9 后的算法性能比较结果。图 5.6 中分 3 行 2 列共 6 幅图，其中 A、B 两列的初始 RBF 分别设置为 5×5=25 和 3×3=9，第 1 行是不带有自适应机制的 QV(λ)算法，第 2 行是带有自适应机制的 QV(λ)算法，自适应模块的参数设置如下：$\eta_1=1.0$，$\eta_2=0.5$，$\beta_1=\beta_2=0.001$，RBF 个数上限设置为 500 个。第 3 行是 1、2 两行对应结果的平均值比较。该 6 幅图都是对应算法在相应初始 RBF 配置下的 30 次仿真实验结果。从图 5.6 的第 1 行可以看出不带有自适应机制的算法性能很差，扰动性很强。从图 5.6 的列向比较中可以看出，在相同初始 RBF 配置下，带有自适应机制的 QV(λ)算法的收敛速度、收敛效果和稳定性明显优于不带有自适应机制的 QV(λ)算法。表 5.3 给出了算法结果的平均性能分析，当初始 RBF 设置为 5×5=25 时，带有自适应机制的 QV(λ)算法需要大约 229 个情节收敛，收敛后大约需要 73 个时间步到达目标点，不带自适应机制的 QV(λ)算法则需要大约 275 个情节收敛，收敛后需要大约 142 个时间步到达目标点；当初始 RBF 设置为 3×3=9 时，带有自适应机制的 QV(λ)算法需要大约 252 个情节收敛，收敛后大约需要 75 个时间步到达目标点，不带自适应机制的 QV(λ)算法则大约需要 269 个情节收敛，收敛后大约需要 276 个时间步到达目标点。

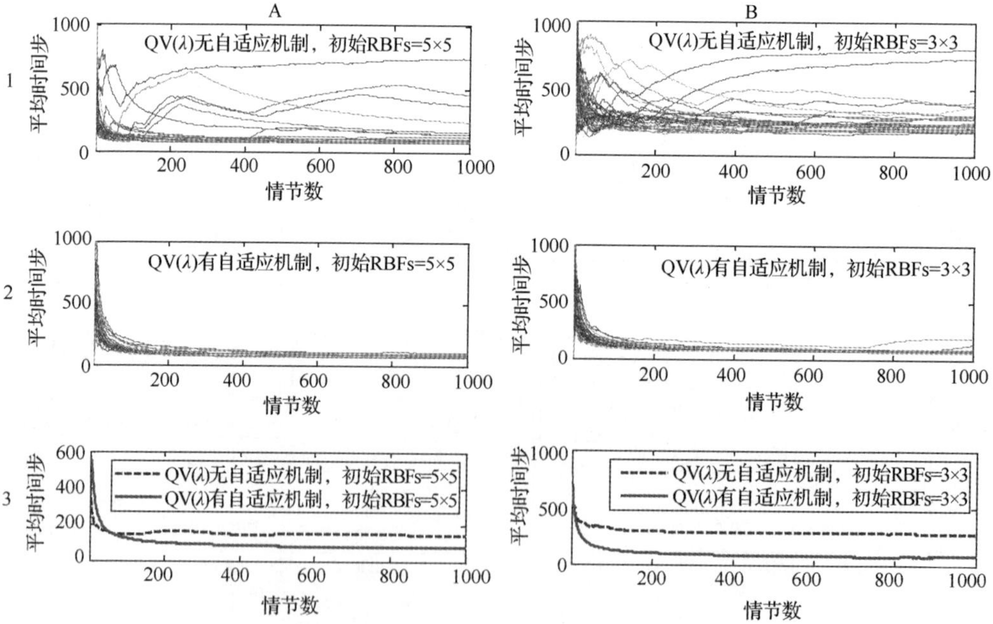

图 5.6　自适应特性对 QV(λ)算法的性能影响分析

表 5.3　自适应特性对 QV(λ) 算法的性能影响分析

性能指标	初始 RBF=5×5		初始 RBF=3×3	
	自适应 QV(λ)	非自适应 QV(λ)	自适应 QV(λ)	非自适应 QV(λ)
收敛情节数	229±15	275±15	252±15	269±15
平均时间步	73±15	142±15	75±15	276±15

5.5 本章小结

本章利用 ANRBF 网络将输入空间映射到高维特征空间，通过一组高斯基函数的线性组合构建 Q-V 值函数协同逼近模型。该模型既具有非线性逼近模型的强表征能力，又具有线性逼近模型的简单性。ANRBF 网络可以有效提高算法的抗干扰性和灵活性，从而在一定程度上解决强化学习逼近模型面临的“灾难性扰动”问题。通过 Q-值函数和 V-值函数的协同工作，塑造出协同 TD 误差，从而有效提高算法的收敛速度和初始性能。此外，本章提出一种新的资格迹更新方法来处理基于连续编码的 Q-V 值函数协同逼近模型的时间信度分配问题，取得了较优的效果。本章从理论上分析了 QV(λ) 算法的收敛性，并通过连续状态空间、离散动作空间的 Mountain Car 仿真问题对算法的有效性进行了验证。实验结果表明，QV(λ) 算法的性能优于 GD-Sarsa(λ) 算法、Greedy-GQ 算法和 RGD-Sarsa(λ) 算法的性能。

参考文献

[1] Barreto A, Anderson C. Restricted gradient-descent algorithm for value-function approximation in reinforcement learning. Artificial Intelligence, 2008: 454-482.

[2] 刘全, 肖飞, 傅启明, 等. 基于自适应归一化 RBF 网络的 Q-V 值函数协同逼近模型. 计算机学报, 2015, 38(7): 1386-1396.

[3] 肖飞, 刘全, 傅启明, 等. 基于自适应势函数塑造奖赏机制的梯度下降 Sarsa(λ) 算法. 通信学报, 2013, 34(1): 77-88.

[4] 傅启明, 刘全, 王辉, 等. 一种基于线性函数逼近的离策略 Q(λ) 算法. 计算机学报, 2014, 37(3): 677-686.

[5] Sutton R, Barto A. Reinforcement Learning: An Introduction. Cambridge: MIT Press, 1998.

[6] Maei H, Sutton R. GQ(λ): A general gradient algorithm for temporal difference prediction learning with eligibility traces. International Conference on Artificial General Intelligence, Lugano, 2010.

[7] Randlov J, Alstrom P. Learning to drive a bicycle using reinforcement learning and shaping. International Conference on Machine Learning, San Francisco, 1998.

[8] Ng A, Harada D, Russell S. Policy invariance under reward transformations: Theory and application to reward shaping. International Conference on Machine Learning, San Francisco, 1999.

[9] Xu X, Hu D, Lu X. Kernel-based least squares policy iteration for reinforcement learning. IEEE Transactions on Neural Networks, 2007, 18: 973-992.

[10] Engel Y, Mannor S, Meir R. The kernel recursive least-squares algorithm. IEEE Transactions on Signal Processing, 2004, 52(8): 2275-2285.

[11] Tsitsiklis J, van Roy B. An analysis of temporal-difference learning with function approximation. IEEE Transactions on Automatic Control, 1997, 42: 674-690.

[12] Maei H, Szepesvári C, Bhatnagar S, et al. Toward off-policy learning control with function approximation. International Conference on Machine Learning, Haifa, 2010.

第 6 章　基于高斯过程的快速 Sarsa 算法

高斯过程时间差分学习方法能以后验形式对值函数进行估计，同时给出对于该估计值的不确定度[1-3]。然而，将高斯过程时间差分学习方法直接与 Sarsa 算法相结合得到的 GPSarsa 算法[4]，会使学习速度慢甚至找不到最优策略。针对此问题，本章首先提出一种新的值函数概率生成模型，再利用线性函数和高斯过程对值函数建模，得到一种基于高斯过程的快速 Sarsa 算法。该算法借助新的值函数概率生成模型，能避免在学习的初始阶段对值函数作出较差估计或错误估计，达到快速学习的效果。最后通过实验验证了所提算法的快速学习能力。

6.1　新的值函数概率生成模型

为了利用高斯过程对值函数建模，需要建立可观测量和值函数之间的概率生成模型。强化学习中，Agent 的可观测量为状态、动作和立即奖赏，状态或状态动作对为值函数的输入变量[5-7]。下面建立立即奖赏和值函数之间的关系。

设 t 时间步，Agent 在环境状态 $\boldsymbol{x}_t$ 执行动作 u_t 后得到立即奖赏 r_t，环境迁移到 $\boldsymbol{x}_{t+1}$；在 t+1 时间步，Agent 在 $\boldsymbol{x}_{t+1}$ 执行动作 u_{t+1}，将状态动作对记为 $\boldsymbol{z}_t=(\boldsymbol{x}_t,u_t)$，$\boldsymbol{z}_{t+1}=(\boldsymbol{x}_{t+1},u_{t+1})$。累积折扣奖赏 $R^h(\boldsymbol{z}_t)$ 可分解成如式(6.1)所示的两部分，即

$$R^h(\boldsymbol{z}_t)=E_h\left\{R^h(\boldsymbol{z}_t)\right\}+R^h(\boldsymbol{z}_t)-E_h\left\{R^h(\boldsymbol{z}_t)\right\}=Q^h(\boldsymbol{z}_t)+\Delta Q^h(\boldsymbol{z}_t) \tag{6.1}$$

式中，$\Delta Q^h(\boldsymbol{z}_t)$ 表示 Agent 从状态动作对 $(\boldsymbol{x}_t,u_t)$ 出发并遵循策略 h 与环境交互所得到的实际累积折扣奖赏与动作值 $Q^h(\boldsymbol{z}_t)$ 之间的误差，该误差来源于以下两个方面。

(1) 立即奖赏中可能存在噪声，导致实际的累积折扣奖赏与 $Q^h(\boldsymbol{z}_t)$ 之间存在差异。

(2) 环境和策略可能具有随机性，导致 Agent 与环境交互时的路径也具有随机性，使得实际的累积折扣奖赏与 $Q^h(\boldsymbol{z}_t)$ 之间存在差异。

由

$$\begin{aligned}R^h(x_t,u_t)&=r_t+\gamma(r_{t+1}+\gamma r_{t+2}+\cdots+\gamma^{k-1}r_{t+k}+\cdots)\\&=r_t+\gamma\sum\nolimits_{k=0}^{\infty}\gamma^k r_{t+k+1}\\&=r_t+\gamma R^h(x_{t+1},u_{t+1})\end{aligned}$$

可知，$R^h(\boldsymbol{z}_t)$ 与 $R^h(\boldsymbol{z}_{t+1})$ 之间存在如式(6.2)所示的关系

$$R^h(z_t)=r_t+\gamma R^h(z_{t+1}) \tag{6.2}$$

将式(6.1)和等式 $R^h(z_{t+1})=Q^h(z_{t+1})+\Delta Q^h(z_{t+1})$ 同时代入式(6.2)中可得动作值函数的概率生成模型为

$$r_t=Q^h(z_t)-\gamma Q^h(z_{t+1})+\Delta Q^h(z_t)-\gamma\Delta Q^h(z_{t+1}) \tag{6.3}$$

记真实的值函数为 $Q^h(z)(z\in \boldsymbol{Z})$，在获取训练样本 $(z_0,r_0,z_1),\cdots,(z_{t-1},r_{t-1},z_t)$ 后，Agent 估计的值函数为 $\hat{Q}_{t-1}^h(z)$。现在若有了新的样本 (z_t,r_t,z_{t+1})，Agent 将在 $\hat{Q}_{t-1}^h(z_t)$ 和 $\hat{Q}_{t-1}^h(z_{t+1})$ 的基础上重新计算新的估计值函数 $\hat{Q}_t^h(z)$。若 $\hat{Q}_{t-1}^h(z_{t+1})$ 与 $Q^h(z_{t+1})$ 之间的误差较大，则利用式(6.3)的概率生成模型计算新一轮的估计值 $\hat{Q}_t^h(z_t)$ 和 $\hat{Q}_t^h(z_{t+1})$ 时，得到的结果将极为不准确，进而对后期的动作选择产生不良影响。因此必须对式(6.3)中的概率生成模型进行改进，使得当 $\hat{Q}_{t-1}^h(z_{t+1})$ 与 $Q^h(z_{t+1})$ 之间的误差较大时，也能够在计算 $\hat{Q}_t^h(z_t)$ 的过程中尽量减少对 $\hat{Q}_{t-1}^h(z_{t+1})$ 的依赖，同时使对 $\hat{Q}_t^h(z_{t+1})$ 的计算的影响尽可能小，以避免对 $Q^h(z_{t+1})$ 作出错误估计；而当 $\hat{Q}_{t-1}^h(z_{t+1})$ 与 $Q^h(z_{t+1})$ 较接近时，则在计算 $\hat{Q}_t^h(z_t)$ 的过程中增大对 $\hat{Q}_{t-1}^h(z_{t+1})$ 的依赖，以使新的估计值 $\hat{Q}_t^h(z_t)$ 更加准确。

若用贝叶斯估计方法对值函数进行估计，则可在计算估计值的同时给出该估计值的不确定度。结合上述分析，本章利用动作值函数的协方差对式(6.3)所示的概率生成模型进行改进，所得新的概率生成模型为

$$r_t=Q^h(z_t)-\gamma\eta_t(z_{t+1})Q^h(z_{t+1})+\Delta Q^h(z_t)-\gamma\eta_t(z_{t+1})\Delta Q^h(z_{t+1}) \tag{6.4}$$

式中，$\eta_t(z_{t+1})$ 为

$$\eta_t(z_{t+1})=\frac{k_0(z_{t+1},z_{t+1})-k_t(z_{t+1},z_{t+1})}{k_0(z_{t+1},z_{t+1})} \tag{6.5}$$

$k_0(z_{t+1},z_{t+1})$ 为初始时刻初始估计值 $\hat{Q}_0^h(z_{t+1})$ 的方差，即先验中的方差，$k_t(z_{t+1},z_{t+1})$ 为 $Q^h(z_{t+1})$ 在 t 时刻的估计值 $\hat{Q}_{t-1}^h(z_{t+1})$ 的方差。由于在学习的初始阶段，Agent 对 $Q^h(z_{t+1})$ 的估计值的不确定度较大，所以 η_{t+1} 将接近于 0，使得计算 $\hat{Q}_t^h(z_t)$ 时不会对 $\hat{Q}_t^h(z_{t+1})$ 作出错误估计。随着样本个数的增加，Agent 的估计值 $\hat{Q}_t^h(z_{t+1})$ 的不确定度将逐渐减小到 0，此时 η_{t+1} 则将接近于 1，因此式(6.4)将逐渐进化成式(6.3)。

若初始时刻环境状态为 $\boldsymbol{x}_0$，Agent 与环境交互 t 个时间步后，得到的样本序列为 $(\boldsymbol{x}_0,u_0,r_0,\boldsymbol{x}_1,u_1),\cdots,(\boldsymbol{x}_{t-1},u_{t-1},r_{t-1},\boldsymbol{x}_t,u_t)$，每个样本均能得到与式(6.4)类似的等式。若记 $\boldsymbol{r}_{t-1}=(r_0,\cdots,r_{t-1})^{\mathrm{T}}$，$\boldsymbol{Q}_t^h=(Q^h(z_0),\cdots,Q^h(z_t))^{\mathrm{T}}$，$\Delta\boldsymbol{Q}_t^h=(\Delta Q^h(z_0),\cdots,\Delta Q^h(z_t))^{\mathrm{T}}$，其中 $z_i=(\boldsymbol{x}_i,u_i)(i=0,\cdots,t)$，则可将与上述 t 个样本对应的式(6.4)写成矩阵和向量的形式，如式(6.6)所示

$$\boldsymbol{r}_{t-1} = \boldsymbol{H}_t \boldsymbol{Q}_t^h + \boldsymbol{H}_t \Delta \boldsymbol{Q}_t^h \tag{6.6}$$

式中，$\boldsymbol{H}_t$ 为 $t \times (t+1)$ 的矩阵，即

$$\boldsymbol{H}_t = \begin{bmatrix} 1 & -\gamma\eta_0(z_1) & 0 & \cdots & 0 & 0 \\ 0 & 1 & -\gamma\eta_1(z_2) & \cdots & 0 & 0 \\ \vdots & \vdots & \vdots & & \vdots & \vdots \\ 0 & 0 & 0 & \cdots & 1 & -\gamma\eta_{t-1}(z_t) \end{bmatrix} \tag{6.7}$$

$\eta_i(z_{i+1})(i = 0,\cdots,t-1)$ 为

$$\eta_i(z_{i+1}) = \frac{k_0(z_{i+1}, z_{i+1}) - k_i(z_{i+1}, z_{i+1})}{k_0(z_{i+1}, z_{i+1})} \tag{6.8}$$

6.2　利用高斯过程对线性带参值函数建模

下面利用线性函数对 Q-值函数建模，再利用高斯过程对此带参线性值函数建模[8]。

首先利用线性函数对动作值函数建模，其形式为

$$Q^h(z) = \sum\nolimits_{i=1}^{n} \phi_i(z)\theta_i = \boldsymbol{\phi}(z)^{\mathrm{T}} \boldsymbol{\theta} \tag{6.9}$$

式中，$\boldsymbol{\phi}(z) = (\phi_1(z),\cdots,\phi_n(z))^{\mathrm{T}}$ 为状态动作对 z 的特征向量；$\phi_i(z)(i = 1,2,\cdots,n)$ 为基函数；$\boldsymbol{\theta} = (\theta_1,\cdots,\theta_n)^{\mathrm{T}}$ 为参数向量。将式(6.9)代入式(6.6)所示的概率生成模型中可得

$$\boldsymbol{r}_{t-1} = \boldsymbol{H}_t \boldsymbol{\Phi}_t^{\mathrm{T}} \boldsymbol{\theta} + \boldsymbol{H}_t \Delta \boldsymbol{Q}_t^h \tag{6.10}$$

式中，$\boldsymbol{\Phi}_t = (\boldsymbol{\phi}(z_0),\cdots,\boldsymbol{\phi}(z_t))^{\mathrm{T}}$。

下面再利用高斯过程对上述带参线性值函数建模。对于如式(6.9)所示的线性参数化函数逼近方法，其求解目标为参数 $\boldsymbol{\theta}$，因此仅需要对参数 $\boldsymbol{\theta}$ 进行先验假设，并利用贝叶斯推理求解参数 $\boldsymbol{\theta}$ 的后验分布。为此，进行下面两个先验假设。

假设 6.1　假设 $\boldsymbol{\theta}$ 中任意两个分量相互独立，且 $\boldsymbol{\theta}$ 服从标准 n 维高斯分布，即 $\boldsymbol{\theta} \sim N(\boldsymbol{O},\boldsymbol{I})$，$\boldsymbol{I}$ 为 n 维单位矩阵。对于任意时间步 t 中的 z_t，$\boldsymbol{\theta}$ 与 $\Delta Q^h(z_t)$ 相互独立[5-7]。

假设 6.2　假设对于任意两个时间步 t_1 和 t_2，对应的 $\Delta Q^h(z_{t_1})$ 与 $\Delta Q^h(z_{t_2})$ 相互独立且分别服从高斯分布，期望均为 0，方差分别为 $\sigma_{t_1}^2$ 和 $\sigma_{t_2}^2$[5]。

定理 6.1 若有样本序列 $(z_0, r_0, z_1),\cdots,(z_{t-1}, r_{t-1}, z_t)$，则在假设 6.1 和假设 6.2 的条件下，参数 $\boldsymbol{\theta}$ 与 r_{t-1} 服从的联合分布如式(6.11)所示

$$\begin{bmatrix} \boldsymbol{r}_{t-1} \\ \boldsymbol{\theta} \end{bmatrix} \sim N\left\{ \begin{bmatrix} \boldsymbol{0} \\ \boldsymbol{0} \end{bmatrix}, \begin{bmatrix} \boldsymbol{H}_t \boldsymbol{\Phi}_t^{\mathrm{T}} \boldsymbol{\Phi}_t \boldsymbol{H}_t^{\mathrm{T}} + \boldsymbol{\Sigma}_t & \boldsymbol{H}_t \boldsymbol{\Phi}_t^{\mathrm{T}} \\ \boldsymbol{\Phi}_t \boldsymbol{H}_t^{\mathrm{T}} & \boldsymbol{I} \end{bmatrix} \right\} \tag{6.11}$$

式中，$\boldsymbol{\Sigma}_t$ 为

$$
\begin{aligned}
\boldsymbol{\Sigma}_t &= \boldsymbol{H}_t \mathrm{diag}(\boldsymbol{\sigma}_t)\boldsymbol{H}_t^{\mathrm{T}} \\
&= \begin{bmatrix}
\sigma_0^2+\gamma^2\eta_1^2\sigma_1^2 & -\gamma\eta_1\sigma_1^2 & 0 & \cdots & 0 & 0 \\
-\gamma\eta_1\sigma_1^2 & \sigma_1^2+\gamma^2\eta_2^2\sigma_2^2 & -\gamma\eta_2\sigma_2^2 & \cdots & 0 & 0 \\
0 & -\gamma\eta_2\sigma_2^2 & \sigma_2^2+\gamma^2\eta_3^2\sigma_3^2 & \cdots & 0 & 0 \\
\vdots & \vdots & \vdots & & \vdots & \vdots \\
0 & 0 & 0 & \cdots & 0 & -\gamma\eta_{t-1}\sigma_{t-1}^2 \\
0 & 0 & 0 & \cdots & -\gamma\eta_{t-1}\sigma_{t-1}^2 & \sigma_{t-1}^2+\gamma^2\eta_t^2\sigma_t^2
\end{bmatrix}
\end{aligned} \tag{6.12}
$$

且 $\eta_i=\eta_i(z_{i+1})(i=0,\cdots,t-1)$，如式(6.13)所示

$$
\eta_i(z_{i+1})=\frac{\boldsymbol{\phi}(z_{i+1})^{\mathrm{T}}\boldsymbol{\phi}(z_{i+1})-\boldsymbol{\phi}(z_{i+1})^{\mathrm{T}}\mathrm{Cov}(\boldsymbol{\theta}_i,\boldsymbol{\theta}_i)\boldsymbol{\phi}(z_{i+1})}{\boldsymbol{\phi}(z_{i+1})^{\mathrm{T}}\boldsymbol{\phi}(z_{i+1})} \tag{6.13}
$$

式中，$\mathrm{Cov}(\boldsymbol{\theta}_i,\boldsymbol{\theta}_i)$表示经过时间步 i 后参数 $\boldsymbol{\theta}$ 的方差。

证明　从假设 6.1 和假设 6.2 可知，先验中 $E(\boldsymbol{\theta})=\mathbf{0}$，$\mathrm{Cov}(\boldsymbol{\theta},\boldsymbol{\theta})=\boldsymbol{I}$，$\mathrm{Cov}(\boldsymbol{\theta},\Delta\boldsymbol{Q}_t^h)=\mathbf{0}$，且 $\mathrm{Cov}(\Delta\boldsymbol{Q}_t^h,\Delta\boldsymbol{Q}_t^h)=\boldsymbol{\Sigma}_t$。结合式(6.10)可得如下等式

$$
E(\boldsymbol{r}_{t-1})=\boldsymbol{H}_t\boldsymbol{\Phi}_t^{\mathrm{T}}E(\boldsymbol{\theta})+\boldsymbol{H}_tE(\Delta\boldsymbol{Q}_t^h)=\mathbf{0} \tag{6.14}
$$

$$
\begin{aligned}
\mathrm{Cov}(\boldsymbol{r}_{t-1},\boldsymbol{r}_{t-1}) &= \mathrm{Cov}(\boldsymbol{H}_t\boldsymbol{\Phi}_t^{\mathrm{T}}\boldsymbol{\theta}+\boldsymbol{H}_t\Delta\boldsymbol{Q}_t^h,\boldsymbol{H}_t\boldsymbol{\Phi}_t^{\mathrm{T}}\boldsymbol{\theta}+\boldsymbol{H}_t\Delta\boldsymbol{Q}_t^h) \\
&= \boldsymbol{H}_t\boldsymbol{\Phi}_t^{\mathrm{T}}\boldsymbol{\Phi}_t\boldsymbol{H}_t^{\mathrm{T}}+\boldsymbol{\Sigma}_t
\end{aligned} \tag{6.15}
$$

另一方面，由假设 6.1 和假设 6.2 可知 $\boldsymbol{r}_{t-1}$ 与 $\boldsymbol{\theta}$ 之间的协方差矩阵为

$$
\begin{aligned}
\mathrm{Cov}(\boldsymbol{r}_{t-1},\boldsymbol{\theta}) &= \mathrm{Cov}(\boldsymbol{H}_t\boldsymbol{\Phi}_t^{\mathrm{T}}\boldsymbol{\theta}+\boldsymbol{H}_t\Delta\boldsymbol{Q}_t^h,\boldsymbol{\theta}) \\
&= \boldsymbol{H}_t\boldsymbol{\Phi}_t^{\mathrm{T}}\mathrm{Cov}(\boldsymbol{\theta},\boldsymbol{\theta})+\boldsymbol{H}_t\mathrm{Cov}(\Delta\boldsymbol{Q}_t^h,\boldsymbol{\theta}) \\
&= \boldsymbol{H}_t\boldsymbol{\Phi}_t^{\mathrm{T}}
\end{aligned} \tag{6.16}
$$

因此式(6.11)成立，而式(6.12)可通过计算直接得到。对于 $z_{i+1}(i=0,\cdots,t-1)$，其估计动作值 $\hat{Q}_i^h(z_{i+1})$ 的方差如式(6.17)所示

$$
\mathrm{Cov}(\hat{Q}_i^h(z_{i+1}),\hat{Q}_i^h(z_{i+1}))=\mathrm{Cov}(\boldsymbol{\phi}(z_{i+1})^{\mathrm{T}}\boldsymbol{\theta}_i,\boldsymbol{\phi}(z_{i+1})^{\mathrm{T}}\boldsymbol{\theta}_i)=\boldsymbol{\phi}(z_{i+1})^{\mathrm{T}}\mathrm{Cov}(\boldsymbol{\theta}_i,\boldsymbol{\theta}_i)\boldsymbol{\phi}(z_{i+1}) \tag{6.17}
$$

即状态动作对 $\boldsymbol{z}_{i+1}$ 的上一轮估计值的不确定度为 $k_i(\boldsymbol{z}_{i+1})=\boldsymbol{\phi}(\boldsymbol{z}_{i+1})^{\mathrm{T}}\mathrm{Cov}(\boldsymbol{\theta}_i,\boldsymbol{\theta}_i)\boldsymbol{\phi}(\boldsymbol{z}_{i+1})$。由假设 6.1 可知 $\mathrm{Cov}(\boldsymbol{\theta}_0,\boldsymbol{\theta}_0)=\boldsymbol{I}$，因此 $k_0(z_i)=\boldsymbol{\phi}(z_i)^{\mathrm{T}}\boldsymbol{\phi}(z_i)$，将其代入式(6.8)即可得式(6.13)。

证毕。

6.3　FL-GPSarsa 算法

下面借助贝叶斯推理求解值函数参数的后验分布[8,9]，最后介绍具有快速学习能力的高斯过程 Sarsa(Fast Learning Gaussian Process Sarsa, FL-GPSarsa)算法。为了求解参数 $\boldsymbol{\theta}$ 的后验分布，先引入下面的引理。

引理 6.1　若 $\xi_1,\boldsymbol{\mu}_1 \in \mathbb{R}^m$， $\xi_2,\boldsymbol{\mu}_2 \in \mathbb{R}^n$ 为随机变量，有 $\xi = (\xi_1^{\mathrm{T}},\xi_2^{\mathrm{T}})^{\mathrm{T}}$，且 ξ 服从如式(6.18)所示的联合高斯分布，即

$$\xi \sim N\left(\begin{bmatrix}\boldsymbol{\mu}_1\\ \boldsymbol{\mu}_2\end{bmatrix},\begin{bmatrix}\boldsymbol{\Sigma}_{11} & \boldsymbol{\Sigma}_{12}\\ \boldsymbol{\Sigma}_{21} & \boldsymbol{\Sigma}_{22}\end{bmatrix}\right) \tag{6.18}$$

若记条件分布 $\xi_1|\xi_2 \sim N(\boldsymbol{\mu}_{1|2},\boldsymbol{\Sigma}_{1|2})$，则有

$$\boldsymbol{\mu}_{1|2} = \boldsymbol{\mu}_1 + \boldsymbol{\Sigma}_{12}\boldsymbol{\Sigma}_{22}^{-1}(\xi_2 - \boldsymbol{\mu}_2), \qquad \boldsymbol{\Sigma}_{1|2} = \boldsymbol{\Sigma}_{11} - \boldsymbol{\Sigma}_{12}\boldsymbol{\Sigma}_{22}^{-1}\boldsymbol{\Sigma}_{21} \tag{6.19}$$

证明　随机变量 ξ 的概率密度函数如式(6.20)所示

$$p(\xi) = \frac{1}{(2\pi)^{(m+n)/2}}\frac{1}{|\boldsymbol{\Sigma}|^{1/2}}\exp\left\{-\frac{1}{2}(\xi-\boldsymbol{\mu})^{\mathrm{T}}\boldsymbol{\Sigma}^{-1}(\xi-\boldsymbol{\mu})\right\} \tag{6.20}$$

式中

$$\boldsymbol{\mu} = \begin{bmatrix}\boldsymbol{\mu}_1\\ \boldsymbol{\mu}_2\end{bmatrix}, \qquad \boldsymbol{\Sigma} = \begin{bmatrix}\boldsymbol{\Sigma}_{11} & \boldsymbol{\Sigma}_{12}\\ \boldsymbol{\Sigma}_{21} & \boldsymbol{\Sigma}_{22}\end{bmatrix} \tag{6.21}$$

由式(6.20)可见，对于任意高斯分布，其期望与协方差矩阵均由概率密度函数中 e 的指数决定。单独对 e 的指数处理后，可得

$$-\frac{1}{2}(\xi-\boldsymbol{\mu})^{\mathrm{T}}\boldsymbol{\Sigma}^{-1}(\xi-\boldsymbol{\mu}) = -\frac{1}{2}\xi^{\mathrm{T}}\boldsymbol{\Sigma}^{-1}\xi + \xi^{\mathrm{T}}\boldsymbol{\Sigma}^{-1}\xi + \mathrm{const} \tag{6.22}$$

式中，const 表示所有与 ξ 无关的项。由式(6.22)可知，高斯分布中的协方差矩阵由 e 的指数中 ξ 的二次项系数决定，而协方差矩阵的逆与期望的乘积构成了 e 的指数中 ξ 的一次项系数。为叙述方便，记 $\boldsymbol{\Sigma}^{-1}$ 的分块表示为

$$\boldsymbol{\Sigma}^{-1} = \begin{bmatrix}\boldsymbol{\Lambda}_{11} & \boldsymbol{\Lambda}_{12}\\ \boldsymbol{\Lambda}_{21} & \boldsymbol{\Lambda}_{22}\end{bmatrix} \tag{6.23}$$

对于式(6.20)，可将其 e 的指数项写成

$$\begin{aligned}-\frac{1}{2}(\xi-\boldsymbol{\mu})^{\mathrm{T}}\boldsymbol{\Sigma}^{-1}(\xi-\boldsymbol{\mu}) = &-\frac{1}{2}(\xi_1-\boldsymbol{\mu}_1)^{\mathrm{T}}\boldsymbol{\Lambda}_{11}(\xi_1-\boldsymbol{\mu}_1) - \frac{1}{2}(\xi_1-\boldsymbol{\mu}_1)^{\mathrm{T}}\boldsymbol{\Lambda}_{12}(\xi_2-\boldsymbol{\mu}_2)\\ &-\frac{1}{2}(\xi_2-\boldsymbol{\mu}_2)^{\mathrm{T}}\boldsymbol{\Lambda}_{21}(\xi_1-\boldsymbol{\mu}_1) - \frac{1}{2}(\xi_2-\boldsymbol{\mu}_2)^{\mathrm{T}}\boldsymbol{\Lambda}_{22}(\xi_2-\boldsymbol{\mu}_2)\end{aligned} \tag{6.24}$$

由于 $\boldsymbol{\Sigma}$ 为对称阵，所以 $\boldsymbol{\Lambda}_{12} = \boldsymbol{\Lambda}_{21}$，从而可将式(6.24)写成

$$-\frac{1}{2}(\xi-\boldsymbol{\mu})^{\mathrm{T}}\boldsymbol{\Sigma}^{-1}(\xi-\boldsymbol{\mu}) = -\frac{1}{2}\xi_1^{\mathrm{T}}\boldsymbol{\Lambda}_{11}\xi_1 + \xi_1^{\mathrm{T}}\{\boldsymbol{\Lambda}_{11}\boldsymbol{\mu}_1 + \boldsymbol{\Lambda}_{12}(\xi_2-\boldsymbol{\mu}_2)\} + \mathrm{const} \tag{6.25}$$

式中，const 是与 ξ_1 无关的项，包括 ξ_2、$\boldsymbol{\mu}_1$ 和 $\boldsymbol{\mu}_2$。由式(6.25)可知，ξ_1 关于 ξ_2 的条件分布的 e 的指数项中，包含 ξ_1 的一次项和二次项，分别为

$$-\frac{1}{2}\xi_1^{\mathrm{T}}\boldsymbol{\Lambda}_{11}\xi_1 \tag{6.26}$$

$$\xi_1^{\mathrm{T}}\left\{\boldsymbol{\Lambda}_{11}\boldsymbol{\mu}_1+\boldsymbol{\Lambda}_{12}(\xi_2-\boldsymbol{\mu}_2)\right\} \tag{6.27}$$

可见 $\boldsymbol{\Sigma}_{1|2}=\boldsymbol{\Lambda}_{11}$，$\boldsymbol{\Sigma}_{1|2}^{-1}\boldsymbol{\mu}_{1|2}=\boldsymbol{\Lambda}_{11}\boldsymbol{\mu}_1+\boldsymbol{\Lambda}_{12}(\xi_2-\boldsymbol{\mu}_2)$，因此可得

$$\boldsymbol{\Sigma}_{1|2}=\boldsymbol{\Lambda}_{11} \tag{6.28}$$

$$\boldsymbol{\mu}_{1|2}=\boldsymbol{\Sigma}_{1|2}\left\{\boldsymbol{\Lambda}_{11}\boldsymbol{\mu}_1+\boldsymbol{\Lambda}_{12}(\xi_2-\boldsymbol{\mu}_2)\right\}=\boldsymbol{\mu}_1+\boldsymbol{\Lambda}_{11}^{-1}\boldsymbol{\Lambda}_{12}(\xi_2-\boldsymbol{\mu}_2) \tag{6.29}$$

由分块矩阵求逆原理可知，$\boldsymbol{\Lambda}_{11}$ 和 $\boldsymbol{\Lambda}_{12}$ 分别满足

$$\boldsymbol{\Lambda}_{11}=(\boldsymbol{\Sigma}_{11}-\boldsymbol{\Sigma}_{12}\boldsymbol{\Sigma}_{22}^{-1}\boldsymbol{\Sigma}_{21})^{-1} \tag{6.30}$$

$$\boldsymbol{\Lambda}_{12}=-(\boldsymbol{\Sigma}_{11}-\boldsymbol{\Sigma}_{12}\boldsymbol{\Sigma}_{22}^{-1}\boldsymbol{\Sigma}_{21})^{-1}\boldsymbol{\Sigma}_{12}\boldsymbol{\Sigma}_{22}^{-1} \tag{6.31}$$

将上述两式代入式(6.28)和式(6.29)即可得式(6.19)。

证毕。

定理 6.2 对于样本序列 $(z_0,r_0,z_1),\cdots,(z_{t-1},r_{t-1},z_t)$，在假设 6.1 与假设 6.2 的条件下，若记 $\boldsymbol{\theta}|\boldsymbol{r}_{t-1}$ 服从的分布为 $N(\hat{\boldsymbol{\theta}}_t,\hat{\boldsymbol{P}}_t)$，则 $\hat{\boldsymbol{\theta}}_t$ 和 $\hat{\boldsymbol{P}}_t$ 的表达式分别为

$$\hat{\boldsymbol{\theta}}_t=\boldsymbol{\Phi}_t\boldsymbol{H}_t^{\mathrm{T}}(\boldsymbol{H}_t\boldsymbol{\Phi}_t^{\mathrm{T}}\boldsymbol{\Phi}_t\boldsymbol{H}_t^{\mathrm{T}}+\boldsymbol{\Sigma}_t)^{-1}\boldsymbol{r}_{t-1} \tag{6.32}$$

$$\hat{\boldsymbol{P}}_t=\boldsymbol{I}-\boldsymbol{\Phi}_t\boldsymbol{H}_t^{\mathrm{T}}(\boldsymbol{H}_t\boldsymbol{\Phi}_t^{\mathrm{T}}\boldsymbol{\Phi}_t\boldsymbol{H}_t^{\mathrm{T}}+\boldsymbol{\Sigma}_t)^{-1}\boldsymbol{H}_t\boldsymbol{\Phi}_t^{\mathrm{T}} \tag{6.33}$$

证明 借助定理 6.1 和引理 6.1 可直接得此结论。

证毕。

完整的 FL-GPSarsa 算法如算法 6.1 所示。

算法 6.1 基于高斯过程的快速 Sarsa(FL-GPSarsa)算法

(1) 输入特征提取函数 $\boldsymbol{\phi}:\boldsymbol{X}\times U\mapsto\mathbb{R}^n$，折扣因子 γ

(2) 初始化 $\boldsymbol{\theta}_0\leftarrow\boldsymbol{0}$, $\boldsymbol{P}_0\leftarrow\boldsymbol{I}$, $\boldsymbol{p}_0\leftarrow\boldsymbol{0}$, $1/s_0\leftarrow0$, $d_0\leftarrow0$, $\gamma_1\leftarrow\gamma$, $\gamma_2\leftarrow\gamma$, firstepisode ← true

(3) repeat(对于每一个情节)：

(4) 　　初始化 $\boldsymbol{x}_0$，firststep ← true

(5) 　　if firstepisode = false and firststep = true

(6) 　　　　恢复 $\boldsymbol{\theta}_t$, $\boldsymbol{P}_t$, d_t, s_t, $\boldsymbol{p}_t$

(7) 　　end if

(8) 　　repeat(对于时间步 t=0,1,2,⋯)：

(9) 　　　　在 $\boldsymbol{x}_t$ 中利用行为策略(如 ε-greedy)选择并执行动作 u_t，观察 r_t 以及 $\boldsymbol{x}_{t+1}$

(10) 　　　　在 $\boldsymbol{x}_{t+1}$ 中利用行为策略(如 ε-greedy)选择动作 u_{t+1}

(11) 　　　　$\eta_t(z_{t+1})\leftarrow\dfrac{\boldsymbol{\phi}(z_{t+1})^{\mathrm{T}}\boldsymbol{\phi}(z_{t+1})-\boldsymbol{\phi}(z_{t+1})^{\mathrm{T}}\mathrm{Cov}(\boldsymbol{\theta}_t,\boldsymbol{\theta}_t)\boldsymbol{\phi}(z_{t+1})}{\boldsymbol{\phi}(z_{t+1})^{\mathrm{T}}\boldsymbol{\phi}(z_{t+1})}$

(12) 　　　　$\gamma_1\leftarrow\gamma_2$，firststep ← false

(13) 　　　　if $\boldsymbol{x}_{t+1}$ 为终止状态

---

(14)　　保存 $\boldsymbol{\theta}_t$, $\boldsymbol{P}_t$, d_t, s_t, $\boldsymbol{p}_t$， $\gamma_2 \leftarrow 0$

(15)　　else

(16)　　　$\gamma_2 \leftarrow \gamma\eta_t(\boldsymbol{z}_{t+1})$

(17)　　end if

(18)　　$$\boldsymbol{p}_t \leftarrow \frac{\gamma_1\sigma_{t-1}^2}{s_{t-1}}\boldsymbol{p}_{t-1} + \boldsymbol{P}_{t-1}(\boldsymbol{\phi}(\boldsymbol{z}_{t-1}) - \gamma_2\boldsymbol{\phi}(\boldsymbol{z}_t))$$

(19)　　$$d_t \leftarrow \frac{\gamma_1\sigma_{t-1}^2}{s_{t-1}}d_{t-1} + r_{t-1} - (\boldsymbol{\phi}(\boldsymbol{z}_{t-1}) - \gamma_2\boldsymbol{\phi}(\boldsymbol{z}_t))^{\mathrm{T}}\boldsymbol{\theta}_{t-1}$$

(20)　　$$s_t \leftarrow \sigma_{t-1}^2 + \gamma_2^2\sigma_t^2 - \frac{\gamma_1^2\sigma_{t-1}^4}{s_{t-1}} + \left(\boldsymbol{p}_t + \frac{\gamma_1\sigma_{t-1}^2}{s_{t-1}}\boldsymbol{p}_{t-1}\right)^{\mathrm{T}}(\boldsymbol{\phi}(\boldsymbol{x}_{t-1}) - \gamma_2\boldsymbol{\phi}(\boldsymbol{x}_t))^{\mathrm{T}}$$

(21)　　$$\boldsymbol{\theta}_t \leftarrow \boldsymbol{\theta}_{t-1} + \frac{d_t}{s_t}\boldsymbol{p}_t, \quad \boldsymbol{P}_t \leftarrow \boldsymbol{P}_{t-1} - \frac{1}{s_t}\boldsymbol{p}_t\boldsymbol{p}_t^{\mathrm{T}}$$

(22)　until $\boldsymbol{x}_{t+1}$ 为终止状态或达到设定的终止条件

(23)　firstepisode ← false

(24) until 达到某设定的终止条件

(25) 输出 $\boldsymbol{\theta}_t$ 以及 $\boldsymbol{P}_t$

算法 6.1 以增量的方式更新参数 $\boldsymbol{\theta}$ 和 $\boldsymbol{P}$，可用于情节式任务和连续式任务，其中 firstepisode 变量用来说明当前情节是否为第一个情节，firststep 变量用来说明当前时间步是否为第一个时间步。完整的增量式推导可参考文献[5]。

由于每个时间步均涉及矩阵的乘法运算，所以，FL-GPSarsa 算法每个时间步的时间复杂度为 $O(n^2)$，空间复杂度为 $O(n^2)$，其中 n 为向量 $\boldsymbol{\theta}$ 的维度。

6.4 仿真实验

为了验证所提算法的有效性和快速学习能力，下面将所提算法应用于带风的格子世界问题和经典的 Mountain Car 问题[10]，并比较所提算法与传统 Sarsa 算法[10]以及 GPSarsa 算法[4]的性能差异，再对实验结果进行分析。

6.4.1 带风的格子世界问题

如图 6.1 所示，有一个 4×5 的格子，每个格子代表一个状态，状态中的数字代表格子的编号，其中 S 表示开始状态，G 表示终止状态。在格子底部有一股从下往上吹的风，风力大小分别如图 6.1 中最下一行的数字所示。Agent 在任意状态下能执行上、下、左、右四个动作，状态的迁移为动作与风力合成的结果。若风力或动作将使得 Agent 移出格子，则下一状态为对应的方向上的边界格子。例如，在状态 17 中执行向右的动作后，Agent 将被向上吹 1 格而到达状态 13；在状态 4 中执行向右

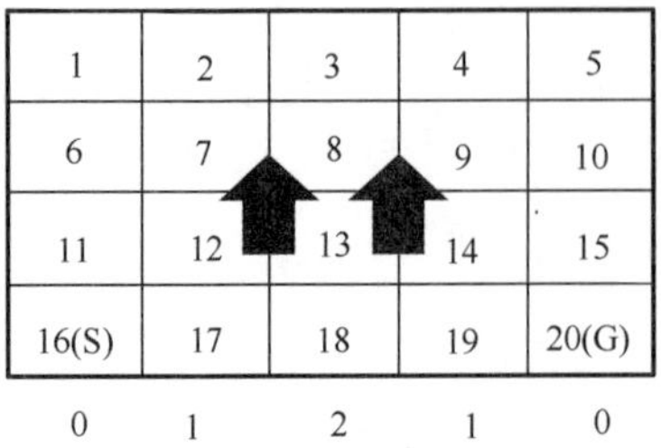

图 6.1　带风的格子世界问题示意图

的动作后，Agent 由于无法向上移动而到达状态 5。Agent 的目标是寻找从状态 S 到状态 G 的最短路径。每次状态迁移的立即奖赏均为−1，折扣因子 $\gamma=1$。

将 FL-GPSarsa 与 GPSarsa 算法，以及传统 Sarsa 算法用于此格子世界问题。FL-GPSarsa 算法和 GPSarsa 算法中状态动作对的特征向量均如式(6.34)所示

$$\boldsymbol{\phi}(\boldsymbol{x},u)=(0,\cdots,0,\underbrace{0,\cdots,1,0,\cdots,0}_{20},0,\cdots,0)\in\mathbb{R}^{80} \tag{6.34}$$

即属于 u 的 20 个分量为状态 $\boldsymbol{x}$ 的二元编码，其他均为 0。参数 $\sigma_t^2=1(t=0,1,\cdots)$。Sarsa 算法步长因子 α_t 设为常数，在此实验中取 0.1 时有较好的结果，取此结果与 FL-GPSarsa 算法和 GPSarsa 算法的结果进行比较。

图 6.2 为 FL-GPSarsa 算法、GPSarsa 算法以及传统 Sarsa 算法的情节步数图，横坐标表示运行的情节数，纵坐标为每个情节对应的时间步数。从图中可以看出，GPSarsa 算法的学习速度和学习结果极差，而 FL-GPSarsa 算法和 Sarsa 算法则具有快速寻找最优策略的能力。如图 6.2 所示，FL-GPSarsa 算法和 Sarsa 算法在大约 50 个情节后时间步数即趋于稳定，此时便已学习到最优策略，而 GPSarsa 算法在初始阶段的情节步数非常大，达到了 1000 步以上，此后也一直维持在 100 左右，远远高于 Sarsa 算法和 FL-GPSarsa 算法，且振荡较大。

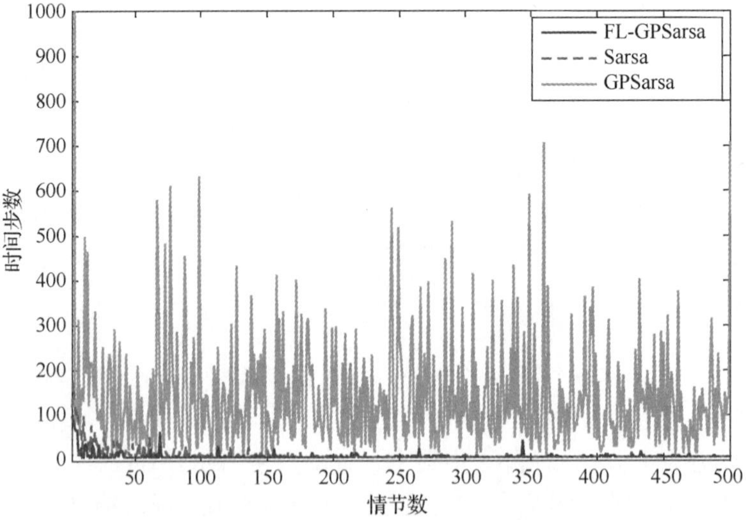

图 6.2　三个算法的情节步数比较

为了更清晰地比较 FL-GPSarsa 算法和 Sarsa 算法，图 6.3 将纵坐标的范围限制在 500 以内，GPSarsa 算法在前期的平均步数由于超过了 500 而未画出。

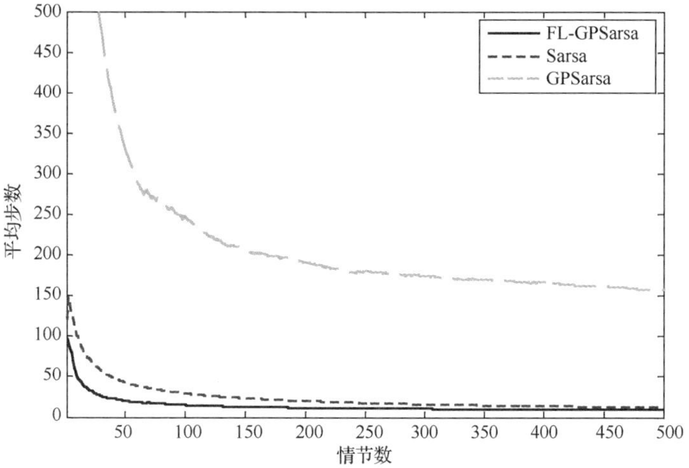

图 6.3　三个算法的平均步数比较

从图 6.3 中可以看出，GPSarsa 算法的情节步数较大，很难寻找到最优策略，且即使趋于基本稳定后，平均的情节步数也维持在 100 多步，与 FL-GPSarsa 算法和 Sarsa 算法有很大的差距。而 FL-GPSarsa 算法和传统 Sarsa 算法都可快速地寻找到最优策略，且 FL-GPSarsa 算法的性能略优于 Sarsa 算法。下面对 FL-GPSarsa 算法和 GPSarsa 算法产生较大性能差异的原因进行分析。

仍旧以图 6.1 所示的带风格子世界为例。假设 Agent 在状态 16(即开始状态 S)中执行向上的动作，待环境状态迁移到状态 11 后，Agent 选择的动作也为向上。按照 GPSarsa 的更新式所依据的概率生成模型，即式(6.3)，由于对 $\boldsymbol{\theta}$ 进行了先验假设 $\boldsymbol{\theta} \sim N(\mathbf{0}, \boldsymbol{I})$ 且立即奖赏为−1，因此结合公式，Agent 将作出推理：$\hat{Q}^h(16,\text{上})=-0.25$，$\hat{Q}^h(11,\text{上})=0.25$。可从直觉上理解如上推理：由于先验中 $\hat{Q}^h(16,\text{上})$ 和 $\hat{Q}^h(11,\text{上})$ 的估计值均为 0，且两者的方差均为 1，所以为了拟合等式 $-1=Q^h(16,\text{上})-\gamma Q^h(11,\text{上})+\Delta Q^h(16,\text{上})-\gamma\Delta Q^h(11,\text{上})$，Agent 很自然地可作出如上推断。

接着 Agent 将以很大的概率一直执行向上的动作，到达状态 1 后，仍将以很大的概率选择向上的动作，Agent 经历过的状态动作对序列为(16,上)，(11,上)，(6,上)，(1,上)，此时 Agent 将推断 $Q^h(1,\text{上})$ 的值为 0.75，然而，这将直接导致下一轮的动作选择受到影响。在状态 1 中执行向上的动作后，环境仍将回到状态 1，由于状态 1 的其他动作值均为 0,所以 Agent 根据 ε-greedy 策略选择动作时仍将以很大的概率选择向上的动作，并再次作出错误推理，再次选择向上的动作，如此重复，最终导致 GPSarsa 算法难以找到最优策略。

传统 Sarsa 算法中，在状态 1 中执行向上的动作后，Agent 对其估计值将变成负值，下一次在状态 1 中选择动作时向上的动作被选择到的概率将极小，因此，Sarsa 算法能快速收敛。与此类似，FL-GPSarsa 算法中，在学习的前几个阶段，FL-GPSarsa 算法将利用式(6.4)所示的概率生成模型对值函数作出正确估计，从而不会对动作选择产生不良影响，加快算法学习到最优策略的速度。

6.4.2 Mountain Car 问题

为了说明 FL-GPSarsa 算法在大规模状态空间下寻找最优策略的能力，下面再将 FL-GPSarsa 算法用于具有连续状态空间的 Mountain Car 问题，并将其性能与梯度下降 Sarsa 算法和 GPSarsa 算法进行比较。

在 Mountain Car 问题中，状态包含位置和速度两个维度，分别用 p 和 v 表示，即状态 $\boldsymbol{x}=(p,v)$；在任意时刻、任意状态下，小车有 3 个可选动作，用−1、0、1 分别表示向左加速、不加速和向右加速，即动作空间为 $U=\{-1,0,1\}$；t 时刻，小车在 $\boldsymbol{x}_t$ 执行动作 u_t 后，状态迁移函数如式(6.35)所示

$$\begin{cases} p_{t+1}=\text{bound}\left[p_t+v_{t+1}\right] \\ v_{t+1}=\text{bound}\left[v_t+0.001u_t-0.0025\cos(3p_t)\right] \end{cases} \tag{6.35}$$

式中，bound 为限界函数，使得 $p_{t+1}\in[-1.2,0.5]$，$v_{t+1}\in[-0.07,0.07]$。小车的初始状态设定为(−0.5,0)，当小车的位置到达或超过 0.5 时，情节结束；当小车的位置到达最左边−1.2 处时，将小车的速度重置为 0。小车到达目标位置时，立即奖赏为 1，其他情况下的立即奖赏均为−1。折扣因子 $\gamma=0.99$。

实验中三个算法均采用如式(6.36)所示的高斯径向基函数对状态进行特征提取

$$\phi(\boldsymbol{x},\boldsymbol{x}_c)=\exp\left(-\frac{(p-p_c)^2}{2\sigma_p^2}-\frac{(v-v_c)^2}{2\sigma_v^2}\right) \tag{6.36}$$

式中，$\boldsymbol{x}_c=(p_c,v_c)$ 为径向基函数的一个中心点；$\sigma_p=0.2$ 为径向基函数在维度 p 上的宽度；$\sigma_v=0.02$ 为径向基函数在维度 v 上的宽度。在 p 维度上有−1,−0.8,⋯,0.2,0.4 共 8 个中心点，在 v 维度上有−0.06,−0.04,⋯,0.04,0.06 共 7 个中心点，总共构成状态空间上的 56 个中心点。状态动作对 $\boldsymbol{z}=(\boldsymbol{x},u)$ 的特征向量 $\boldsymbol{\phi}(\boldsymbol{z})$ 如式(6.37)所示

$$\boldsymbol{\phi}(\boldsymbol{z})=(0,\cdots,0,\phi_1(\boldsymbol{x}),\cdots,\phi_{56}(\boldsymbol{x}),0,\cdots,0)^{\mathrm{T}} \tag{6.37}$$

即对应动作 u 的分量为状态 $\boldsymbol{x}$ 的特征向量，其余分量均为 0，$\phi_i(\boldsymbol{x})=\phi(\boldsymbol{x},\boldsymbol{x}_i)$ 为 $\boldsymbol{x}$ 与第 i 个中心点的高斯径向距离。每个情节中，若 Agent 到达终止状态或时间步数超过 1000，则情节结束。FL-GPSarsa 和 GPSarsa 算法中，参数 $\sigma_t=1(t=0,1,\cdots)$。线性梯度下降 Sarsa 算法中，步长因子 $\alpha_t(t=0,1,\cdots)$ 设为常量 0.1。

图 6.4 为三个算法的时间步数随情节变化的曲线图。从图中可以看出，Mountain

Car 问题中 GPSarsa 算法仍难以学习到最优策略，在学习的初始阶段经历了上千个时间步后才结束一个情节，并且学习过程中情节步数振荡幅度较大，在学习完 500 个情节之后，步数仍然维持在 350 左右，说明此时 GPSarsa 算法仍未学习到最优策略。而 FL-GPSarsa 算法和梯度下降 Sarsa 算法则可较快地学习到最优策略，在学习完 150 个情节后，即基本达到较少的步数，维持在 120 步左右。比较 FL-GPSarsa 和梯度下降 Sarsa 算法的性能可见，FL-GPSarsa 算法的性能略优于梯度下降 Sarsa 算法。

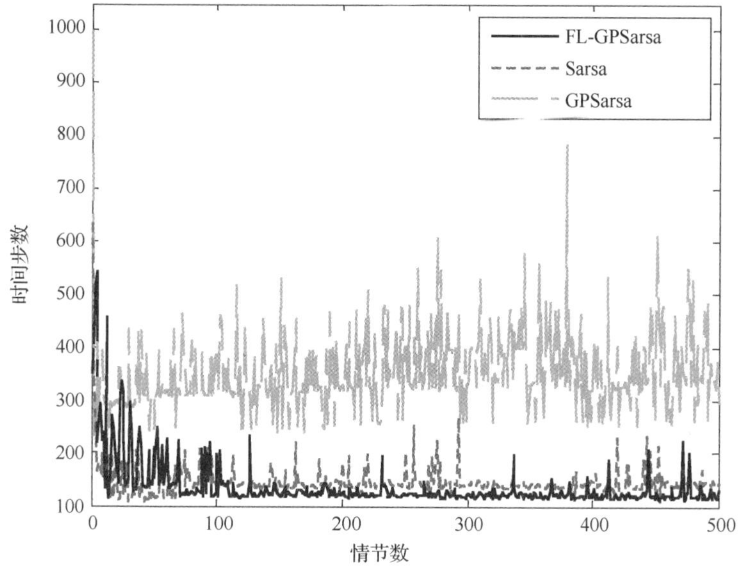

图 6.4　三个算法的情节步数比较

与带风的格子世界问题类似，由于其概率生成模型的局限性，GPSarsa 算法在估计当前动作对的动作值时，易对下一动作值产生较大的影响，甚至对其作出错误估计；而 FL-GPSarsa 算法在估计当前动作值时对后继动作值的依赖较小，减小了对后继动作值的影响，因此，不会对后继动作值作出错误估计，从而可快速地学习到最优策略。

图 6.5 为关于 FL-GPSarsa 算法、GPSarsa 算法和梯度下降 Sarsa 算法的最大动作值函数的三维曲面图。由于最优动作值均为负数，为了便于比较，此图中描绘的是三个算法学习的最优动作值函数的相反数的曲面图，其中平面坐标表示状态空间，竖直坐标表示相应状态的最大动作值的相反数。

从图 6.5 可以看出，FL-GPSarsa 算法能快速地寻找到最优策略，且其性能要优于基于梯度下降的 Sarsa 算法，而 GPSarsa 算法则难以寻找到最优策略，且学习到的最优动作值明显要劣于 FL-GPSarsa 算法和梯度下降 Sarsa 算法的最优动作值。例如，状态(−0.5,0)的最优动作值在 GPSarsa 算法中为一个较大的负数，为−100～−50，而在梯度下降 Sarsa 算法和 FL-GPSarsa 算法中则在−10 以内。FL-GPSarsa 算法的最优动作值中，状态(−0.5,0)的最优动作值要大于梯度下降 Sarsa 算法的最优动作值。

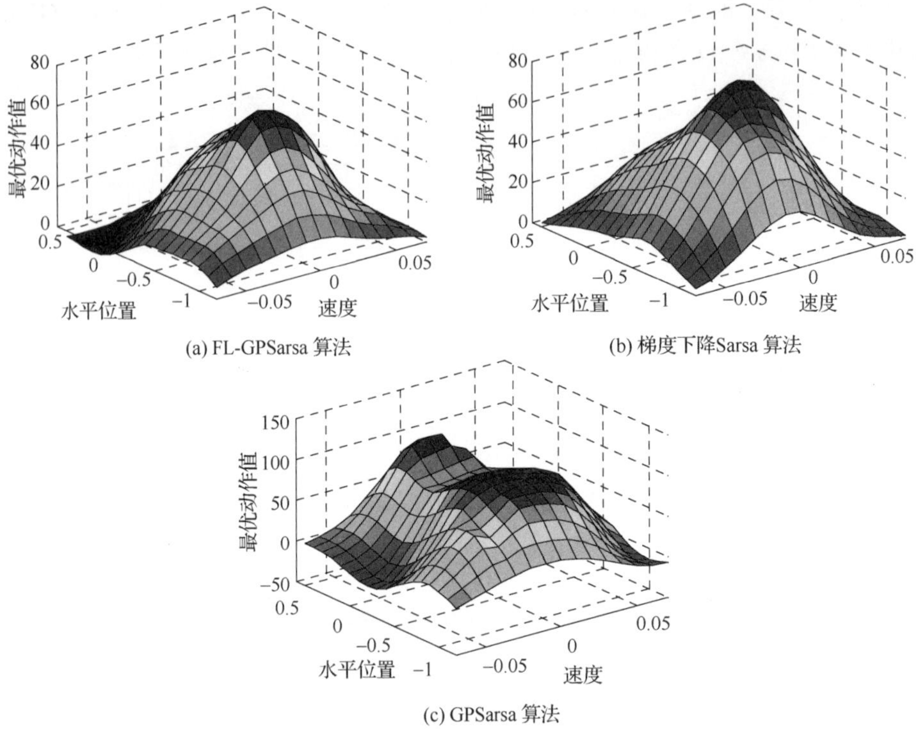

图 6.5　三个算法中最优动作值相反数的曲面图

6.5 本 章 小 结

针对目前 GPSarsa 算法存在学习速度慢甚至找不到最优策略的问题，本章利用值函数估计值的不确定度建立一种新的值函数概率生成模型，再利用线性函数和高斯过程对值函数建模，提出一种具有快速学习能力的 GPSarsa 算法。所提算法同时具有贝叶斯值函数估计和 Sarsa 算法的优点，可在估计值函数的同时给出其不确定度，且能快速找到最优策略。本章以经典的带风格子世界问题和 Mountain Car 问题验证了所提值函数概率生成模型的优越性和所提算法的快速学习能力，同时以带风格子世界问题为例对 GPSarsa 算法性能较差的原因进行了分析。

参 考 文 献

[1] Dearden R, Friedman N, Russell S. Bayesian Q-learning. Proceedings of the 15th National Conference on Artificial intelligence, Madison, 1998.

[2] Wiering M, van Otterlo M. Reinforcement Learning: State-of-the-Art. Berlin: Springer, 2012.

[3] Engel Y, Mannor S, Meir R. Bayes meets Bellman: The Gaussian process approach to temporal difference learning. Proceedings of the 20th International Conference on Machine Learning, 2003.

[4] Engel Y, Mannor S, Meir R. Reinforcement learning with Gaussian processes. Proceedings of the 22th International Conference on Machine Learning, Atlanta, 2005.

[5] Engel Y, Mannor S, Meir R. Bayesian reinforcement learning with Gaussian process temporal difference methods. Advances in Neural Information Processing Systems, 2007, 18:347-393.

[6] 傅启明，刘全，伏玉琛，等. 一种高斯过程的带参近似策略迭代算法. 软件学报，2013, 24(11): 2676-2686.

[7] Reisinger J, Stone P, Miikkulainen R. Online kernel selection for Bayesian reinforcement learning. Proceedings of the 25th International Conference on Machine Learning, Helsinki, Finland, 2008.

[8] Rasmussen C, Williams C. Gaussian Processes for Machine Learning. Cambridge: MIT Press, 2006.

[9] Maei H, Szepesvári C, Bhatnagar S, et al. Convergent temporal-difference learning with arbitrary smooth function approximation. Advances in Neural Information Processing Systems, Vancouver, 2009.

[10] Sutton R, Barto A. Reinforcement Learning: An Introduction. Cambridge: MIT Press, 1998.

第 7 章　基于高斯过程的 Q 学习算法

与传统的时间差分学习方法相比，高斯过程时间差分学习方法可在估计值函数时计算该估计值的不确定度[1-3]。然而，由于其值函数概率生成模型的特殊性，高斯过程较难与 Q 学习算法相结合，导致高斯过程时间差分学习方法只能通过策略迭代方法寻找最优策略，而难以通过值迭代方法寻找最优策略。针对此问题，本章利用最大动作值和实际动作值的比率调整值函数的概率生成模型，利用高斯过程和线性函数对值函数建模，再利用贝叶斯推理求解值函数的后验分布，得到基于高斯过程的 Q 学习算法。该算法同时具有贝叶斯值函数估计的优点和 Q 学习算法的优点。

7.1　值迭代方法

策略迭代和值迭代是强化学习中寻找最优策略时常用的两种方法[4,5]。策略迭代从一个初始策略出发，交互地进行策略评估和策略改进两个环节。策略评估步中，Agent 利用初始策略与环境交互产生训练样本，利用所得的训练样本估计值函数，待估计值函数到达一定精度时，进入策略改进环节；而策略改进步中，利用估计值函数对策略进行改进，得到一个新的策略，再以该新策略作为初始策略。Agent 交错地重复策略评估和策略改进两个环节，最终得到最优策略。策略迭代方法经常用于在策略(on-policy)强化学习，必须用目标策略产生训练样本，这对目标策略产生了一定的限制[5]。值迭代方法直接以最优策略为目标，以迭代形式计算最优策略的值函数，其贝尔曼最优方程如式(7.1)所示

$$Q^*(\boldsymbol{x},u)=E_{\boldsymbol{x}'\sim\bar{f}(\boldsymbol{x},\cdot)}\left\{\tilde{\rho}(\boldsymbol{x},u,\boldsymbol{x}')+\gamma\max_{u'}Q^*(\boldsymbol{x}',u')\right\} \tag{7.1}$$

式中，$Q^*(\boldsymbol{x},u)$ 表示最优值函数 $Q^*:\boldsymbol{X}\times U\mapsto\mathbb{R}$ 在状态动作对 $(\boldsymbol{x},u)$ 处的值。借助式(7.1)，值迭代方法能直接迭代计算最优值函数 $Q^*(\cdot)$，且可用于离策略(off-policy)条件下最优策略的寻找[6,7]。

Q 学习(Q-Learning)算法是典型的基于值迭代的强化学习算法，该算法以迭代形式直接求解最优值函数，利用探索性行为策略产生训练样本评估最优策略的值函数，从而在离策略条件下寻找最优策略，很多情况下其性能都要优于基于策略迭代的 Sarsa 算法，如经典的带悬崖的格子世界问题[4]。算法 7.1 描述了基于线性函数逼近的梯度下降 Q 学习算法[4,8,9]。

算法 7.1　基于线性函数逼近的梯度下降 Q 学习算法

(1) 输入特征提取函数 $\boldsymbol{\phi}: \boldsymbol{X} \times U \mapsto \mathbb{R}^n$，折扣因子 γ，步长因子序列 $\{\alpha_t\}_{t=0}^{\infty}$

(2) 初始化参数向量(如 $\boldsymbol{\theta}_0 \leftarrow \boldsymbol{0}$)

(3) repeat(对每一个情节)

(4)　　初始化状态 $\boldsymbol{x}_0$

(5)　　repeat(对每一个时间步 t=0,1,2,⋯)

(6)　　　　利用探索性策略(如 ε-greedy)在 $\boldsymbol{x}_t$ 中选择动作 u_t

(7)　　　　在 $\boldsymbol{x}_t$ 中执行动作 u_t，观察立即奖赏 r_t 和下一状态 $\boldsymbol{x}_{t+1}$

(8)　　　　$\boldsymbol{\theta}_{t+1} \leftarrow \boldsymbol{\theta}_t + \alpha_t[r_t + \gamma \max_{u'}(\boldsymbol{\phi}(\boldsymbol{x}_{t+1},u')^{\mathrm{T}}\boldsymbol{\theta}_t) - \boldsymbol{\phi}(\boldsymbol{x}_t,u_t)^{\mathrm{T}}\boldsymbol{\theta}_t]\boldsymbol{\phi}(\boldsymbol{x}_t,u_t)$

(9)　　until $\boldsymbol{x}_{t+1}$ 为终止状态

(10) until 满足设定的终止条件

(11) 输出 $\boldsymbol{\theta}^* = \boldsymbol{\theta}_{t+1}$

7.2　用于值迭代的值函数概率生成模型

由算法 7.1 可知，Q 学习算法通过下一状态的最大动作值更新当前动作值。注意，在原始的 GPTD(Gaussian Process TD)方法中，若 (z_1,r_1,z_2) 与 (z_3,r_3,z_4) 为前后两个相邻的样本，则必须满足 $z_2 = z_3$ 才能利用式(6.10)把所有样本写成矩阵和向量的形式以对 Q-值函数进行贝叶斯推理[1-3]。因此，若直接将式(6.3)或式(6.4)中关于 Q-值函数的概率生成模型与 Q 学习算法相结合，都容易产生以下两个问题。

(1) 若每个时间步均以贪心方式选择最优动作，将使得某些动作值因无法选到而难以估计，导致所得策略陷入局部最优。

(2) 若以探索性策略产生训练样本，则难以保证下一状态中的动作 u_{t+1} 为贪心动作，导致得到的值函数为行为策略的估计值函数，而非最优策略的值函数。

为了将高斯过程与 Q 学习算法相结合，下面介绍随机环境下用于值迭代的 Q-值函数的概率生成模型，借助此概率生成模型，可利用高斯过程对最优值函数进行贝叶斯推理。在下面的表述中，为了简洁，一般将状态动作对 $(\boldsymbol{x}_t,u_t)$ 记成 z_t 。

最优值函数是利用最优策略与环境交互所产生的累积折扣奖赏的期望。状态动作对 $(\boldsymbol{x}_t,u_t)$ 的回报 R_t 为在状态 $\boldsymbol{x}_t$ 中执行动作 u_t，此后遵循最优策略选择动作所得到的累积折扣奖赏，具体形式为

$$R_t = r_t + \gamma \max\left\{r_{t+1} + \cdots + \gamma^k r_{t+k+1} + \cdots\right\} \tag{7.2}$$

式中，$\max\left\{r_{t+1} + \cdots + \gamma^k r_{t+k+1} + \cdots\right\}$ 表示从状态 $\boldsymbol{x}_{t+1}$ 出发，利用最优策略选择动作所得到的最大累积折扣奖赏。同时对式(7.2)左右两边求期望，可得

$$Q^*(z_t) = r_t + \gamma \max_{u'} Q^*(x_{t+1}, u') + N(z_t) \tag{7.3}$$

式中，$N(z_t)$ 表示噪声项。与式(6.1)不同，由于最优值函数是利用最优策略与环境交互而得到的累积折扣奖赏的期望，若环境的立即奖赏中无噪声，则最优策略下的累积折扣奖赏与最优值函数相等，因此，$N(z_t)$ 只来源于立即奖赏中存在的噪声，与环境是否随机和最优策略是否随机无关。

为了保证每个状态动作对的动作值均能被估计到，Q 学习算法中 Agent 在选择动作时必须带有一定的探索性。因此实际执行的动作可能不是最优动作，这对于利用式(6.10)的矩阵和向量形式的概率生成模型进行值函数建模带来了一定的困难。为此，将式(7.3)重写成

$$Q^*(z_t) = r_t + \gamma \frac{\max_{u'} Q^*(x_{t+1}, u')}{Q^*(x_{t+1}, u_{t+1})} Q^*(x_{t+1}, u_{t+1}) + N(z_t) \tag{7.4}$$

式中，u_{t+1} 可能为最优动作，也可能为次优动作。结合第 6 章的分析，由于式(7.4)中涉及策略的改进，所以需要在学习的初始阶段减小对下一动作值的依赖，故将式(7.4)中的概率生成模型改写成

$$Q^*(z_t) = r_t + \gamma \eta_t(z_{t+1}) Q^*(z_{t+1}) + N(z_t) \tag{7.5}$$

式中，$\eta_t(z_{t+1})$ 为

$$\eta_t(z_{t+1}) = \frac{\max_{u'} Q^*(x_{t+1}, u')}{Q^*(x_{t+1}, u_{t+1})} \cdot \frac{k_0(z_{t+1}, z_{t+1}) - k_t(z_{t+1}, z_{t+1})}{k_0(z_{t+1}, z_{t+1})} \tag{7.6}$$

式(7.6)涉及除法，先验假设 $k_0(z_{t+1}, z_{t+1})$ 一般不为 0，因此可以不考虑，但 $Q^*(x_{t+1}, u_{t+1})$ 可能为 0，如先验中假设所有的动作值均为 0 的情形。后面将针对此问题给出一个解决方法。

7.3 GP-QL 算法

下面先利用线性函数逼近 Q-值函数，再用高斯过程对值函数建模，并用贝叶斯推理求解值函数参数的后验，最后介绍基于高斯过程的 Q 学习(Gaussian Process Q-Learning, GP-QL)算法[10-12]。

若有样本序列 $(z_0, r_0, z_1), \cdots, (z_{t-1}, r_{t-1}, z_t)$，记 $\boldsymbol{r}_{t-1} = (r_0, \cdots, r_{t-1})^{\mathrm{T}}$，$\boldsymbol{Q}_t^h = (Q^h(z_0), \cdots, Q^h(z_t))^{\mathrm{T}}$，$\boldsymbol{N}_t = (N(z_0), \cdots, N(z_{t-1}))^{\mathrm{T}}$，则可将与各样本对应的式(7.5)写成矩阵和向量的形式，如式(7.7)所示

$$\boldsymbol{r}_{t-1} = \boldsymbol{H}_t \boldsymbol{Q}_t^h + \boldsymbol{N}_t \tag{7.7}$$

式中，$\boldsymbol{H}_t$ 为 $t \times (t+1)$ 的矩阵，如式(7.8)所示

$$\boldsymbol{H}_t = \begin{bmatrix} 1 & -\gamma\eta_0(\boldsymbol{z}_1) & 0 & \cdots & 0 & 0 \\ 0 & 1 & -\gamma\eta_1(\boldsymbol{z}_2) & \cdots & 0 & 0 \\ \vdots & \vdots & \vdots & & \vdots & \vdots \\ 0 & 0 & 0 & \cdots & 1 & -\gamma\eta_{t-1}(\boldsymbol{z}_t) \end{bmatrix} \tag{7.8}$$

$\eta_t(\boldsymbol{z}_{t+1})(t=0,\cdots,t-1)$ 为式(7.6)。

仍使用式(6.9)所示的线性函数对 Q-值函数建模，则可得

$$\boldsymbol{r}_{t-1} = \boldsymbol{H}_t\boldsymbol{\Phi}_t^{\mathrm{T}}\boldsymbol{\theta} + \boldsymbol{N}_t \tag{7.9}$$

式中，$\boldsymbol{\Phi}_t = (\boldsymbol{\phi}(z_0),\cdots,\boldsymbol{\phi}(z_t))^{\mathrm{T}}$。为了利用高斯过程对式(7.9)所示的概率生成模型关于 Q-值函数建模，进行以下两个假设。

假设 7.1 假设 $\boldsymbol{\theta}$ 服从 n 维高斯分布 $\boldsymbol{\theta} \sim N(\boldsymbol{\theta}_0,\boldsymbol{I})$，且其任意两个分量独立，其中 $\boldsymbol{I}$ 为单位矩阵。对于任意时间步 t 的噪声项 $N(\boldsymbol{z}_t)$，$\boldsymbol{\theta}$ 与 $N(\boldsymbol{z}_t)$ 相互独立。

假设 7.2 假设对于任意两个不同的时间步 t_1 和 t_2，$N(\boldsymbol{z}_{t_1})$ 和 $N(\boldsymbol{z}_{t_2})$ 相互独立且均服从高斯分布，即 $N(\boldsymbol{z}_{t_1}) \sim N(0,\sigma_{t_1}^2)$，$N(\boldsymbol{z}_{t_2}) \sim N(0,\sigma_{t_2}^2)$。

与假设 6.1 不同，为了避免式(7.4)中的分母项 $Q^*(\boldsymbol{x}_{t+1},\boldsymbol{u}_{t+1})$ 为 0，假设 7.1 中不能将 $\boldsymbol{\theta}$ 的先验假设设为标准高斯分布，在实现算法时，一般将 $\boldsymbol{\theta}_0$ 设为模长较小的向量，而不设为零向量。

定理 7.1 若有样本序列 $(z_0,r_0,z_1),\cdots,(z_{t-1},r_{t-1},z_t)$，则在假设 7.1 与假设 7.2 的条件下，参数 $\boldsymbol{\theta}$ 与 $\boldsymbol{r}_{t-1}$ 服从的联合分布为

$$\begin{bmatrix} \boldsymbol{r}_{t-1} \\ \boldsymbol{\theta} \end{bmatrix} \sim N\left\{ \begin{bmatrix} \boldsymbol{H}_t\boldsymbol{\Phi}_t^{\mathrm{T}}\boldsymbol{\theta}_0 \\ \boldsymbol{\theta}_0 \end{bmatrix}, \begin{bmatrix} \boldsymbol{H}_t\boldsymbol{\Phi}_t^{\mathrm{T}}\boldsymbol{\Phi}_t\boldsymbol{H}_t^{\mathrm{T}} + \boldsymbol{D}_t & \boldsymbol{H}_t\boldsymbol{\Phi}_t^{\mathrm{T}} \\ \boldsymbol{\Phi}_t\boldsymbol{H}_t^{\mathrm{T}} & \boldsymbol{I} \end{bmatrix} \right\} \tag{7.10}$$

式中，$\boldsymbol{D}_t$ 为对角阵，即

$$\boldsymbol{D}_t = \begin{bmatrix} \sigma_0^2 & 0 & \cdots & 0 \\ 0 & \sigma_1^2 & \cdots & 0 \\ \vdots & \vdots & & \vdots \\ 0 & 0 & \cdots & \sigma_{t-1}^2 \end{bmatrix} \tag{7.11}$$

其证明与定理 6.1 类似，这里不再赘述。

定理 7.2 若有样本 $(z_0,r_0,z_1),\cdots,(z_{t-1},r_{t-1},z_t)$，在假设 7.1 与假设 7.2 成立的条件下，记 $\boldsymbol{\theta}|\boldsymbol{r}_{t-1}$ 服从的分布为 $N(\hat{\boldsymbol{\theta}}_t,\hat{\boldsymbol{P}}_t)$，则 $\hat{\boldsymbol{\theta}}_t$ 和 $\hat{\boldsymbol{P}}_t$ 的表达式分别为

$$\hat{\boldsymbol{\theta}}_t = \boldsymbol{\Phi}_t\boldsymbol{H}_t^{\mathrm{T}}(\boldsymbol{H}_t\boldsymbol{\Phi}_t^{\mathrm{T}}\boldsymbol{\Phi}_t\boldsymbol{H}_t^{\mathrm{T}} + \boldsymbol{D}_t)^{-1}\boldsymbol{r}_{t-1} + \hat{\boldsymbol{P}}_t\boldsymbol{\theta}_0 \tag{7.12}$$

$$\hat{\boldsymbol{P}}_t = \boldsymbol{I} - \boldsymbol{\Phi}_t\boldsymbol{H}_t^{\mathrm{T}}(\boldsymbol{H}_t\boldsymbol{\Phi}_t^{\mathrm{T}}\boldsymbol{\Phi}_t\boldsymbol{H}_t^{\mathrm{T}} + \boldsymbol{D}_t)^{-1}\boldsymbol{H}_t\boldsymbol{\Phi}_t^{\mathrm{T}} \tag{7.13}$$

且矩阵 $\boldsymbol{H}_t$ 中的表达式如式(7.14)所示

$$\eta_t(z_{t+1})=\frac{\max\limits_{u'}Q^*(\boldsymbol{x}_{t+1},u')}{Q^*(\boldsymbol{x}_{t+1},u_{t+1})}\cdot\frac{\boldsymbol{\phi}(z_{t+1})^{\mathrm{T}}\boldsymbol{\phi}(z_{t+1})-\boldsymbol{\phi}(z_{t+1})^{\mathrm{T}}\mathrm{Cov}(\boldsymbol{\theta}_t,\boldsymbol{\theta}_t)\boldsymbol{\phi}(z_{t+1})}{\boldsymbol{\phi}(z_{t+1})^{\mathrm{T}}\boldsymbol{\phi}(z_{t+1})} \tag{7.14}$$

式中，$\mathrm{Cov}(\boldsymbol{\theta}_t,\boldsymbol{\theta}_t)$表示在$t$时间步，对估计值$\boldsymbol{\theta}_t$的不确定度，即方差。

证明　式(7.13)与式(6.33)的证明类似，直接由引理6.1即可得出结论，下面证明式(7.12)。类似地，由引理6.1可得

$$\hat{\boldsymbol{\theta}}_t=\theta_0+\boldsymbol{\Phi}_t\boldsymbol{H}_t^{\mathrm{T}}(\boldsymbol{H}_t\boldsymbol{\Phi}_t^{\mathrm{T}}\boldsymbol{\Phi}_t\boldsymbol{H}_t^{\mathrm{T}}+\boldsymbol{D}_t)^{-1}(\boldsymbol{r}_{t-1}-\boldsymbol{H}_t\boldsymbol{\Phi}_t^{\mathrm{T}}\theta_0) \tag{7.15}$$

对于式(7.15)，可将其展开写成

$$\begin{aligned}\hat{\boldsymbol{\theta}}_t&=\boldsymbol{\theta}_0+\boldsymbol{\Phi}_t\boldsymbol{H}_t^{\mathrm{T}}(\boldsymbol{H}_t\boldsymbol{\Phi}_t^{\mathrm{T}}\boldsymbol{\Phi}_t\boldsymbol{H}_t^{\mathrm{T}}+\boldsymbol{D}_t)^{-1}\boldsymbol{r}_{t-1}-\boldsymbol{\Phi}_t\boldsymbol{H}_t^{\mathrm{T}}(\boldsymbol{H}_t\boldsymbol{\Phi}_t^{\mathrm{T}}\boldsymbol{\Phi}_t\boldsymbol{H}_t^{\mathrm{T}}+\boldsymbol{D}_t)^{-1}\boldsymbol{H}_t\boldsymbol{\Phi}_t^{\mathrm{T}}\boldsymbol{\theta}_0\\&=\boldsymbol{\theta}_0+\boldsymbol{\Phi}_t\boldsymbol{H}_t^{\mathrm{T}}(\boldsymbol{H}_t\boldsymbol{\Phi}_t^{\mathrm{T}}\boldsymbol{\Phi}_t\boldsymbol{H}_t^{\mathrm{T}}+\boldsymbol{D}_t)^{-1}\boldsymbol{r}_{t-1}+(\hat{\boldsymbol{P}}_t-\boldsymbol{I})\boldsymbol{\theta}_0\\&=\boldsymbol{\Phi}_t\boldsymbol{H}_t^{\mathrm{T}}(\boldsymbol{H}_t\boldsymbol{\Phi}_t^{\mathrm{T}}\boldsymbol{\Phi}_t\boldsymbol{H}_t^{\mathrm{T}}+\boldsymbol{D}_t)^{-1}\boldsymbol{r}_{t-1}+\hat{\boldsymbol{P}}_t\boldsymbol{\theta}_0\end{aligned} \tag{7.16}$$

利用$\hat{\boldsymbol{P}}_t-\boldsymbol{I}=-\boldsymbol{\Phi}_t\boldsymbol{H}_t^{\mathrm{T}}(\boldsymbol{H}_t\boldsymbol{\Phi}_t^{\mathrm{T}}\boldsymbol{\Phi}_t\boldsymbol{H}_t^{\mathrm{T}}+\boldsymbol{D}_t)^{-1}\boldsymbol{H}_t\boldsymbol{\Phi}_t^{\mathrm{T}}$的特性，并将含有$\boldsymbol{\theta}_0$的项合并，式(7.12)得证。

证毕。

式(7.14)的证明与式(7.13)类似，在此不再赘述。在实际计算中，一般可以先计算$\hat{\boldsymbol{P}}_t$，再计算$\hat{\boldsymbol{\theta}}_t$，以减少重复的计算。

完整的GP-QL算法如算法7.2所示，该算法为增量式算法，可用于情节式任务和连续式任务，其中$\boldsymbol{\tau}$为向量，其所有分量均为非零数值。

算法 7.2　GP-QL 算法

(1) 输入特征提取函数$\boldsymbol{\phi}:\boldsymbol{X}\times U\mapsto\mathbb{R}^n$，折扣因子$\gamma$

(2) 初始化$\boldsymbol{\theta}_0\leftarrow\boldsymbol{\tau}$, $\boldsymbol{P}_0\leftarrow\boldsymbol{I}$, $\boldsymbol{p}_0\leftarrow\boldsymbol{0}, 1/s_0\leftarrow0$, $d_0\leftarrow0$, $\gamma_1\leftarrow\gamma$, $\gamma_2\leftarrow\gamma$, firstepisode ← true

(3) repeat（对于每一个情节）：

(4) 　　初始化状态$\boldsymbol{x}_0$， firststep ← true

(5) 　　repeat（对每一个时间步t=0,1,2,…）：

(6) 　　　　if firstepisode = false and firststep = true

(7) 　　　　　　恢复$\boldsymbol{\theta}_t$、$\boldsymbol{P}_t$、d_t、s_t、$\boldsymbol{p}_t$

(8) 　　　　end if

(9) 　　　　if $\boldsymbol{x}_t$不是终止状态

(10) 　　　　　　在$\boldsymbol{x}_t$中利用策略（如ε-greedy）选择并执行动作u_t，观察r_t以及$\boldsymbol{x}_{t+1}$

(11) 　　　　　　在$\boldsymbol{x}_{t+1}$中利用策略（如ε-greedy）选择动作u_{t+1}

(12) 　　　　　　$\eta_t(z_{t+1})\leftarrow\frac{\max\limits_{u'}Q^*(\boldsymbol{x}_{t+1},u')}{Q^*(\boldsymbol{x}_{t+1},u_{t+1})}\cdot\frac{\boldsymbol{\phi}(z_{t+1})^{\mathrm{T}}\boldsymbol{\phi}(z_{t+1})-\boldsymbol{\phi}(z_{t+1})^{\mathrm{T}}\mathrm{Cov}(\boldsymbol{\theta}_t,\boldsymbol{\theta}_t)\boldsymbol{\phi}(z_{t+1})}{\boldsymbol{\phi}(z_{t+1})^{\mathrm{T}}\boldsymbol{\phi}(z_{t+1})}$

(13) 　　　　　　$\gamma_1\leftarrow\gamma_2$， firststep ← false

(14)　　if $\boldsymbol{x}_{t+1}$ 为终止状态
(15)　　　保存 $\boldsymbol{\theta}_t$、$\boldsymbol{P}_t$、d_t、s_t、$\boldsymbol{p}_t$，$\gamma_2 \leftarrow 0$
(16)　　else
(17)　　　$\gamma_2 \leftarrow \gamma\eta_t(z_{t+1})$
(18)　　end if
(19)　　$\boldsymbol{p}_t \leftarrow \boldsymbol{P}_{t-1}(\boldsymbol{\phi}(z_{t-1}) - \gamma_2\boldsymbol{\phi}(z_t))$
(20)　　$d_t \leftarrow r_{t-1} - (\boldsymbol{\phi}(z_{t-1}) - \gamma_2\boldsymbol{\phi}(z_t))^{\mathrm{T}}\boldsymbol{\theta}_{t-1}$
(21)　　$s_t \leftarrow \sigma_t^2 + \boldsymbol{p}_t^{\mathrm{T}}(\boldsymbol{\phi}(\boldsymbol{x}_{t-1}) - \gamma_2\boldsymbol{\phi}(\boldsymbol{x}_t))$
(22)　　$\boldsymbol{\theta}_t \leftarrow \boldsymbol{\theta}_{t-1} + \dfrac{\boldsymbol{p}_t}{s_t}(d_t - \boldsymbol{p}_t^{\mathrm{T}}\boldsymbol{\theta}_0)$，$\boldsymbol{P}_t \leftarrow \boldsymbol{P}_{t-1} - \dfrac{1}{s_t}\boldsymbol{p}_t\boldsymbol{p}_t^{\mathrm{T}}$
(23)　end if
(24)　firstepisode ← false
(25)　until $\boldsymbol{x}_{t+1}$ 为终止状态或达到某终止条件
(26) until 满足设定的终止条件
(27) 输出 $\boldsymbol{\theta}_t$ 和 $\boldsymbol{P}_t$

算法 7.2 中，firstepisode 和 firststep 与 FL-GPSarsa 算法中的 firstepisode 和 firststep 的作用相同。由于 GP-QL 算法涉及矩阵的乘法运算，所以，GP-QL 算法在每个时间步的时间复杂度为 $O(n^2)$，空间复杂度为 $O(n^2)$。

7.4　仿 真 实 验

为了验证 GP-QL 算法具有 Q 学习算法的优点，下面将 GP-QL 算法应用于经典的带悬崖格子世界和 Mountain Car 问题中[4]，将其与传统的 Sarsa 算法、Q 学习算法和 FL-GPSarsa 算法相比较，以验证 GP-QL 算法同时具有贝叶斯估计方法和 Q 学习算法的优点。

7.4.1　实验 1：带悬崖的格子世界问题

带悬崖的格子世界问题是一个用以说明 Sarsa 算法和 Q 学习算法性能的经典强化学习问题。如图 7.1 所示，有一个 4×12 的格子世界，每个格子代表一个状态，S 所示的格子为开始状态，G 所示的格子为终止状态，灰色格子表示悬崖。Agent 的目标是寻找一条从开始状态出发到终止状态的最短路径，要求不能掉入悬崖。在任意状态下，Agent 都有上、下、左、右四个动作可选，执行动作后，状态将迁移到相应方向上的下一个格子。若 Agent 将移出格子世界，则状态保持不动；一旦 Agent 进入悬崖，则重新回到初始状态 S，且得到−100 的立即奖赏，其余状态迁移的立即奖赏均为−1。

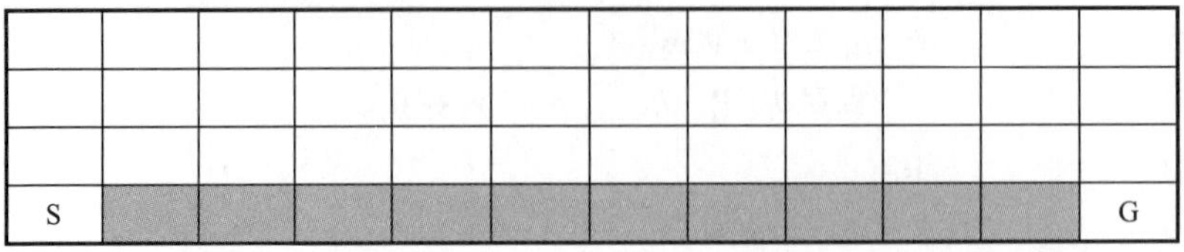

图 7.1　带悬崖的格子世界问题示意图

下面将传统 Sarsa 和 Q 学习算法以及 FL-GPSarsa 和 GP-QL 算法应用于此问题。GP-QL 算法和 FL-GPSarsa 算法中，状态动作对的特征向量为

$$\boldsymbol{\phi}(\boldsymbol{x},u)=(0,\cdots,0,\underbrace{0,\cdots,0,1,0,\cdots,0}_{48},0,\cdots,0)\in\mathbb{R}^{192} \tag{7.17}$$

即动作 u 对应的分量与其所在状态 $\boldsymbol{x}$ 的特征向量一致，其余分量均为 0。FL-GPSarsa 算法中，对于任意时间步 t，均假设 $\Delta Q^h(\boldsymbol{z}_t)\sim N(0,1)$，即 $\sigma_t=1$；GP-QL 算法中，$\boldsymbol{\theta}_0=(-1,\cdots,-1)\in\mathbb{R}^{192}$，且对于任意时间步 t，均假设 $N(\boldsymbol{z}_t)\sim N(0,1)$。实验中 Sarsa 算法、Q 学习算法、FL-GPSarsa 算法以及 GP-QL 算法均采用 ε-greedy 策略选择动作，$\varepsilon=0.1$。Sarsa 和 Q 学习算法的步长因子均为 0.1。为了说明 GP-QL 算法具有 Q 学习算法的优点，实验中四个算法均学习 500 个情节，到达 300 个情节时，将 ε 设为 0，以使各算法均按照学习到的最优策略选择动作。

图 7.2 为 Sarsa 算法、Q 学习算法、FL-GPSarsa 算法以及 GP-QL 算法的情节步数图。由于实验中四个算法均在 300 个情节后将 ε 设为 0，所以，300 个情节后各算法均无探索。从图中可以看出，Sarsa 算法和 FL-GPSarsa 算法学习到的策略要劣于 Q 学习算法和 GP-QL 算法学习到的策略，到达终止状态需要更多的步数。

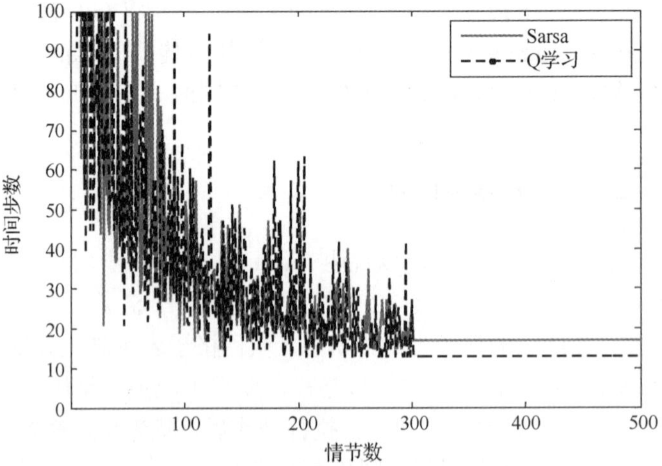

(a) Sarsa 算法和Q学习算法

图 7.2　四个算法的情节步数比较

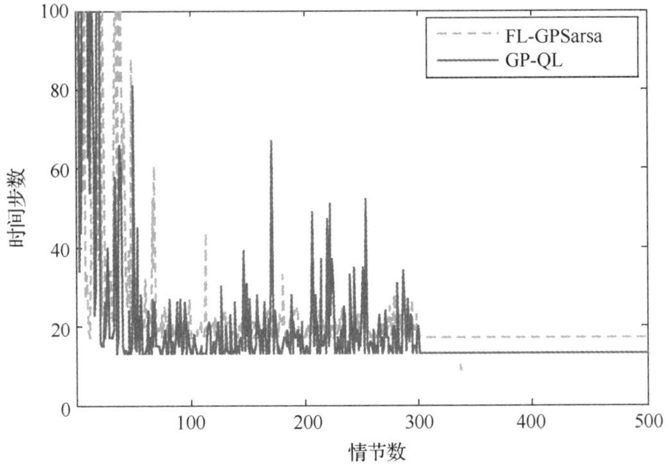

(b) FL-GPSarsa 算法和GP-QL 算法

图 7.2　四个算法的情节步数比较(续)

图 7.3 为 Sarsa 和 Q 学习算法以及 FL-GPSarsa 和 GP-QL 算法学习到的最优路径。从图中可以看出，Sarsa 和 FL-GPSarsa 算法选择了一条相对安全的路径作为最优路径，而 Q 学习和 GP-QL 算法则选择了一条最短的路径。由于 Sarsa 和 FL-GPSarsa 算法是在策略算法，所以一旦某个动作使得 Agent 掉入悬崖，受立即奖赏–100 的影响，前一状态动作对的动作值将变得非常小，导致 Agent 下一次遇到此状态时不会选择此动作值，而会选择比较安全的动作，因此，在值函数稳定后，最终 Agent 在 S 的上一个格子中不会选择向右，而选择向上。而 Q 学习和 GP-QL 算法是离策略算法，它们选择最大的动作值更新前一个动作值，即使某个动作使得 Agent 掉入悬崖，也不会使前一动作值变小，因此 Agent 在 S 的上一个格子中会选择向右，而不是向

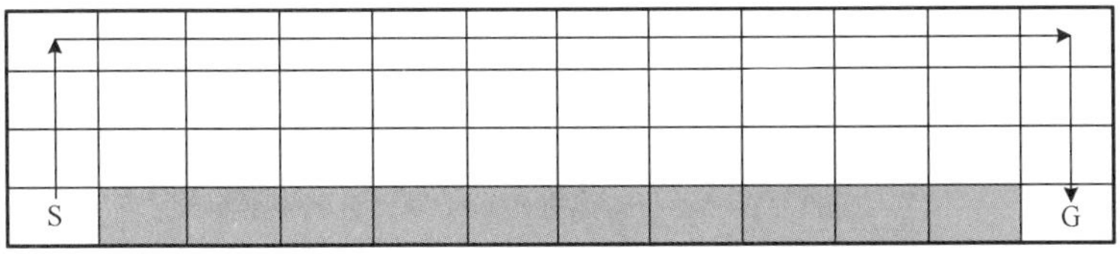

(a) Sarsa 算法和FL-GPSarsa算法得到的最优路径

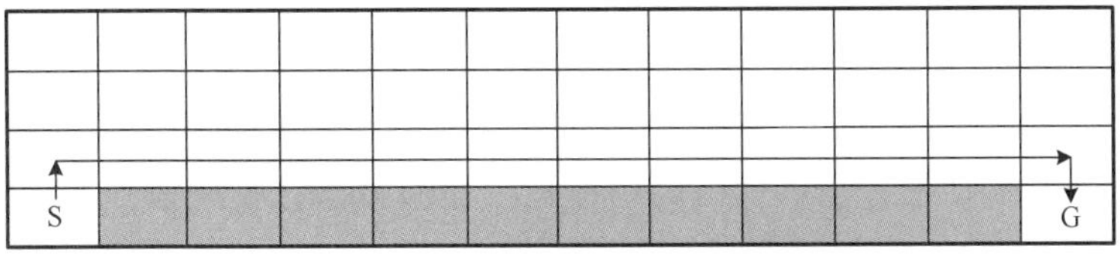

(b) Q学习算法和GP-QL算法得到的最优路径

图 7.3　四个算法得到的最优路径图

上。由此也导致了 300 个情节后，Q 学习和 GP-QL 算法的步数均比 Sarsa 和 FL-GPSarsa 算法的步数少。

从图 7.2 和图 7.3 可以看出，GP-QL 算法具有 Q 学习算法的优点，能直接利用探索性策略产生的训练样本计算最优值函数，并根据最优值函数确定最优策略。

7.4.2　实验 2：Mountain Car 问题

下面再将梯度下降 Q 学习算法和 GP-QL 算法用于经典的 Mountain Car 问题，以说明 GP-QL 算法解决大状态空间问题的能力。

实验中，梯度下降 Q 学习算法和 GP-QL 算法中状态动作对的特征向量均为高斯径向基函数构成的特征向量，如式(6.37)所示。梯度下降 Q 学习算法的步长因子为 0.1，其余参数的取值和设置均与第 6 章中实验的取值一致。GP-QL 算法中，$\boldsymbol{\theta}_0 = (-1,\cdots,-1) \in \mathbb{R}^{224}$。

图 7.4 为 GP-QL 算法与梯度下降 Q 学习算法的情节步数图。从图中可见，GP-QL 算法可解决具有连续状态空间的强化学习问题，且性能与 Q 学习算法相似。两个算法大约在学习完 100 个情节后，情节步数均已基本稳定，基本寻找到了最优策略。此外，GP-QL 算法在估计值函数的同时能提供对于该估计值的不确定度。

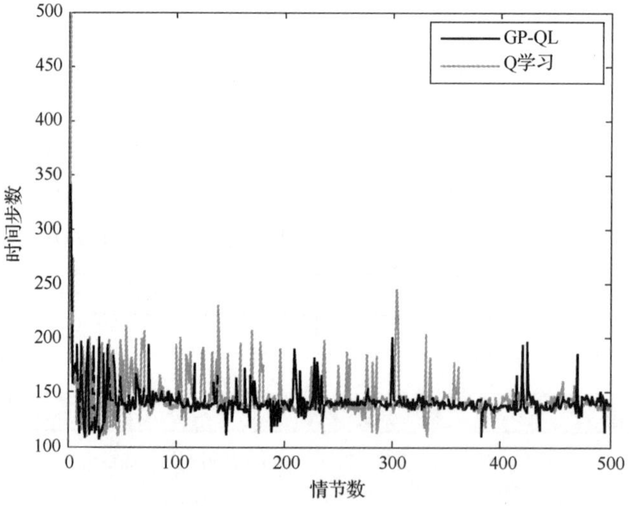

图 7.4　GP-QL 算法和梯度下降 Q 学习算法的情节步数图

图 7.5 为 GP-QL 算法和 Q 学习算法的最优动作值的相反数的曲面图，其中平面上的点表示状态，竖轴表示动作值的相反数，曲面越高，说明该点的动作值越小。从图中可以看出，GP-QL 算法学习到的最优动作值与 Q 学习算法学习到的最优动作值大体一致，表明 GP-QL 算法与 Q 学习算法类似，能在连续动作空间中学习到最优动作值，并求解最优策略。

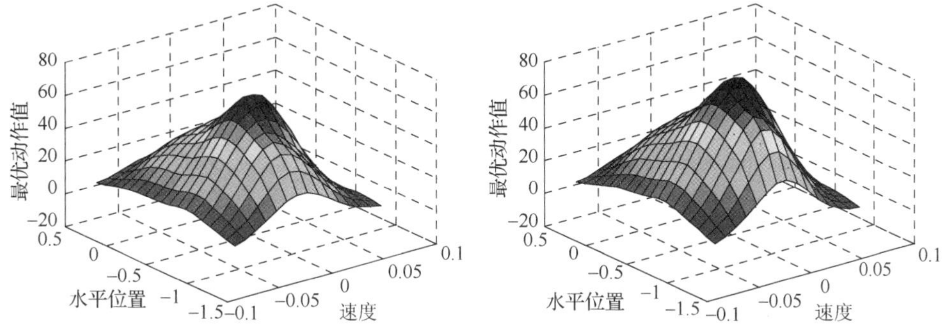

(a) GP-QL 算法　　(b) Q学习算法

图 7.5　GP-QL 和 Q 学习算法的最优动作值的相反数的曲面图

7.5　本 章 小 结

针对高斯过程时间差分学习方法难以与 Q 学习算法相结合的问题，本章利用最优动作值与实际动作值的比率提出了可用于值迭代的值函数概率生成模型，再利用线性函数与高斯过程对值函数建模，提出了 GP-QL 算法。该算法具有贝叶斯值函数评估的优点，对于具有大规模空间的强化学习问题，能以贝叶斯方法推断近似值函数，且在估计值函数的同时能计算对于该估计值的不确定度；此外，能以探索性策略评估最优策略，使得算法具有 Q 学习算法的优点。最后通过经典的带悬崖格子世界问题和 Mountain Car 问题验证了所提算法的有效性。

FL-GPSarsa 算法可快速地寻找到最优策略，且具有贝叶斯估计方法的优点，但难以利用探索性策略产生的训练样本评估最优策略，因此难以用于离策略环境。GP-QL 算法结合了 Q 学习算法和贝叶斯估计方法的优点，可利用探索性策略产生的训练样本评估最优策略的值函数，并借助最优值函数得到最优策略。

参 考 文 献

[1] Dearden R, Friedman N, Russell S. Bayesian Q-learning. Proceedings of the 15th National Conference on Artificial intelligence, Madison, 1998: 761-768.

[2] Wiering M, van Otterlo M. Reinforcement Learning: State-of-the-Art. Berlin: Springer, 2012.

[3] Engel Y, Mannor S, Meir R. Bayes meets Bellman: The Gaussian process approach to temporal difference learning. Proceedings of the 20th International Conference on Machine Learning,Washington DC, 2003.

[4] Sutton R, Barto A. Reinforcement Learning: An Introduction. Cambridge: MIT Press, 1998.

[5] 傅启明，刘全，伏玉琛，等．一种高斯过程的带参近似策略迭代算法．软件学报，2013, 24(11): 2676-2686.

[6] Maei H, Szepesvári C, Bhatnagar S, et al. Toward off-policy learning control with function approximation. Proceedings of the 27th International Conference on Machine Learning, Haifa, 2010.

[7] Precup D, Sutton R, Dasgupta S. Off-policy temporal-difference learning with function approximation. Proceedings of the 18th International Conference on Machine Learning, MA, 2001.

[8] Sutton R, Maei H, Precup D, et al. Fast gradient-descent methods for temporal-difference learning with linear function approximation. Proceedings of the 26th International Conference on Machine Learning, Montreal, 2009.

[9] Maei H, Szepesvári C, Bhatnagar S, et al. Convergent temporal-difference learning with arbitrary smooth function approximation. Advances in Neural Information Processing Systems, Vancouver, 2009.

[10] Engel Y, Mannor S, Meir R. Reinforcement learning with Gaussian processes. Proceedings of the 22th International Conference on Machine Learning, Atlanta, 2005.

[11] Engel Y, Mannor S, Meir R. Bayesian reinforcement learning with Gaussian process temporal difference methods. Advances in Neural Information Processing Systems, 2007, 18:347.

[12] Rasmussen C, Williams C. Gaussian Processes For Machine Learning. Cambridge: MIT Press, 2006.

第 8 章　最小二乘策略迭代算法

本章介绍了马尔可夫决策过程[1-5]的基本概念，描述了最小二乘策略评估[6-9]的原理，给出了采用基于 Q-值函数的最小二乘时间差分(Least Squares Temporal Difference for Q-functions, LSTD-Q)评估策略的在线最小二乘策略迭代(Online Least-Squares Policy Iteration, Online LSPI)算法[10-13]。

8.1　马尔可夫决策过程

强化学习问题是基于马尔可夫决策过程(Markov Decision Process, MDP)的。一个成功保留所有相关信息的状态信号称为马尔可夫的，或者说具有马尔可夫性质。在强化学习中，如果状态信号具有马尔可夫性质，那么环境在 $t+1$ 时刻的响应只取决于在 t 时刻的状态和动作的表示。满足马尔可夫性质的强化学习任务称为 MDP。MDP 可以由以下 4 个因素来定义：状态空间 $\boldsymbol{X}$、动作空间 U、转移概率函数 f、奖赏函数 ρ。在确定性情况下，状态转移函数为 $f:\boldsymbol{X}\times U\rightarrow[0,1]$，奖赏函数为 $\rho:\boldsymbol{X}\times U\rightarrow\mathbb{R}$。在时间步 k 给定当前状态 $\boldsymbol{x}_k$，控制器根据控制策略 $h:\boldsymbol{X}\rightarrow U$ 采取动作 u_k，转移到下一个状态 $\boldsymbol{x}_{k+1}=f(\boldsymbol{x}_k,u_k)$，得到的立即奖赏为 $r_{k+1}=\rho(\boldsymbol{x}_k,u_k)$。在随机情况下，状态转移函数为 $\tilde{f}:\boldsymbol{X}\times U\times\boldsymbol{X}\rightarrow[0,\infty)$，奖赏函数为 $\tilde{\rho}:\boldsymbol{X}\times U\times\boldsymbol{X}\rightarrow\mathbb{R}$。在时间步 k 给定当前状态 $\boldsymbol{x}_k$，控制器根据控制策略 $h:\boldsymbol{X}\rightarrow U$ 采取动作 u_k，转移到下一个状态 $\boldsymbol{x}_{k+1}(\boldsymbol{x}_{k+1}\in\boldsymbol{X}_{k+1},\boldsymbol{X}_{k+1}\subseteq\boldsymbol{X})$ 的概率为

$$P(\boldsymbol{x}_{k+1}\in\boldsymbol{X}_{k+1}\mid\boldsymbol{x}_k,u_k)=\int_{\boldsymbol{X}_{k+1}}\tilde{f}(\boldsymbol{x}_k,u_k,\boldsymbol{x}')\mathrm{d}\boldsymbol{x}'$$

得到的立即奖赏为 $r_{k+1}=\tilde{\rho}(\boldsymbol{x}_k,u_k,\boldsymbol{x}_{k+1})$。如果状态空间是可数的，状态转移函数可写为 $\bar{f}:\boldsymbol{X}\times U\times\boldsymbol{X}\rightarrow[0,1]$，转移到下一个状态 $\boldsymbol{x}'$ 的概率为 $P(\boldsymbol{x}_{k+1}=\boldsymbol{x}'\mid\boldsymbol{x}_k,u_k)=\bar{f}(\boldsymbol{x}_k,u_k,\boldsymbol{x}')$。给定 f 和 ρ，以及当前状态 $\boldsymbol{x}_k$ 和当前采取的动作 u_k，足以确定下一个状态 $\boldsymbol{x}_{k+1}$ 和立即奖赏 r_{k+1}。这就是马尔可夫性，它是强化学习算法的理论依据。

有些 MDP 有终止状态，一旦到达此状态，就不能再转移出去，这类任务称为情节式任务(episodic task)；反之，没有终止状态的任务称为连续式任务(continuing task)。没有不可到达的状态，每个状态被访问到的概率都不为 0 的 MDP 称为可遍历的(ergodic)。

8.2 最小二乘策略迭代

8.2.1 投影贝尔曼等式的矩阵形式

在强化学习中，贝尔曼(Bellman)等式反映了一个状态值(或状态动作值)和它的后继状态值(或状态动作值)之间的关系。策略迭代算法在每轮迭代 $l(l \geqslant 0)$ 中评估当前策略，计算 Q-值函数 Q_l^h。

在第 l 轮的策略评估公式如式(8.1)所示

$$Q_{l+1}^h = T^h(Q_l^h) \tag{8.1}$$

式中，T^h 是策略评估映射。在策略 h 下，算法将逐渐收敛至 Q^h，其中贝尔曼等式如式(8.2)所示

$$Q^h = T^h(Q^h) \tag{8.2}$$

假设状态空间 $\boldsymbol{X}$ 和动作空间 U 中包含有限个元素，其中 $\boldsymbol{X} = \{\boldsymbol{x}_1, \cdots, \boldsymbol{x}_{\bar{N}}\}$，$U = \{u_1, \cdots, u_{\bar{M}}\}$。则策略评估映射的矩阵形式 $\boldsymbol{T}^h : \mathbb{R}^{\bar{N}\bar{M}} \to \mathbb{R}^{\bar{N}\bar{M}}$ 为

$$\boldsymbol{T}^h(\boldsymbol{Q}) = \tilde{\boldsymbol{\rho}} + \gamma \bar{\boldsymbol{f}} \boldsymbol{h} \boldsymbol{Q} \tag{8.3}$$

用 $\boldsymbol{x}_i$、u_j 分别表示状态和动作(其中状态、动作空间都是离散的)。用 $[i, j]$ 表示一个数值下标，$[i, j] = i + (j-1)\bar{N}$。式(8.3)中的向量和矩阵的定义如下。

$\boldsymbol{Q} \in \mathbb{R}^{\bar{N}\bar{M}}$ 是一个关于 Q-值函数的向量，$Q_{[i,j]} = Q(\boldsymbol{x}_i, u_j)$。

$\tilde{\boldsymbol{\rho}} \in \mathbb{R}^{\bar{N}\bar{M}}$ 是一个关于奖赏值函数的向量，其中 $\tilde{\rho}_{[i,j]}$ 是在状态 $\boldsymbol{x}_i$ 下采用动作 u_j 时的奖赏值的期望值，$\tilde{\rho}_{[i,j]} = \sum_{i'} \bar{f}(\boldsymbol{x}_i, u_j, x_{i'}) \tilde{\rho}(\boldsymbol{x}_i, u_j, \boldsymbol{x}_{i'})$。

$\bar{\boldsymbol{f}} \in \mathbb{R}^{\bar{N}\bar{M} \times \bar{N}}$ 是关于状态转移函数 $\bar{f}$ 的矩阵，$\bar{f}_{[i,j],i'} = \bar{f}(\boldsymbol{x}_i, u_j, \boldsymbol{x}_{i'})$。其中 $\bar{f}_{[i,j],i'}$ 表示矩阵 $\bar{\boldsymbol{f}}$ 中第 $[i, j]$ 行、第 $\boldsymbol{i}'$ 列所对应的元素。

$\boldsymbol{h} \in \mathbb{R}^{\bar{N} \times \bar{N}\bar{M}}$ 是关于策略 h 的矩阵，当 $i' = i$、$h(\boldsymbol{x}_i) = u_j$ 时，$h_{i',[i,j]} = 1$，否则 $h_{i',[i,j]} = 0$。其中 $h_{i,[i,j]}$ 的值是在状态 $\boldsymbol{x}_i$ 下采用动作 u_j 的概率，且对于任意 $i' \neq i$，$h_{i,[i,j]}$ 的值为 0。

定义基函数矩阵 $\boldsymbol{\phi} \in \mathbb{R}^{\bar{N}\bar{M} \times n}$ 和对角权重矩阵 $\boldsymbol{w} \in \mathbb{R}^{\bar{N}\bar{M} \times \bar{N}\bar{M}}$ 为

$$\phi_{[i,j],l} = \phi_l(\boldsymbol{x}_i, u_j), \quad l = 0, 1, \cdots, n$$
$$w_{[i,j],[i,j]} = w(\boldsymbol{x}_i, u_j)$$

式中，权重函数 $w: \boldsymbol{X} \times U \to [0,1]$，用于调整近似函数误差的分布。一般情况下，可以将权重函数看成状态动作空间的概率分布函数，因此，权重函数必须满足

$$\sum_{i=1}^{\bar{N}}\sum_{j=1}^{\bar{M}} w(\boldsymbol{x}_i,u_j)=1$$

在线性参数条件下，根据基函数$\boldsymbol{\phi}$，对于给定的参数$\boldsymbol{\theta}$（$\boldsymbol{\theta}\in\mathbb{R}^n$），定义近似 Q 值向量为

$$\hat{\boldsymbol{Q}}=\boldsymbol{\phi\theta} \tag{8.4}$$

考虑状态空间$\boldsymbol{X}$和动作空间U中的所有元素，为简单起见，令$\phi_{il}(i=1,2,\cdots,\overline{N}\overline{M};\ l=1,2,\cdots,n)$代表$\phi_{[k,j],l}(k=1,2,\cdots,\overline{N};j=1,2,\cdots,\overline{M})$，$\hat{Q}_i$代表$\hat{Q}_{[k,j]}$，得到方程组为

$$\begin{gathered}\phi_{11}\theta_1+\phi_{12}\theta_2+\cdots+\phi_{1n}\theta_n=\hat{Q}_1\\ \phi_{21}\theta_1+\phi_{22}\theta_2+\cdots+\phi_{2n}\theta_n=\hat{Q}_2\\ \vdots\\ \phi_{\overline{N}\overline{M}1}\theta_1+\phi_{\overline{N}\overline{M}2}\theta_2+\cdots+\phi_{\overline{N}\overline{M}n}\theta_n=\hat{Q}_{\overline{N}\overline{M}}\end{gathered}$$

写成矩阵形式为

$$\begin{bmatrix}\phi_{11} & \cdots & \phi_{1n}\\ \vdots & & \vdots\\ \phi_{\overline{N}\overline{M}1} & \cdots & \phi_{\overline{N}\overline{M}n}\end{bmatrix}\begin{bmatrix}\theta_1\\ \vdots\\ \theta_n\end{bmatrix}=\begin{bmatrix}\hat{Q}_1\\ \vdots\\ \hat{Q}_{\overline{N}\overline{M}}\end{bmatrix}$$

式中，共有$\overline{N}\overline{M}$个方程，n个未知数（$\boldsymbol{\theta}$为未知数），当$\overline{N}\overline{M}>n$时，方程组无解。为此，采用最小二乘的方法来解决此问题。令w_i代表$w_{[k,j],[k,j]}$，得

$$\boldsymbol{\theta}^+\in\underset{\boldsymbol{\theta}}{\arg\min}\sum_{i=1}^{\overline{N}\overline{M}} w_i(\boldsymbol{\phi}_i\boldsymbol{\theta}-\hat{Q}_i)^2$$

令$F=\sum_{i=1}^{\overline{N}\overline{M}} w_i(\boldsymbol{\phi}_i\boldsymbol{\theta}-\hat{Q}_i)^2$，为求其极小值，令其偏导等于 0，得

$$\begin{gathered}\frac{\partial F}{\partial\theta_1}=2\sum_{i=1}^{\overline{N}\overline{M}} w_i(\phi_{i1}\theta_1+\phi_{i2}\theta_2+\cdots+\phi_{in}\theta_n-\hat{Q}_i)\phi_{i1}=0\\ \frac{\partial F}{\partial\theta_2}=2\sum_{i=1}^{\overline{N}\overline{M}} w_i(\phi_{i1}\theta_1+\phi_{i2}\theta_2+\cdots+\phi_{in}\theta_n-\hat{Q}_i)\phi_{i2}=0\\ \frac{\partial F}{\partial\theta_3}=2\sum_{i=1}^{\overline{N}\overline{M}} w_i(\phi_{i1}\theta_1+\phi_{i2}\theta_2+\cdots+\phi_{in}\theta_n-\hat{Q}_i)\phi_{i3}=0\\ \vdots\\ \frac{\partial F}{\partial\theta_{1n}}=2\sum_{i=1}^{\overline{N}\overline{M}} w_i(\phi_{i1}\theta_1+\phi_{i2}\theta_2+\cdots+\phi_{in}\theta_n-\hat{Q}_i)\phi_{in}=0\end{gathered}$$

展开整理得

$$\sum_{i=1}^{\overline{N}\overline{M}} w_i\phi_{i1}^2\theta_1 + \sum_{i=1}^{\overline{N}\overline{M}} w_i\phi_{i1}\phi_{i2}\theta_2 + \cdots + \sum_{i=1}^{\overline{N}\overline{M}} w_i\phi_{i1}\phi_{in}\theta_n = \sum_{i=1}^{\overline{N}\overline{M}} w_i\phi_{i1}\hat{Q}_i$$

$$\sum_{i=1}^{\overline{N}\overline{M}} w_i\phi_{i2}\phi_{i1}\theta_1 + \sum_{i=1}^{\overline{N}\overline{M}} w_i\phi_{i2}^2\theta_2 + \cdots + \sum_{i=1}^{\overline{N}\overline{M}} w_i\phi_{i2}\phi_{in}\theta_n = \sum_{i=1}^{\overline{N}\overline{M}} w_i\phi_{i2}\hat{Q}_i$$

$$\vdots$$

$$\sum_{i=1}^{\overline{N}\overline{M}} w_i\phi_{in}\phi_{i1}\theta_1 + \sum_{i=1}^{\overline{N}\overline{M}} w_i\phi_{in}\phi_{i2}\theta_2 + \cdots + \sum_{i=1}^{\overline{N}\overline{M}} w_i\phi_{in}^2\theta_n = \sum_{i=1}^{\overline{N}\overline{M}} w_i\phi_{in}\hat{Q}_i$$

写成矩阵形式为

$$\begin{bmatrix} \sum_{i=1}^{\overline{N}\overline{M}} w_i\phi_{i1}^2 & \sum_{i=1}^{\overline{N}\overline{M}} w_i\phi_{i1}\phi_{i2} & \cdots & \sum_{i=1}^{\overline{N}\overline{M}} w_i\phi_{i1}\phi_{in} \\ \sum_{i=1}^{\overline{N}\overline{M}} w_i\phi_{i2}\phi_{i1} & \sum_{i=1}^{\overline{N}\overline{M}} w_i\phi_{i2}^2 & \cdots & \sum_{i=1}^{\overline{N}\overline{M}} w_i\phi_{i2}\phi_{in} \\ \vdots & \vdots & & \vdots \\ \sum_{i=1}^{\overline{N}\overline{M}} w_i\phi_{in}\phi_{i1} & \sum_{i=1}^{\overline{N}\overline{M}} w_i\phi_{in}\phi_{i2} & \cdots & \sum_{i=1}^{\overline{N}\overline{M}} w_i\phi_{in}^2 \end{bmatrix} \begin{bmatrix} \boldsymbol{\theta}_1 \\ \boldsymbol{\theta}_2 \\ \vdots \\ \boldsymbol{\theta}_n \end{bmatrix} = \begin{bmatrix} \sum_{i=1}^{\overline{N}\overline{M}} w_i\phi_{i1}\hat{Q}_i \\ \sum_{i=1}^{\overline{N}\overline{M}} w_i\phi_{i2}\hat{Q}_i \\ \vdots \\ \sum_{i=1}^{\overline{N}\overline{M}} w_i\phi_{in}\hat{Q}_i \end{bmatrix}$$

令

$$\boldsymbol{C} = \begin{bmatrix} \sum_{i=1}^{\overline{N}\overline{M}} w_i\phi_{i1}^2 & \sum_{i=1}^{\overline{N}\overline{M}} w_i\phi_{i1}\phi_{i2} & \cdots & \sum_{i=1}^{\overline{N}\overline{M}} w_i\phi_{i1}\phi_{in} \\ \sum_{i=1}^{\overline{N}\overline{M}} w_i\phi_{i2}\phi_{i1} & \sum_{i=1}^{\overline{N}\overline{M}} w_i\phi_{i2}^2 & \cdots & \sum_{i=1}^{\overline{N}\overline{M}} w_i\phi_{i2}\phi_{in} \\ \vdots & \vdots & & \vdots \\ \sum_{i=1}^{\overline{N}\overline{M}} w_i\phi_{in}\phi_{i1} & \sum_{i=1}^{\overline{N}\overline{M}} w_i\phi_{in}\phi_{i2} & \cdots & \sum_{i=1}^{\overline{N}\overline{M}} w_i\phi_{in}^2 \end{bmatrix}, \quad \boldsymbol{d} = \begin{bmatrix} \sum_{i=1}^{\overline{N}\overline{M}} w_i\phi_{i1}\hat{Q}_i \\ \sum_{i=1}^{\overline{N}\overline{M}} w_i\phi_{i2}\hat{Q}_i \\ \vdots \\ \sum_{i=1}^{\overline{N}\overline{M}} w_i\phi_{in}\hat{Q}_i \end{bmatrix}$$

则上式可写为

$$\boldsymbol{C\theta} = \boldsymbol{d} \tag{8.5}$$

而 $\boldsymbol{\phi}^{\mathrm{T}}\boldsymbol{w\phi} = \boldsymbol{C}$ ，$\boldsymbol{\phi}^{\mathrm{T}}\boldsymbol{w}\hat{\boldsymbol{Q}} = \boldsymbol{d}$ ，因此在式(8.4)两端乘以 $\boldsymbol{\phi}^{\mathrm{T}}\boldsymbol{w}$ 就得到式(8.5)，式(8.5)也可以写成如下形式

$$\boldsymbol{\phi}^{\mathrm{T}}\boldsymbol{w\phi\theta} = \boldsymbol{\phi}^{\mathrm{T}}\boldsymbol{w}\hat{\boldsymbol{Q}}$$

等式两端再乘以 $\boldsymbol{\phi}(\boldsymbol{\phi}^{\mathrm{T}}\boldsymbol{w\phi})^{-1}$ 得

$$\boldsymbol{\phi}(\boldsymbol{\phi}^{\mathrm{T}}\boldsymbol{w\phi})^{-1}\boldsymbol{\phi}^{\mathrm{T}}\boldsymbol{w\phi\theta} = \boldsymbol{\phi}(\boldsymbol{\phi}^{\mathrm{T}}\boldsymbol{w\phi})^{-1}\boldsymbol{\phi}^{\mathrm{T}}\boldsymbol{w}\hat{\boldsymbol{Q}}$$

即

$$\boldsymbol{\phi}(\boldsymbol{\phi}^{\mathrm{T}}\boldsymbol{w\phi})^{-1}\boldsymbol{\phi}^{\mathrm{T}}\boldsymbol{w\phi\theta} = \hat{\boldsymbol{Q}}$$

因此，贝尔曼等式可以写成

$$\boldsymbol{P}^{w}\boldsymbol{T}^{h}(\hat{\boldsymbol{Q}}^{h}) = \hat{\boldsymbol{Q}}^{h} \tag{8.6}$$

式中，$\boldsymbol{P}^{w}$ 是在(近似)Q-值函数空间上的带权最小二乘映射，$\boldsymbol{P}^{w} = \boldsymbol{\phi}(\boldsymbol{\phi}^{\mathrm{T}}\boldsymbol{w\phi})^{-1}\boldsymbol{\phi}^{\mathrm{T}}\boldsymbol{w}$ 。

根据 $\boldsymbol{P}^w$、式(8.3)以及近似 Q 值向量，可以重写式(8.3)为

$$\boldsymbol{\phi}(\boldsymbol{\phi}^{\mathrm{T}}\boldsymbol{w}\boldsymbol{\phi})^{-1}\boldsymbol{\phi}^{\mathrm{T}}\boldsymbol{w}(\tilde{\boldsymbol{\rho}}+\gamma\bar{\boldsymbol{f}}\boldsymbol{h}\boldsymbol{\phi}\boldsymbol{\theta}^h)=\boldsymbol{\phi}\boldsymbol{\theta}^h$$

这是一个关于参数向量 $\boldsymbol{\theta}^h$ 的线性公式。分别将公式两边乘以 $\boldsymbol{\phi}^{\mathrm{T}}\boldsymbol{w}$，整理得

$$\boldsymbol{\phi}^{\mathrm{T}}\boldsymbol{w}\boldsymbol{\phi}\boldsymbol{\theta}^h=\gamma\boldsymbol{\phi}^{\mathrm{T}}\boldsymbol{w}\bar{\boldsymbol{f}}\boldsymbol{h}\boldsymbol{\phi}\boldsymbol{\theta}^h+\boldsymbol{\phi}^{\mathrm{T}}\boldsymbol{w}\tilde{\boldsymbol{\rho}}$$

引入矩阵 $\boldsymbol{\Gamma}\in\mathbb{R}^{n\times n}$ 和 $\boldsymbol{\Lambda}\in\mathbb{R}^{n\times n}$，以及向量 $\boldsymbol{z}\in\mathbb{R}^n$，$\boldsymbol{\Gamma}$ 可以表示为

$$\boldsymbol{\Gamma}=\boldsymbol{\phi}^{\mathrm{T}}\boldsymbol{w}\boldsymbol{\phi},\ \boldsymbol{\Lambda}=\boldsymbol{\phi}^{\mathrm{T}}\boldsymbol{w}\bar{\boldsymbol{f}}\boldsymbol{h}\boldsymbol{\phi},\ \boldsymbol{z}=\boldsymbol{\phi}^{\mathrm{T}}\boldsymbol{w}\tilde{\boldsymbol{\rho}}$$

则投影贝尔曼等式可以写成

$$\boldsymbol{\Gamma}\boldsymbol{\theta}^h=\gamma\boldsymbol{\Lambda}\boldsymbol{\theta}^h+\boldsymbol{z} \tag{8.7}$$

因此，只需要求解式(8.7)——低维的贝尔曼等式，算出 $\boldsymbol{\theta}^h$，再利用式(8.4)，就可以求出近似 Q 值函数。也可以用数据和的形式定义矩阵 $\boldsymbol{\Gamma}$、$\boldsymbol{\Lambda}$ 和向量 $\boldsymbol{z}$，如式(8.8)所示

$$\begin{cases}\boldsymbol{\Gamma}=\sum_{i=1}^{\bar{N}}\sum_{j=1}^{\bar{M}}[\boldsymbol{\phi}(\boldsymbol{x}_i,u_j)w(\boldsymbol{x}_i,u_j)\boldsymbol{\phi}^{\mathrm{T}}(\boldsymbol{x}_i,u_j)]\\ \boldsymbol{\Lambda}=\sum_{i=1}^{\bar{N}}\sum_{j=1}^{\bar{M}}[\boldsymbol{\phi}(\boldsymbol{x}_i,u_j)w(\boldsymbol{x}_i,u_j)\sum_{i'}^{\bar{N}}(\bar{f}(\boldsymbol{x}_i,u_j,\boldsymbol{x}_{i'})\boldsymbol{\phi}(\boldsymbol{x}_{i'},h(\boldsymbol{x}_{i'})))]\\ \boldsymbol{z}=\sum_{i=1}^{\bar{N}}\sum_{j=1}^{\bar{M}}[\boldsymbol{\phi}(\boldsymbol{x}_i,u_j)w(\boldsymbol{x}_i,u_j)\sum_{i'}^{\bar{N}}(\bar{f}(\boldsymbol{x}_i,u_j,\boldsymbol{x}_{i'})\rho(\boldsymbol{x}_i,u_j,\boldsymbol{x}_{i'}))]\end{cases} \tag{8.8}$$

式中，向量 $\boldsymbol{z}$ 中包含对 i' 的求和，因为对于向量 $\tilde{\boldsymbol{\rho}}$ 中的每一个元素 $\tilde{\rho}_{[i,j]}$，都是在状态 $\boldsymbol{x}_i$ 下采用动作 u_j 奖赏值的期望值。

8.2.2　最小二乘策略迭代

由贝尔曼等式的矩阵形式可以推导出 LSTD-Q 算法。求解投影贝尔曼等式的矩阵形式，即式(8.7)，可以利用样本数据估计 $\boldsymbol{\Gamma}$、$\boldsymbol{\Lambda}$ 和 $\boldsymbol{z}$。根据式(8.8)，求解 $\boldsymbol{\Gamma}$、$\boldsymbol{\Lambda}$ 和 $\boldsymbol{z}$ 的估计值（l_s 为正在处理的样本数据编号）

$$\begin{cases}\boldsymbol{\Gamma}_0=0,\ \boldsymbol{\Lambda}_0=0,\ \boldsymbol{z}_0=0\\ \boldsymbol{\Gamma}_{l_s+1}=\boldsymbol{\Gamma}_{l_s}+\boldsymbol{\phi}(\boldsymbol{x}_{l_s},u_{l_s})\boldsymbol{\phi}^{\mathrm{T}}(\boldsymbol{x}_{l_s},u_{l_s})\\ \boldsymbol{\Lambda}_{l_s+1}=\boldsymbol{\Lambda}_{l_s}+\boldsymbol{\phi}(\boldsymbol{x}_{l_s},u_{l_s})\boldsymbol{\phi}^{\mathrm{T}}(\boldsymbol{x}'_{l_s},h(\boldsymbol{x}'_{l_s}))\\ \boldsymbol{z}_{l_s+1}=\boldsymbol{z}_{l_s}+\boldsymbol{\phi}(\boldsymbol{x}_{l_s},u_{l_s})r_{l_s}\end{cases} \tag{8.9}$$

利用式(8.9)处理样本数据，并在算法执行过程中通过求解式(8.10)寻找近似参数向量 $\hat{\boldsymbol{\theta}}^h$（$n_s$ 为样本总数量）

$$\frac{1}{n_s}\boldsymbol{\Gamma}_{n_s}\hat{\boldsymbol{\theta}}^h=\gamma\frac{1}{n_s}\boldsymbol{\Lambda}_{n_s}\hat{\boldsymbol{\theta}}^h+\frac{1}{n_s}\boldsymbol{z}_{n_s} \tag{8.10}$$

由于式(8.10)中两边都出现 $\hat{\boldsymbol{\theta}}^h$，所以，整理公式得

$$\frac{1}{n_s}(\boldsymbol{\Gamma}_{n_s}-\gamma\boldsymbol{\Lambda}_{n_s})\hat{\boldsymbol{\theta}}^h=\frac{1}{n_s}\boldsymbol{z}_{n_s} \tag{8.11}$$

公式两边同时除以 n_s 有助于提高算法的稳定性(因为当 n_s 很大时，$\boldsymbol{\Gamma}$、$\boldsymbol{\Lambda}$ 和 $\boldsymbol{z}$ 中元素的值可能会很大，这容易导致最终算法收敛值的不稳定)。

基于Q-值函数的最小二乘策略评估(Least Squares Policy Evaluation for Q-functions, LSPE-Q)算法与LSTD-Q算法类似，初始参数向量 $\boldsymbol{\theta}_0$ 可以取任意值，$\boldsymbol{\theta}$ 的更新为

$$\boldsymbol{\theta}_{l_s+1}=\boldsymbol{\theta}_{l_s}+\alpha(\boldsymbol{\theta}^+_{l_s+1}-\boldsymbol{\theta}_{l_s}) \tag{8.12}$$

式中，α 为步长参数；l_s 为正在处理的样本数据编号；$\boldsymbol{\theta}^+_{l_s+1}$ 为

$$\boldsymbol{\theta}^+_{l_s+1}=\left(\frac{1}{l_s+1}\boldsymbol{\Gamma}_{l_s+1}\right)^{-1}\left(\gamma\frac{1}{l_s+1}\boldsymbol{\Lambda}_{l_s+1}\boldsymbol{\theta}_{l_s}+\frac{1}{l_s+1}\boldsymbol{z}_{l_s+1}\right)$$

最小二乘策略迭代(Least-Squares Policy Iteration, LSPI)算法从任意初始策略 h_0 开始，在每轮迭代 $l(l\geqslant 0)$ 中，用LSTD-Q或LSPE-Q算法评估当前策略，计算Q-值函数 Q_l^h，然后用 $h_{l+1}(x)=\arg\max\limits_u Q_l^h(\boldsymbol{x},u)$ 改进策略，直到算法最终收敛到最优策略 h^*。

8.2.3 在线最小二乘策略迭代

LSPI是离线算法，每次对策略参数 $\boldsymbol{\theta}$ 的更新都需要用提前采集的所有 n_s 个样本数据。然而，强化学习的主要目标之一就是在线与环境交互，一边产生样本一边改进策略。在Online LSPI中，每经过规定的一定量(不是太多)时间步数(连续式任务)或情节数(情节式任务)就用当前已收集到的样本数据更新 $\boldsymbol{\theta}$，然后用更新后的 $\boldsymbol{\theta}$ 继续在线产生新的样本，以用于评估计算下一轮的 $\boldsymbol{\theta}$。极端情况下，如果每产生一个样本就改进一次策略，就称这样的策略迭代算法是完全乐观的(fully optimistic)，一般情况下Online LSPI算法是部分乐观的(partially optimistic)，产生多个样本后改进一次策略。离线LSPI算法的样本是事先给定的，并固定不变，而Online LSPI算法的样本是通过与环境交互在线收集的。在样本收集过程中，一般采用 ε-greedy策略($0<\varepsilon<1$)，即以 $1-\varepsilon$ 的概率采取贪心动作，以 ε 的概率采取随机动作，确保能够探索到当前策略以外的动作。如果没有探索，就无法评估当前策略以外的动作的值函数而无法精确改进策略。采用LSTD-Q评估策略的Online LSPI算法如算法8.1所示，在算法中，每过 k 个情节(情节式任务)或 T 个时间步(连续式任务)改进一次策略。

算法 8.1 采用LSTD-Q评估策略的Online LSPI算法

(1) $\boldsymbol{\Gamma}_0=\beta_\Gamma\boldsymbol{I}$($\beta_\Gamma$ 为一个较小的常数，$\boldsymbol{I}$ 为单位矩阵)，$\boldsymbol{\Lambda}_0=0$，$\boldsymbol{z}_0=0$，$l_s=0$(l_s 为当前样本数)，初始化策略 h

(2) repeat

(3) 在当前状态 $\boldsymbol{x}_{l_s}$ 下，根据一定策略(如 ε-greedy)选择动作 u_{l_s}

(4)　执行动作 u_{l_s}，得到下一个状态 $\boldsymbol{x}'_{l_s}$ 和立即奖赏 r_{l_s}

(5)　$\boldsymbol{\Gamma}_{l_s+1} = \boldsymbol{\Gamma}_{l_s} + \boldsymbol{\phi}(\boldsymbol{x}_{l_s}, u_{l_s})\boldsymbol{\phi}^{\mathrm{T}}(\boldsymbol{x}_{l_s}, u_{l_s})$

(6)　$\boldsymbol{\Lambda}_{l_s+1} = \boldsymbol{\Lambda}_{l_s} + \boldsymbol{\phi}(\boldsymbol{x}_{l_s}, u_{l_s})\boldsymbol{\phi}^{\mathrm{T}}(\boldsymbol{x}'_{l_s}, h(\boldsymbol{x}'_{l_s}))$

(7)　$z_{l_s+1} = z_{l_s} + \boldsymbol{\phi}(\boldsymbol{x}_{l_s}, u_{l_s})r_{l_s}$

(8)　$l_s = l_s + 1$

(9)　更新当前状态 $\boldsymbol{x}_{l_s} = \boldsymbol{x}'_{l_s-1}$

(10)　if $\boldsymbol{x}_{l_s}$ 是第 k 个情节的终止状态(情节式任务)或 l_s 等于 T 的整数倍(连续式任务)

(11)　　根据 $\frac{1}{l_s}(\boldsymbol{\Gamma}_{l_s} - \gamma\boldsymbol{\Lambda}_{l_s})\boldsymbol{\theta} = \frac{1}{l_s}z_{l_s}$ 计算 $\boldsymbol{\theta}$

(12)　　$h(\boldsymbol{x}) = \arg\max_u \boldsymbol{\phi}^{\mathrm{T}}(\boldsymbol{x}, u)\boldsymbol{\theta}, \forall \boldsymbol{x}$

(13)　end if

(14) until 满足设定的终止条件

采用 LSPE-Q 评估策略的 Online LSPI 算法如算法 8.2 所示，在算法 8.2 中，仍是每 k 个情节(情节式任务)或 T 个时间步(连续式任务)改进一次策略，但策略参数 $\boldsymbol{\theta}$ 的更新每个时间步都进行，并且依赖于上一步的结果。在部分乐观的情况下，由于策略改进次数更多，采用 LSPE-Q 评估策略的 Online LSPI 比采用 LSTD-Q 评估策略的 Online LSPI 算法计算量更大。

算法 8.2　采用 LSPE-Q 评估策略的 Online LSPI 算法

(1) $\boldsymbol{\Gamma}_0 = \beta_\Gamma \boldsymbol{I}$ (β_Γ 为一个较小的常数，$\boldsymbol{I}$ 为单位矩阵)，$\boldsymbol{\Lambda}_0 = 0$，$z_0 = 0$，$l_s = 0$ (l_s 为当前样本数)，初始化策略 h

(2) repeat

(3)　在当前状态 $\boldsymbol{x}_{l_s}$ 下，根据一定策略(如 ε-greedy)选择动作 u_{l_s}

(4)　执行动作 u_{l_s}，得到下一个状态 $\boldsymbol{x}'_{l_s}$ 和立即奖赏 r_{l_s}

(5)　$\boldsymbol{\Gamma}_{l_s+1} = \boldsymbol{\Gamma}_{l_s} + \boldsymbol{\phi}(\boldsymbol{x}_{l_s}, u_{l_s})\boldsymbol{\phi}^{\mathrm{T}}(\boldsymbol{x}_{l_s}, u_{l_s})$

(6)　$\boldsymbol{\Lambda}_{l_s+1} = \boldsymbol{\Lambda}_{l_s} + \boldsymbol{\phi}(\boldsymbol{x}_{l_s}, u_{l_s})\boldsymbol{\phi}^{\mathrm{T}}(\boldsymbol{x}'_{l_s}, h(\boldsymbol{x}'_{l_s}))$

(7)　$z_{l_s+1} = z_{l_s} + \boldsymbol{\phi}(\boldsymbol{x}_{l_s}, u_{l_s})r_{l_s}$

(8)　$\boldsymbol{\theta}_{l_s+1} = \boldsymbol{\theta}_{l_s} + \alpha(\boldsymbol{\theta}^{+}_{l_s+1} - \boldsymbol{\theta}_{l_s})$，其中，$\boldsymbol{\theta}^{+}_{l_s+1} = \left(\frac{1}{l_s+1}\boldsymbol{\Gamma}_{l_s+1}\right)^{-1}\left(\gamma\frac{1}{l_s+1}\boldsymbol{\Lambda}_{l_s+1}\boldsymbol{\theta}_{l_s} + \frac{1}{l_s+1}z_{l_s+1}\right)$

(9)　$l_s = l_s + 1$

(10)　更新当前状态 $\boldsymbol{x}_{l_s} = \boldsymbol{x}'_{l_s-1}$

(11)　if $\boldsymbol{x}_{l_s}$ 是第 k 个情节的终止状态(情节式任务)或 l_s 等于 T 的整数倍(连续式任务)

(12)　　$h(\boldsymbol{x}) = \arg\max_u \boldsymbol{\phi}^{\mathrm{T}}(\boldsymbol{x}, u)\boldsymbol{\theta}_{l_s}, \forall \boldsymbol{x}$

(13)　end if

(14) until 满足设定的终止条件

8.3 本章小结

本章介绍了强化学习的理论基础马尔可夫决策过程，由投影贝尔曼等式的矩阵形式推导了 LSPI 算法，并将其扩展到在线的情况中，分别介绍了用 LSTD-Q 和 LSPE-Q 评估策略的 Online LSPI 算法，为后序章节做了铺垫。

参考文献

[1] Sutton R, Barto G. Reinforcement Learning. Cambridge: MIT Press, 1998.

[2] Koller D, Parr R. Computing factored value functions for policies in structured MDPs. The Sixteenth International Joint Conference on Artificial Intelligence, Stockholm, 1999.

[3] Madani O, Hanks S, Condon A. On the undecidability of probabilistic planning and infinite-horizon partially observable Markov decision problems. The Sixteenth National Conference on Artificial Intelligence, Orlando, 1999.

[4] Lattimore T, Hutter M. Near-optimal PAC bounds for discounted MDPs. Theoretical Computer Science, 2014, 558: 125-143.

[5] Sutton R, Precup D, Singh S. Between MDPs and semi-MDPs: A framework for temporal abstraction in reinforcement learning. Artificial Intelligence, 1999, 112(1): 181-211.

[6] 朱斐, 刘全, 傅启明, 等. 一种用于连续动作空间的最小二乘行动者-评论家方法. 计算机研究与发展, 2014, 51(3):548-558.

[7] Bradtke S, Barto A. Linear least-squares algorithms for temporal difference learning. Machine Learning, 1996, 22(1-3):33-57.

[8] Lagoudakis M, Parr R. Least squares policy iteration. Journal of Machine Learning Research, 2003, 4: 1107-1149.

[9] Geramifard A, Bowling M, Sutton R. Incremental least-squares temporal difference learning. The National Conference on Artificial Intelligence and 18th Innovative Applications of Artificial Intelligence Conference, Boston, 2006.

[10] 周鑫, 刘全, 傅启明, 等. 一种批量最小二乘策略迭代方法. 计算机科学, 2014, 9(41):232-238.

[11] Li L, Littman M, Mansley C. Online exploration in least-squares policy iteration. The 8th International Conference on Autonomous Agents and Multiagent Systems-Volume 2, Budapest, 2009.

[12] Busoniu L, Ernst D, De S, et al. Online least-squares policy iteration for reinforcement learning control. The 2010 American Control Conference, Baltimore, 2010.

[13] Tagorti M, Scherer B. On the rate of the convergence and error bournds for LSTD(λ). The 33rd International Conference on Machine Learning, Lille, 2015.

第 9 章　批量最小二乘策略迭代算法

针对 Online LSPI 算法[1-3]对样本数据的利用不充分，每个样本仅使用一次就被丢弃的问题，提出一种批量最小二乘策略迭代(Batch Least-Squares Policy Iteration, BLSPI)算法[4]，从理论上分析其时间复杂度并证明其收敛性。BLSPI 算法将批量更新(batch updating)方法[5-9]与 Online LSPI 算法相结合，在线保存生成的样本数据，多次重复使用这些样本数据并结合最小二乘方法来更新控制策略。将 BLSPI 算法用于平衡杆实验平台[10]，实验结果表明，该算法可以有效利用历史经验知识，提高经验利用率，加快收敛速度。

9.1　批量强化学习算法

在传统的在线强化学习方法中，值函数或策略参数的更新依赖于在线生成的样本，每个样本仅使用一次就被丢弃，值函数在每次更新时只使用上一个时间步的值函数计算结果和生成最新的一个样本数据，造成学习过程缓慢和算法难以在短时间内收敛。事实上，算法的收敛依赖于能无限访问到状态空间的每个状态，因而每个状态转移只使用一次是非常浪费的。

批量更新方法可以重复利用过去的经验数据，每次值函数的更新不只依赖于上一个时间步的值函数计算结果和生成最新的一个样本数据，提高样本的利用率，从而提高算法学习速度，用更少的样本达到较好的策略[7,11]。该方法将在线生成的经验数据存储起来，并多次重复使用这些经验数据更新学到的策略。样本数据以四元组 $(\boldsymbol{x},u,r,\boldsymbol{x}')$ 的形式进行存储，其中，$\boldsymbol{x}$ 表示当前状态，u 表示当前策略下所选择的动作，r 表示得到的立即奖赏，$\boldsymbol{x}'$ 表示转移到的下一个状态。策略的更新不是每个时间步都进行，而是在产生一批样本后再利用样本集中的所有样本数据批量更新。批量强化学习方法如算法 9.1 所示，该算法针对情节式任务，每 k 个情节更新一次策略，样本重复利用 d 次，样本存于样本集 D 中。一次更新完成以后会产生新的策略，在新的策略下，首先将样本集 D 清空，再重新开始收集新的一批样本。

算法 9.1　批量强化学习算法

(1) 初始化值函数 $Q=Q_0$

(2) repeat

(3)　　初始化样本集 $D=0$

(4) 初始化样本序号 $i=0$
(5) 初始化情节数(情节式任务) episodes = 0
(6) repeat
(7) $i=i+1$
(8) if 是新的情节
(9) 从环境获取状态 $\boldsymbol{x}_i$
(10) episodes = episodes + 1
(11) end if
(12) 以一定的策略选择动作 u_i
(13) 执行动作 u_i，得到立即奖赏 r_i 和下一个状态 $\boldsymbol{x}_{i+1}$
(14) 将样本 $(\boldsymbol{x}_i,u_i,r_i,\boldsymbol{x}_{i+1})$ 存入样本集 D
(15) until episodes = k
(16) 用样本集更新值函数 Q，重复执行 d 次
(17) until 满足设定的终止条件

9.2 批量最小二乘策略迭代算法

在 Online LSPI 算法中，在线产生的样本数据仅被使用一次，而后不会再次使用，这使得算法经验利用率不高，尤其是在产生样本比较困难的情况下，如何提高经验的利用率显得尤为重要。BLSPI 使用批量更新方法，将在线产生的样本数据保存下来，以备重复利用。样本数据以四元组 $(\boldsymbol{x},u,r,\boldsymbol{x}')$ 的形式进行存储，保存的样本数据构成了经验，连同当前策略 h 组成五元组 $(\boldsymbol{x},u,r,\boldsymbol{x}',h(\boldsymbol{x}'))$ 来更新策略(策略 h 与策略参数 $\boldsymbol{\theta}$ 相关，不同的 $\boldsymbol{\theta}$ 对应于不同的 h，$h(\boldsymbol{x}')$ 表示在状态 $\boldsymbol{x}'$ 下应该采取的动作)。策略的更新在规定的 k 个情节(情节式任务)或 T 个时间步(连续式任务)后进行。每次都用当前采集到的所有样本更新策略参数 $\boldsymbol{\theta}$，这样，相应的策略 h 被更新，再利用这些样本数据组成新的五元组，在新的策略下再次更新 $\boldsymbol{\theta}$，如此重复执行 d 次，实现经验的重复利用。每次更新后重新开始收集样本数据，以防止样本数据过多而导致计算量过大。策略评估方法有 LSTD-Q 和 LSPE-Q 两种。

若采用 LSTD-Q 评估策略，由式(8.11)计算 $\boldsymbol{\theta}$ 需要完成矩阵求逆的运算，矩阵求逆运算计算量大，时间复杂度高，因此这里用 Sherman-Morrison 公式增量式计算求解 $\boldsymbol{\theta}$。Sherman-Morrison 公式如式(9.1)所示

$$(\boldsymbol{A}+\boldsymbol{u}\boldsymbol{v}^{\mathrm{T}})^{-1}=\boldsymbol{A}^{-1}-\frac{\boldsymbol{A}^{-1}\boldsymbol{u}\boldsymbol{v}^{\mathrm{T}}\boldsymbol{A}^{-1}}{1+\boldsymbol{v}^{\mathrm{T}}\boldsymbol{A}^{-1}\boldsymbol{u}} \tag{9.1}$$

式中，$\boldsymbol{A}$ 为方阵；$\boldsymbol{u}$、$\boldsymbol{v}$ 为列向量，且维数相同，$1+\boldsymbol{v}^{\mathrm{T}}\boldsymbol{A}^{-1}\boldsymbol{u}\neq 0$。

假设当前正在处理编号为 l_s 的样本数据，则 $(\boldsymbol{\Gamma}_{l_s+1}-\gamma\boldsymbol{\Lambda}_{l_s+1})^{-1}$ 可以转换为

$$
\begin{aligned}
(\boldsymbol{\Gamma}_{l_s+1}-\gamma\boldsymbol{\Lambda}_{l_s+1})^{-1} &= (\boldsymbol{\Gamma}_{l_s}+\boldsymbol{\phi}(\boldsymbol{x}_{l_s},u_{l_s})\boldsymbol{\phi}^{\mathrm{T}}(\boldsymbol{x}_{l_s},u_{l_s})-\gamma\boldsymbol{\Lambda}_{l_s}-\gamma\boldsymbol{\phi}(\boldsymbol{x}_{l_s},u_{l_s})\boldsymbol{\phi}^{\mathrm{T}}(\boldsymbol{x}'_{l_s},h(\boldsymbol{x}'_{l_s})))^{-1} \\
&= (\boldsymbol{\Gamma}_{l_s}-\gamma\boldsymbol{\Lambda}_{l_s}+\boldsymbol{\phi}(\boldsymbol{x}_{l_s},u_{l_s})\boldsymbol{\phi}^{\mathrm{T}}(\boldsymbol{x}_{l_s},u_{l_s})-\gamma\boldsymbol{\phi}(\boldsymbol{x}_{l_s},u_{l_s})\boldsymbol{\phi}^{\mathrm{T}}(\boldsymbol{x}'_{l_s},h(\boldsymbol{x}'_{l_s})))^{-1} \\
&= (\boldsymbol{\Gamma}_{l_s}-\gamma\boldsymbol{\Lambda}_{l_s}+\boldsymbol{\phi}(\boldsymbol{x}_{l_s},u_{l_s})(\boldsymbol{\phi}(\boldsymbol{x}_{l_s},u_{l_s})-\gamma\boldsymbol{\phi}(\boldsymbol{x}'_{l_s},h(\boldsymbol{x}'_{l_s})))^{\mathrm{T}})^{-1}
\end{aligned}
$$

代入 Sherman-Morrison 公式，令 $\boldsymbol{B}_{l_s+1}$ 表示 $(\boldsymbol{\Gamma}_{l_s+1}-\gamma\boldsymbol{\Lambda}_{l_s+1})$ 的逆矩阵，得

$$
\boldsymbol{B}_{l_s+1}=\boldsymbol{B}_{l_s}-\frac{\boldsymbol{B}_{l_s}\boldsymbol{\phi}(\boldsymbol{x}_{l_s},u_{l_s})(\boldsymbol{\phi}(\boldsymbol{x}_{l_s},u_{l_s})-\gamma\boldsymbol{\phi}(\boldsymbol{x}'_{l_s},h(\boldsymbol{x}'_{l_s})))^{\mathrm{T}}\boldsymbol{B}_{l_s}}{1+(\boldsymbol{\phi}(\boldsymbol{x}_{l_s},u_{l_s})-\gamma\boldsymbol{\phi}(\boldsymbol{x}'_{l_s},h(\boldsymbol{x}'_{l_s})))^{\mathrm{T}}\boldsymbol{B}_{l_s}\boldsymbol{\phi}(\boldsymbol{x}_{l_s},u_{l_s})} \tag{9.2}
$$

式中，$1+(\boldsymbol{\phi}(\boldsymbol{x}_{l_s},u_{l_s})-\gamma\boldsymbol{\phi}(\boldsymbol{x}'_{l_s},h(\boldsymbol{x}'_{l_s})))^{\mathrm{T}}\boldsymbol{B}_{l_s}\boldsymbol{\phi}(\boldsymbol{x}_{l_s},u_{l_s})\neq 0$。

通过递推更新矩阵 $\boldsymbol{B}$，省去了矩阵求逆的过程，减小了计算量。采用 LSTD-Q 评估策略的 BLSPI 算法如算法 9.2 所示。矩阵 $\boldsymbol{B}$ 初始化为非奇异矩阵，在收集样本的过程中，并不更新矩阵 $\boldsymbol{B}$，在 k 个情节后(情节式任务)或 T 个时间步后(连续式任务)，用当前收集到的样本更新矩阵 $\boldsymbol{B}$ 和向量 $\boldsymbol{z}$，并更新一次策略参数 $\boldsymbol{\theta}$，之后在新的 $\boldsymbol{\theta}$ 下用新的五元组再次更新矩阵 $\boldsymbol{B}$、向量 $\boldsymbol{z}$ 和策略参数 $\boldsymbol{\theta}$，如此重复 d 次。完成后再清空样本集，重新开始在新的策略下收集样本，如此往复，直到满足设定的终止条件。

算法 9.2　采用 LSTD-Q 评估策略的 BLSPI 算法

(1) $\boldsymbol{B}=\beta_{\Gamma}\boldsymbol{I}$（$\beta_{\Gamma}$ 为一个较小的常数，$\boldsymbol{I}$ 为单位矩阵），$\boldsymbol{z}=0$，$n_s=0$（n_s 为当前样本数），$i=0$（i 为计数器）

(2) repeat

(3)　　在当前状态 $\boldsymbol{x}_{l_s}$ 下，根据一定策略(如 ε-greedy)选择动作 u_{l_s}

(4)　　执行动作 u_{l_s}，保存样本数据 $(\boldsymbol{x}_{l_s},u_{l_s},r_{l_s},\boldsymbol{x}'_{l_s})$

(5)　　$l_s=l_s+1$，$n_s=n_s+1$

(6)　　更新当前状态 $\boldsymbol{x}_{l_s}=\boldsymbol{x}'_{l_s-1}$

(7)　　if $\boldsymbol{x}_{l_s}$ 是第 k 个情节的终止状态(情节式任务)或 n_s 等于规定的批量更新标准 T 的整数倍(连续式任务)

(8)　　　　repeat

(9)　　　　　　$h(\boldsymbol{x})=\arg\max_u \boldsymbol{\phi}^{\mathrm{T}}(\boldsymbol{x},u)\boldsymbol{\theta},\forall\boldsymbol{x}$

(10)　　　　　　$l_s=0$

(11)　　　　　　repeat

(12)　　　　　　　　$\boldsymbol{B}=\boldsymbol{B}-\dfrac{\boldsymbol{B}\boldsymbol{\phi}(\boldsymbol{x}_{l_s},u_{l_s})(\boldsymbol{\phi}(\boldsymbol{x}_{l_s},u_{l_s})-\gamma\boldsymbol{\phi}(\boldsymbol{x}'_{l_s},h(\boldsymbol{x}'_{l_s})))^{\mathrm{T}}\boldsymbol{B}}{1+(\boldsymbol{\phi}(\boldsymbol{x}_{l_s},u_{l_s})-\gamma\boldsymbol{\phi}(\boldsymbol{x}'_{l_s},h(\boldsymbol{x}'_{l_s})))^{\mathrm{T}}\boldsymbol{B}\boldsymbol{\phi}(\boldsymbol{x}_{l_s},u_{l_s})}$

(13)　　　　　　　　$\boldsymbol{z}=\boldsymbol{z}+\boldsymbol{\phi}(\boldsymbol{x}_{l_s},u_{l_s})r_{l_s}$

(14)　　　　$l_s = l_s + 1$

(15)　　　until $l_s = n_s$

(16)　　　$\boldsymbol{\theta} = n_s \boldsymbol{B} \frac{1}{n_s} \boldsymbol{z}$

(17)　　　$i = i + 1$

(18)　　until $i = d$

(19)　end if

(20)　设置当前状态为 $\boldsymbol{x}_{l_s-1}$（连续式任务），l_s=0，n_s=0，$i = 0$

(21) until 满足设定的终止条件

如果用 LSPE-Q 评估策略，同样采用 Sherman-Morrison 公式消去矩阵求逆过程，由式(8.9)得

$$\boldsymbol{\Gamma}_{l_s+1}{}^{-1} = (\boldsymbol{\Gamma}_{l_s} + \boldsymbol{\phi}(\boldsymbol{x}_{l_s}, u_{l_s})\boldsymbol{\phi}^{\mathrm{T}}(\boldsymbol{x}_{l_s}, u_{l_s}))^{-1}$$
$$= \left(\boldsymbol{\Gamma}_{l_s}{}^{-1} - \frac{\boldsymbol{\Gamma}_{l_s}{}^{-1}\boldsymbol{\phi}(\boldsymbol{x}_{l_s}, u_{l_s})\boldsymbol{\phi}^{\mathrm{T}}(\boldsymbol{x}_{l_s}, u_{l_s})\boldsymbol{\Gamma}_{l_s}{}^{-1}}{1 + \boldsymbol{\phi}^{\mathrm{T}}(\boldsymbol{x}_{l_s}, u_{l_s})\boldsymbol{\Gamma}_{l_s}{}^{-1}\boldsymbol{\phi}(\boldsymbol{x}_{l_s}, u_{l_s})} \right)$$

令 $\boldsymbol{B}_{l_s+1} = \boldsymbol{\Gamma}_{l_s+1}{}^{-1}$，得

$$\boldsymbol{B}_{l_s+1} = \boldsymbol{B}_{l_s} - \frac{\boldsymbol{B}_{l_s}\boldsymbol{\phi}(\boldsymbol{x}_{l_s}, u_{l_s})\boldsymbol{\phi}^{\mathrm{T}}(\boldsymbol{x}_{l_s}, u_{l_s})\boldsymbol{B}_{l_s}}{1 + \boldsymbol{\phi}^{\mathrm{T}}(\boldsymbol{x}_{l_s}, u_{l_s})\boldsymbol{B}_{l_s}\boldsymbol{\phi}(\boldsymbol{x}_{l_s}, u_{l_s})} \tag{9.3}$$

不同于采用 LSTD-Q 评估策略的 BLSPI 算法，采用 LSPE-Q 评估策略的 BLSPI 算法处理每个样本数据后都要更新策略参数 $\boldsymbol{\theta}$，$\boldsymbol{\theta}$ 的更新依赖于上一轮的结果，因此 $\boldsymbol{\theta}$ 值与处理样本次序有关。此外，$\boldsymbol{\theta}$ 的更新还受步长参数 α 的影响，使得算法稳定性不如采用 LSTD-Q 评估策略的 BLSPI 算法，这是由于 LSTD-Q 评估策略的 BLSPI 算法每次用当前采集的所有样本更新 $\boldsymbol{\theta}$ 且消去了步长参数。但是，如果给定的初始值较好，通过逐步调整步长参数 α，算法往往能取得较好的性能。采用 LSPE-Q 评估策略的 BLSPI 算法如算法 9.3 所示。

算法 9.3　采用 LSPE-Q 评估策略的 BLSPI 算法

(1) $\boldsymbol{B} = \beta_\Gamma \boldsymbol{I}$（$\beta_\Gamma$ 为一个较小的常数，$\boldsymbol{I}$ 为单位矩阵），$\boldsymbol{z} = 0$，$n_s = 0$（n_s 为当前样本数），$i = 0$（i 为计数器）

(2) repeat

(3)　在当前状态 $\boldsymbol{x}_{l_s}$ 下，根据一定策略（如 ε-greedy）选择动作 u_{l_s}

(4)　执行动作 u_{l_s}，保存样本数据 $(\boldsymbol{x}_{l_s}, u_{l_s}, r_{l_s}, \boldsymbol{x}'_{l_s})$

(5)　$l_s = l_s + 1$，$n_s = n_s + 1$

(6)　更新当前状态 $\boldsymbol{x}_{l_s} = \boldsymbol{x}'_{l_s-1}$

(7)　if $\boldsymbol{x}_{l_s}$ 是第 k 个情节的终止状态(情节式任务)或 n_s 等于规定的批量更新标准 T 的整数倍(连续式任务)

(8)　　repeat

(9)　　　$h(\boldsymbol{x})=\arg\max_u \boldsymbol{\phi}^{\mathrm{T}}(\boldsymbol{x},u)\boldsymbol{\theta}_{l_s},\forall \boldsymbol{x}$

(10)　　　$l_s=0$

(11)　　　repeat

(12)　　　　$\boldsymbol{B}_{l_s+1}=\boldsymbol{B}_{l_s}-\dfrac{\boldsymbol{B}_{l_s}\boldsymbol{\phi}(\boldsymbol{x}_{l_s},u_{l_s})\boldsymbol{\phi}^{\mathrm{T}}(\boldsymbol{x}_{l_s},u_{l_s})\boldsymbol{B}_{l_s}}{1+\boldsymbol{\phi}^{\mathrm{T}}(\boldsymbol{x}_{l_s},u_{l_s})\boldsymbol{B}_{l_s}\boldsymbol{\phi}(\boldsymbol{x}_{l_s},u_{l_s})}$

(13)　　　　$\boldsymbol{\Lambda}_{l_s+1}=\boldsymbol{\Lambda}_{l_s}+\boldsymbol{\phi}(\boldsymbol{x}_{l_s},u_{l_s})\boldsymbol{\phi}^{\mathrm{T}}(\boldsymbol{x}_{l_s},h(\boldsymbol{x}'_{l_s}))$

(14)　　　　$\boldsymbol{z}_{l_s+1}=\boldsymbol{z}_{l_s}+\boldsymbol{\phi}(\boldsymbol{x}_{l_s},u_{l_s})r_{l_s}$

(15)　　　　$\boldsymbol{\theta}_{l_s+1}=\boldsymbol{\theta}_{l_s}+\alpha(\boldsymbol{\theta}^{+}_{l_s+1}-\boldsymbol{\theta}_{l_s})$，其中，$\boldsymbol{\theta}^{+}_{l_s+1}=((l_s+1)\boldsymbol{B}_{l_s+1})\left(\dfrac{\gamma}{l_s+1}\boldsymbol{\Lambda}_{l_s+1}\boldsymbol{\theta}_{l_s}+\dfrac{1}{l_s+1}\boldsymbol{z}_{l_s+1}\right)$

(16)　　　　$l_s=l_s+1$

(17)　　　until　$l_s=n_s$

(18)　　　$i=i+1$

(19)　　until　$i=d$

(20)　　设置当前状态为 $\boldsymbol{x}_{l_s-1}$(连续式任务)，l_s=0，n_s=0，$i=0$

(21)　end if

(22) until 满足设定的终止条件

9.3　算法分析

9.3.1　收敛性分析

为了保证算法的收敛，必须用有探索性的策略生成样本数据。如果仅能得到形如 $(\boldsymbol{x},h(\boldsymbol{x}))$ 的状态动作对，那么当 $u\neq h(\boldsymbol{x})$ 时，状态动作对 $(\boldsymbol{x},u)$ 的信息就无法获得(即相应的权重 $w(\boldsymbol{x},u)$ 的值为 0)。因此，无法对相应的状态动作对的 Q-值函数进行估计，而且也无法根据近似 Q-值函数进行策略改进。为了避免这个问题，在一定的条件下，不属于 $h(\boldsymbol{x})$ 的动作 u 也应该被选中，如按照一定的随机概率选择这些动作。对于给定的稳定探索策略，算法可以用于评估新的探索策略。

引理 9.1　对任意马尔可夫链，若满足：①$\boldsymbol{\theta}_t$ 是通过 BLSPI 算法得到的；②每个状态动作对 $(\boldsymbol{x},u)$ 都可以被无限次访问到；③从长远来看每个状态动作对 $(\boldsymbol{x},u)$ 被访问到的概率以概率 1 趋近 $w(\boldsymbol{x},u)$；④$[\boldsymbol{\Phi}^{\mathrm{T}}\boldsymbol{w}(\boldsymbol{I}-\gamma\bar{\boldsymbol{f}}\boldsymbol{h})\boldsymbol{\Phi}]$ 可逆，那么，以概率 1 等式

$$\boldsymbol{\theta}_{\mathrm{BLSPI}}=[\boldsymbol{\Phi}^{\mathrm{T}}\boldsymbol{w}(\boldsymbol{I}-\gamma\bar{\boldsymbol{f}}\boldsymbol{h})\boldsymbol{\Phi}]^{-1}[\boldsymbol{\Phi}^{\mathrm{T}}\boldsymbol{w}r]$$

成立。其中，$\boldsymbol{\Phi}\in\mathbb{R}^{\bar{N}\bar{M}\times\bar{N}\bar{M}}$ 为第 x 列为 $\boldsymbol{\phi}(\boldsymbol{x},u)$ 的基函数矩阵；$\boldsymbol{w}\in\mathbb{R}^{\bar{N}\bar{M}\times\bar{N}\bar{M}}$ 为对角矩阵，$w(\boldsymbol{x},u)$ 表示状态动作对 $(\boldsymbol{x},u)$ 的权重，且 $\sum_{\boldsymbol{x}\in\boldsymbol{X}}\sum_{u\in U}w(\boldsymbol{x},u)=1$；$\bar{\boldsymbol{f}}\in\mathbb{R}^{\bar{N}\bar{M}\times\bar{N}}$ 为状态转移概率矩阵，$\bar{f}_{[i,j],i'}=\bar{f}(\boldsymbol{x}_i,u_j,\boldsymbol{x}_{i'})$；$\boldsymbol{h}\in h^{\bar{N}\times\bar{N}\bar{M}}$ 为关于策略的矩阵，$h_{i',[i,j]}=h(\boldsymbol{x}_{i'},\boldsymbol{x}_i,u_j)$，当 $i'=i$、$h(\boldsymbol{x}_i)=u_j$ 时，$h_{i',[i,j]}=1$，否则 $h_{i',[i,j]}=0$。

证明　在 Online LSPI 算法中，在时间步 t，由式(8.9)、式(8.11)可得

$$\boldsymbol{\theta}_t=\left[\frac{1}{t}\sum_{k=1}^{t}\boldsymbol{\phi}_k(\boldsymbol{\phi}_k-\gamma\boldsymbol{\phi}_{k'})^{\mathrm{T}}\right]^{-1}\left[\frac{1}{t}\sum_{k=1}^{t}\boldsymbol{\phi}_k r_k\right]$$

在经验重复利用次数为 d 的 BLSPI 算法中，进一步可变形为

$$\boldsymbol{\theta}_t=\left[\frac{1}{dt}\sum_{k=1}^{t}\sum_{i=1}^{d}\boldsymbol{\phi}_k(\boldsymbol{\phi}_k-\gamma\boldsymbol{\phi}_{k_i'})^{\mathrm{T}}\right]^{-1}\left[\frac{1}{t}\sum_{k=1}^{t}\boldsymbol{\phi}_k r_k\right]$$

当 $t\to\infty$ 时，由条件②，每个状态动作对 $(\boldsymbol{x},u)$ 都可以被无限次访问到，并且状态动作对间的转移概率以概率 1 逼近其真实转移概率 $\bar{\boldsymbol{f}}$。同时，由条件③，每个状态动作对 $(\boldsymbol{x},u)$ 被访问到的概率以概率 1 趋近 $w(\boldsymbol{x},u)$。因此，给定条件④，BLSPI 算法的 $\boldsymbol{\theta}_{\mathrm{BLSPI}}$ 可以评估为

$$\begin{aligned}\boldsymbol{\theta}_{\mathrm{BLSPI}}&=\lim_{t\to\infty}\boldsymbol{\theta}_t\\&=\lim_{t\to\infty}\left[\frac{1}{dt}\sum_{k=1}^{t}\sum_{i=1}^{d}\boldsymbol{\phi}_k(\boldsymbol{\phi}_k-\gamma\boldsymbol{\phi}_{k_i'})^{\mathrm{T}}\right]^{-1}\left[\frac{1}{t}\sum_{k=1}^{t}\boldsymbol{\phi}_k r_k\right]\\&=\left[\lim_{t\to\infty}\frac{1}{dt}\sum_{k=1}^{t}\sum_{i=1}^{d}\boldsymbol{\phi}_k(\boldsymbol{\phi}_k-\gamma\boldsymbol{\phi}_{k_i'})^{\mathrm{T}}\right]^{-1}\left[\lim_{t\to\infty}\frac{1}{t}\sum_{k=1}^{t}\boldsymbol{\phi}_k r_k\right]\\&=\left[\sum_{\boldsymbol{x}\in\boldsymbol{X}}\sum_{u\in U}w(\boldsymbol{x},u)\sum_{\boldsymbol{x}'\in\boldsymbol{X}}\bar{f}(\boldsymbol{x},u,\boldsymbol{x}')h(\boldsymbol{x}',\boldsymbol{x}',u')\boldsymbol{\phi}(\boldsymbol{x},u)(\boldsymbol{\phi}(\boldsymbol{x},u)-\gamma\boldsymbol{\phi}(\boldsymbol{x}',u'))\right]^{-1}\\&\quad\left[\sum_{\boldsymbol{x}\in\boldsymbol{X}}\sum_{u\in U}w(\boldsymbol{x},u)\boldsymbol{\phi}(\boldsymbol{x},u)\sum_{\boldsymbol{x}'\in\boldsymbol{X}}\bar{f}(\boldsymbol{x},u,\boldsymbol{x}')r(\boldsymbol{x},u,\boldsymbol{x}')\right]=[\boldsymbol{\Phi}^{\mathrm{T}}\boldsymbol{w}(\boldsymbol{I}-\gamma\bar{\boldsymbol{f}}\boldsymbol{h})\boldsymbol{\Phi}]^{-1}[\boldsymbol{\Phi}^{\mathrm{T}}\boldsymbol{w}\boldsymbol{r}]\end{aligned}$$

证毕。

定理 9.1　对遍历马尔可夫链(ergodic Markov chains)，若满足：①代表状态动作的特征向量集合 $\{\boldsymbol{\phi}(\boldsymbol{x},u)\,|\,\boldsymbol{x}\in\boldsymbol{X},u\in U\}$ 是线性无关的；②每个特征向量 $\boldsymbol{\phi}(\boldsymbol{x},u)$ 的维数 $n=|\boldsymbol{X}|\times|U|$；③折扣因子 $0\leqslant\gamma<1$，那么，当状态转移次数趋近于无穷时，通过 BLSPI 算法得出的渐近参数 $\boldsymbol{\theta}_{\mathrm{BLSPI}}$ 以概率 1 收敛到其最优值 $\boldsymbol{\theta}^*$。

证明　由于是遍历马尔可夫链，当时间步 t 趋于无穷时，每个状态动作对 $(\boldsymbol{x},u)\in(\boldsymbol{X}\times U)$ 被访问到的次数以概率 1 趋近于无穷。同时，每个状态动作对被访问到的概率以概率 1 趋近于 $w(\boldsymbol{x},u)$，并且对任意 $(\boldsymbol{x},u)\in(\boldsymbol{X}\times U)$，都有 $w(\boldsymbol{x},u)>0$。因

此，矩阵 $\boldsymbol{w}$ 可逆。由条件②，$\boldsymbol{\phi}$ 为 $n\times n$ 的方阵，又由条件①，$\boldsymbol{\phi}$ 的秩为 n，所以 $\boldsymbol{\phi}$ 可逆。由条件③，$0\leqslant\gamma<1$，有 $(\boldsymbol{I}-\gamma\bar{\boldsymbol{f}}\boldsymbol{h})$ 可逆。因此，由引理 9.1，以概率 1 等式 $\boldsymbol{\theta}_{\mathrm{BLSPI}}=[\boldsymbol{\phi}^{\mathrm{T}}\boldsymbol{w}(\boldsymbol{I}-\gamma\bar{\boldsymbol{f}}\boldsymbol{h})\boldsymbol{\phi}]^{-1}[\boldsymbol{\phi}^{\mathrm{T}}\boldsymbol{w}\boldsymbol{r}]$ 成立。

立即奖赏 $\boldsymbol{r}\in\mathbb{R}^{\bar{N}\bar{M}}$ 可以计算如下（$r(\boldsymbol{x},u,\boldsymbol{x}',u')$ 表示从状态动作对 $(\boldsymbol{x},u)$ 到 $(\boldsymbol{x}',u')$ 的立即奖赏）

$$\begin{aligned}r(\boldsymbol{x},u,\boldsymbol{x}',u')&=Q(\boldsymbol{x},u)-\gamma\sum_{\boldsymbol{x}\in\boldsymbol{X}}\sum_{u\in U}\bar{f}(\boldsymbol{x},u,\boldsymbol{x}')h(\boldsymbol{x}',\boldsymbol{x}',u')Q(\boldsymbol{x}',u')\\&=\boldsymbol{\phi}^{\mathrm{T}}(\boldsymbol{x},u)\boldsymbol{\theta}^{*}-\gamma\sum_{\boldsymbol{x}\in\boldsymbol{X}}\sum_{u\in U}\bar{f}(\boldsymbol{x},u,\boldsymbol{x}')h(\boldsymbol{x}',\boldsymbol{x}',u')\boldsymbol{\phi}^{\mathrm{T}}(\boldsymbol{x}',u')\boldsymbol{\theta}^{*}\\&=(\boldsymbol{\phi}(\boldsymbol{x},u)\ \ \gamma\sum_{\boldsymbol{x}\in\boldsymbol{X}}\sum_{u\in U}\bar{f}(\boldsymbol{x},u,\boldsymbol{x}')h(\boldsymbol{x}',\boldsymbol{x}',u')\boldsymbol{\phi}(\boldsymbol{x}',u'))^{\mathrm{T}}\boldsymbol{\theta}^{*}\end{aligned}$$

写成矩阵形式为

$$\boldsymbol{r}=(\boldsymbol{I}-\gamma\bar{\boldsymbol{f}}\boldsymbol{h})\boldsymbol{\phi}\boldsymbol{\theta}^{*}$$

代入 $\boldsymbol{\theta}_{\mathrm{BLSPI}}$ 的计算公式，得

$$\begin{aligned}\boldsymbol{\theta}_{\mathrm{BLSPI}}&=[\boldsymbol{\phi}^{\mathrm{T}}\boldsymbol{w}(\boldsymbol{I}-\gamma\bar{\boldsymbol{f}}\boldsymbol{h})\boldsymbol{\phi}]^{-1}[\boldsymbol{\phi}^{\mathrm{T}}\boldsymbol{w}\boldsymbol{r}]\\&=[\boldsymbol{\phi}^{\mathrm{T}}\boldsymbol{w}(\boldsymbol{I}-\gamma\bar{\boldsymbol{f}}\boldsymbol{h})\boldsymbol{\phi}]^{-1}[\boldsymbol{\phi}^{\mathrm{T}}\boldsymbol{w}(\boldsymbol{I}-\gamma\bar{\boldsymbol{f}}\boldsymbol{h})\boldsymbol{\phi}]\boldsymbol{\theta}^{*}\\&=\boldsymbol{\theta}^{*}\end{aligned}$$

因此，$\boldsymbol{\theta}_{\mathrm{BLSPI}}$ 以概率 1 收敛到 $\boldsymbol{\theta}^{*}$。

由于采用有探索的策略产生样本数据，当 $t\to\infty$ 时，每个状态动作对 $(\boldsymbol{x},u)$ 都可以被无限次访问到，并且状态动作对间的转移概率以概率 1 逼近其真实转移概率 $\boldsymbol{f}$。同时，每个状态动作对 $(\boldsymbol{x},u)$ 被访问到的概率以概率 1 趋近 $w(\boldsymbol{x},u)$，且 $w(\boldsymbol{x},u)>0$，满足遍历马尔可夫链的性质。因此，采用维数 $n=|\boldsymbol{X}|\times|U|$ 的线性无关的高斯径向基函数 $\boldsymbol{\phi}(\boldsymbol{x},u)(\boldsymbol{x}\in\boldsymbol{X},u\in U)$ 编码，并取折扣因子 $0\leqslant\gamma<1$，由定理 9.1 可知，BLSPI 算法收敛。

证毕。

9.3.2　复杂度分析

从计算的角度来看，直接由式(8.11)计算 $\boldsymbol{\theta}$ 需要完成矩阵求逆的运算，矩阵求逆时间复杂度是 $O(n^3)$（n 为径向基函数的维数）。对于情节式任务，设批量更新间隔为 k，样本数据重复利用次数为 d，一个更新间隔内收集到的样本数为 m，在采用 LSTD-Q 评估策略的 BLSPI 算法中，每个更新间隔要计算 d 次 $\boldsymbol{\theta}$，平均每个情节的时间复杂度为 $O\left(\dfrac{d}{k}n^3\right)$；在采用 LSPE-Q 评估策略的 BLSPI 算法中，处理每个样本

时都要更新$\boldsymbol{\theta}$，其时间复杂度为$O\left(m\frac{d}{k}n^3\right)$。通过 Sherman-Morrison 公式增量式计算求解$\boldsymbol{\theta}$，可消除矩阵求逆的过程，将每个情节的时间复杂度降低至$O\left(m\frac{d}{k}n^2\right)$，减小计算量。时间复杂度与$d$成正比，与$k$成反比。$d$越大，经验重复利用次数越多，越能更快学习到最优策略，计算量也越大。适量增大k的值可以减少策略更新的次数，从而在不减少样本数据的情况下减小计算量。Online LSPI 算法与采用LSTD-Q、LSPE-Q 评估策略的 BLSPI 算法的时间复杂度如表 9.1 所示。

表 9.1 Online LSPI 算法与采用 LSTD-Q、LSPE-Q 评估策略的 BLSPI 算法的时间复杂度

一个情节内的平均时间复杂度	Online LSPI	采用 LSTD-Q 评估策略	采用 LSPE-Q 评估策略
不使用 Sherman-Morrison 公式	$O(n^3)$	$O\left(\frac{d}{k}n^3\right)$	$O\left(m\frac{d}{k}n^3\right)$
使用 Sherman-Morrison 公式	$O(mn^2)$	$O\left(\frac{d}{k}n^2\right)$	$O\left(m\frac{d}{k}n^2\right)$

9.4 仿 真 实 验

9.4.1 实验描述

为了验证所提算法的性能，本章对平衡杆问题进行仿真实验。平衡杆问题如图 9.1 所示，在水平轨道上有一辆可左右移动的带有平衡杆的小车，平衡杆可绕轴在轨道平面内自由转动。实验目的是通过给小车施加不同的力使平衡杆在一定的角度范围（$[-\pi/2,\pi/2]$）内保持不倒。

图 9.1 平衡杆问题

参照文献[10]，建立实验的模型。系统的状态空间是连续的，由平衡杆与竖直方向的夹角χ和当前的角速度$\dot{\chi}$表示，且有$\chi\in[-\pi/2,\pi/2]\,\text{rad}$和$\dot{\chi}\in[-16\pi,16\pi]\,\text{rad/s}$。动作为施加在小车上的力，共有三种不同的动作：向左的力（−50N），向右的力（50N），不施加力（0N）。三个动作都是有噪声的，总是有[−10,10]上的均匀分布的扰动叠加在所选择的动作上，记小车实际受到的力为F，则系统的状态转移模型可由下式表示

$$\ddot{\chi}=\frac{g\sin(\chi)-\eta al(\dot{\chi})^2/2-\eta\cos(\chi)F}{4l/3-\eta al\cos^2(\chi)}$$

式中，g为重力加速度（$g=9.8\text{m/s}^2$）；a为平衡杆的质量（$a=2.0\text{kg}$）；b为小车的质量（$b=8.0\text{kg}$）；l为平衡杆的长度（$l=0.5\text{m}$）；η为常数（$\eta=1/(a+b)$）。系统仿真时间步为 0.1s。这是一个情节式任务，只要平衡杆与竖直方向的夹角的绝对值不超过

$\pi/2$，奖赏为 0，一旦超过 $\pi/2$，意味着一个情节的结束并得到–1 的奖赏。实验的折扣因子为 0.95。

9.4.2 实验设置

在本实验中，对每个动作采用一组 10 维(3 个动作共 30 维)的基函数去逼近值函数。这 10 个基函数包括一个常数和 9 个在二维状态空间上的高斯径向基函数。对状态 $\boldsymbol{x}(\chi,\dot{\chi})$ 和动作 u 来说，由于该状态对于不同于动作 u 的基函数为 0，所以，其对应动作 u 的基函数如下

$$\left(1, \mathrm{e}^{-\frac{\|\boldsymbol{x}-\boldsymbol{\mu}_1\|^2}{2\sigma^2}}, \mathrm{e}^{-\frac{\|\boldsymbol{x}-\boldsymbol{\mu}_2\|^2}{2\sigma^2}}, \mathrm{e}^{-\frac{\|\boldsymbol{x}-\boldsymbol{\mu}_3\|^2}{2\sigma^2}}, \cdots, \mathrm{e}^{-\frac{\|\boldsymbol{x}-\boldsymbol{\mu}_9\|^2}{2\sigma^2}}\right)^{\mathrm{T}}$$

式中，$\boldsymbol{\mu}_i(i=1,2,3,\cdots,9)$ 为二维状态空间上的网格点 $\{-\pi/4,0,+\pi/4\}\times\{-1,0,+1\}$；$\sigma$ 为方差。最小平衡步数设置为 3000，即仿真运行 3000 个时间步后平衡杆仍保持不倒，就认为本次仿真成功，并开始下一个情节。实验的最大情节数设置为 300，通过观察 300 个情节内平衡步数的变化来分析算法的性能。实验中行为策略为 ε-greedy，ε 取 0.005。

9.4.3 实验分析

使用 LSTD-Q 评估策略的不同参数下的 BLSPI 方法与 Online LSPI 方法的实验效果如图 9.2 所示。图中横轴表示实验的情节数，纵轴表示每个情节平衡杆的平衡次数。d 表示经验重复利用的次数，k 表示经过多少个情节后进行一次更新，如 BLSPI，$k=5$，$d=2$，表示每 5 个情节进行一次更新，每次更新经验重复利用 2 次。图 9.2(a)比较了在 $k=1$ 的情况下，BLSPI($d=2$)、BLSPI($d=5$)和 Online LSPI 的实验效果，实验数据为运行 10 次后的平均结果。从图中可以看出，Online LSPI 方法在前 200 多个情节内的平衡步数一直处于较低的水平，初始性能较差，直到大约 230 个情节后才有所改善。而 BLSPI 方法的平衡步数明显高出 Online LSPI 方法，并且 d 越大，效果越明显。这是经验被多次重复利用的结果，d 越大，经验重复利用次数越多，越能更快学习到最优策略，但计算量也越大。适量增大 k 的值可以减少策略更新的次数，从而在不减少样本数据的情况下减小计算量。图 9.2(b)给出了 $k=5$ 的情况下的实验效果图，可以看出 BLSPI 方法依然有很好的效果，只是初始性能略低于 $k=1$ 的情况，但增长速度更快，并略早于 $k=1$ 的情况先到达最优。然而，继续增大 k，实验效果会慢慢变差，如图 9.2(c)所示。可见，应当选择合适的参数以确保在合适的计算量下得到较好的实验效果。

表 9.2 给出了使用 LSTD-Q 评估策略的不同参数下的 BLSPI 方法与 Online LSPI 方法在前 p($p=50, 100, 150, 200, 250, 300$)个情节内的平衡步数。表中数据表明，Online LSPI 方法在前 200 个情节内平衡步数一直低于 50 步，在 300 个情节内最终

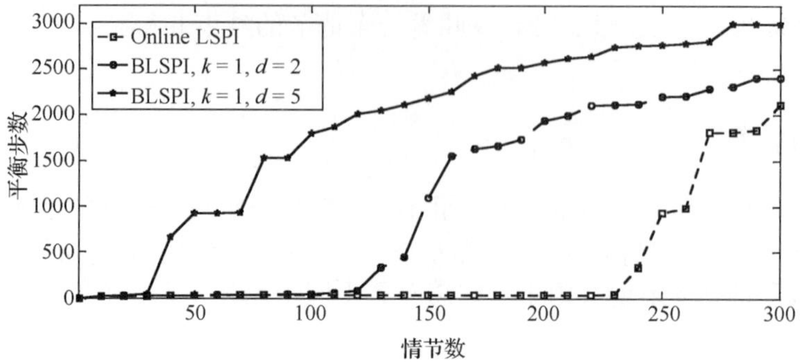

(a) $k = 1$

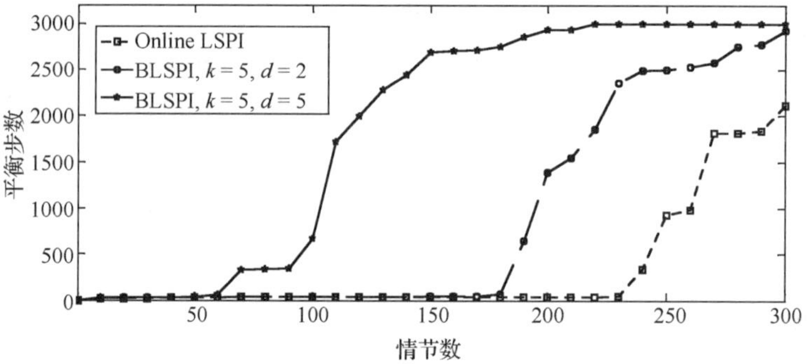

(b) $k = 5$

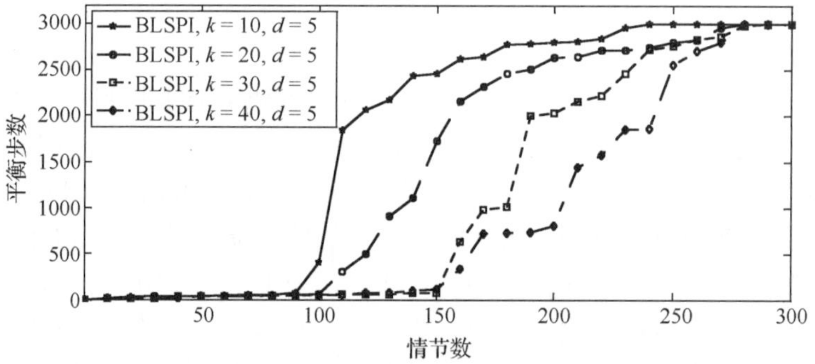

(c) $k > 5$

图 9.2　使用 LSTD-Q 评估策略的不同参数下的 BLSPI 方法与 Online LSPI 方法的性能比较

达到 2112 个时间步，而在 $d = 5$ 的 BLSPI 方法中平衡步数在几十个情节内就上升到数百步，并最终在 300 个情节内达到了 3000 步平衡。可见，重复利用以前的经验可以明显改善算法的初始性能、改进算法的收敛速度。当 $k > 5$ 时，随着 k 的增大，计算量越来越小，平衡步数也越来越小，但仍能在 300 个情节内达到 3000 步平衡。

表 9.2　使用 LSTD-Q 评估策略的不同参数下的 BLSPI 方法与 Online LSPI 方法的平均平衡步数

情节数	50	100	150	200	250	300
Online LSPI	27	35	36	37	928	2112
BLSPI, $k=1, d=2$	30	45	1096	1934	2199	2407
BLSPI, $k=1, d=5$	921	1800	2187	2576	2771	3000
BLSPI, $k=5, d=2$	30	34	40	1386	2501	2930
BLSPI, $k=5, d=5$	39	671	2688	2932	3000	3000
BLSPI, $k=10, d=5$	37	401	2463	2803	3000	3000
BLSPI, $k=20, d=5$	37	56	1726	2632	2801	3000
BLSPI, $k=30, d=5$	36	49	75	2032	2761	3000
BLSPI, $k=40, d=5$	34	51	114	813	2555	3000

使用 LSPE-Q 评估策略的不同参数下的 BLSPI 方法与 Online LSPI 方法的实验效果如图 9.3 所示。取步长参数 $\alpha=0.03$。图 9.3(a)比较了在 $k=1$ 的情况下，BLSPI ($d=2$)、BLSPI($d=5$)和 Online LSPI 的实验效果，实验数据为运行 10 次后的平均结果。从图中可以看出，与使用 LSTD-Q 评估策略的 BLSPI 方法的实验结果类似，使用 LSPE-Q 评估策略的 Online LSPI 方法在前近 200 个情节内的平衡步数一直处于较低的水平，初始性能较差，直到大约 180 个情节后才有所改善。BLSPI 方法的平衡步数明显高出 Online LSPI 方法，并且 d 越大，效果越明显。这也是经验被多次重复利用的结果，d 越大，经验重复利用次数越多，策略改进的次数也越多，越能更快学习到最优策略，但计算量也越大。适量增大 k 的值可以减少策略更新的次数，从而在不减少样本数据数量的情况下减小计算量。图 9.3(b)给出了 $k=5$ 的情况下的实验效果图，从图中可以看出 BLSPI 方法依然有很好的效果，只是初始性能略低于 $k=1$ 的情况，但增长速度更快，并早于 $k=1$ 的情况先到达最优。然而，继续增大 k，实验效果会慢慢变差，如图 9.3(c)所示。可见，应当选择合适的参数以确保在合适的计算量下得到较好的实验效果。

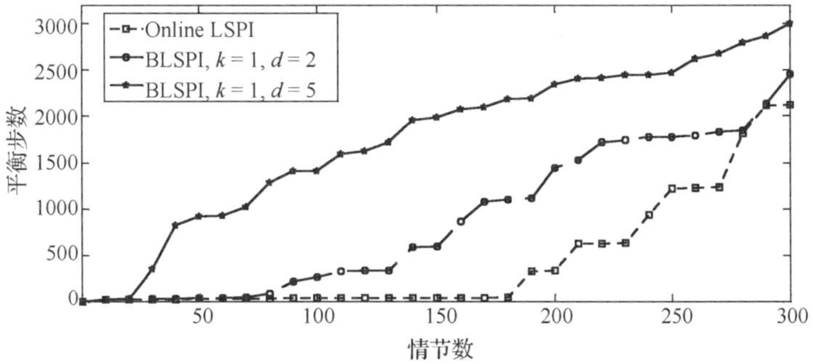

(a) $k=1$

图 9.3　使用 LSPE-Q 评估策略的不同参数下的 BLSPI 方法与 Online LSPI 方法的性能比较

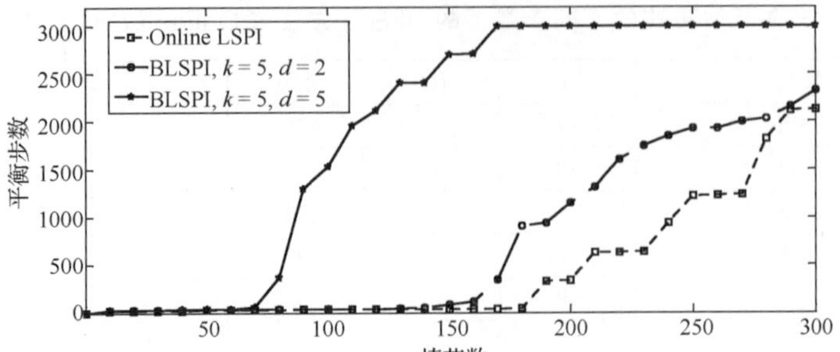

(b) $k = 5$

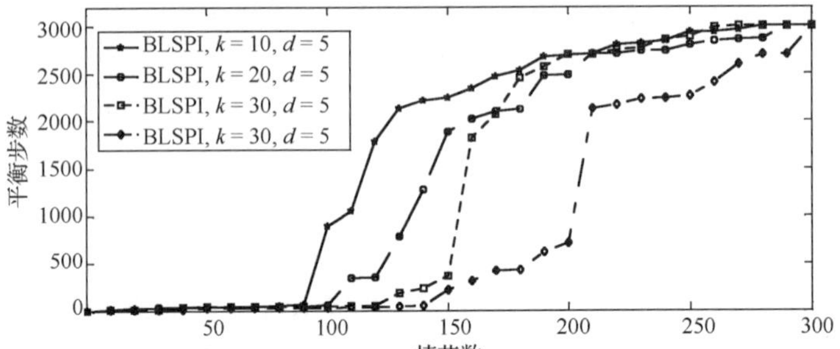

(c) $k > 5$

图 9.3　使用 LSPE-Q 评估策略的不同参数下的 BLSPI 方法与 Online LSPI 方法的性能比较(续)

表 9.3 给出了使用 LSPE-Q 评估策略的不同参数下的 BLSPI 方法与 Online LSPI 方法在前 p($p = 50$, 100, 150, 200, 250, 300)个情节内的平衡步数。表中数据表明，Online LSPI 方法在前 150 个情节内平衡步数一直低于 50 步，在 300 个情节内最终达到 2112 个时间步，而在 $d = 5$ 的 BLSPI 方法中平衡步数在几十个情节内就上升到数百步，并最终在 300 个情节内达到了 3000 步平衡。可见，重复利用以前的经验可以明显改善算法的初始性能、改进算法的收敛速度。当 $k > 5$ 时，随着 k 的增大，计算量越来越小，平衡步数也越来越小，但仍能在 300 个情节内达到 3000 步平衡。

表 9.3　使用 LSPE-Q 评估策略的不同参数下的 BLSPI 方法与 Online LSPI 方法的平均平衡步数

情节数	50	100	150	200	250	300
Online LSPI	28	33	35	332	1223	2124
BLSPI, $k = 1$, $d = 2$	35	265	593	1442	1773	2451
BLSPI, $k = 1$, $d = 5$	922	1413	1986	2342	2467	3000
BLSPI, $k = 5$, $d = 2$	30	36	82	1148	1922	2317
BLSPI, $k = 5$, $d = 5$	34	1532	2701	3000	3000	3000
BLSPI, $k = 10$, $d = 5$	33	897	2248	2690	2936	3000
BLSPI, $k = 20$, $d = 5$	36	61	1887	2486	2801	3000
BLSPI, $k = 30$, $d = 5$	42	47	364	2701	2887	3000
BLSPI, $k = 40$, $d = 5$	25	31	214	718	2266	3000

BLSPI 算法与 Online LSPI、离线最小二乘策略迭代(Offline LSPI)、批量时间差分(Batch TD)算法的性能比较如图 9.4 所示，所有批量算法每 5 个情节更新一次，样本重复利用 5 次，步长参数 $\alpha = 0.005$。Batch TD 算法在 300 个情节内的平衡步数一直维持在几十步左右，远低于其他最小二乘方法，这是由于最小二乘方法将样本数据累加到矩阵中，对样本数据的利用更加充分。Online LSPI 算法对样本只使用一次，初始性能较差，但在大约 230 个情节后平衡步数开始较快地增长，而 Offline LSPI 算法初始性能较好，因为其重复利用当前所有样本直至策略稳定，样本利用次数最多，然而离线算法样本需要事先采集，并且无法在线补充新的更好的样本，后期增长速度缓慢。BLSPI 算法在线采集样本，并多次重复利用样本数据，在保证了一定的初始性能的条件下，能更快地收敛到最优策略，达到 3000 步平衡。

定义策略参数 $\boldsymbol{\theta}$ 的 MSE 为

$$\mathrm{MSE}(\boldsymbol{\theta})=\sum_{i=1}^{N}(\boldsymbol{\theta}(i)-\boldsymbol{\theta}^*(i))^2$$

式中，$\boldsymbol{\theta}^*$ 为最优策略参数；N 为 $\boldsymbol{\theta}$ 的维数，则 MSE 表示当前策略与最优策略的距离，MSE 越小，距离越近，策略的精确度越高。BLSPI 算法与 Online LSPI、Offline LSPI、Batch TD 算法的 MSE 如图 9.5 所示，Batch TD 算法在 300 个情节内无法找到较好的策略，MSE 较大，策略的精确度较低。Online LSPI 算法能较明显地改进策略精度，但改进速度缓慢，Offline LSPI 算法开始改进速度很快，但大约 120 个情节后趋于平缓，未能在 300 个情节内找到最优策略。BLSPI 算法在 200 个情节后基本找到了最优策略，并维持较高的策略精度，可见，BLSPI 算法能在相同的情节数下提高策略精确度，尽早找到最优策略，提高经验利用率，加快收敛速度。

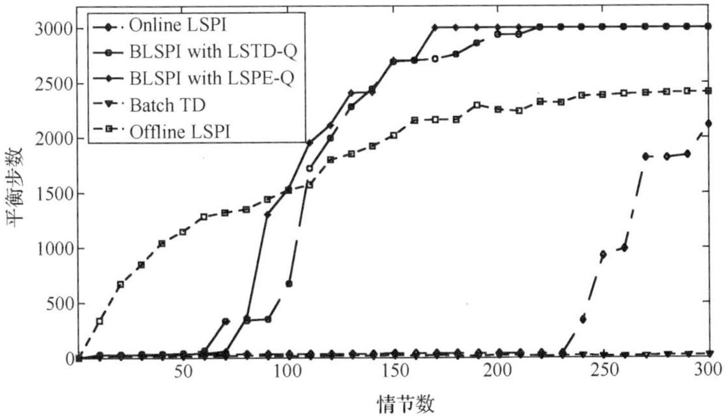

图 9.4　不同算法的平衡步数比较

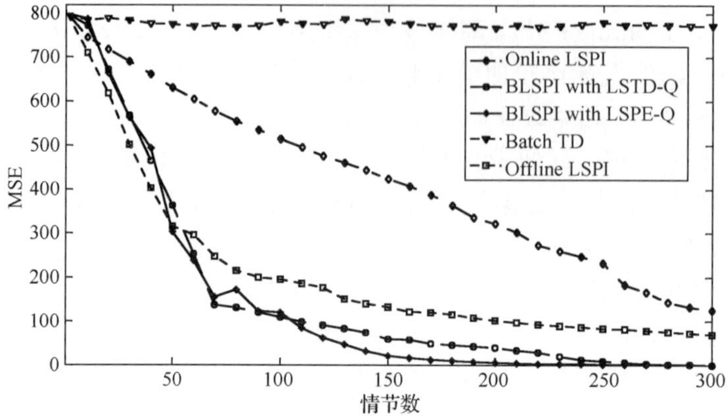

图 9.5 不同算法的 MSE 比较

9.5 本章小结

传统的在线最小二乘策略迭代方法对在线生成的样本仅利用一次，用完后就丢弃，其经验利用率低、收敛速度慢。本章将批量更新方法与在线最小二乘策略迭代方法相结合，提出了一种批量最小二乘策略迭代算法。该算法以四元组 $(\boldsymbol{x},u,r,\boldsymbol{x}')$ 的形式保存在线生成的样本数据，并多次重复利用这批样本。重复利用的过程中，尽管都用的是同一批四元组形式的样本 $(\boldsymbol{x},u,r,\boldsymbol{x}')$，但更新策略参数用的是五元组 $(\boldsymbol{x},u,r,\boldsymbol{x}',h(\boldsymbol{x}'))$，而每次更新用的策略 h 并不相同，因此同一个样本可以用来多次更新策略参数，提高了经验利用率。使用 LSTD-Q 评估策略的 BLSPI 算法在处理完一批样本后才更新策略参数，性能较稳定；而采用 LSPE-Q 评估策略的 BLSPI 算法每处理一个样本都更新策略参数，并且依赖于上一轮的评估结果，是一个增量式算法，通过给定较好的初始值并逐步调整步长参数也可以取得较好的性能。由于求解策略参数需要进行矩阵求逆运算，其时间复杂度较高、计算量较大，在算法中应用了 Sherman-Morrison 公式，消去了矩阵求逆运算，降低了时间复杂度，减少了计算量。平衡杆实验表明，重复利用以前的经验，可以提高经验利用率，加快收敛速度，并且重复次数越多，效果越明显，但计算量也越大，适量增大批量更新间隔可以在保证一定算法性能的基础上降低计算量，因此应根据具体情况选择合适的算法参数。

参 考 文 献

[1] Lagoudakis M, Parr R, Littman M. Least-Squares Methods in Reinforcement Learning for Control. Berlin: Springer, 2002.

[2] Li L, Littman M, Mansley C. Online exploration in least-squares policy iteration. The 8th International Conference on Autonomous Agents and Multiagent Systems-Volume 2, Budapest, 2009.

[3] Busoniu L, Ernst D, de Schutter B, et al. Online least-squares policy iteration for reinforcement learning control. The 2010 American Control Conference, Baltimore, 2010.

[4] Tagorti M, Scherer B. On the rate of the convergence and error bounds for LSTD(λ). The 33rd International Conference on Machine Learning, Lille, 2015.

[5] 周鑫, 刘全, 傅启明, 等. 一种批量最小二乘策略迭代方法. 计算机科学, 2014, 9(41): 232-238.

[6] Ernst D, Geurts P, Wehenkel L. Tree-based batch mode reinforcement learning. Journal of Machine Learning Research, 2005: 503-556.

[7] Kalyanakrishnan S, Stone P. Batch reinforcement learning in a complex domain. The 6th International Joint Conference on Autonomous Agents and Multiagent Systems, New York, 2007.

[8] Lange S, Gabel T, Riedmiller M. Batch Reinforcement Learning. Reinforcement Learning. Berlin: Springer, 2012.

[9] Lazaric A, Restelli M, Bonarini A. Transfer of samples in batch reinforcement learning. The 25th International Conference on Machine Learning, Helsinki, 2008.

[10] Sutton R, Barto G A. Reinforcement Learning. Cambridge: MIT Press, 1998.

[11] Adam S, Busoniu L, Babuska R. Experience replay for real-time reinforcement learning control. IEEE Transactions on Systems, Man, and Cybernetics, Part C: Applications and Reviews, 2012, 42(2): 201-212.

第 10 章　自动批量最小二乘策略迭代算法

BSLPI 是一种迭代地评估和改进控制策略的强化学习方法[1]，其评估策略的方法有基于 Q-值函数的最小二乘时间差分(Least-Squares Policy Iteration for Q-Functions, LSTD-Q)[2-4]和基于 Q-值函数的最小二乘策略评估(Least-Squares Policy Evaluation for Q-Functions, LSPE-Q)[5-7]。LSPE-Q 采用增量式更新方法，每个时间步都以一定的步长参数更新策略参数。其步长参数一般是事先固定好的常量[8-10]，无法根据具体的环境情况变化，缺乏自动性。本章结合定点步长参数评估方法，根据当前环境动态调整步长参数，提出一种高效的自动批量最小二乘策略迭代(Autonomous Batch Least-Squares Policy Iteration, ABLSPI)算法。将 ABLSPI 算法用于平衡杆实验平台，实验结果表明，该算法可以自动调整步长参数，自动依据当前收集到的样本和当前策略计算出合适的策略参数，使学习过程高效稳定。

10.1　定点步长参数评估方法

LSPE-Q 算法每产生一个样本后都会更新策略参数，是一个增量式算法，每个增量都会乘以一个步长参数，以调整策略参数。好的步长参数可以加快策略的改进速度，从而提高算法的收敛速度。文献[11]和文献[12]提出了几种确定步长参数的方法，但都需要参数并且与具体的问题相关，缺乏自动性。Wawrzynski 等提出的定点步长参数评估方法解决了上述难题，自动依据当前收集到的样本和当前策略计算出合适的策略参数，使学习过程高效稳定。策略参数的更新如式(10.1)所示

$$\boldsymbol{\theta}_{t+1}=\boldsymbol{\theta}_t-\alpha_t g(\boldsymbol{\theta}_t,\xi_t) \tag{10.1}$$

式中，α_t 为随时间变化的步长参数；ξ_t 是当前时间步 t 收集到的样本；g 是与当前样本和策略相关的一个函数。

定义从时间步 t 到 $t+\tau$（τ 为正整数）的 g 函数之和 $G_{t,\tau}$ 与 $G^*_{t,\tau}$ 如式(10.2)所示

$$G_{t,\tau}=\sum_{i=0}^{\tau-1}g(\boldsymbol{\theta}_{t+i},\xi_{t+i}),\quad G^*_{t,\tau}=\sum_{i=0}^{\tau-1}g(\boldsymbol{\theta}_t,\xi_{t+i}) \tag{10.2}$$

$\boldsymbol{\theta}$ 的更新过程被分为多个阶段，在每个阶段中 α_t 保持不变，在每个阶段结尾依据 $G^*_{t,\tau}$ 和 $G_{t,\tau}$ 的差值调整 α_t。如果差值太小，α_t 应该调大，反之，如果差值太大，α_t 应该调小。

定义 $\boldsymbol{G}$ 在 $\boldsymbol{G}^*$ 上的投影 $\mathrm{proj}(\boldsymbol{G},\boldsymbol{G}^*)$ 为

$$\mathrm{proj}(\boldsymbol{G},\boldsymbol{G}^*)=\boldsymbol{G}^*\boldsymbol{G}^{\mathrm{T}}\boldsymbol{G}^*/(\|\boldsymbol{G}^*\|^2+\varsigma) \tag{10.3}$$

式中，ς 为一个正的比较小的数，以确保式(10.3)的除数不为 0。

给定阶段长度 τ 和常数 $\beta_0 \cong 0.15$，差值为

$$\beta_0\|G_{t,\tau}^*\|^2-\|G_{t,\tau}^*-\mathrm{proj}(G_{t,\tau},G_{t,\tau}^*)\|^2 \tag{10.4}$$

如果差值为 0，则步长参数 α_t 已是最优；如果差值大于 0，则步长参数 α_t 小于最优，应该调大；如果小于 0，则步长参数 α_t 大于最优，应该调小。

定点步长参数评估算法如算法 10.1 所示。第(6)～(8)行为算法的初始化，第(9)～(12)行为评估器 L/M 和 L'/M' 的更新，评估器为两个数的比值。第(13)～(16)行为 $G_{t,\tau}$、$\boldsymbol{\theta}_{t+\tau}$、$G_{t,\tau}^*$ 和最值 $\rho=\max\{\rho,\|G_{t,\tau+1}^*\|^2\}$ 的更新，第(19)行检查算法的稳定性。第(21)行检查当前阶段是否完成，以避免陷入局部最小值。如果 $\tau\geqslant(L/M)/(L'/M')$ 或 $\tau\geqslant 3\tau'/2$ 表示当前阶段已完成，其中 τ' 为上一阶段的持续时间。第(24)行为步长参数的更新，其增量与变量 $\bar{\rho}$ 相关，$\bar{\rho}$ 表示之前的 $\|G_{t,\tau}^*\|^2/(1-\beta_1)$ 的最大值。第(26)、(27)行表示先前样本的权重逐渐减小。

算法 10.1　定点步长参数评估算法 $\beta_1=0.9$，$\beta_2=0.5$，$\kappa_0=10$，$\alpha=1$

(1) FP_INITIALIZE($\boldsymbol{\theta}_0$)

(2) repeat

(3) 　获取 $\xi_{t+\tau}$

(4) 　FP_LOOP($g(\boldsymbol{\theta}_t,\xi_{t+\tau}),g(\boldsymbol{\theta}_{t+\tau},\xi_{t+\tau})$)

(5) until 满足设定的终止条件

FP_INITIALIZE($\boldsymbol{\theta}_0$)

(6) 设置 $t=\tau=0$，$\kappa=1$，$L=L'=M=M'=0$

(7) 设置 $G_{0,0}=G_{0,0}^*=0$，$\rho=\bar{\rho}=0$，$\tau'=+\infty$

(8) 初始化 $\boldsymbol{\theta}_0$ 和 α

FP_LOOP($g(\boldsymbol{\theta}_t,\xi_{t+\tau}),g(\boldsymbol{\theta}_{t+\tau},\xi_{t+\tau})$)

(9) $L=L+\|g(\boldsymbol{\theta}_t,\xi_{t+\tau})\|^2$

(10) $M=M+1$

(11) $L'=\max\{L'+g(\boldsymbol{\theta}_t,\xi_{t+\tau})^{\mathrm{T}}G_{t+\tau}^*,0\}$

(12) $M'=M+\tau$

(13) $G_{t,\tau+1}=G_{t,\tau}+g(\boldsymbol{\theta}_{t+\tau},\xi_{t+\tau})$

(14) $\boldsymbol{\theta}_{t+\tau+1}=\boldsymbol{\theta}_{t+\tau}-\alpha g(\boldsymbol{\theta}_{t+\tau},\xi_{t+\tau})$

(15) $G_{t,\tau+1}^*=G_{t,\tau}^*+g(\boldsymbol{\theta}_t,\xi_{t+\tau})$

(16) $\rho=\max\{\rho,\|G_{t,\tau+1}^*\|^2\}$

(17) $\tau=\tau+1$

(18) newperiod = false

(19) if $\| G_{t,\tau} - G^*_{t+\tau} \|^2 > \rho \vee (\kappa < \kappa_0 \wedge \| G_{t,\tau} - G^*_{t+\tau} \|^2 > 0.3\rho)$

(20) 　$\alpha = \alpha / 2$, newperiod = true

(21) end if

(22) if $\neg$newperiod $\wedge\, \tau \geqslant 3 \wedge L' > 0 \wedge \tau \geqslant \min\{(L/M)/(L'/M'), 3\tau'/2\}$

(23) 　if $\kappa > \kappa_0$

(24) 　　$\bar{\rho} = \max\{\bar{\rho}, \beta_0 \| G^*_{t,\tau} \|^2, \| \mathrm{proj}(G_{t,\tau}, G^*_{t,\tau}) - G^*_{t,\tau} \|^2\}$

(25) 　　$\alpha = \alpha \exp((\beta_0 \| G^*_{t,\tau} \|^2 - \| \mathrm{proj}(G_{t,\tau}, G^*_{t,\tau}) - G^*_{t,\tau} \|^2) / \bar{\rho})$

(26) 　　$\bar{\rho} = \max\{\beta_1 \bar{\rho}, (L/M)\tau / (1-\beta_1)\}$

(27) 　　$L = \beta_1 L$, $M = \beta_1 M$

(28) 　　$L' = \beta_2 L'$, $M' = \beta_2 M'$

(29) 　　$\tau' = \tau$

(30) 　end if

(31) 　$t = t + \tau$

(32) 　$\kappa = \kappa + 1$

(33) 　newperiod = true

(34) end if

(35) if newperiod = true

(36) 　$\tau = 0$, $G_{t,0} = G^*_{t,0} = 0$, $\rho = \rho / 2$

(37) end if

10.2　自动批量最小二乘策略迭代算法

在采用 LSPE-Q 评估策略的 BLSPI 算法中，策略参数 $\boldsymbol{\theta}$ 的更新受步长参数 α 的影响，这里结合定点步长参数评估方法自动调整步长参数 α，提出一种 ABLSPI 算法。ξ 为样本数据四元组 $(\boldsymbol{x}, u, r, \boldsymbol{x}')$，$g(\boldsymbol{\theta}, \xi)$ 为用当前样本数据和策略参数由式(8.12)计算出来的 $-(\boldsymbol{\theta}_t^+ - \boldsymbol{\theta}_{t-1})$，$g(\boldsymbol{\theta}^*, \xi)$ 为用当前样本数据和策略参数 $\boldsymbol{\theta}^*$（$\boldsymbol{\theta}^*$ 为上一轮策略改进结束时的策略参数）计算出来的 $-(\boldsymbol{\theta}^* - \boldsymbol{\theta}_{t-1})$。完整的 ABLSPI 算法如算法 10.2 所示。在算法第(2)行，初始化定点步长参数评估方法的各项参数，在算法第(17)行，通过传入参数 ξ 和 $\boldsymbol{\theta}$ 调用算法 10.1 调整步长参数 α。

算法 10.2　ABLSPI 算法

(1) $\boldsymbol{B} = \beta_\Gamma \boldsymbol{I}$（$\beta_\Gamma$ 为一个较小的常数，$\boldsymbol{I}$ 为单位矩阵），$\boldsymbol{z} = 0$，$n_s = 0$（n_s 为当前样本数），$i = 0$（i 为计数器）

(2) FP_INITIALIZE($\boldsymbol{\theta}_0$)

(3) repeat

(4)　在当前状态 $\boldsymbol{x}_t$ 下，根据一定策略（如 ε-greedy）选择动作 u_t $(t=0,1,2,3,\cdots)$

(5)　执行动作 u_t，保存样本数据（$\boldsymbol{x}_t,u_t,r_t,\boldsymbol{x}_t'$）

(6)　t=t+1，$n_s=n_s+1$

(7)　更新当前状态 $\boldsymbol{x}_t=\boldsymbol{x}_{t-1}'$

(8)　if $\boldsymbol{x}_t$ 是第 k 个情节的终止状态（情节式任务）或 n_s 等于规定的批量更新标准 T 的整数倍（连续式任务）

(9)　　repeat

(10)　　　$h(\boldsymbol{x})=\arg\max_u \boldsymbol{\phi}^{\mathrm{T}}(\boldsymbol{x},u)\boldsymbol{\theta}_t,\forall \boldsymbol{x}$

(11)　　　$t=0$

(12)　　　repeat

(13)　　　　$\boldsymbol{B}_{t+1}=\left(\boldsymbol{B}_t-\dfrac{\boldsymbol{B}_t\boldsymbol{\phi}(\boldsymbol{x}_t,u_t)\boldsymbol{\phi}^{\mathrm{T}}(\boldsymbol{x}_t,u_t)\boldsymbol{B}_t}{1+\boldsymbol{\phi}^{\mathrm{T}}(\boldsymbol{x}_t,u_t)\boldsymbol{B}_t\boldsymbol{\phi}(\boldsymbol{x}_t,u_t)}\right)$

(14)　　　　$\boldsymbol{\Lambda}_{t+1}=\boldsymbol{\Lambda}_t+\boldsymbol{\phi}(\boldsymbol{x}_t,u_t)\boldsymbol{\phi}^{\mathrm{T}}(\boldsymbol{x}_t,h(\boldsymbol{x}_t))$

(15)　　　　$z_{t+1}=z_t+\boldsymbol{\phi}(\boldsymbol{x}_t,u_t)r_t$

(16)　　　　$\boldsymbol{\theta}_{t+1}^{+}=((t+1)\boldsymbol{B}_{t+1})\left(\gamma\dfrac{1}{t+1}\boldsymbol{\Lambda}_{t+1}\boldsymbol{\theta}_t+\dfrac{1}{t+1}z_{t+1}\right)$

(17)　　　　$\boldsymbol{\theta}_{t+1}=\boldsymbol{\theta}_t+\alpha(\boldsymbol{\theta}_{t+1}^{+}-\boldsymbol{\theta}_t)$

(18)　　　　FP_LOOP$(g(\boldsymbol{\theta}_0,\xi_{t+1}),g(\boldsymbol{\theta}_{t+1},\xi_{t+1}))$

(19)　　　　t=t+1

(20)　　　until $t=n_s$

(21)　　　$i=i+1$

(22)　　until $i=d$

(23)　　设置当前状态为 $\boldsymbol{x}_{t-1}$（连续式任务），t=0，n_s=0，$i=0$

(24)　end if

(25) until 满足设定的终止条件

10.3　仿真实验

10.3.1　实验描述

仍以图 9.1 所示的平衡杆实验为例，实验描述和设置与 9.4.1 节和 9.4.2 节相同。

10.3.2　实验分析

ABLSPI 算法的实验效果如图 10.1～图 10.5 所示。图中横轴表示实验的情节数，纵轴表示每个情节平衡杆的平衡步数。d 表示经验重复利用的次数，k 表示经过多少个情节后进行一次更新。图 10.1 比较了 $k=1, d=1$ 的情况，步长参数 α 分别取 0.005、0.01、0.05、0.1、0.5 或使用定点步长参数评估方法自动调整，实验数据为运行 10 次后的平均结果。从图中可以看出，在 α 固定的情况下，当 $\alpha=0.5$ 时，算法的平衡步数最先开始快速增长，在大约 200 个情节后，平衡步数由几十步迅速增长到近 500 步，但增长速度缓慢，最终在 300 个情节内平衡步数不超过 1200；当 $\alpha=0.05$ 时，尽管算法初始增长速度较慢，但在大约 260 个情节后开始快速增长，并在 300 个情节内最终达到了大约 1700 步平衡。在自动调整步长参数的情况下，算法的平衡步数在 100 个情节后就开始较快地增长，并保持较快的增长速度，最终在 300 个情节内达到了 1700 步左右平衡。可见，自动调整步长参数可以有效提升算法的性能。

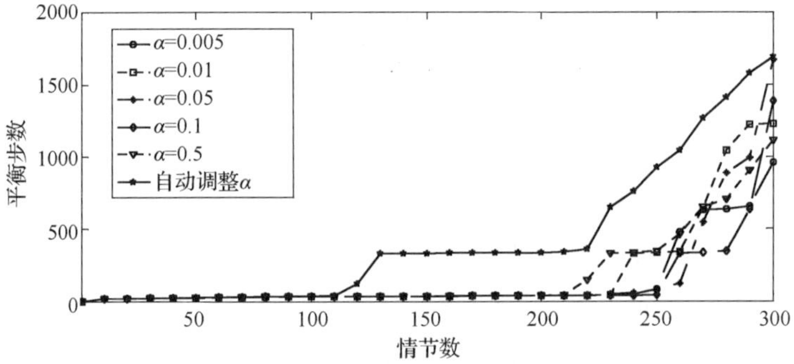

图 10.1　不同步长参数下的平衡步数比较（$k=1$，$d=1$）

图 10.2 给出了 $k=1$，$d=2$ 的情况，由于经验复用，当 α=0.1 或 α=0.5 时，在 100 个情节内平衡步数明显上升，其余参数下也在 150 个情节内陆续上升。但在自动调整步长参数的情况下，其平衡步数明显高于其他固定参数，在 50 个情节后稳步上升，最终达到了近 2800 步平衡。

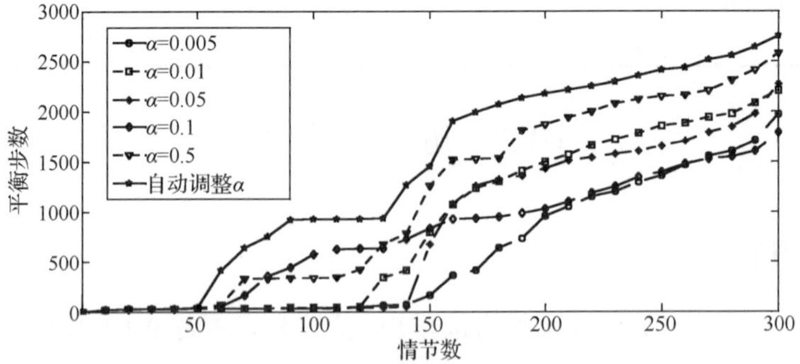

图 10.2　不同步长参数下的平衡步数比较（$k=1$，$d=2$）

图 10.3 给出了 $k=1$，$d=5$ 的情况，由于经验复用次数的增多，α 在各种取值

下均在 50 个情节内实现了平衡步数的快速增长，并最终接近 3000 步平衡。在 $\alpha = 0.005$ 时，在 300 个情节内其平衡步数最终达到了 3000，但其整体趋势仍低于自动调整步长参数的情况，后者在大约 290 个情节后就达到了 3000 步平衡，快于 α 固定的情况。

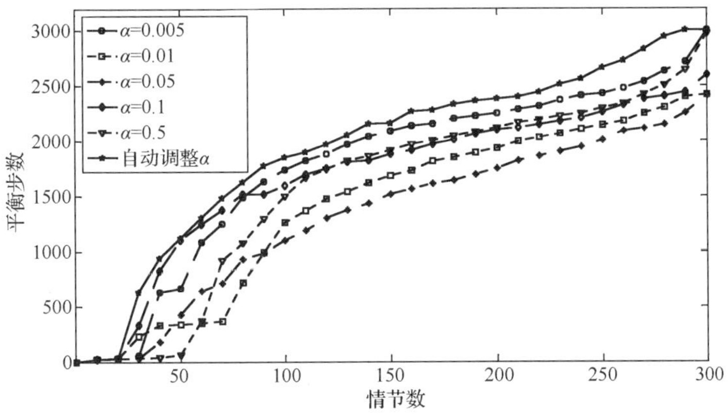

图 10.3　不同步长参数下的平衡步数比较($k=1$，$d=5$)

图 10.4 给出了 $k = 5$，$d = 2$ 的情况，在前 150 个情节内，各种 α 取值的平衡步数差距不是很大，在 150 个情节后，可以看出，并不是步长参数选得越大或越小实验效果越好，而是应该根据实际情况动态调整，自动调整步长参数的平衡步数最高，并达到了 3000 步平衡。

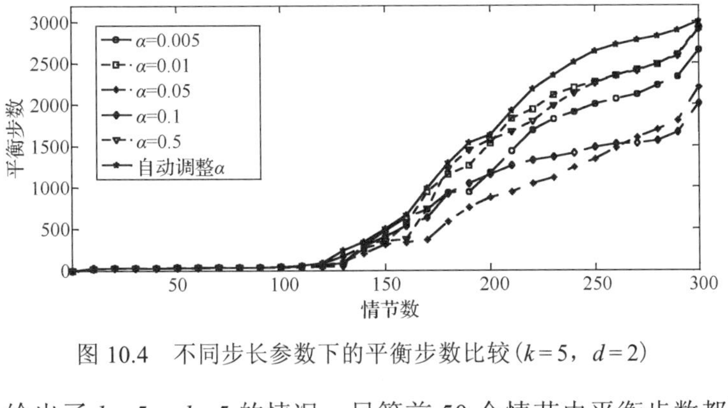

图 10.4　不同步长参数下的平衡步数比较($k=5$，$d=2$)

图 10.5 给出了 $k=5$，$d=5$ 的情况。尽管前 50 个情节内平衡步数都比较低，但在 50 个情节后，平衡步数迅速增长，并都达到了 3000 步平衡。自动调整步长参数时增长最快，在大约 170 个情节内就达到了 3000 步平衡。可见，在图 10.1～图 10.5 中，ABLSPI 算法的性能均为最佳，自动调整步长参数可以加快学习速度，提高学习过程的稳定性。

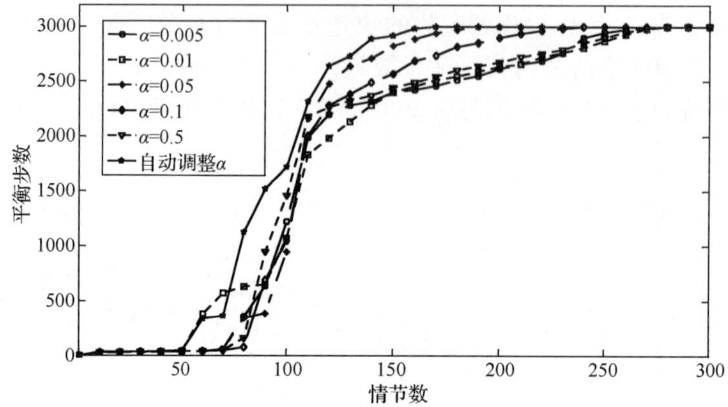

图 10.5　不同步长参数下的平衡步数比较($k=5$，$d=5$)

表 10.1～表 10.5 给出了 ABLSPI 算法在前 p(p = 50, 100, 150, 200, 250, 300)个情节内的平衡步数。表 10.1 比较了 $k=1$，$d=1$ 的情况，步长参数 α 分别取 0.005、0.01、0.05、0.1、0.5 或使用定点步长参数评估方法自动调整。从表中数据可以看出，在 150 个情节后，α 固定的情况下，其平衡步数均不到 40 步，使用定点步长参数评估方法自动调整 α 时，其平衡步数达到了 330 步，远高于 α 固定的情况。

表 10.1　不同步长参数下的平衡步数比较($k=1$，$d=1$)

情节数	50	100	150	200	250	300
α=0.005	24	31	34	37	83	959
α=0.01	24	32	34	36	335	1223
α=0.05	26	32	34	38	77	1674
α=0.1	24	32	34	36	43	1383
α=0.5	26	32	35	38	346	1114
自动调整 α	26	36	330	335	926	1690

随着 d 的增大,平衡步数呈增大的趋势,如表 10.2 所示,在第 100 个情节,$\alpha=0.5$ 时，平衡步数为 333，$\alpha=0.1$ 时为 572，而自动调整步长参数 α 时达到了 924，在第 150、200、250、300 个情节时，自动调整 α 的平衡步数基本都大于 α 固定的情况。

表 10.2　不同步长参数下的平衡步数比较($k=1$，$d=2$)

情节数	50	100	150	200	250	300
α=0.005	30	36	161	957	1361	1971
α=0.01	30	38	796	1500	1859	2210
α=0.05	31	34	677	1430	1657	2278
α=0.1	32	572	834	1025	1399	1795
α=0.5	34	333	1259	1872	2150	2578
自动调整 α	42	924	1454	2179	2409	2754

表 10.3 给出了 $k=1, d=5$ 的情况，在第 50 个情节，除了 $\alpha=0.5$ 时的平衡步数只有 60 步，其余情况下均已达到了较高的水平，在 100 个情节后，平衡步数均突破了 1000，其中，自动调整步长参数 α 时的平衡步数最大，并在 300 个情节内达到了 3000 步平衡。

表 10.3　不同步长参数下的平衡步数比较($k=1$，$d=5$)

情节数	50	100	150	200	250	300
α=0.005	666	1734	2087	2252	2428	3000
α=0.01	335	1259	1683	1935	2144	2416
α=0.05	423	1101	1520	1750	2006	2409
α=0.1	1101	1597	1881	2101	2261	2598
α=0.5	60	1497	1918	2120	2295	2971
自动调整 α	1118	1850	2163	2380	2660	3000

表 10.4 给出了 $k=5$，$d=2$ 的情况，尽管在前 100 个情节内平衡步数均在 100 以下，但其增长速度较快，均在 300 个情节内达到了 3000 步平衡。在第 150、200 个情节，自动调整步长参数 α 时的平衡步数略大于固定 α 的最大值，但在第 250 个情节，自动调整 α 时的平衡步数达到了 2642，比固定 α 时的最好值 2253 大了近 400 步。

表 10.4　不同步长参数下的平衡步数比较($k=5$，$d=2$)

情节数	50	100	150	200	250	300
α=0.005	31	41	473	1173	1999	3000
α=0.01	33	42	337	1532	2271	3000
α=0.05	30	39	309	877	1342	3000
α=0.1	32	42	404	1155	1482	3000
α=0.5	33	38	347	1569	2253	3000
自动调整 α	31	46	500	1628	2642	3000

表 10.5 给出了 $k=5$，$d=5$ 的情况，在 200 个情节内，α=0.05 时的平衡步数已达到 3000，其余固定 α 的情况下也均达到了 2600 以上，自动调整步长参数 α 时的平衡步数仍是最大的，其在 150 个情节内就已达到了 2915 步平衡。综合表 10.1～表 10.5 中的数据可见，自动调整步长参数可以有效提升算法的性能，应该根据实际情况动态调整。

表 10.5　不同步长参数下的平衡步数比较($k=5$，$d=5$)

情节数	50	100	150	200	250	300
α=0.005	36	1220	2398	2615	2948	3000
α=0.01	40	1067	2398	2632	2871	3000

续表

情节数	50	100	150	200	250	300
α=0.05	39	944	2824	3000	3000	3000
α=0.1	36	1047	2568	2899	3000	3000
α=0.5	36	1458	2439	2676	2901	3000
自动调整 α	44	1717	2915	3000	3000	3000

10.4 本章小结

在 LSPE-Q 算法中，每个时间步都以一定的步长参数增量式更新策略参数。其步长参数一般是事先固定好的常量，无法根据具体的环境情况动态变化。传统的几种确定步长参数的方法都需要特定的参数并且与具体的问题相关，缺乏自动性。本章将使用 LSPE-Q 评估策略的 BLSPI 算法与定点步长参数评估方法相结合，提出一种 ABLSPI 算法，将策略参数的更新分为多个阶段，每个阶段根据当前样本数据和策略计算出相应的步长参数，实现步长参数的动态调整。平衡杆实验表明，在各种批量更新标准和经验重复利用次数下，该算法均取得了最好的实验效果，充分验证了该算法可以动态调整步长参数，使学习过程高效稳定，提高了算法的收敛速度。

参考文献

[1] 周鑫，刘全，傅启明，等. 一种批量最小二乘策略迭代方法. 计算机科学，2014, 9(41):232-238.

[2] Boyan J. Technical update: Least-squares temporal difference learning. Machine Learning, 2002, 49(2-3): 233-246.

[3] Bradtke S, Barto A. Linear least-squares algorithms for temporal difference learning. Machine Learning, 1996, 22(1-3): 33-57.

[4] Yu H, Bertsekas D. Convergence results for some temporal difference methods based on least squares. IEEE Transactions on Automatic Control, 2009, 54(7): 1515-1531.

[5] Lagoudakis M, Parr R. Least-squares policy iteration. The Journal of Machine Learning Research, 2003, 4: 1107-1149.

[6] Nedić A, Bertsekas D. Least squares policy evaluation algorithms with linear function approximation. Discrete Event Dynamic Systems, 2003, 13(1-2): 79-110.

[7] Xu X, Hu D, Lu X. Kernel-based least squares policy iteration for reinforcement learning. IEEE Transactions on Neural Networks, 2007, 18(4): 973-992.

[8] Müller S, Schraudolph N, Koumoutsakos P. Step size adaptation in evolution strategies using

reinforcement learning. The 2002 Congress on IEEE Evolutionary Computation, New Orleans, 2002.

[9] Stafford D, Branch M. Effects of step size and break-point criterion on progressive-ratio performance. Journal of the Experimental Analysis of Behavior, 1998, 70(2): 123.

[10] Singh S, Sutton R. On step-size and bias in temporal-difference learning. The Eighth Yale Workshop on Adaptive and Learning Systems, New Haven, 1994.

[11] Geist M, Pietquin O. Parametric value function approximation: A unified view. The 2011 IEEE Symposium on Adaptive Dynamic Programming and Reinforcement Learning, Piscataway, 2011.

[12] Pineau J, Gordon G, Thrun S. Point-based value iteration: An anytime algorithm for POMDPs. The 18th International Joint Conference on Artificial Intelligence, San Francisco, 2003.

第 11 章　连续动作空间的批量最小二乘策略迭代算法

动作搜索(action search)算法[1-4]，可将 BLSPI 算法扩展到连续动作空间，该算法使用二值动作搜索方法大大减少了动作搜索的复杂度，加快了搜索速度，能够快速找到当前状态下的最优策略。然而，当状态空间维数较大、状态特征较多时，会引入巨大的计算量并导致算法收敛速度较慢。特征选择(feature selection)方法[5-7]，可以用于解决大状态空间问题，该方法自动选择较优的状态特征，用选择出的状态特征评估策略，大大减少了运算量，提高了算法的执行效率。本章用动作搜索算法将 BLSPI 算法[8]扩展到连续动作空间，并结合特征选择方法，自动选择合适的状态特征，提出一种应用于连续动作空间的快速特征选择批量最小二乘策略迭代(Batch Least-Squares Policy Iteration in Continuous Action Spaces with Fast Feature Selection, CABLSPI-FFS)算法。实验表明，该算法可以以较少的计算量较快地解决连续状态与连续动作空间问题，并能有效利用之前的经验知识，有较快的收敛速度。

11.1　二值动作搜索

在策略迭代算法中，需要用贪心法改进策略，比较当前状态下各动作的值函数，找出最大值，这是一个较困难的非线性最大化问题。尤其是当动作空间比较大时，搜索整个动作空间会带来巨大的计算花销。而现实中，有些例子往往动作空间是连续的，评估每个可能的动作是不现实的，这使得传统的强化学习算法难以应用到实际例子中[9,10]。Pazis 和 Lagoudakis[11,12]提出的动作搜索算法可用于解决连续动作空间问题，该算法使用二值搜索方法大大减少了动作搜索的复杂度，加快了搜索速度，能够快速找到当前状态下的最优策略。

动作搜索算法将动作空间离散化成$|U^d|$个离散动作($|U^d|=2^N$， N为动作划分数)，为每个状态创建一棵动作搜索树，这是一棵完全二叉树，根节点为动作空间正中间的动作，从根节点开始，在每个非叶子节点有向左和向右两种动作可选[13]，每往下一层，节点数加倍，节点间间距减倍，所有叶子节点构成离散动作空间U^d。在动作空间U^d中选取最大动作所需比较次数为$\log_2|U^d|$。在大规模或连续状态空间中，用函数逼近方法评估值函数。动作搜索树每层使用相同的逼近器。动作搜索算法如算法 11.1 所示。其中，N为划分位数，$u_{\max}$、$u_{\min}$为动作空间边界。

图 11.1 显示了在某个状态下有 8 个可选动作的动作选择过程，在图 11.1(a)中，

直接寻找最好动作，需要 7 次比较。而在图 11.1(b)中，采用动作搜索树选择最好动作，只需 3 次比较。

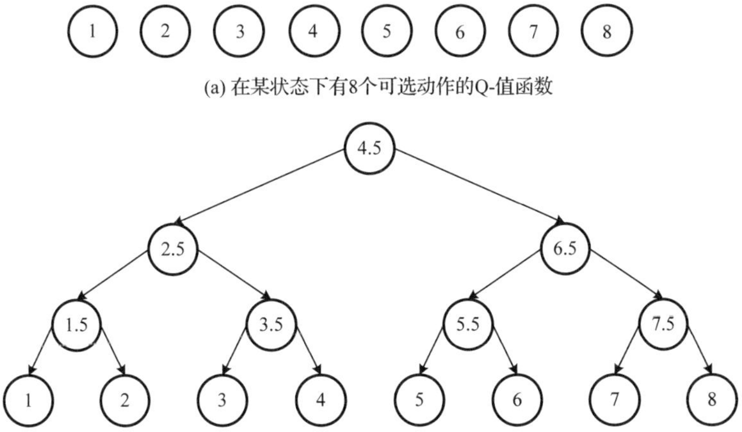

(a) 在某状态下有8个可选动作的Q-值函数

(b) 在某状态下有8个可选动作的动作搜索树

图 11.1　在某个状态下有 8 个可选动作的动作选择过程

算法 11.1　动作搜索算法

---

(1) $u \leftarrow (u_{\max} + u_{\min}) / 2$

(2) $\Delta \leftarrow (u_{\max} - u_{\min}) \dfrac{2^{N-1}}{2^N - 1}$

(3) for $i = 1$ to N

(4) 　　$\Delta \leftarrow \Delta / 2$

(5) 　　if $V(\boldsymbol{x}, u - \Delta) > V(\boldsymbol{x}, u + \Delta)$

(6) 　　　　$u \leftarrow u - \Delta$

(7) 　　else

(8) 　　　　$u \leftarrow u + \Delta$

(9) end for

(10) return u

11.2　快速特征选择

状态空间的维数是动作搜索算法的一大限制因素，当状态空间增大时，算法性能逐渐变差。Li 等[14]提出的特征选择方法可以解决大状态空间问题，该方法不使用当前所有的状态特征，只选择较优的状态特征，用选择出的状态特征评估策略，降低了特征向量的维度，减少了运算量，提高了算法的执行效率。

在文献[14]中，快速特征选择算法可以很好地与 LSPI 算法相结合。当状态特征 n 数目非常大时，LSPI 算法运算量很大，计算速度很慢。为避免这个问题，快速特征选择算法只取对值函数贡献最大的 $n'(n' \ll n)$ 个特征。特征的选择用时间差分算法计算权重向量 $\hat{\boldsymbol{\theta}}$，选取 $\hat{\boldsymbol{\theta}}$ 最大的 n' 个分量，用这 n' 个特征执行 LSTD-Q 算法(LSPI 算法的策略评估部分)，将 LSTD-Q 的时间复杂度由 $O(n^3)$ 降至 $O(n'^3)$，从而加快算法执行速度。快速特征选择最小二乘策略迭代(Least-Squares Policy Iteration with Fast Feature Selection, LSPI-FFS)算法如算法 11.2 所示。其中，$\hat{\boldsymbol{\theta}} \in \mathbb{R}^n$ 为权重向量，$\boldsymbol{\theta} \in \mathbb{R}^n$，$\boldsymbol{\theta}' \in \mathbb{R}^{n'}$ 为策略参数，δ 为时间差分误差，$D((\boldsymbol{x}_l, u_l, r_l, \boldsymbol{x}'_l) \in D, 0 \leqslant l < n_s)$ 为样本集(n_s 为样本数)，α 为步长参数，γ 为折扣因子。

算法 11.2 LSPI-FFS 算法

(1) repeat
(2) $\quad \hat{\boldsymbol{\theta}} \leftarrow \mathbf{0}$
(3) $\quad$ for $l = 0$ to $(n_s - 1)$
(4) $\qquad \delta_l \leftarrow r_l + \gamma \boldsymbol{\phi}^{\mathrm{T}}(\boldsymbol{x}'_l, h(\boldsymbol{x}'_l))\boldsymbol{\theta} - \boldsymbol{\phi}^{\mathrm{T}}(\boldsymbol{x}_l, u_l)\boldsymbol{\theta}$
(5) $\qquad \hat{\boldsymbol{\theta}} \leftarrow \hat{\boldsymbol{\theta}} + \alpha \delta_l \boldsymbol{\phi}(\boldsymbol{x}_l, u_l)$
(6) $\quad$ end for
(7) $\quad$ 选择 $\hat{\boldsymbol{\theta}}$ 权重最大的 $n'(n' \ll n)$ 个分量
(8) $\quad$ 用上一步得到的 n' 个特征执行 LSTD-Q，得到局部策略参数 $\boldsymbol{\theta}'$
(9) $\quad$ 用 $\boldsymbol{\theta}'$ 更新策略参数 $\boldsymbol{\theta}$ 相应的 n' 个分量，其余分量置零
(10) $\quad$ 用贪心法改进策略 h
(11) until 满足设定的终止条件

11.3 连续动作空间的快速特征选择批量最小二乘策略迭代算法

在文献[12]～文献[14]中，提出的算法主要应用于离线的情况，样本是事先给定的。本章考虑在线的情况。

将 Online LSPI 算法与动作搜索算法相结合可以得到用于连续动作空间的最小二乘策略迭代(Least-Squares Policy Iteration in Continuous Action Spaces, CALSPI)算法；再结合特征选择方法，自动选择合适的状态特征，可以得到应用于连续动作空间的快速特征选择最小二乘策略迭代(Least-Squares Policy Iteration in Continuous Action Spaces with Fast Feature Selection, CALSPI-FFS)算法；本章用动作搜索算法将 BLSPI 算法扩展到连续动作空间，并结合特征选择方法，自动选择合适的状态特征，提出一种 CABLSPI-FFS 算法。该算法可以以较少的计算量较快地解决连续状态与

连续动作空间问题，并能多次利用经验数据，有较快的收敛速度。在 11.4 节的仿真实验中比较了上述几种算法的实验性能。

算法 11.2 为离线算法，样本集 D 是事先给定的，并且在处理完 D 中所有样本后再选择权重最大的分量，CABLSPI-FFS 算法是在线算法，样本在线产生，并且每处理完一批样本后都重新选择权重最大的分量，增加了特征选择的次数以确保实时性。CABLSPI-FFS 算法如算法 11.3 所示。在第(8)～(13)行，计算样本数据的时间差分误差，更新参数 $\hat{\boldsymbol{\theta}}$，选择其最大的 n' 个分量，用这 n' 个分量对应的特征更新矩阵 $\boldsymbol{B}$ 和向量 $\boldsymbol{z}$，将 $\boldsymbol{B}$ 和 $\boldsymbol{z}$ 的维数由 n 降至 n'，大大减少了第(15)～(21)行矩阵运算的计算量。

算法 11.3　CABLSPI-FFS 算法

(1) $\boldsymbol{B}=\beta_\Gamma \boldsymbol{I}$（$\beta_\Gamma$ 为一个较小的常数，$\boldsymbol{I}$ 为单位矩阵），$\boldsymbol{z}=0$，$n_s=0$（n_s 为当前样本数），$i=0$（i 为计数器）

(2) repeat

(3)　　在当前状态 $\boldsymbol{x}_{l_s}$ 下，用动作搜索算法选择动作 u_{l_s}（$l_s=0,1,2,3,\cdots$）

(4)　　执行动作 u_{l_s}，保存样本数据 $(\boldsymbol{x}_{l_s},u_{l_s},r_{l_s},\boldsymbol{x}'_{l_s})$

(5)　　$l_s=l_s+1$，$n_s=n_s+1$

(6)　　更新当前状态 $\boldsymbol{x}_{l_s}=\boldsymbol{x}'_{l_s-1}$

(7)　　if $\boldsymbol{x}_{l_s}$ 是第 k 个情节的终止状态(情节式任务)或 n_s 等于规定的批量更新标准 T 的整数倍(连续式任务)

(8)　　　repeat

(9)　　　　repeat

(10)　　　　　$l_s=0$

(11)　　　　　$\delta_{l_s}\leftarrow r_{l_s}+\gamma\boldsymbol{\phi}^{\mathrm{T}}(\boldsymbol{x}'_{l_s},h(\boldsymbol{x}'_{l_s}))\boldsymbol{\theta}-\boldsymbol{\phi}^{\mathrm{T}}(\boldsymbol{x}_{l_s},u_{l_s})\boldsymbol{\theta}$

(12)　　　　　$\hat{\boldsymbol{\theta}}\leftarrow\hat{\boldsymbol{\theta}}+\alpha\delta_{l_s}\boldsymbol{\phi}(\boldsymbol{x}_{l_s},u_{l_s})$

(13)　　　　　$l_s=l_s+1$

(14)　　　　until $l=n_s$

(15)　　　　选择 $\hat{\boldsymbol{\theta}}$ 权重最大的 $n'(n'\ll n)$ 个分量

(16)　　　　repeat

(17)　　　　　$l_s=0$

(18)　　　　　用动作搜索算法选择在状态 x'_{l_s} 下的动作 $h(x'_{l_s})$

(19)　　　　　$$\boldsymbol{B}=\boldsymbol{B}-\frac{\boldsymbol{B}\boldsymbol{\phi}(\boldsymbol{x}_{l_s},u_{l_s})(\boldsymbol{\phi}(\boldsymbol{x}_{l_s},u_{l_s})-\gamma\boldsymbol{\phi}(\boldsymbol{x}'_{l_s},h(\boldsymbol{x}'_{l_s}))^{\mathrm{T}}\boldsymbol{B}}{1+(\boldsymbol{\phi}(\boldsymbol{x}_{l_s},u_{l_s})-\gamma\boldsymbol{\phi}(\boldsymbol{x}'_{l_s},h(\boldsymbol{x}'_{l_s}))^{\mathrm{T}}\boldsymbol{B}\boldsymbol{\phi}(\boldsymbol{x}_{l_s},u_{l_s})}$$

(20)　　　　　$\boldsymbol{z}=\boldsymbol{z}+\boldsymbol{\phi}(\boldsymbol{x}_{l_s},u_{l_s})r_{l_s}$

(21)　　　　　$l_s=l_s+1$

(22)　　until $l_s = n_s$

(23)　　$\theta' = n_s \boldsymbol{B} \dfrac{1}{n_s} z$

(24)　　用 θ' 更新 θ 相应的 n' 个分量，其余分量置零

(25)　　$i = i + 1$

(26)　until $i = d$

(27)　设置当前状态为 $\boldsymbol{x}_{l_s-1}$（连续式任务），l_s=0，n_s=0，$i = 0$

(28) end if

(29) until 满足设定的终止条件

11.4 仿 真 实 验

11.4.1 实验描述

以图 9.1 所示的平衡杆实验为例，实验描述如 9.4.1 节所示，与其不同之处为这里将动作空间近似离散为 256 个动作。动作总是有噪声的，有[−10，10]上的均匀分布的扰动叠加在所选择的动作上。

11.4.2 实验设置

在本实验中，对状态、动作一起编码，采用一组 55 维的基函数去逼近状态动作值函数。这 55 个基函数包括一个常数和 54 个在二维状态空间和一维动作空间上 $3\times3\times6$ 规则划分的径向基函数。对状态动作对 $(\boldsymbol{x}(\chi,\dot{\chi}),u)$ 来说，其基函数设置如下

$$\left(1, \mathrm{e}^{-\frac{\sqrt{\left\|\frac{\boldsymbol{x}-\boldsymbol{c}_1}{n_x}\right\|^2+\left(\frac{u-u_1}{n_u}\right)^2}}{2\sigma^2}}, \mathrm{e}^{-\frac{\sqrt{\left\|\frac{\boldsymbol{x}-\boldsymbol{c}_1}{n_x}\right\|^2+\left(\frac{u-u_2}{n_u}\right)^2}}{2\sigma^2}}, \cdots, \mathrm{e}^{-\frac{\sqrt{\left\|\frac{\boldsymbol{x}-\boldsymbol{c}_9}{n_x}\right\|^2+\left(\frac{u-u_6}{n_u}\right)^2}}{2\sigma^2}}\right)^{\mathrm{T}}$$

式中，$\boldsymbol{c}_i (i=1,2,3,\cdots,9)$ 为二维状态空间上的网格点 $\{-\pi/4, 0, +\pi/4\}\times\{-1,0,+1\}$；$u_i (i=1,2,3,\cdots,6)$ 为一维动作空间上的点 $\{-50,-30,-10,+10,+30,+50\}$；$n_x = (\pi/2, 2)$；$n_u = 50$；$\sigma$ 为方差。最小平衡步数设置为 3000，即仿真运行 3000 个时间步后倒立摆仍保持不倒，就认为本次仿真成功，并开始下一个情节。实验的最大情节数设置为 300，通过观察 300 个情节内平衡步数的变化来分析算法的性能。实验中行为策略为 ε-greedy，ε 取 0.005。

11.4.3 实验分析

离散动作的 LSPI 算法每个情节内获得的累积奖赏如图 11.2 所示，当只有 3 个离散动作时，LSPI 算法在大约 100 个情节后就基本达到了稳定，获得超过 2000 的

累积奖赏，但当动作个数增加时，算法性能急剧下降，虽然在稳定后每个情节内获得的累积奖赏大于只有 3 个离散动作时的 LSPI 算法，但其增长速度极其缓慢，有 5 个和 7 个离散动作的 LSPI 算法分别在大约 780 和 900 个情节后才能得到较好的累积奖赏，前 600 个情节内的累积奖赏极低。当动作个数增加到 256 时，在 1000 个情节内累积奖赏始终维持在极低的水平，无法达到稳定。可见，当离散动作较多时，传统的 LSPI 算法已不再适用。

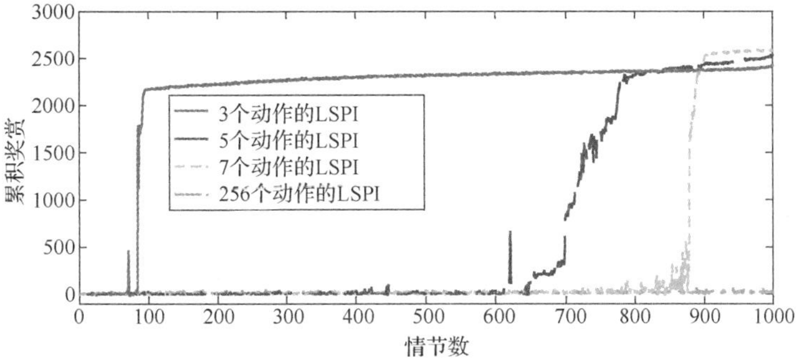

图 11.2　离散动作的 LSPI 算法每个情节内的累积奖赏

CALSPI 算法可以处理连续动作空间问题，该算法先将连续空间离散化成多个离散动作，再用动作搜索算法快速找到最优动作。在图 11.3 中，将动作空间离散化成 256 个动作，CALSPI 算法在 160 个情节后获得的累积奖赏稳步上升，尽管局部略有下降，最终仍获得了超过 2500 的累积奖赏，但其增长速度较慢。CALSPI-FFS 算法利用快速特征选择方法，大大减少了计算量，加快了算法的收敛速度，尽管在前 200 个情节内效果较差，但在 200 个情节后迅速获得了超过 2700 的累积奖赏，并保持稳定，总体实验效果较好。

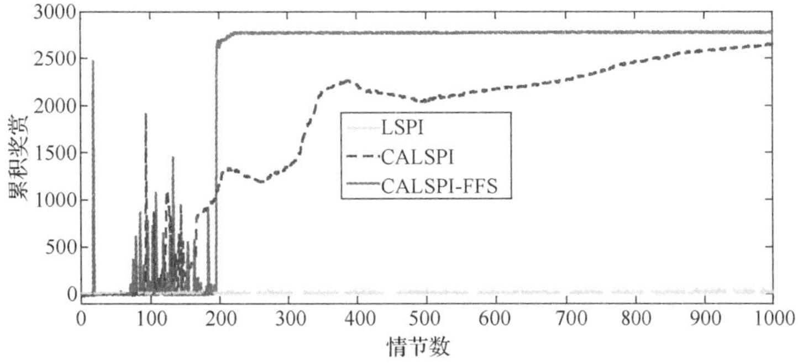

图 11.3　连续动作的 LSPI 算法每个情节内的累积奖赏

离散动作与连续动作 LSPI 算法在算法收敛后一个情节内前 300 个时间步的角度、角速度和立即奖赏的比较如图 11.4 所示，尽管都能达到 3000 步平衡，但在连续动作下，倒立摆的角度和角速度明显小于离散动作，波动较小，并取得了更大的立即奖赏。可见，连续动作下的实验效果明显优于离散动作。

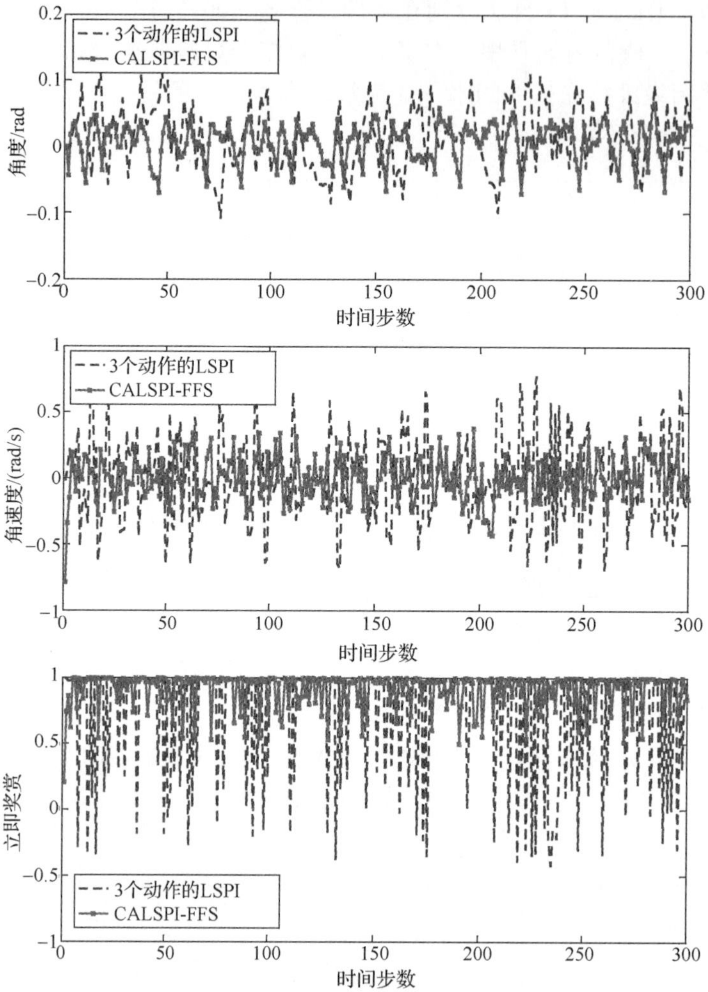

图 11.4　离散动作与连续动作 LSPI 算法的性能比较

在图 11.3 中，前 200 个情节内获得的累积奖赏大多数比较低，这是由于在初期可用样本较少，无法快速学习到较好的策略。CABLSPI-FFS 算法可以重复利用之前的样本数据，取得较好的初始性能和较快的收敛速度。在图 11.5 中，d 表示经验重复利用的次数，k 表示经过多少个情节后进行一次更新，如 CABLSPI-FFS，$k=5$, $d=2$ 表示每 5 个情节进行一次更新，每次更新经验重复利用 2 次。特征数取 15，在图 11.5(a) 中，$k=1$，每个情节后都进行更新，d 越大，经验重复利用次数越多，收敛速度越快，但计算量也越大，当 $d=5$ 时，在 100 个情节后就可以取得较大的累积奖赏。在图 11.5(b)

中，$k=5$，每 5 个情节更新一次，计算量小于图 11.5(a)，收敛速度慢于图 11.5(a)，但也能取得较好的实验效果，当 $d=5$ 时，在 120 个情节后就可以取得较大的累积奖赏。在图 11.5(c)中，继续增大 k，计算量会越来越小，但算法收敛速度越来越慢，实验效果越来越差，可见，应当选择合适的参数以确保在合适的计算量下得到较好的实验效果。

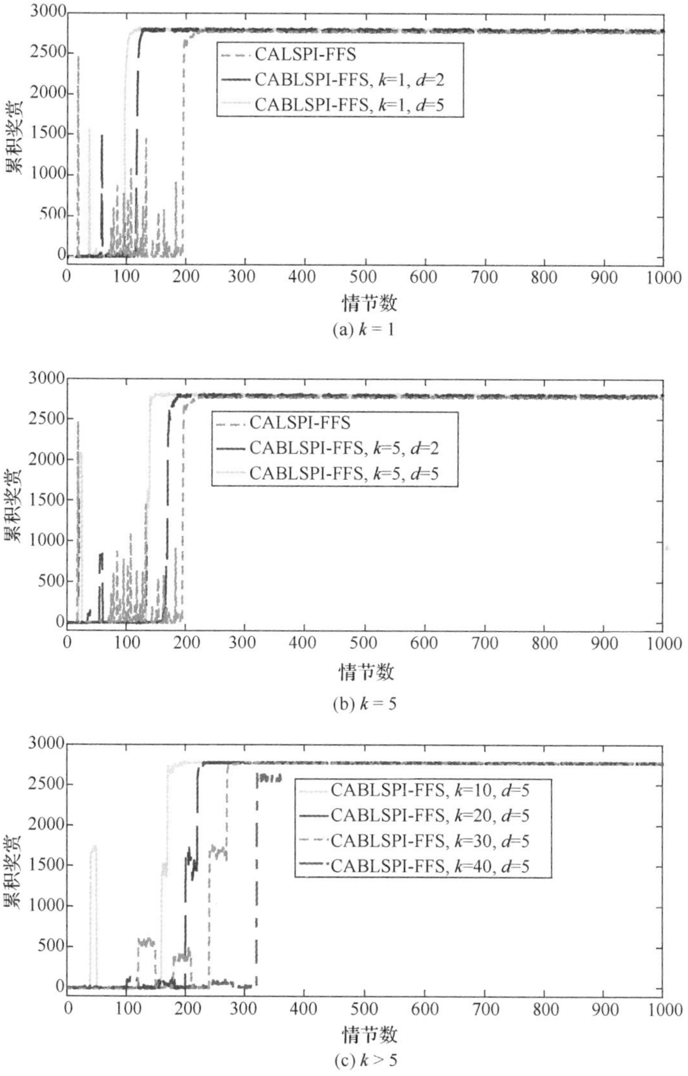

图 11.5　不同参数下的 CABLSPI-FFS 算法的实验效果

在图 11.5 中，特征数固定为 15。图 11.6 给出了不同特征数下的 CABLSPI-FFS 算法的实验效果。当特征数较小时，计算量较小，算法收敛速度较快，但无法获得更好的累积奖赏。适量增大特征数可以获得更多的特征信息，得到更好的策略，获得更大的累积奖赏。可见，应当选择合适的特征数以确保在合适的计算量下得到较好的实验效果。

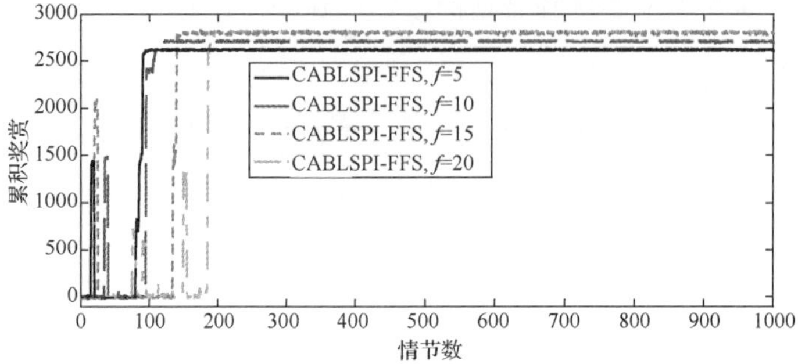

图 11.6　不同特征数下的 CABLSPI-FFS 算法的性能

CABLSPI-FFS 算法与同样用于处理连续动作空间的连续性行动有评论家自动学习(CACLA)[4]、增量自然行动有评论家(INAC)[15]算法的性能比较如图 11.7 所示。CACLA 算法在大约 200 个情节后累积奖赏明显增加，但增长速度较慢且很不稳定，大多时间内累积奖赏都小于 2000；INAC 算法初始性能较差，到近 800 个情节后才有较大幅度的增长，能达到 2800 的累积奖赏但不够稳定，波动性较大；CABLSPI-FFS 算法既保证了较快的收敛速度(在大约 130 个情节后就能获得较好的累积奖赏)，又保证了良好的稳定性(130 个情节后累积奖赏没有出现大的波动)。可见，CABSLPI-FFS 算法可以充分利用样本经验，有较快的收敛速度和稳定的性能。

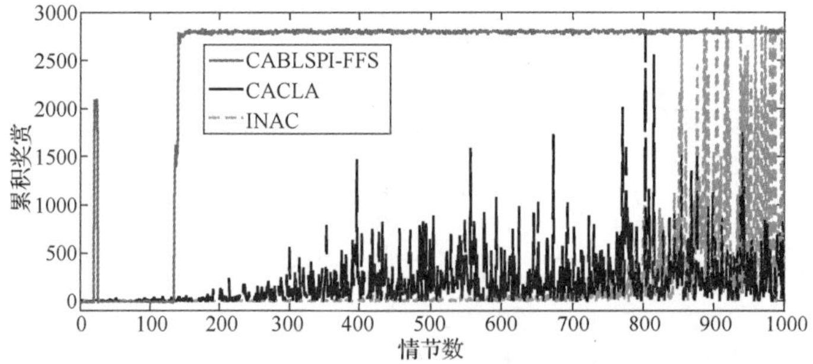

图 11.7　CABLSPI-FFS 与 CACLA、INAC 的算法性能比较

11.5　本 章 小 结

在实际应用中，动作空间往往是连续的，直接找最优动作比较困难，利用动作搜索算法构造动作搜索二叉树，用树形搜索可降低寻找最优动作的复杂度。然而，

当状态空间维数较大、状态特征较多时，最小二乘算法的时间复杂度急剧增长，选择所有的状态特征并不是必需的，因此，利用特征选择方法自动选择当前较好的状态特征减小状态特征的维度，从而降低算法的复杂度。本章将动作搜索算法和特征选择方法运用于 BLSPI 算法中，提出一种高效的 CABLSPI-FFS 算法。倒立摆实验表明，该算法可以以较少的计算量较快地解决连续状态与动作空间问题，并能多次利用经验数据，有较快的收敛速度。选择的特征数过少可能会丢失有用的特征信息致使达不到想要的实验效果，但过多的特征数也会导致过大的计算量和过慢的收敛速度，需要寻求它们之间的一个平衡。

参考文献

[1] 朱斐, 刘全, 傅启明, 等. 一种用于连续动作空间的最小二乘行动者-评论家方法. 计算机研究与发展, 2014, 51(3): 548-558.

[2] Santamaría J, Sutton R, Ram A. Experiments with reinforcement learning in problems with continuous state and action spaces. Adaptive Behavior, 1997, 6(2): 163-217.

[3] Malmstrom K, Joaquin S. Continuous action space reinforcement learning on a real autonomous robot. The 5th International Nixdorf Symposium on Autonomous Minirobots for Research and Edutainment, 2001.

[4] Hasselt H, Wiering M. Reinforcement learning in continuous action spaces. The IEEE International Symposium on Approximate Dynamic Programming and Reinforcement Learning, 2007.

[5] Blum A, Langley P. Selection of relevant features and examples in machine learning. Artificial Intelligence, 1997, 97(1): 245-271.

[6] Parr R, Li L, Taylor G, et al. An analysis of linear models, linear value-function approximation, and feature selection for reinforcement learning. The 25th International Conference on Machine Learning, Helsinki, 2008.

[7] Kolter J, Ng A. Regularization and feature selection in least-squares temporal difference learning. The 26th Annual International Conference on Machine Learning, Montreal, 2009.

[8] 周鑫, 刘全, 傅启明, 等. 一种批量最小二乘策略迭代方法. 计算机科学, 2014, 9(41):232-238.

[9] Lazaric A, Restelli M, Bonarini A. Reinforcement learning in continuous action spaces through sequential Monte Carlo methods. The 21st Annual Conference on Neural Information Processing Systems, Vancouver, 2007.

[10] Millán J, Posenato D, Dedieu E. Continuous-action Q-learning. Machine Learning, 2002, 49(2-3): 247-265.

[11] Pazis J, Lagoudakis M. Binary action search for learning continuous-action control policies. The 26th Annual International Conference on Machine Learning, Montreal, 2009.

[12] Pazis J, Lagoudakis M. Reinforcement learning in multidimensional continuous action spaces. The 2007 IEEE International Symposium on Adaptive Dynamic Programming and Reinforcement Learning, Paris, 2011.

[13] Stone P. Layered Learning in Multiagent Systems: A Winning Approach to Robotic Soccer. Cambridge: MIT Press, 2000.

[14] Li L, Williams J, Balakrishnan S. Reinforcement learning for dialog management using least-squares policy iteration and fast feature selection. The 10th Annual Conference of the International Speech Communication Association, Brighton, 2009.

[15] Degris T, Pilarski P, Sutton R. Model-Free reinforcement learning with continuous action in practice. The 2012 American Control Conference, Montreal, 2012.

第 12 章 一种基于双层模糊推理的 Sarsa(λ)算法

针对传统的基于查询表或函数近似的Q值迭代算法在处理连续空间问题时收敛速度慢[1,2]，且不能求解连续行为策略的问题，本章提出一种带有资格迹的基于双层模糊推理的在策略 RL 算法——DFR-Sarsa(λ)，并从理论上证明了其收敛性。在该算法中，双层模糊推理[3-6]的第一层推理使用模糊状态集合以计算连续动作，第二层推理使用模糊动作集合以计算 Q 值分量，最后结合两层推理计算连续动作空间中的 Q-值函数。另外，利用两层模糊推理中激活规则的激活度更新资格迹。将 DFR-Sarsa(λ)应用于 Mountain Car 和 Cart-pole Balancing 问题，实验结果表明，该算法可以用于求解连续行为策略，并具有较好的收敛性能。

12.1 Q-值函数的计算和 FIS 的参数更新

在满足 MDP 的强化学习框架下，基于可以用于函数近似的模糊推理系统(FIS)，构建两层相互联系的零阶(zero-order) TSK-FIS 以近似 Q-值函数。

图 12.1 为使用两层模糊推理近似 Q-值函数的框架图，其中左框内的 FIS1 以状态为输入，通过 FIS1 模糊推理获得的连续动作为输出；右框内的 FIS2 以从 FIS1 中

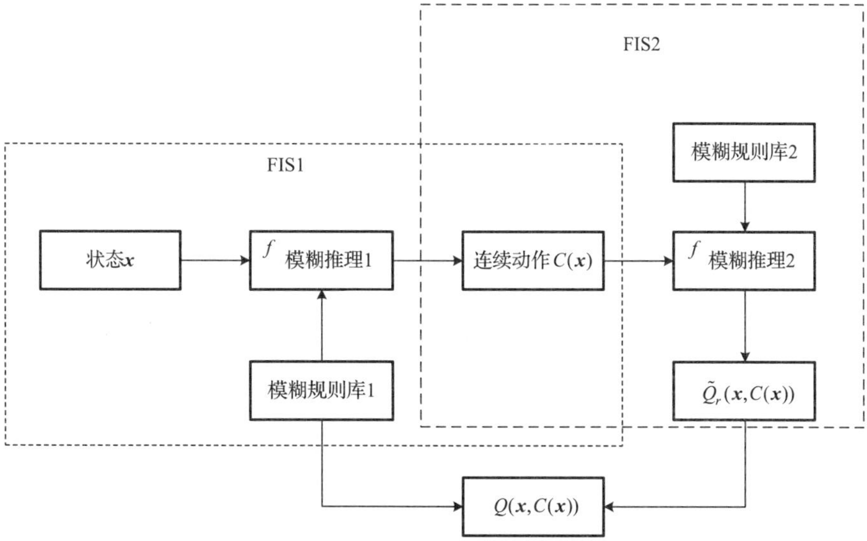

图 12.1 使用两层模糊推理近似 Q-值函数的框架图

获得的连续动作为输入，通过 FIS2 模糊推理获得的连续动作的 Q 值分量作为输出；最后，通过两层模糊推理系统的结合，近似在状态 $\boldsymbol{x}$ 时采取连续动作 $C(\boldsymbol{x})$ 的 Q-值函数。

两层 FIS 的主要内容如下所述。

(1) FIS1 的规则形式。

$$\begin{aligned}\text{Rule } R_r: \text{if } x_1 \text{ is } \chi_1^r \text{ and} \cdots \text{and } x_n \text{ is } \chi_n^r \quad \text{then } &\; y = u_{r,1} \text{ with } q_{r,1} = \theta_{r,1} \\ \text{or } &\; y = u_{r,2} \text{ with } q_{r,2} = \theta_{r,2} \\ &\;\vdots \\ \text{or } &\; y = u_{r,M} \text{ with } q_{r,M} = \theta_{r,M}\end{aligned}$$

其中，$\boldsymbol{x} = (x_1, x_2, \cdots, x_N)$ 为状态，$u_{r,j}$ 为第 r 条模糊规则中的第 j 个离散动作。M 个离散动作由动作空间均匀划分而成，$q_{r,j}$ 为第 r 条模糊规则中对应于第 j 个离散动作的 Q 值分量。在 FIS1 的 N_R 条模糊规则中，未被状态激活的规则的激活度为 0，被状态激活的规则的激活度 $\varphi_r(\boldsymbol{x})$ 为

$$\varphi_r(\boldsymbol{x}) = \mu_{\chi_{r,1}}(x_1) \cdot \mu_{\chi_{r,2}}(x_2) \cdot \cdots \cdot \mu_{\chi_{r,N}}(x_N) \tag{12.1}$$

在被状态 $\boldsymbol{x}$ 激活的规则 R_r 中，根据 $q_{r,j}$ 的大小，用 ε-greedy 动作选择策略从 M 个离散动作中选出一个动作，该动作称为激活动作，用 $\tilde{u}_r$ 表示。因而，将从 FIS1 中所有由激活规则所选出的激活动作 $\tilde{u}_r$，与该条规则的激活度 $\varphi_r(\boldsymbol{x})$ 相乘并求和，可以得到状态为 $\boldsymbol{x}$ 时的连续动作 $C(\boldsymbol{x})$，即

$$C(\boldsymbol{x}) = \frac{\sum_{r=1}^{N_R} \varphi_r(\boldsymbol{x}) \tilde{u}_r}{\sum_{r=1}^{N_R} \varphi_r(\boldsymbol{x})} \tag{12.2}$$

把 $C(\boldsymbol{x})$ 称为连续动作的原因是 $C(\boldsymbol{x})$ 的变化是关于状态 $\boldsymbol{x}$ 连续的，它并非指的是状态 $\boldsymbol{x}$ 可以选择到连续动作空间中的任意动作。为简化式(12.2)，正则化激活度 $\varphi_r(\boldsymbol{x})$，得到 $\phi_r(\boldsymbol{x})$ 为

$$\phi_r(\boldsymbol{x}) = \frac{\varphi_r(\boldsymbol{x})}{\sum_{r=1}^{N_R} \varphi_r(\boldsymbol{x})} \tag{12.3}$$

则式(12.2)可写成如下形式

$$C(\boldsymbol{x}) = \sum_{r=1}^{N_R} \phi_r(\boldsymbol{x}) \tilde{u}_r \tag{12.4}$$

(2) FIS2 的规则形式。

$$\begin{aligned}&\tilde{R}_{r,1}: \text{if } u \text{ is } v_{r,1} \text{ then } q_{r,1} = \theta_{r,1} \\ &\tilde{R}_{r,2}: \text{if } u \text{ is } v_{r,2} \text{ then } q_{r,2} = \theta_{r,2} \\ &\qquad\vdots \\ &\tilde{R}_{r,M}: \text{if } u \text{ is } v_{r,M} \text{ then } q_{r,M} = \theta_{r,M}\end{aligned}$$

FIS2 的规则的构建依赖于 FIS1，其 M 条规则中的规则 $\tilde{R}_{r,j}$ 以 FIS1 中的第 r 条规则为基础：前件部分的 $v_{r,j}$ 为模糊集，它以 FIS1 中第 r 条规则的第 j 个动作为模糊中心，并用隶属度函数 $\sigma_{v_{i,j}}(u)$ 描述；后件部分的 $q_{r,j}$ 与 FIS1 中的 $q_{r,j}$ 一一对应。

将从 FIS1 中得到的连续动作 $C(\boldsymbol{x})$ 作为 FIS2 的输入，可以激活 $N_{\tilde{R}}$ 条 FIS2 中的规则。通过 FIS2 的模糊推理，可以得到 FIS1 中第 r 条规则所对应的 Q 值分量 $\tilde{Q}_r(\boldsymbol{x},C(\boldsymbol{x}))$ 为

$$\tilde{Q}_r(\boldsymbol{x},C(\boldsymbol{x}))=\frac{\sum_{j=1}^{M}\sigma_{v_{r,j}}(C(\boldsymbol{x}))\theta_{r,j}}{\sum_{j=1}^{M}\sigma_{v_{r,j}}(C(\boldsymbol{x}))} \tag{12.5}$$

与获得式(12.3)的方法相同，正则化式(12.5)中的隶属度函数 $\sigma_{v_{r,j}}(C(\boldsymbol{x}))$，得到 $\mu_{v_{r,j}}(C(\boldsymbol{x}))$ 为

$$\mu_{v_{r,j}}(C(\boldsymbol{x}))=\frac{\sigma_{v_{r,j}}(C(\boldsymbol{x}))}{\sum_{j=1}^{M}\sigma_{v_{r,j}}(C(\boldsymbol{x}))} \tag{12.6}$$

则式(12.5)可写成如下形式

$$\tilde{Q}_r(\boldsymbol{x},C(\boldsymbol{x}))=\sum_{j=1}^{M}\mu_{v_{r,j}}(C(\boldsymbol{x}))\theta_{r,j} \tag{12.7}$$

由式(12.7)可得，FIS1 的激活规则 R_r 所求得的 Q 值分量为 $\tilde{Q}_r(\boldsymbol{x},C(\boldsymbol{x}))$，则结合 FIS1 中所有的激活规则，可以得到在状态 $\boldsymbol{x}$ 下执行连续动作 $C(\boldsymbol{x})$ 时的 Q 值为

$$Q(\boldsymbol{x},C(\boldsymbol{x}))=\sum_{r=1}^{N_R}\phi_r(\boldsymbol{x})\tilde{Q}_r(\boldsymbol{x},C(\boldsymbol{x}))=\sum_{r=1}^{N_R}\sum_{j=1}^{M}\phi_r(\boldsymbol{x})\mu_{v_{r,j}}(C(\boldsymbol{x}))\theta_{r,j} \tag{12.8}$$

由式(12.8)可以看出，Q 值的大小取决于两层 FIS 中的模糊集和共同的后件变量 $\theta_{r,j}$。由于模糊集是作为先验知识提前设定的，且在算法中不改变，所以要得到收敛的 Q 值，需要在算法执行过程中更新 $\theta_{r,j}$，直到收敛。

为使 FIS 近似 Q-值函数时的近似误差最小，DFR-Sarsa(λ)利用梯度下降方法(Gradient Descent, GD)，结合计算 Q-值函数的贝尔曼方程，更新两层 FIS 的共同后件参数向量 $\boldsymbol{\theta}$，即

$$\begin{aligned}\boldsymbol{\theta}_{t+1}&=\boldsymbol{\theta}_t-\frac{1}{2}\alpha\nabla_{\boldsymbol{\theta}_t}[r_{t+1}+\gamma Q_t(\boldsymbol{x}_{t+1},u_{t+1})-Q_t(\boldsymbol{x}_t,u_t)]^2\\&=\boldsymbol{\theta}_t+\alpha[r_{t+1}+\gamma Q_t(\boldsymbol{x}_{t+1},u_{t+1})-Q_t(\boldsymbol{x}_t,u_t)]\nabla_{\boldsymbol{\theta}_t}Q_t(\boldsymbol{x}_t,u_t)\end{aligned} \tag{12.9}$$

式(12.9)中的中括号部分是 TD 误差。令 $\delta=r_{t+1}+\gamma Q_t(\boldsymbol{x}_{t+1},u_{t+1})-Q_t(\boldsymbol{x}_t,u_t)$，结合后向 TD(λ)算法[7]，可以得到如下参数更新公式，即

$$\boldsymbol{\theta}_{t+1} = \boldsymbol{\theta}_t + \alpha\delta\boldsymbol{e}_t \tag{12.10}$$

式中，α 是步长参数；$\boldsymbol{e}_t$ 是 t 时刻的资格迹向量，它与参数向量 $\boldsymbol{\theta}_t$ 的元素一一对应，其更新方式为

$$\boldsymbol{e}_t(r,j) \leftarrow \begin{cases} \gamma\lambda\boldsymbol{e}_{t-1}(r,j) + \nabla_{\theta^t_{r,j}} Q_t(\boldsymbol{x},u), & j\text{为激活动作的下标} \\ \gamma\lambda\boldsymbol{e}_{t-1}(r,j), & \text{其他} \end{cases} \tag{12.11}$$

$\boldsymbol{e}_t$ 采用累加迹(accumulating trace)的更新方式[7]，其中 γ 是折扣因子，λ 是衰减因子。$\nabla_{\theta^t_{r,j}} Q_t(\boldsymbol{x},u)$ 表示 t 时刻 Q-值函数对参数 $\theta^t_{r,j}$ 求偏导数之后得到的梯度值[7]，根据式(12.8)可以求得 $\boldsymbol{\theta}_t$ 中的每一维在 t 时刻的梯度值，即

$$\begin{aligned} \nabla_{\theta^t_{r,j}} Q_t(\boldsymbol{x},u) &= \nabla_{\theta^t_{r,j}} \sum_{i=1}^{N_R} \sum_{j=1}^{M} \phi_r(\boldsymbol{x}) \mu_{v_{r,j}}(u) \theta_{r,j} \\ &= \phi_r(\boldsymbol{x}) \mu_{v_{r,j}}(u), \qquad r = 1,2,\cdots,N_R,\ j = 1,2,\cdots,M \end{aligned} \tag{12.12}$$

则式(12.11)可进一步表示为

$$\boldsymbol{e}_t(r,j) \leftarrow \begin{cases} \gamma\lambda\boldsymbol{e}_{t-1}(r,j) + \phi_r(\boldsymbol{x}) \mu_{v_{r,j}}(u), & j\text{为激活动作的下标} \\ \gamma\lambda\boldsymbol{e}_{t-1}(r,j), & \text{其他} \end{cases} \tag{12.13}$$

12.2　DFR-Sarsa(λ)算法

12.2.1　DFR-Sarsa(λ)算法的学习过程

DFR-Sarsa(λ)不仅可以解决强化学习中连续状态、离散动作空间的问题，还可以解决连续状态和连续动作空间的问题。基于文献[7]中的 Sarsa 算法，结合 12.1 节描述的内容，得到算法 DFR-Sarsa(λ)。算法 12.1 为 DFR-Sarsa(λ)的一般流程。

算法 12.1　基于双层模糊推理的 DFR-Sarsa(λ)算法

(1) 初始化参数向量 $\boldsymbol{\theta} = \boldsymbol{0}$，资格迹向量 $\boldsymbol{e} = \boldsymbol{0}$，折扣因子 γ，步长参数 α

(2) repeat(对每一个情节)

(3)　　$\boldsymbol{x} \leftarrow$ 初始化状态

(4)　　计算 $\phi_r(\boldsymbol{x}), r = 1,2,\cdots,N_R$

(5)　　根据 ε-greedy 策略选择激活动作 $\tilde{u}_r, r = 1,2,\cdots,N_R$

(6)　　根据式(12.4)选择状态为 $\boldsymbol{x}$ 时的执行动作 u

(7)　　计算 $\mu_{v_{r,j}}(u), r = 1,2,\cdots,N_R, j = 1,2,\cdots,M$

(8)　　根据式(12.7)和式(12.8)计算值函数 Q_u

(9)　　repeat (对情节中的每一步)

(10)　更新资格迹：$\boldsymbol{e}(r,j) \leftarrow \gamma\lambda \boldsymbol{e}(r,j) + \phi_r(\boldsymbol{x})\mu_{v_{r,j}}(u)$，$r=1,2,\cdots,N_R$，$j=1,2,\cdots,M$

(11)　执行动作 u，获得下一状态 $\boldsymbol{x}'$ 和立即奖赏 r

(12)　$\delta \leftarrow r - Q_u$

(13)　根据 ε-greedy 策略选择激活动作 $\tilde{u}$，$r=1,2,\cdots,N_R$

(14)　根据式(12.4)选择状态为 $\boldsymbol{x}'$ 时的执行动作 u'

(15)　计算 $\mu_{v_{r,j}}(u')$，$r=1,2,\cdots,N_R$，$j=1,2,\cdots,M$

(16)　计算 $\phi_r(\boldsymbol{x}')$，$r=1,2,\cdots,N_R$

(17)　根据式(12.7)和式(12.8)计算值函数 $Q_{u'}$

(18)　$\delta \leftarrow \delta + \gamma Q_{u'}$

(19)　$\boldsymbol{\theta} \leftarrow \boldsymbol{\theta} + \alpha\delta\boldsymbol{e}$

(20)　$u \leftarrow u'$

(21)　until　$\boldsymbol{x}'$ 为终止状态

(22) until 运行完设定情节数目或满足其他终止条件

12.2.2　算法收敛性分析

在文献[8]和文献[9]中，针对在策略的 TD(λ)算法在使用线性函数近似时的收敛性进行了详细的分析，当该类型的算法满足一定的假设和引理时，可以以 1 的概率收敛。DFR-Sarsa(λ)正是一种使用线性函数近似的在策略的 TD(λ)算法，当该算法满足文献[8]中定义的证明算法收敛时所需的假设和引理时，即可说明其收敛。本章不再赘述对其收敛性的详细证明。

定义 12.1　(1)每一个 MF_i 都有一个独自的核 $\boldsymbol{x}_i$，如存在一个唯一点 $\boldsymbol{x}_i$ 满足 $\varphi_i(\boldsymbol{x})=1$，同时其他的隶属度函数(MF)在该点的隶属度值为 0，即当 $\bar{i} \neq i$ 时，有 $\varphi_{\bar{i}}(\boldsymbol{x})=0$。

(2)对状态空间的模糊划分是正则化的，即有 $\sum_{i=1}^{N}\varphi_i(\boldsymbol{x})=1$，$\forall \boldsymbol{x} \in \boldsymbol{X}$。

假设 12.1　MDP 中的状态转移函数和奖赏函数都服从稳定的分布。

引理 12.1　DFR-Sarsa(λ)依赖的马尔可夫链具有不可约性和非周期性，且算法的立即奖赏和值函数有界。

证明　首先证明其不可约性。根据马尔可夫过程的性质，如果一个马尔可夫过程的任意两个状态可以相互转移，则它具有不可约性[10]。DFR-Sarsa(λ)用于解决满足 MDP 框架的强化学习问题，且该 MDP 满足定义 12.1。因而对于该 MDP 中的任意状态 $\boldsymbol{x}$，必定存在一个 f 满足 $f(\boldsymbol{x},u,\boldsymbol{x}') \geq 0$，这表明状态 $\boldsymbol{x}$ 可以被无限次访问。因而可得每一个状态都可转移到任意的其他状态。因此，DFR-Sarsa(λ)依赖的马尔可夫链具有不可约性。

其次证明其非周期性。对于不可约的马尔可夫链，仅需证明某一个状态具有非周期性，即可证明整个马尔可夫链具有非周期性。而证明一个状态具有非周期性，只需证明该状态具有自回归性[10]。在 DFR-Sarsa(λ)依赖的 MDP 中，对于状态 $\boldsymbol{x}$，必定存在 1 个 f 满足 $f(\boldsymbol{x},u,\boldsymbol{x})>0$，它表明了状态 $\boldsymbol{x}$ 具有自回归性，由此可得该 MDP 具有非周期性。因此，DFR-Sarsa(λ)依赖的马尔可夫链的非周期性得证。

最后证明其立即奖赏和值函数有界。由文献[7]可知，值函数是折扣的累计回报函数，即满足 $Q(\boldsymbol{x},u)=\sum_{i=0}^{\infty}\gamma^i\rho(\boldsymbol{x},u),\gamma\in(0,1)$。又由定义 12.1 可得，奖赏值函数 ρ 有界，且 $0\leqslant\rho(\boldsymbol{x},u)\leqslant C$，$C$ 为一个非负数。因而有

$$Q(\boldsymbol{x},u)=\sum_{i=0}^{\infty}\gamma^i\rho(\boldsymbol{x},u)<\sum_{i=0}^{\infty}\gamma^iC=\lim_{i\to\infty}\frac{(1-\gamma^i)}{1-\gamma}C=\frac{C}{1-\gamma} \tag{12.14}$$

由式(12.14)可以得出，值函数 $Q(\boldsymbol{x},u)$ 有界。

综上所述，引理 12.1 得证。

证毕。

条件 12.1 对每一个隶属度函数 i 都存在唯一的状态 $\boldsymbol{x}_i$，使 $\mu_i(\boldsymbol{x}_i)>\mu_i(\boldsymbol{x}),\forall\boldsymbol{x}\neq\boldsymbol{x}_i$，而其他的隶属度函数在状态 $\boldsymbol{x}_i$ 处的隶属度值都为 0，即有 $\mu_{i'}(\boldsymbol{x}_i)=0,\forall i'\neq i$。

引理 12.2 DFR-Sarsa(λ)的基函数有界，并且基函数向量线性无关。

证明 首先证明其基函数有界。由 $\phi_r(\boldsymbol{x})\in[0,1]$ 和 $\mu_{\nu_{r,j}}(C(\boldsymbol{x}))\in[0,1]$ 可得

$$\|\phi_r(\boldsymbol{x})\mu_{\nu_{r,j}}(C(\boldsymbol{x}))\|_\infty\leqslant 1 \tag{12.15}$$

式中，$\|\ \|_\infty$ 为无穷范式。已知 DFR-Sarsa(λ)的基函数为 $\phi_r(\boldsymbol{x})\mu_{\nu_{r,j}}(C(\boldsymbol{x}))$，又由式(12.15)可得，DFR-Sarsa(λ)的基函数有界。

其次证明基函数向量线性无关。为使 DFR-Sarsa(λ)的基函数向量线性无关，令算法所使用的基函数满足条件 12.1[11]，其函数形式如图 12.2 所示。由文献[11]可得，当满足条件 12.1 时，基函数向量线性无关。

可以将条件 12.1 的要求适当放宽，使 $\mu_{i'}(\boldsymbol{x}_i)$ 在状态 $\boldsymbol{x}_i$ 处的隶属度为一个较小的值，如标准差较小的高斯隶属度函数。将该隶属度函数用于 DFR-Sarsa(λ)中，通过数次实验可得 DFR-Sarsa(λ)同样可以收敛，但目前还不能对该收敛性给出理论的证明。

综上所述，引理 12.2 得证。

证毕。

引理 12.3 DFR-Sarsa(λ)的步长参数 α 满足

$$\sum_{t=0}^{\infty}\alpha_t=\infty,\ \sum_{t=0}^{\infty}\alpha_t^2<\infty \tag{12.16}$$

证明 DFR-Sarsa(λ)所用的步长参数 $\alpha=1/(t+1)$，其中 t 为时间步。使用牛顿幂级数展开 $\sum_{t=0}^{\infty}\alpha_t$ 可以得到

$$\sum_{t=0}^{\infty}\alpha_t=\sum_{t=0}^{\infty}(1+1/2+\cdots+1/t)=\ln(t+1)+r \tag{12.17}$$

式中，$r\doteq 0.577218$ 为欧拉常数。又因为 $\ln t$ 为递增函数，所以当 $t\to\infty$ 时，满足 $\sum_{t=0}^{\infty}\alpha_t=\infty$。

$$\sum_{t=0}^{\infty}\alpha_t^2=\sum_{t=0}^{\infty}(1^2+(1/2)^2+\cdots+(1/t)^2)<(2t-1)/t=2-1/t \tag{12.18}$$

式(12.18)中的不等式部分可通过归纳法证明，因而当 $t\to\infty$ 时，满足 $\sum_{t=0}^{\infty}\alpha_t^2<\infty$。

由式(12.17)和式(12.18)可以得出，DFR-Sarsa(λ)所用的步长参数满足式(12.16)，即引理 12.3 得证。

证毕。

定理 12.1　在假设 12.1 的条件下，若 DFR-Sarsa(λ)满足上述引理 12.1～引理 12.3，则算法以 1 的概率收敛。

证明　由文献[7]可以得出，在假设 12.1 成立的条件下，在策略的 TD(λ)算法在使用线性函数近似时，如果满足引理 12.1～引理 12.3，则该类型的算法收敛。满足假设 12.1 的算法 DFR-Sarsa(λ)是一种利用线性函数近似的在策略 TD(λ)算法，且该算法对引理 12.1～引理 12.3 成立。因而可以得出，DFR-Sarsa(λ)以 1 的概率收敛。

证毕。

12.3　仿 真 实 验

本章以 Mountain Car 和 Cart-pole Balancing 问题为例，验证 DFR-Sarsa(λ)的性能。Mountain Car 和 Cart-pole Balancing 是强化学习中两个经典的连续状态和动作空间的情节式任务，许多经典的 RL 算法都以这两个任务作为实验平台。

12.3.1　Mountain Car

以 Mountain Car 问题为例，其示意图如图 3.4 所示，实验描述如 3.3.1 节所示。仿真实验中，每次实验的情节数设定为 1000，每个情节的最大时间步数设定为 1000。小车的初始状态为 $y=-0.5$，$u=0$。当小车到达目标点（$y=0.5$）或时间步数超过 1000 时，1 个情节结束，然后系统状态重新进行初始化，开始下一个情节的学习。学习完设定的 1000 个情节后，1 次实验结束。

将 DFR-Sarsa(λ)算法与 Tokarchuk 等[12]提出的 Fuzzy Sarsa 算法、Sutton 等[13]提出的 GD-Sarsa(λ)算法，以及 Zajdel[14]提出的 Fuzzy Q(λ)算法进行比较，并验证资格迹对算法收敛性能的影响。

设置 DFR-Sarsa(λ)所需的参数，用三角隶属度函数作为 FIS1 和 FIS2 的模糊集的隶属度函数形式(如图 12.2 所示)：分别采用 20 个模糊中心等距的模糊集对二维的连续状态空间的每一维进行三角模糊划分，模糊集的个数为 20×20=400；同理，用 8 个模糊中心等距的模糊集对连续动作空间进行三角模糊划分，模糊集的个数为 8。其他参数设置为 $\varepsilon=0.001$，$\alpha=0.9$，$\lambda=0.9$，$\gamma=1.0$。Fuzzy Sarsa 采用模糊划分的形式与 DFR-Sarsa(λ)相同，其他参数设置为 $\varepsilon=0.001$，$\alpha=0.9$，$\gamma=0.9$。GD-Sarsa(λ)中采用 10 个 9×9 的 Tiling 来划分状态空间，参数设置依据文献[7]中给出的最优实验参数：$\varepsilon=0.001$，$\alpha=0.14$，$\lambda=0.3$，$\gamma=1.0$。Fuzzy Q(λ)采用模糊划分的形式也与 DFR-Sarsa(λ)相同，其他参数按照文献[14]设置为 $\varepsilon=0.005$，$\alpha=0.1$，$\lambda=0.1$，$\gamma=0.995$。

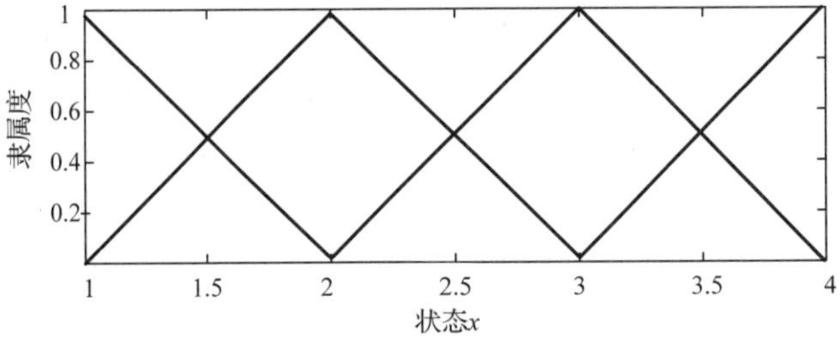

图 12.2　三角隶属度函数(除了状态的定义域不同，位置和速度的模糊隶属度函数形式如图 12.2 所示，同样的，12.3.2 节中的模糊隶属度函数也采用该函数形式)

将 DFR-Sarsa(λ)、Fuzzy Sarsa、GD-Sarsa(λ)和 Fuzzy Q(λ)应用于 Mountain Car 问题中，分别进行 30 次独立的仿真实验，实验结果如图 12.3 所示。图 12.3 中横坐标表示情节数，纵坐标表示小车从初始点到达目标点所用的平均时间步。从图 12.3 可以看出，DFR-Sarsa(λ)的收敛性能优于其他 3 个算法。

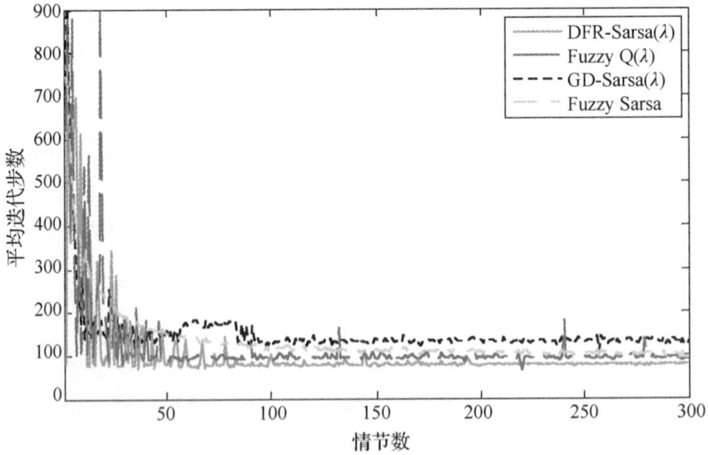

图 12.3　4 种算法收敛性能的比较

上述 4 种算法的详细性能比较如表 12.1 所示(以 DFR-Sarsa(λ)的 1 个平均迭代步所花费的时间作为基准时间)。

表 12.1　4 种算法在 Mountain Car 问题中性能的比较

四种对比算法	DFR-Sarsa(λ)	Fuzzy Q(λ)	GD-Sarsa(λ)	Fuzzy Sarsa
平均收敛情节数	96	98	118	103
收敛后平均迭代步数	79	101	134	112
算法一个迭代步的平均时间	100%	80%	30%	65%

为了检验本章提出的资格迹在算法中的作用，将 DFR-Sarsa(λ)与不使用资格迹机制时的 DFR-Sarsa 算法应用于 Mountain Car 中。图 12.4 比较了这两种算法的收敛性能，数据分析显示，两种算法均以相同的平均时间步收敛，但 DFR-Sarsa(λ)的收敛速度明显优于 DFR-Sarsa。

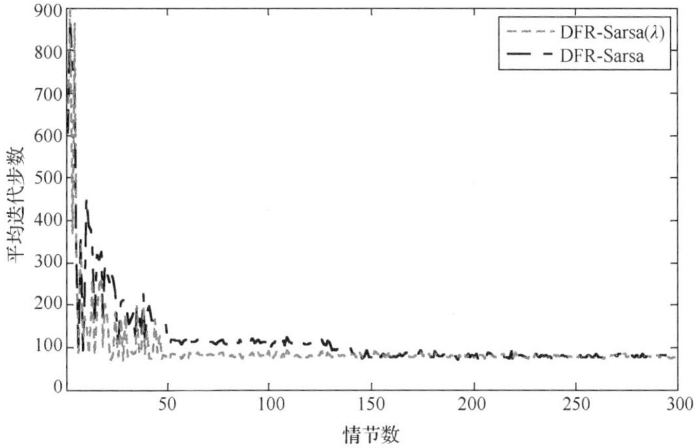

图 12.4　资格迹对 DFR-Sarsa(λ)收敛性能的影响

12.3.2　平衡杆

以图 9.1 所示的平衡杆实验为例，实验描述如 9.4.1 节所示，本例的参数设置与 12.3.1 节中对算法的参数设置类似，这里只给出不同的部分：用 12 个等距的模糊集对连续动作空间进行三角模糊划分，模糊集的个数为 12。

DFR-Sarsa(λ)、GD-Sarsa(λ)针对 Cart-pole Balancing 问题进行 30 次独立仿真实验的结果如图 12.5 所示，图中横坐标表示情节数，纵坐标表示硬质杆竖立于垂直方向和两侧的一定角度范围内所用的平均时间步。分析图 12.5 可得，DFR-Sarsa(λ)在收敛性能上明显优于 GD-Sarsa(λ)。

两种算法的详细性能比较如表 12.2 所示(以 DFR-Sarsa(λ)的 1 个平均迭代步所需的时间作为基准时间)。

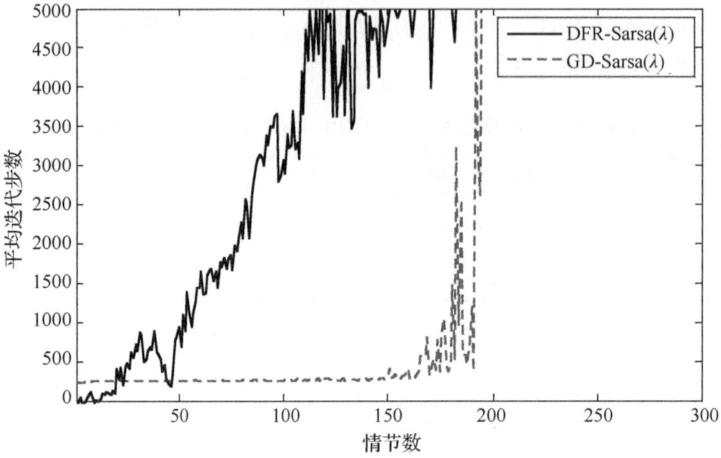

图 12.5　两种算法收敛性能的比较

表 12.2　两种算法在 Cart-pole Balancing 问题中性能的比较

算法	收敛情节数		算法一个情节数的平均时间
	最小情节数	平均情节数	
DFR-Sarsa(λ)	135	155	100%
GD-Sarsa(λ)	179	204	46%

图 12.6 描述的分别为 DFR-Sarsa(λ)和 GD-Sarsa(λ)这两种算法在时间步增大的过程中，硬质杆与垂直方向的角度变化情况。其中 GD-Sarsa(λ)基于离散动作，DFR-Sarsa(λ)基于连续动作。从图中可以清晰地看出，DFR-Sarsa(λ)所获得的连续行为策略可以使硬质杆摆动的角度只在较小的范围内变化，而 GD-Sarsa(λ)所获得

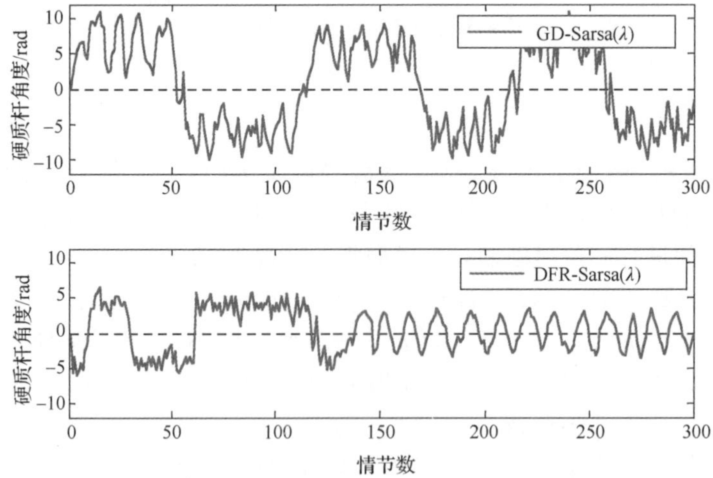

图 12.6　分别使用上述两种算法时，硬质杆的角度 θ 的变化情况

的离散行为策略会使硬质杆在较大的角度范围内摆动，这说明了 DFR-Sarsa(λ) 求得的策略的稳定性优于 GD-Sarsa(λ)。因而，DFR-Sarsa(λ) 更适用于求解对策略稳定性要求较高的问题。

12.4 本章小结

本章针对在强化学习算法中使用查询表或者函数近似时收敛速度慢且不易获得连续行为策略的问题，提出带有资格迹的基于两层模糊推理的强化学习算法——DFR-Sarsa(λ)。该算法先构建两层相互联系的，与状态、动作和 Q 值相关的 FIS 以近似 Q-值函数，再利用梯度下降方法更新资格迹和 FIS 中模糊规则的后件值。将该算法与其他 3 种较新的相近算法应用于强化学习中经典的 Mountain Car 和 Cart-pole Balancing 问题中，通过实验数据分析可以得到，相比于已有的只使用一个模糊推理系统的强化学习算法，DFR-Sarsa(λ) 虽然增加了时间复杂度，但需要较少的收敛步数。相比于基于查询表或者其他的函数近似方法的强化学习方法，DFR-Sarsa(λ) 有更好的收敛速度，且可以获得连续行为策略。

参考文献

[1] Kaelbling L, Littman M, Moore A. Reinforcement learning: A Survey. Journal of Artificial Intelligence Research, 1996, 4(2): 237-285.

[2] Kober J, Bagnell J, Peters J. Reinforcement learning in robotics: A survey. The International Journal of Robotics Research, 2013, 32(11): 1238-1274.

[3] 穆翔，刘全，傅启明，等. 基于两层模糊划分的时间差分算法. 通信学报，2013, 34(10):92-99.

[4] Weng D, Yang L, Liu Q, et al. Type-2 fuzzy logic based deadlock detection. International Journal of Digital Content Technology and Its Applications, 2012, 6(1): 429-438.

[5] Mendel J. Computing derivatives in interval type-2 fuzzy logic systems. IEEE Transactions on Fuzzy Systems, 2004, 12(1): 84-98.

[6] Khanesar M, Kayacan E, Teshehlab M, et al. Analysis of the noise reduction property of type-2 fuzzy logic systems using a novel type-2 membership function. IEEE Transactions on Systems, Man, and Cybernetics, 2011, 41(5): 1395-1406.

[7] Barto A. Reinforcement Learning: An Introduction. Cambridge: MIT Press, 1998.

[8] Tsitsiklis J, Van R. An analysis of temporal-difference learning with function approximation. IEEE Transactions on Automatic Control, 1997, 42(5): 674-690.

[9] Dayan P. The convergence of TD(λ) for general λ. Machine Learning, 1992, 8(3-4): 341-362.

[10] 刘次华. 随机过程. 武汉: 华中科技大学出版社, 2008.

[11] Busoniu L, Babuska R, De S, et al. Reinforcement Learning and Dynamic Programming Using Function Approximators. Florida: CRC Press, 2010.

[12] Tokarchuk L, Bigham J, Cuthbert L. Fuzzy Sarsa: An approach to linear function approximation in reinforcement learning. The International Conference on Artificial Intelligence and Machine Learning, Berlin, 2005.

[13] Sutton R, McAllester D, Singh S, et al. Policy gradient methods for reinforcement learning with function approximation. The 16th Annual Conference on Neural Information Processing Systems, Denver, 1999.

[14] Zajdel R. Fuzzy Q(λ)-learning algorithm. The 10th International Conference on Artificial Intelligence and Soft Computing, Berlin, 2010.

第 13 章　一种基于区间型二型模糊推理的 Sarsa(λ) 算法

本章针对传统的基于模糊推理的 RL 算法存在收敛性能不足和对噪声干扰缺乏鲁棒性的问题，提出一种基于区间型二型模糊推理的 Sarsa(λ)算法——IT2FI-Sarsa(λ)。IT2FI-Sarsa(λ)以求解小状态空间或离散状态空间的 Sarsa(λ)算法为基础，首先将动作空间进行离散化，并将大状态空间或连续状态空间进行二型模糊划分，且该划分使用一种新颖的可以使二型模糊推理[1-5]的降型存在闭合解的椭圆形隶属函数；然后以状态为前件的输入，动作和对应的 Q 值为后件的输出来构建模糊规则库。模糊推理根据该种形式的规则库推理获得 Q 值；最后，使用梯度下降方法更新参数向量，以使算法收敛，并最终获得最优行为策略。将 IT2FI-Sarsa(λ)应用于仿真实验，结果表明该算法不仅可以获得较好的收敛性能，还对噪声干扰具有较强的鲁棒性。

13.1　近似 Q-值函数的计算和参数的更新

在强化学习框架下，使用零阶 TSK 形式的区间型二型模糊推理系统(IT2FIS)作为近似 Q-值函数的近似方法。IT2FIS 将状态 $\boldsymbol{x}$ 映射到动作 u 和对应的动作值 q，其规则形式如下

$$
\begin{aligned}
\text{Rule } R_r: \text{if } x_1 \text{ is } \chi_1^r \text{ and} \cdots \text{and } x_D \text{ is } \chi_D^r \quad \text{then} \quad & y = u_{r,1} \text{ with } q_{r,1} = \theta_{r,1} \\
\text{or} \quad & y = u_{r,2} \text{ with } q_{r,2} = \theta_{r,2} \\
& \vdots \\
\text{or} \quad & y = u_{r,M} \text{ with } q_{r,M} = \theta_{r,M}
\end{aligned}
$$

其中，$\boldsymbol{x} = (x_1, x_2, \cdots, x_D)$ 为状态，$u_{r,j}$ 为第 r 条模糊规则中的第 j 个离散动作，且有 $r \in \{1, 2, \cdots, N\}$ 和 $j \in \{1, 2, \cdots, M\}$。$M$ 个离散动作由动作空间均匀划分而成，$q_{r,j}$ 为第 r 条模糊规则中对应于第 j 个离散动作的 Q 值分量，可用 $\theta_{r,j}$ 表示。$\chi^r = \chi_1^r \times \cdots \times \chi_D^r$ 是 D 维二型模糊集合，隶属度函数为

$$
\underline{\mu}(\boldsymbol{x}) = \begin{cases} \left(1 - \left|\dfrac{\boldsymbol{x} - \boldsymbol{c}}{\boldsymbol{d}}\right|^{a_1}\right)^{\frac{1}{a_1}}, & \boldsymbol{c} - \boldsymbol{d} < \boldsymbol{x} < \boldsymbol{c} + \boldsymbol{d} \\ 0, & \text{其他} \end{cases} \tag{13.1}
$$

$$\overline{\mu}(\boldsymbol{x})=\begin{cases}\left(1-\left|\dfrac{\boldsymbol{x}-\boldsymbol{c}}{\boldsymbol{d}}\right|^{a_2}\right)^{\frac{1}{a_2}}, & \boldsymbol{c}-\boldsymbol{d}<\boldsymbol{x}<\boldsymbol{c}+\boldsymbol{d}\\ 0, & \text{其他}\end{cases} \tag{13.2}$$

式中，$\boldsymbol{x}$是输入向量；$\boldsymbol{c}$ 和$\boldsymbol{d}$分别是隶属度函数的中心和宽度。区间$[a_1, a_2]$决定了该隶属度函数的不确定域(Foot of Uncertainty, FOU)，且a_1和a_2分别满足

$$a_1>1,\quad 0<a_2<1 \tag{13.3}$$

使用该类型的隶属度函数后，二型模糊推理的结果是一个闭合解。IT2FIS 的目标是在线更新$\theta_{r,j}$直到收敛。

将每条规则前件中每个模糊集合的隶属度通过积运算操作，可以获得该条规则的激活度，由于 IT2FIS 中每条规则的激活度是一个区间，分别计算其上界激活度和下界激活度，可得

$$\overline{\varphi}^r(\boldsymbol{x})=\overline{\mu}_{\chi_{r,1}}(x_1)\cdot\overline{\mu}_{\chi_{r,2}}(x_2)\cdot\cdots\cdot\overline{\mu}_{\chi_{r,D}}(x_D) \tag{13.4}$$

$$\underline{\varphi}^r(\boldsymbol{x})=\underline{\mu}_{\chi_{r,1}}(x_1)\cdot\underline{\mu}_{\chi_{r,2}}(x_2)\cdot\cdots\cdot\underline{\mu}_{\chi_{r,D}}(x_D) \tag{13.5}$$

在输入状态为$\boldsymbol{x}$时，对每一条规则R_r，根据M个离散动作所对应的$\theta_{r,j}$的大小，并在考虑探索-平衡困境的情况下，采用改进的 Softmax 动作选择策略[6]从M个可选的离散动作中选出一个动作$u_{r,j}$，其被选择的概率为

$$p(u_{r,j})=\frac{\exp(f_r\cdot\theta_{r,j}/\tau)}{\sum_{j=1}^{M}\exp(f_r\cdot\theta_{r,j}/\tau)} \tag{13.6}$$

式中，f_r为规则的输入为$\boldsymbol{x}$时的激活度，计算方法为

$$f_r=\frac{\underline{\varphi}^r+\overline{\varphi}^r}{\sum_{r=1}^{N}\underline{\varphi}^r+\sum_{r=1}^{N}\overline{\varphi}^r} \tag{13.7}$$

式中，τ（$\tau>0$）是温度参数，用于控制动作被选择的概率。

结合规则库中的模糊规则，使用下面的模糊推理方法获得最终的输出值为

$$y=\frac{\sum_{r=1}^{N}\underline{\varphi}^r a_r}{\sum_{r=1}^{N}\underline{\varphi}^r+\sum_{r=1}^{N}\overline{\varphi}^r}+\frac{\sum_{r=1}^{N}\overline{\varphi}^r a_r}{\sum_{r=1}^{N}\underline{\varphi}^r+\sum_{r=1}^{N}\overline{\varphi}^r}=\frac{\sum_{r=1}^{N}(\underline{\varphi}^r+\overline{\varphi}^r)a_r}{\sum_{r=1}^{N}\underline{\varphi}^r+\sum_{r=1}^{N}\overline{\varphi}^r} \tag{13.8}$$

可以得到状态为$\boldsymbol{x}$时，IT2FIS 输出的执行动作u为

$$u(\boldsymbol{x})=\frac{\sum_{r=1}^{N}(\underline{\varphi}^r+\overline{\varphi}^r)u_{r,j}}{\sum_{r=1}^{N}\underline{\varphi}^r+\sum_{r=1}^{N}\overline{\varphi}^r} \tag{13.9}$$

同理可以得到状态为$\boldsymbol{x}$，执行动作为u时的近似 Q 值为

$$Q(\boldsymbol{x},u)=\frac{\sum_{r=1}^{N}(\underline{\varphi}^r+\overline{\varphi}^r)\theta_{r,j}}{\sum_{r=1}^{N}\underline{\varphi}^r+\sum_{r=1}^{N}\overline{\varphi}^r} \tag{13.10}$$

在得到 Q 值的计算方法后，结合文献[7]中有关在策略方法的 TD 计算方法，可得 IT2FIS 所输出 Q 值的 TD 误差为

$$\Delta\tilde{Q}_t(\boldsymbol{x}_t,u_t)=r_{t+1}+\gamma\tilde{Q}_t(\boldsymbol{x}_{t+1},u_{t+1})-\tilde{Q}_t(\boldsymbol{x}_t,u_t) \tag{13.11}$$

IT2FI-Sarsa(λ)算法为使 IT2FIS 近似 Q 值近似误差最小，将 TD 误差作为误差损失函数，并利用梯度下降方法更新每条模糊规则后件中被激活动作所对应的 Q 值分量，即

$$\begin{aligned}\theta_{r,j}^{t+1}&=\theta_{r,j}^{t}-\frac{1}{2}\alpha\nabla_{\boldsymbol{\theta}_t}[r_{t+1}+\gamma\tilde{Q}_t(\boldsymbol{x}_{t+1},u_{t+1})-\tilde{Q}_t(\boldsymbol{x}_t,u_t)]^2\\&=\theta_{r,j}^{t}+\alpha\cdot\Delta\tilde{Q}_t(\boldsymbol{x}_t,u_t)\cdot\nabla_{\boldsymbol{\theta}_t}\tilde{Q}_t(\boldsymbol{x}_t,u_t)\end{aligned} \tag{13.12}$$

式中，$\theta_{r,j}^{t+1}$ 是 $t+1$ 时刻第 r 条模糊规则所选中的激活动作 $u_{r,j}$ 所对应的 Q 值分量 $\theta_{r,j}$；α 为步长参数；$\Delta\tilde{Q}_t(\boldsymbol{x}_t,u_t)=r_{t+1}+\gamma\tilde{Q}_t(\boldsymbol{x}_{t+1},u_{t+1})-\tilde{Q}_t(\boldsymbol{x}_t,u_t)$。结合后向 TD(λ)算法[7]，可将式(13.12)变形为

$$\boldsymbol{\theta}_{t+1}=\boldsymbol{\theta}_t+\alpha\Delta\tilde{Q}_t\boldsymbol{e}_t \tag{13.13}$$

式中，$\boldsymbol{\theta}_t$ 是所有模糊规则中全部离散动作所对应的 Q 值分量 $\theta_{r,j}$，且满足 $r\in\{1,2,\cdots,N\}$ 和 $j\in\{1,2,\cdots,M\}$。$\boldsymbol{e}_t$ 是资格迹向量，它的维度与 $\boldsymbol{\theta}$ 相同。采用累加迹的更新方式[7]，可得其计算公式为

$$\boldsymbol{e}_t(r,j)\leftarrow\begin{cases}\gamma\lambda\boldsymbol{e}_{t-1}(r,j)+\nabla_{\theta_{r,j}}\tilde{Q}_t(\boldsymbol{x}_t,u_t), & j\text{为激活动作下标}\\ \gamma\lambda\boldsymbol{e}_{t-1}(r,j), & \text{其他}\end{cases} \tag{13.14}$$

式中，γ 是折扣因子；λ 是衰减因子。结合式(13.10)计算 $\nabla_{\theta_{r,j}}\tilde{Q}_t(\boldsymbol{x}_t,u_t)$ 为

$$\nabla_{\theta_{r,j}}Q_t(\boldsymbol{x}_t,u_t)=\nabla_{\theta_{r,j}}\frac{\sum_{r=1}^{N}(\underline{\varphi}^r+\overline{\varphi}^r)\theta_{r,j}}{\sum_{r=1}^{N}\underline{\varphi}^r+\sum_{r=1}^{N}\overline{\varphi}^r}=\frac{\underline{\varphi}^r+\overline{\varphi}^r}{\sum_{r=1}^{N}\underline{\varphi}^r+\sum_{r=1}^{N}\overline{\varphi}^r} \tag{13.15}$$

则式(13.14)可以进一步表示为

$$\boldsymbol{e}_t(r,j)\leftarrow\begin{cases}\gamma\lambda\boldsymbol{e}_{t-1}(r,j)+\dfrac{\underline{\varphi}^r+\overline{\varphi}^r}{\sum_{r=1}^{N}\underline{\varphi}^r+\sum_{r=1}^{N}\overline{\varphi}^r}, & j\text{为激活动作下标}\\ \gamma\lambda\boldsymbol{e}_{t-1}(r,j), & \text{其他}\end{cases} \tag{13.16}$$

13.2　IT2FI-Sarsa(λ)算法的学习过程

由 13.1 节可知近似 Q-值函数的计算方法、动作选择策略和参数更新方法。结合在策略的 Sarsa 算法，可以得到算法 IT2FI-Sarsa(λ)的学习过程如算法 13.1 所示。

算法 13.1　IT2FI-Sarsa(λ)的学习过程

(1) 初始化参数向量 $\boldsymbol{\theta}=0$ 和资格迹 $\boldsymbol{e}=0$

(2) 选择初始状态 $\boldsymbol{x}$ 和动作 u

(3) repeat (对情节的每一步)

(4)　根据式(13.14)更新资格迹

(5)　执行动作 u，根据式(13.10)计算 $\tilde{Q}(\boldsymbol{x},u)$，同时获得下一个状态 $\boldsymbol{x}'$ 和立即奖赏 r

(6)　根据式(13.6)，应用 Softmax 动作选择策略从每一条规则中选出一个动作

(7)　根据式(13.9)和式(13.10)分别计算状态为 $\boldsymbol{x}'$ 时的执行动作 u' 和此时的 $\tilde{Q}(\boldsymbol{x},u)$

(8)　根据式(13.11)和式(13.13)分别计算 $\Delta\tilde{Q}$ 和更新参数向量 $\boldsymbol{\theta}$

(9)　令 $\boldsymbol{x}\leftarrow\boldsymbol{x}'$，$u\leftarrow u'$

(10) until　$\boldsymbol{x}'$ 为终止状态

(11) if 参数向量 $\boldsymbol{\theta}$ 收敛或运行完设定情节数

(12)　学习终止

(13) else

(14)　转到(2)

(15) end if

算法 13.1 本质上是通过将 IT2FIS 作为 Q-值函数近似器，并结合强化学习算法以更新 IT2FIS 中一组模糊规则的后件参数，进而求解最优行为策略的算法。当模糊推理系统使用一型模糊集时，一般只需采用梯度下降等导数相关的参数更新方法，最终便可求得近似效果最好的参数向量 $\boldsymbol{\theta}$。而当模糊推理系统使用二型模糊集时，IT2FIS 的降型方法一般采用没有闭合解(closed solution)且计算复杂度较高的 KM(Karnik-Mendel)算法。在这种条件下进行参数更新时，一种方法是使用梯度下降方法，参数的每轮更新都需要多次判断 $\boldsymbol{\theta}$ 的每个分量所对应的基函数，该操作会增加额外的计算；另一种方法是在参数的每轮更新中，根据每条规则的激活度来分配强化信号，并将分配到的强化信号用于该条规则的参数更新。这种方法是从强化信号分配的角度来考虑，但该方法会由于模糊规则间的交互而产生不相干的强化信号分配，从而导致在用于参数更新时会减慢参数的收敛速度[8]。本章的模糊推理系统虽然使用二型模糊集合，但由于其特殊的降型方法，可以很容易地使用梯度下降的方法来更新参数，同时令参数以较快的速度收敛。

13.3　算法收敛性分析

对 IT2FI-Sarsa(λ)算法的值函数近似方式进行一个简单的分析：由式(13.10)可以得出，Q-值函数的计算方法是采用以参数向量 $\boldsymbol{\theta}$ 为线性参数的线性值函数近似方法；由式(13.12)可以得出，IT2FI-Sarsa(λ)采用梯度下降方法更新线性参数向量 $\boldsymbol{\theta}$ 以最小化 TD 误差。此外，由文献[9]可得 Sarsa 算法是一种在策略的 TD(λ)算法。综

上可得 IT2FI-Sarsa(λ)算法是一种使用线性函数近似的在策略 TD(λ)算法。

文献[10]和文献[11]针对在策略的 TD(λ)算法在使用线性函数近似时的收敛性进行了详细的分析，当该类型的算法满足一定的假设和条件时，可以以 1 的概率收敛。因而当 IT2FI-Sarsa(λ)算法满足上述假设和条件时，同样也会以 1 的概率收敛。本章不再赘述对其收敛性的详细证明。

定义 13.1　有界的 MDP 问题。已知 $\boldsymbol{X}$ 和 U 都是有限集合，令 $\boldsymbol{Z}$ 表示状态动作集合，即 $\boldsymbol{Z}:\boldsymbol{X}\times U$，则 $\boldsymbol{Z}$ 也为有限集合；奖赏值函数 ρ 满足 $0\leqslant\rho(\boldsymbol{x},u)\leqslant C$；MDP 的边界因子 $\beta=1/(1-\gamma)$，其中 γ 为折扣因子，且对于 $\forall\boldsymbol{x}\in\boldsymbol{X}$ 和 $\forall(\boldsymbol{x},u)\in\boldsymbol{Z}$，$0\leqslant V(\boldsymbol{x})\leqslant\beta C$ 和 $0\leqslant Q(\boldsymbol{x},u)\leqslant\beta C$ 成立。

假设 13.1　MDP 中的状态转移函数和奖赏函数都服从稳定的分布。

条件 13.1　IT2FI-Sarsa(λ)算法所依赖的环境可以构造成一个具有不可约性和非周期性的马尔可夫链。此外，算法的立即奖赏有界。

证明　首先证明其不可约性。已知 MDP 是一种马尔可夫过程，根据马尔可夫过程的性质，如果一个马尔可夫过程的任意两个状态可以相互转移，则它具有不可约性[12]。IT2FI-Sarsa(λ)用于解决满足 MDP 框架的强化学习问题，且该 MDP 满足定义 13.1。因而对于该 MDP 中的任意状态 $\boldsymbol{x}$，必定存在一个 f 满足 $f(\boldsymbol{x},u,\boldsymbol{x}')\geqslant 0$，这表明状态 $\boldsymbol{x}$ 可以被无限次访问。因而可得每一个状态都可转移到任意的其他状态。因此，IT2FI-Sarsa(λ)依赖的马尔可夫链是不可约的。

其次证明其非周期性。对于不可约的马尔可夫链，仅需证明某一个状态具有非周期性，即可证明整个马尔可夫链是非周期性的。而证明一个状态具有非周期性，只需证明该状态具有自回归性[12]。在 IT2FI-Sarsa(λ)依赖的 MDP 中，对于状态 $\boldsymbol{x}$，必定存在 1 个 f 满足 $f(\boldsymbol{x},u,\boldsymbol{x})>0$，它表明了状态 $\boldsymbol{x}$ 具有自回归性，由此可得该 MDP 具有非周期性。因此，IT2FI-Sarsa(λ)依赖的马尔可夫链是非周期性的。

由定义 13.1 可得奖赏值函数 ρ 有界，且 $0\leqslant\rho(\boldsymbol{x},u)\leqslant C$，$C$ 为一个非负数。因为算法由于 IT2FI-Sarsa(λ)算法的学习过程是基于定义 13.1 而设计的，即满足定义 13.1 的条件，由此可得奖赏函数有界。

证毕。

条件 13.2　IT2FI-Sarsa(λ)算法的每一个迭代步的步长参数 α_t 大于 0 且满足

$$\sum\nolimits_{t=0}^{\infty}\alpha_t=\infty,\qquad \sum\nolimits_{t=0}^{\infty}\alpha_t^2<\infty \tag{13.17}$$

证明　令 IT2FI-Sarsa(λ)所用的步长参数 $\alpha=1/(t+1)$，其中 t 为时间步。使用牛顿幂级数展开 $\sum\nolimits_{t=0}^{\infty}\alpha_t$ 可以得到

$$\sum\nolimits_{t=0}^{\infty}\alpha_t=\sum\nolimits_{t=0}^{\infty}(1+1/2+\cdots+1/t)=\ln(t+1)+r \tag{13.18}$$

式中，$r \doteq 0.577218$ 为欧拉常数。又因为 $\ln t$ 为递增函数，所以当 $t \to \infty$ 时，满足 $\sum_{t=0}^{\infty} \alpha_t = \infty$。

$$\sum_{t=0}^{\infty} \alpha_t^2 = \sum_{t=0}^{\infty} (1^2 + (1/2)^2 + \cdots + (1/t)^2) < (2t-1)/t = 2 - 1/t \tag{13.19}$$

式(13.19)中的不等式部分可通过归纳法证明，因而当 $t \to \infty$ 时，满足 $\sum_{t=0}^{\infty} \alpha_t^2 < \infty$。

由式(13.18)和式(13.19)可以得出，IT2FI-Sarsa(λ)所用的步长参数满足式(13.17)，即 IT2FI-Sarsa(λ)满足条件 13.2。

通常情况下，将算法用于实际的问题时，简单地选取满足 $0 < \alpha < 1$ 的 α 时，就可以使算法收敛到一个稳定的值，但这种取值不满足式(13.17)，因而并无理论性的保证。

证毕。

条件 13.3 IT2FI-Sarsa(λ)算法所使用的基函数向量线性无关。

证明 扩展 IT2FI-Sarsa(λ)中用于函数近似的 IT2FIS 的第 r 条模糊规则，根据后件的 M 个动作将其分成 M 条不同的规则，如下

$$\begin{aligned}
&\text{if } x_1 \text{ is } \chi_1^r \text{ then } u_{r,1} \text{ with } \theta_{r,1} \\
&\text{if } x_1 \text{ is } \chi_1^r \text{ then } u_{r,2} \text{ with } \theta_{r,2} \\
&\qquad\vdots \\
&\text{if } x_1 \text{ is } \chi_1^r \text{ then } u_{r,M} \text{ with } \theta_{r,M}
\end{aligned} \tag{13.20}$$

因而，IT2FIS 的 N 条模糊规则共有 N 组这系列的 M 条规则。这样在计算状态为 $\boldsymbol{x}$ 的动作时，从每组中选择一条规则，并将选出的 N 条模糊规则相结合便可以产生最终的动作。可以根据上述内容定义长度为 MN 的状态动作基向量 $\boldsymbol{\psi}$ 为

$$\boldsymbol{\psi}(\boldsymbol{x},u) = \Big(\overbrace{0\cdots f_1^1(x_1)\cdots 0}^{M}\ \overbrace{0\cdots f_2^2(x_2)\cdots 0}^{M}\ \overbrace{0\cdots f_N^k(x_k)\cdots 0}^{M}\Big)^{\mathrm{T}} \tag{13.21}$$

式中，f_i^j 是状态为 $x_j(x_1,\cdots,x_k \in \boldsymbol{X})$ 时，第 i 条规则的激活度；M 是前面所提的可选离散动作的个数。从式(13.21)可以看出，在 N 组长度为 M 的元素向量中，每组只有被选中的那条规则所对应的那个元素值不为零。且对于每一个输入状态 $\boldsymbol{x}$，一共可能有 M^N 个基向量 $\boldsymbol{\psi}$。因而可得，状态动作空间矩阵 $\boldsymbol{\phi}$ 的维度为 $|\boldsymbol{X}| \cdot M^N \times M \cdot N$（其中 $|\boldsymbol{X}|$ 为假设的离散状态的个数）。状态动作空间矩阵 $\boldsymbol{\phi}$ 的每一行由基向量 $\boldsymbol{\psi}^{\mathrm{T}}(\boldsymbol{x},u)$ 所组成，每一行 $\boldsymbol{\psi}^{\mathrm{T}}(\boldsymbol{x},u)$ 分别对应着可调整大小的参数向量，即

$$\boldsymbol{\theta}^{\mathrm{T}} = (\theta_{1,1},\cdots,\theta_{1,M},\theta_{2,1},\cdots,\theta_{2,M},\theta_{N,1},\cdots,\theta_{N,M}) \tag{13.22}$$

为了证明 IT2FI-Sarsa(λ)算法所使用的基函数向量线性无关，即证明上述状态动作空间矩阵 $\boldsymbol{\phi}$ 的列向量线性无关，令 $\boldsymbol{\phi}\boldsymbol{K} = 0$，其中 $\boldsymbol{K}$ 为任意的向量。结合式(13.21)，可以得到如下推导

$$
\boldsymbol{\phi K}=\mathbf{0}=\begin{bmatrix}
\overbrace{f_1^1 0\cdots 0}^{M}\ \overbrace{f_2^1 0\cdots 0}^{M}\cdots\overbrace{f_N^1 0\cdots 0}^{M} \\
\overbrace{0 f_1^1\cdots 0}^{M}\ \overbrace{0 f_2^1\cdots 0}^{M}\cdots\overbrace{0 f_N^1\cdots 0}^{M} \\
\vdots \\
\overbrace{0\cdots 0 f_1^1}^{M}\ \overbrace{0\cdots 0 f_2^1}^{M}\cdots\overbrace{0\cdots 0 f_N^1}^{M} \\
\vdots \\
\overbrace{f_1^{|X|} 0\cdots 0}^{M}\ \overbrace{f_2^{|X|} 0\cdots 0}^{M}\cdots\overbrace{f_N^{|X|} 0\cdots 0}^{M} \\
\overbrace{0 f_1^{|X|}\cdots 0}^{M}\ \overbrace{0 f_2^{|X|}\cdots 0}^{M}\cdots\overbrace{0 f_N^{|X|}\cdots 0}^{M} \\
\vdots \\
\overbrace{0\cdots 0 f_1^{|X|}}^{M}\ \overbrace{0\cdots 0 f_2^{|X|}}^{M}\cdots\overbrace{0\cdots 0 f_N^{|X|}}^{M}
\end{bmatrix}\times\begin{bmatrix} K_1 \\ K_2 \\ \vdots \\ K_M \\ \vdots \\ K_{M(N-1)+1} \\ K_{M(N-1)+2} \\ \vdots \\ K_{MN} \end{bmatrix}
$$

$$
=\begin{bmatrix}
\left.\begin{matrix}
f_1^1 K_1+f_2^1 K_{M+1}+\cdots+f_N^1 K_{M(N-1)+1} \\
f_1^1 K_M+f_2^1 K_{M+1}+\cdots+f_N^1 K_{M(N-1)+1} \\
\vdots \\
f_1^1 K_1+f_2^1 K_{2M}+\cdots+f_N^1 K_{MN} \\
f_1^1 K_M+f_2^1 K_{2M}+\cdots+f_N^1 K_{MN}
\end{matrix}\right\} M^N \\
\vdots \\
\left.\begin{matrix}
f_1^{|X|} K_1+f_2^{|X|} K_{M+1}+\cdots+f_N^{|X|} K_{M(N-1)+1} \\
f_1^{|X|} K_M+f_2^{|X|} K_{M+1}+\cdots+f_N^{|X|} K_{M(N-1)+1} \\
\vdots \\
f_1^{|X|} K_1+f_2^{|X|} K_{2M}+\cdots+f_N^{|X|} K_{MN} \\
f_1^{|X|} K_M+f_2^{|X|} K_{2M}+\cdots+f_N^{|X|} K_{MN}
\end{matrix}\right\} M^N
\end{bmatrix} \tag{13.23}
$$

从式(13.23)的等号右边的矩阵中，选择每一个大小为 M^N 的齐次方程集中的第一行，已知 $\boldsymbol{\phi K}=\mathbf{0}$，可以得到

$$
\begin{cases}
f_1^1 K_1+f_2^1 K_{M+1}+\cdots+f_N^1 K_{M(N-1)+1}=0 \\
f_1^2 K_1+f_2^2 K_{M+1}+\cdots+f_N^2 K_{M(N-1)+1}=0 \\
\vdots \\
f_1^{|X|} K_1+f_2^{|X|} K_{M+1}+\cdots+f_N^{|X|} K_{M(N-1)+1}=0
\end{cases} \tag{13.24}
$$

考虑 MDP 环境中有限的离散状态集，可以将状态有限的状态空间表示成关于状态和状态特征基函数的矩阵 $\boldsymbol{\phi}_s$，即

$$\boldsymbol{\phi}_s = \begin{bmatrix} f_1^1 & f_2^1 & \cdots & f_N^1 \\ \vdots & \vdots & & \vdots \\ f_1^{|\boldsymbol{X}|} & f_2^{|\boldsymbol{X}|} & \cdots & f_N^{|\boldsymbol{X}|} \end{bmatrix} \tag{13.25}$$

式中，$|\boldsymbol{X}|$ 表示状态空间的离散状态个数；f_i^j 是当状态为 x_j 时第 i 条规则的正则化激活度。由文献[13]可得，若模糊集的中心各不相同，该矩阵 $\boldsymbol{\phi}_s$ 是满秩的。

结合式(13.25)的关于状态的矩阵 $\boldsymbol{\phi}_s$，可以将式(13.24)写成如下形式

$$\boldsymbol{\phi}_s \times \begin{bmatrix} \boldsymbol{K}_1 \\ \boldsymbol{K}_{M+1} \\ \vdots \\ \boldsymbol{K}_{M(N-1)+1} \end{bmatrix} = \boldsymbol{0} \tag{13.26}$$

因为 $\boldsymbol{\phi}_s$ 是满秩的，则有 $\boldsymbol{K}_{1+t\cdot M} = \boldsymbol{0}$，其中 $t = 0,1,2,\cdots,N-1$，即有式(13.23)的等号右边的矩阵中，每一个大小为 M^N 的齐次方程集中的第一行所对应的 $\boldsymbol{K}_1 = \boldsymbol{0}$。由上述推导，结合式(13.23)中等号右边的 $|\boldsymbol{X}|\cdot M^N$ 行向量可得，该向量中的每一个大小为 M^N 的齐次方程集中的第 i 行所对应的 $\boldsymbol{K}_i = \boldsymbol{0}$，因而最终的向量 $\boldsymbol{K}$ 满足 $\boldsymbol{K} = \boldsymbol{0}$，则可得矩阵 $\boldsymbol{\phi}$ 是满秩的，即状态动作空间矩阵 $\boldsymbol{\phi}$ 的列向量线性无关。

因此，IT2FI-Sarsa(λ)算法所使用的基函数向量满足线性无关性。条件 13.3 得证。

证毕。

引理 13.1 在假设 1 的条件下，若 IT2FI-Sarsa(λ)满足上述条件 13.1～条件 13.3，则算法以 1 的概率收敛。

证明 由文献[10]可以得出，在假设 13.1 成立的条件下，在策略的 TD(λ)算法在使用线性函数近似时，如果满足条件 13.1～条件 13.3，该类型的算法收敛。满足假设 13.1 的算法 IT2FI-Sarsa(λ)是一种利用线性函数近似的在策略 TD(λ)算法，且该算法对条件 13.1～条件 13.3 成立。因此可得，IT2FI-Sarsa(λ)以 1 的概率收敛。

证毕。

13.4 仿真实验

将算法 13.1 应用于强化学习控制问题——直流电机，并分别在环境有无噪声的情况下，将该算法和使用一型模糊推理的强化学习算法进行比较，验证其收敛性能和对噪声干扰的鲁棒性。

13.4.1　实验设置

以图 4.2 所示的直流电机(DC Motor)作为实验模型，其描述如 4.4 节所示，不同的是本章对其略进行修改，使连续式任务变为情节式任务。直流电机盘的中心轴固定有一根硬质杆，轴在旋转的同时带动硬质杆转动。将该系统设定为情节式任务：在每一个时间步内，系统会收到 $r=0$ 的立即奖赏。而当直流电机在 300 个时间步内不能使硬质杆的角度稳定在 $x_1 \in [-0.05\pi, 0.05\pi]$ 内时，则一个情节结束，同时系统收到 $r=-1$ 的立即奖赏。若在 300 个时间步内能使硬质杆的角度稳定在 $x_1 \in [-0.05\pi, 0.05\pi]$，则控制策略成功，且一个情节结束。

设定 IT2FI-Sarsa(λ)算法的参数。在 IT2FI-Sarsa(λ)中，将有界的连续动作空间离散为 9 个可选的离散动作，状态的每一维分别用模糊中心等距划分的 7 个模糊集合表示，因而共有 $7\times7=49$ 条模糊规则。模糊隶属度函数的相关参数分别设置为 $a_1=1.4$，$a_2=0.6$。其他算法的相关参数分别设置为 $\tau=2$，$\gamma=0.9$，$\alpha=0.9$，$\lambda=0.9$。为满足统计学评价要求，将该算法用于仿真实验中，独立地运行 30 次，每一次以控制成功或失败结束。

13.4.2　实验分析

为了验证 IT2FI-Sarsa(λ)的性能，将 Sylvain 等提出的基于替代迹的 Fuzzy Sarsa(λ)算法、Hsu 等提出的基于 KM 降型方法的二型模糊 Q 学习算法(SOIT2FQ)，与本章提出的 IT2FI-Sarsa(λ)算法进行比较。对模糊规则的设定，Fuzzy Sarsa(λ)和 IT2FI-Sarsa(λ)相同，而 SOIT2FQ 按照算法本身的规则学习方法设定。此外，另外两种算法可选的离散动作都与 IT2FI-Sarsa(λ)相同。

上述 3 种算法的详细性能比较如表 13.1 所示(以 SOIT2FQ 的 1 个迭代步所需的平均时间作为基准时间)。

表 13.1　IT2FI-Sarsa(λ)与不同算法的性能比较

算法	IT2FI-Sarsa(λ)	Fuzzy Sarsa(λ)	SOIT2FQ
平均情节数	236	309	226.5(不收敛)
平均所需规则条数	49	49	11
算法一个迭代步的平均时间	10%	22%	100%

从表 13.1 可以看出，Fuzzy Sarsa(λ)获得控制策略所需的平均情节数要远大于另外两个算法，这是由于 Fuzzy Sarsa(λ)相比于另外两种算法，其对环境状态的表示能力较弱；而 SOIT2FQ 的一个迭代步所需的平均时间要远大于另外两个算法，这是由于 SOIT2FQ 在使用模糊推理进行降型时，需要使用 KM 迭代方法，而该方法

会增加整个算法的计算复杂度。由上述分析可以得出，在 IT2FI-Sarsa(λ) 和 SOIT2FQ 两个算法所需的平均情节数较少的情况下，IT2FI-Sarsa(λ) 的一个迭代步所需的平均时间要远小于 SOIT2FQ。

上述仿真的实验环境是在没有噪声干扰的情况下进行的，为了验证 IT2FI-Sarsa(λ) 对噪声干扰的鲁棒性，将通过在没有噪声干扰的环境情况下学习到的行为策略，用于对环境带有噪声的仿真模型进行控制。将 IT2FI-Sarsa(λ) 与使用一型模糊推理的 IT1FI-Sarsa(λ) 比较，验证 IT2FI-Sarsa(λ) 对噪声干扰的鲁棒性。

IT2FI-Sarsa(λ) 与 IT1FI-Sarsa(λ) 各自在没有噪声干扰的环境下学习到控制策略后，分别作用于环境没有噪声干扰的直流电机时，其硬质杆与垂直方向的夹角的变化情况如图 13.1 所示。

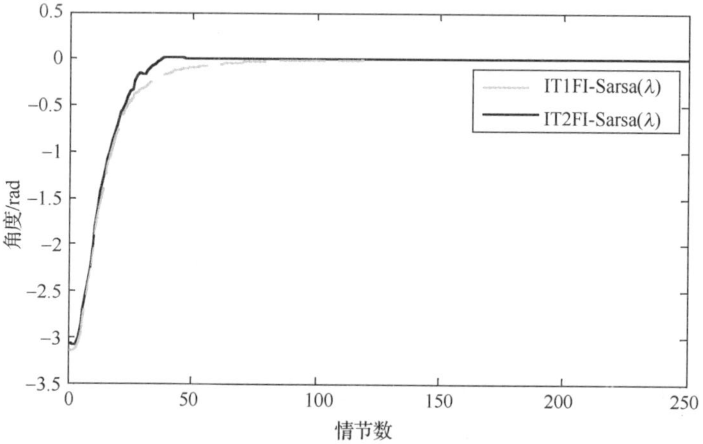

图 13.1　无噪声干扰情况下硬质杆与竖直方向的角度

从图 13.1 中可以看出，IT2FI-Sarsa(λ) 相较于 IT1FI-Sarsa(λ) 有较快的收敛速度，且两个算法的控制策略最终都能使硬质杆可以稳定地竖立于垂直方向。接下来验证在环境有噪声干扰的情况下，硬质杆与垂直方向的夹角的变化情况：在学习控制策略时，环境没有噪声干扰。将学习到的控制策略用于仿真模型的控制时，环境的角度和角速度分别带有范围在 $[-0.2\pi, 0.2\pi]$rad 和 $[-4\pi, 4\pi]$rad/s 的正态分布干扰。在直流电机的环境有上述噪声干扰时，将 IT2FI-Sarsa(λ) 与 IT1FI-Sarsa(λ) 分别作用于直流电机，其硬质杆与垂直方向的夹角的变化情况如图 13.2 所示。

从图 13.2 可以看出，IT2FI-Sarsa(λ) 与 IT1FI-Sarsa(λ) 获得的行为策略在用于存在噪声干扰的环境时，IT2FI-Sarsa(λ) 的控制策略使硬质杆可以更稳定且平滑地竖立于垂直方向，即对噪声干扰的鲁棒性更强。

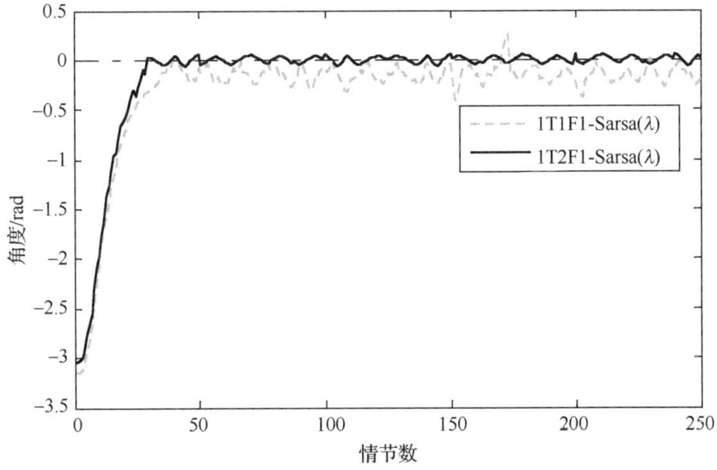

图 13.2　有噪声干扰情况下硬质杆与竖直方向的角度

13.5　本 章 小 结

本章针对传统的基于模糊推理的强化学习算法存在收敛性能不足和对噪声干扰缺乏鲁棒性的问题，提出一种基于区间型二型模糊推理的 Sarsa(λ) 算法——IT2FI-Sarsa(λ)，并从理论上证明其收敛。算法使用二型模糊推理作为函数近似方法，且该二型模糊推理的降型工作由于使用新颖的二型隶属度函数而存在闭合解。T2FIS 的输入部分为连续状态空间的状态，输出部分为动作空间中的离散动作与对应的 Q 值分量。通过二型模糊推理获得近似 Q 值后，采用梯度下降方法，调整模糊规则的后件参数，进而用该收敛的参数计算最优行为策略。通过实验结果可以得出，本章所提的算法不管是在收敛性还是对噪声干扰的鲁棒性方面，都有一定的改进。

参 考 文 献

[1] 穆翔，刘全，傅启明，等．基于两层模糊划分的时间差分算法．通信学报，2013, 34(10):92-99.

[2] Weng D, Yang L, Liu Q, et al. Type-2 fuzzy logic based deadlock detection. JDCTA: International Journal of Digital Content Technology and Its Applications, 2012, 6(1): 429-438.

[3] Mendel J. Computing derivatives in interval type-2 fuzzy logic systems. IEEE Transactions on Fuzzy Systems, 2004, 12(1): 84-98.

[4] Khanesar M, Kayacan E, Teshehlab M, et al. Analysis of the noisereduction property of type-2 fuzzy logic systems using a novel type-2 membership function. IEEE Transactions on Systems,

Man, and Cybernetics, 2011, 41(5): 1395-1406.

[5] Begian M, Melek W, Mendel J. Stability analysis of type-2 fuzzy systems. The IEEE World Congress on Computational Intelligence, Hong Kong, 2008.

[6] Derhami V, Majd V, Ahmadabadi M. Fuzzy Sarsa learning and the proof of existence of its stationary points. Asian Journal of Control, 2008, 10(5): 535-549.

[7] Barto A. Reinforcement Learning: An Introduction. Cambridge: MIT Press, 1998.

[8] Bonarini A, Lazaric A, Montrone F, et al. Reinforcement distribution in fuzzy Q-learning. Fuzzy Sets and Systems, 2009, 160(10): 1420-1443.

[9] Jouffe J. Fuzzy inference system learning by reinforcement methods. Systems, Man, and Cybernetics, 1998, 28(3): 338-355.

[10] Tsitsiklis J, Van R. An analysis of temporal-difference learning with function approximation. IEEE Transactions on Automatic Control, 1997, 42(5): 674-690.

[11] Dayan P. The convergence of TD(λ) for general λ. Machine Learning, 1992, 8(3-4): 341-362.

[12] 刘次华. 随机过程. 武汉: 华中科技大学出版社, 2008.

[13] Vengerov D, Bambos N, Berenji H. A fuzzy reinforcement learning approach to power control in wireless transmitters. Transactions on Systems, Man, and Cybernetics, 2005, 35(4): 768-778.

第 14 章　一种带有自适应基函数的模糊值迭代算法

本章以模糊 Q 值迭代算法为基础，将模糊规则集中前件部分的模糊集作为 BF，并将文献[1]中关于层级模糊规则构建的思想应用于本章提出的自适应 BF 细化中，提出一种带有自适应基函数的模糊值迭代算法(ABF-QI)。算法的基函数选取采用“自顶向下”的自适应更新方式，首先根据初始设定的基函数计算值函数，再根据性能评价准则选择需要细化的基函数，最后采用分层更新的方式调整基函数的个数和形状。实验结果表明，ABF-QI 算法可以根据实际的问题自适应选择合适的基函数，且能以更快的速度收敛到最优解。

14.1　基函数的近似性能评价

算法 14.1　模糊 Q 值迭代算法

(1) 动态性 f，奖赏函数 ρ，折扣因子 γ，MF $\boldsymbol{\Phi}_i$，$i=1,2,\cdots,N$，离散动作集 U_d，阈值 ε_{QI}

(2) 初始化参数向量，如 $\boldsymbol{\theta}_0\leftarrow\boldsymbol{0}$

(3) repeat 对每一轮迭代 $\ell=0, 1, 2,\cdots$

(4)　for $i=1,2,\cdots,N$,　$j=1,2,\cdots,M$ do

(5)　　$\theta_{\ell+1,[i,j]}\leftarrow\rho(x_i,\mu_j)+\gamma\max_{j'}\sum_{i'=1}^{N}\phi_{i'}(f(x_i,u_j))\theta_{\ell,[i',j']}$

(6)　end for

(7) until $\|\boldsymbol{\theta}_{\ell+1}-\boldsymbol{\theta}_{l}\|_\infty\leqslant\varepsilon_{\text{QI}}$

为了对初始设定的 BF 进行自适应细化，首先需要选定一个评价准则来决定是否需要细化 BF。其中作为函数近似器的模糊推理的模糊规则形式为

$$R_r:\ \text{if } x_1 \text{ is } A_r^1 \text{ and },\cdots, x_D \text{ is } A_r^D \ \text{ then } q_{r1}=\theta_{[r,1]};\cdots;q_{rj}=\theta_{[r,j]};\cdots q_{rM}=\theta_{[r,M]}$$

其中，if 部分为规则的前件，then 部分为规则的后件，$\boldsymbol{x}=(x_1,x_2,\cdots,x_D)$ 为输入的状态，q_{rj} 为第 r 条模糊规则中的第 j 个离散动作的 Q 值分量，对应于参数 $\theta_{[r,j]}$，且有 $r\in\{1,2,\cdots,N\}$和 $j\in\{1,2,\cdots,M\}$。M 个离散动作由动作空间均匀划分而成。$A_r=A_r^1\times\cdots\times A_r^D$ 是 D 维模糊集合，通常用隶属度函数表示。其中本章所用的隶属度函数为三角隶属度函数，其函数形式如图 14.1 所示，且该三角隶属度函数满足定义 12.1。

三角隶属度函数的计算公式为

$$\phi_{d,i}(x_d)=\max\left[0,\min\left(\frac{x_d-c_{d,i-1}}{c_{d,i}-c_{d,i-1}},\frac{c_{d,i+1}-x_d}{c_{d,i+1}-c_{d,i}}\right)\right] \tag{14.1}$$

式中，$i=1,2,\cdots,N_d$；$c_{d,1},\cdots,c_{d,N_d}$ 是沿着第 d 维的核，且满足 $c_{d,1}<\cdots<c_{d,N_d}$。

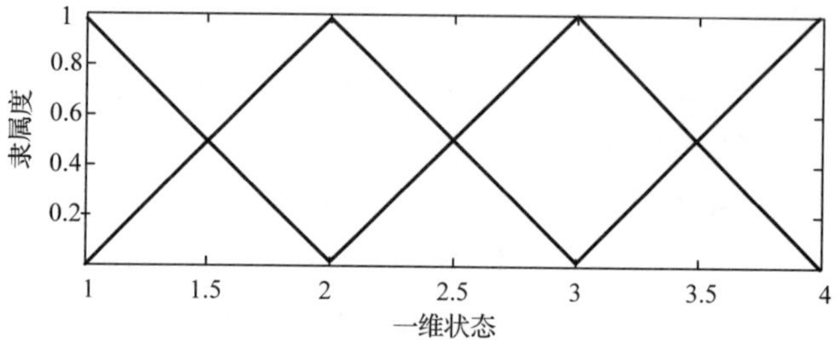

图 14.1　三角隶属度函数(一维情况)

在使用模糊值迭代算法求解 Q 值时，初始的若干轮迭代中的变化不能实际而有效地反映模糊规则对所覆盖区域的实际近似效果。因而，每次选取模糊 Q 值迭代算法迭代若干轮后的参数 $\boldsymbol{\theta}$ 以用于评价近似效果。

模糊推理在模糊 Q 值迭代算法中的主要作用是计算近似 Q-值函数，其计算结果的数值用参数 $\theta_{[r,j]}$ 表示，因而要对模糊近似效果进行评价，可直接对模糊规则的后件部分进行评价，即对参数 $\theta_{[r,j]}$ 进行评价。参考文献[2]中 Munos 提出的思想，当迭代过程中记录的模糊规则[3-8]的后件参数方差较大的时候，函数近似的效果比较粗糙，而当方差较小时，则认为近似效果比较好。因此，把与模糊规则后件参数相关的方差作为评价准则，当其方差大于设定的阈值时，则认为近似效果不满足要求，需要对该模糊规则进行分层划分，即对基函数进行细化。重复上述思想，直到所有模糊规则后件参数的方差都小于预先设定的阈值后，终止对基函数的进一步细化。

将模糊 Q 值迭代算法过程中每一轮迭代所产生的原始参数 $\theta_{[r,j]}$ 用于计算模糊规则的方差，选用化简后的方差计算公式，如式(14.2)所示

$$V_{r,j}=\frac{\sum_{l=0}^{L}(\theta_{[r,j]}^{l})^2-\frac{\left(\sum_{l=0}^{L}\theta_{[r,j]}^{l}\right)^2}{L}}{L} \tag{14.2}$$

式中，L 是模糊值迭代算法的迭代次数(前面已阐述，开始的若干轮不用于方差的计算)；$V_{r,j}$ 是第 r 条模糊规则中对应于第 j 个动作的方差，其将 L 轮迭代中每一轮更新获得的参数 $\theta_{[r,j]}$ 作为求解方差的变量。为了评价模糊规则对整个离散动作空间值函数的近似效果，将所有动作所关联的方差用于评价，求得 V_r，如式(14.3)所示

$$V_r=\sum_{j=1}^{M}V_{r,j} \tag{14.3}$$

当V_r趋近于设定的阈值时，可以认为模糊近似的近似效果满足要求，即基函数的细化过程终止。选择使用该评价准则可以有效地平衡模糊近似器的近似精确性和近似器平滑与稳定性之间的关系。

14.2　基函数的自适应细化更新方式

不同于强化学习算法中模型无关(model-free)的 TD 算法，模糊 Q 值迭代是模型相关的。该值迭代算法会根据模型所提供的状态转移函数和奖赏函数直接计算Q值，而 TD 算法则需要基于预设的策略进行情节采样，在采样过程中为保证能获得更优的行为策略，通常需要在动作选择时加入探索动作。由于该探索动作对应的 Q 值非行为策略所获得的最优 Q 值，即不能用于评价模糊规则的泛化性能。因而若采用式(14.3)的方式计算方差，探索动作会造成方差突然无效增大。由于本章所选的模糊 Q 值迭代算法基于模型，所以在计算方差时不用考虑探索动作，可以直接将所有更新的模糊规则后件参数$\theta_{[r,j]}$用于计算方差。

当式(14.3)所求得的方差V_r不满足设定的阈值时，则将方差V_r所对应的模糊规则r进行细化。由算法 14.1 的模糊值迭代算法可以看出，算法在每轮迭代时只需循环$N\times M$次，即只针对预先设定的核与离散动作，且算法循环和迭代过程中计算的 Q 值，也只涉及以核为状态和预先设定的离散动作这组状态动作对。如 14.1 节所述，三角隶属度函数的位置和个数仅由核(core)的位置和个数来控制，因而使用基函数细化方法对模糊规则进行优化时，只需改变核的位置和个数，即可完成对模糊规则所覆盖的状态空间的细化表示。

核的位置和个数按照如下的方式进行优化，对所有模糊规则所求得的方差进行排序，当最大的方差不满足设定的阈值时，该条模糊规则所对应的区域(区间)需要细化表示，即需要增加该区域(区间)的核的个数以增加规则条数。

在需要细化的模糊规则的核的两边各增加一个核，所增加的核的位置为该条规则覆盖区域(区间)的状态空间的 1/4 和 3/4 处。此时，原有区域(区间)里的核的个数将从 1 个变为 3 个。

上述细化方式的示意图如图 14.2 所示。当经过一轮细化后，需要将保留未变的

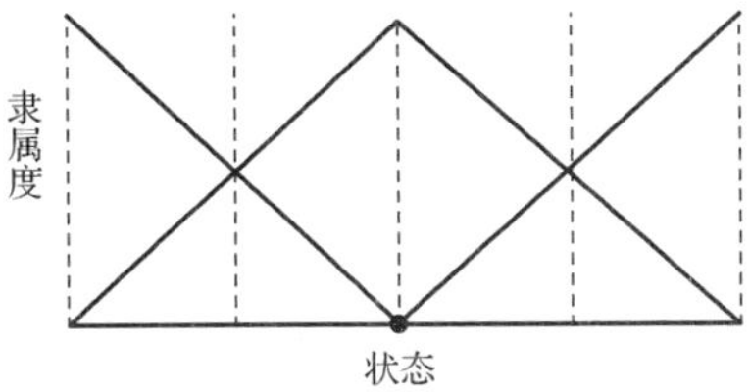

(a) 优化前的MF形式

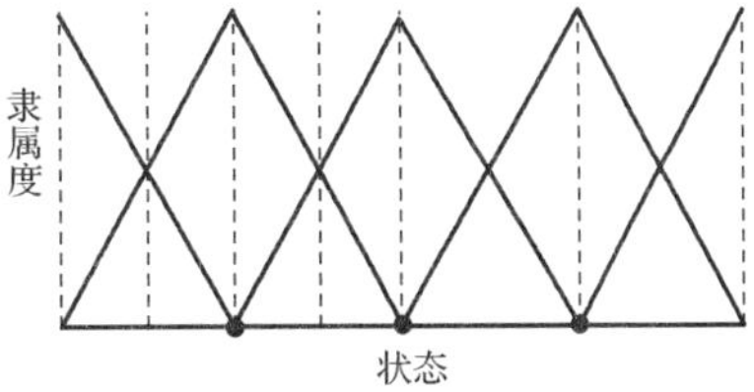

(b) 优化后的MF形式

图 14.2　MF 优化前后的对比示意图

模糊规则与更新的模糊规则重新作为函数近似器以用于模糊值迭代中。所有模糊规则中模糊集合所对应的核的细化过程如图 14.3 所示(仅说明一维的情况)。

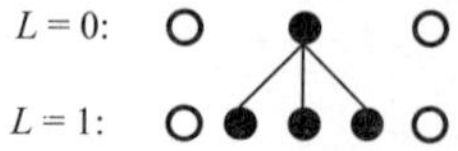

图 14.3　用于标示 MF 的核在一轮迭代后的变化示意图

14.3　ABF-QI 算法

14.3.1　ABF-QI 算法的学习过程

14.1 节和 14.2 节分别主要讲述了基函数细化的评价准则和具体的细化方法，结合算法 14.1 所述的模糊 Q 值迭代算法，可以得到带有自适应基函数的模糊值迭代算法 ABF-QI，如算法 14.2 所示。

算法 14.2　算法 ABF-QI

初始化模糊规则对应的 MF($\phi_i, i=1,2,\cdots,N$)的核，其中 N 在后续细化过程中会发生变化

(1) 输入动态性 f；奖赏函数 ρ；折扣因子 γ；离散动作集 U_d；阈值 $\varepsilon_{\mathrm{QI}}$；预设的迭代终止次数 τ，方差趋近的阈值 σ，迭代保留后 ξ 轮的向量 $\boldsymbol{\theta}$ 用于方差计算，基函数最多细化次数 η

(2) repeat

(3)　初始化参数向量，如 $\boldsymbol{\theta}_0 \leftarrow \mathbf{0}$

(4)　repeat

(5)　　对每一轮迭代 $\ell=0,1,2,\cdots$

(6)　　for $i=1,2,\cdots,N$, $j=1,2,\cdots,M$ do

(7)　　　$\theta_{\ell+1,[i,j]} \leftarrow \rho(x_i,\mu_j)+\gamma\max_{j'}\sum_{i'=1}^{N}\phi_{i'}(f(x_i,u_j))\theta_{\ell,[i',j']}$

(8)　　end for

(9)　　迭代保留后 ξ 轮的向量 $\boldsymbol{\theta}$ 以用于方差计算

(10)　　until　$\ell>\tau$ 或者 $\|\boldsymbol{\theta}_{\ell+1}-\boldsymbol{\theta}_l\|_\infty \leqslant \varepsilon_{\mathrm{QI}}$

(11)　　for　$r=1,2,\cdots,N$

(12)　　　基于第(10)步获得的数据，根据式(14.3)计算第 r 条规则对应的方差

(13)　　end for

(14)　　对所有 V_r ($r=1,2,\cdots,N$)从大到小排序

(15)　　对最大 V 值所对应的模糊规则，根据 14.2 节中的细化更新方式进行细化

(16) until　最大的 V 值 $\max(V_r)<\sigma$ ($r=1,2,\cdots,N$)或细化次数 $\geqslant \eta$

算法 14.2 以模型相关的模糊 Q 值迭代算法为基础，基于基函数细化的思想，根据讨论设定的评价准则对模糊规则进行优化，最终获得合适条数且更新完备的模糊规则库。其中在第(10)步迭代保留后 ξ 轮向量 $\boldsymbol{\theta}$ 以用于计算方差的原因是，开始数轮迭代所获得的向量 $\boldsymbol{\theta}$ 值不能有效地反映函数近似的近似效果[2]，因而选取之后的若干轮数据以用于方差计算。

相较于基函数优化方法，该方法不需要通过较为复杂的全局优化方法对其基函数参数进行优化，且模糊规则的条数不用固定[9]；相较于基函数选择方法，该方法不需要在开始时就运行需要较多迭代次数的模糊值迭代算法[10]；相较于已有的几篇常见的基函数细化方法[11,12]，该方法的评价准则的计算较为方便，更新时收敛性也有保证，其中收敛性分析会在后面给出。

14.3.2　算法收敛性分析

首先对 ABF-QI 的执行过程进行一个简要的分析。在算法 14.2 中，第(5)～(11)步是模糊 Q 值迭代的执行过程，将该过程表示为 ABF-QI 算法的第一部分，从该部分可以得到迭代过程中的参数向量 $\boldsymbol{\theta}$。将该参数向量 $\boldsymbol{\theta}$ 用于计算 V_r，并进行从第(12)～(17)步的操作，此为 ABF-QI 算法的第二部分。从上述过程可以看出，ABF-QI 主要由上述两个部分组成，其中第一部分为一个迭代过程，而第二部分为一个值计算过程，其不涉及收敛性分析(或可说该部分可以收敛)，当最大的 V 值 $\max(V_r)<\sigma$ $(r=1,2,\cdots,N)$ 或细化次数满足要求时，该部分不会再对第一部分有任何影响。因而若要证明整个 ABF-QI 算法可“迭代收敛”，只需证明第一部分经过若干次迭代后可以收敛即可。

基于上述分析，只需证明以下定理成立即可。

定理 14.1　ABF-QI 算法的第一部分收敛。

证明　要证明 ABF-QI 算法的第一部分的收敛性，只需证明若复合映射 $P\circ T\circ F$ 的无穷范式是收缩的，则表明算法 14.2 收敛。

对于算法 14.2，已知 T 映射(Bellman 最优方程)是带 γ 因子收缩的[4]，若能证明 F 和 P 是非扩张的，则有 $P\circ T\circ F$ 的无穷范式是收缩的。近似映射 $F:\mathbb{R}^{N\times M}\to\boldsymbol{Q}$ 为

$$Q(\boldsymbol{x},u_j)=[F(\boldsymbol{\theta})](\boldsymbol{x},u_j)=\sum\nolimits_{i=1}^{N}\phi_i(\boldsymbol{x})\theta_{ij} \tag{14.4}$$

由于式(14.4)的近似映射 F 是归一化 MF 的一个线性加权组合，它是非扩张的，即有

$$\begin{aligned}\left|[F(\boldsymbol{\theta})](\boldsymbol{x},u)-[F(\boldsymbol{\theta}')](\boldsymbol{x},u)\right|&=\left|\sum\nolimits_{i=1}^{N}\phi_i(\boldsymbol{x})\theta_{[i,j]}-\sum\nolimits_{i=1}^{N}\phi_i(\boldsymbol{x})\theta'_{[i,j]}\right|\text{其中}j\in\arg\min\nolimits_{j'}\left\|u-u_{j'}\right\|_2\\&\leqslant\sum\nolimits_{i=1}^{N}\phi_i(\boldsymbol{x})\left|\theta_{[i,j]}-\theta'_{[i,j]}\right|\\&\leqslant\sum\nolimits_{i=1}^{N}\phi_i(\boldsymbol{x})\left\|\boldsymbol{\theta}-\boldsymbol{\theta}'\right\|_\infty\end{aligned}$$

$$\leq \|\boldsymbol{\theta}-\boldsymbol{\theta}'\|_{\infty} \tag{14.5}$$

其中最后一步成立的原因是归一化的 MF 即 $\phi_i(\boldsymbol{x})$ 的总和是 1。

投影映射 $P:Q \rightarrow R^{N\times M}$

$$\theta_{ij}=[P(Q)]_{ij}=Q(\boldsymbol{x}_i,u_j) \tag{14.6}$$

由于式(14.6)所示的 P 是赋值操作，所以也是非扩张的。

因此由上述对 P、T、F 的分析可得，$P\circ T\circ F$ 带 γ 因子收缩，即对任意的 $\boldsymbol{\theta}$ 和 $\boldsymbol{\theta}'$，有

$$\|(P\circ T\circ F)(\boldsymbol{\theta})-(P\circ T\circ F)(\boldsymbol{\theta}')\|_{\infty} \leq \gamma\|\boldsymbol{\theta}-\boldsymbol{\theta}'\|_{\infty} \tag{14.7}$$

所以，$P\circ T\circ F$ 有唯一的一个不动点 $\boldsymbol{\theta}^*$，并且当 $\ell \rightarrow \infty$ 时同步模糊 Q 迭代可以收敛到这个不动点。

上述内容证明了 ABF-QI 算法的第一部分是收敛的，结合本节开始部分的分析，可以得出 ABF-QI 算法“迭代收敛”。

证毕。

14.4 仿真实验

为了验证本章所提算法的有效性和性能，将算法 14.2 应用于强化学习中经典的控制问题——直流电机。

14.4.1 问题描述与参数设置

以图 4.2 所示的直流电机(DC Motor)作为实验模型，其描述如 4.4 节所示。设定 ABF-QI 算法所需的相关参数，初始时设定状态的每一维都由 3 个隶属度函数来覆盖表征，折扣因子 $\gamma=0.95$，阈值 $\varepsilon_{\mathrm{QI}}=10^{-5}$，预设的迭代终止次数 $\tau=500$，方差趋近的阈值 $\sigma=10^{-3}$，迭代保留后 $\xi=120$ 轮的向量 $\boldsymbol{\theta}$ 以用于方差计算，基函数最多细化次数 $\eta=25$。在后续实验中如不特殊说明，相关参数的大小均为上述所设置的大小。离散动作 M 的个数在后续仿真实验过程进行设定，暂不给出。

14.4.2 实验分析

首先验证 ABF-QI 算法的有效性，取 $M=5$（通常情况个数为奇数，这样可以保证取到 $u=0$ 的情况），对直流电机进行仿真实验，在算法迭代过程中可以得到用于表征状态每一维的基函数个数和位置的变化情况、方差的大小变化情况等；在算法收敛后可以得到直流电机在到达目标状态过程中的状态变化情况、作用于电机的电压变化情况等。

算法 ABF-QI 在运行过程中，表征基函数的核的位置和个数的变化情况如图 14.4 所示。自上而下观察该图，从中可以看出，ABF-QI 算法在需要增加基函数个数时，并不是简单地对状态空间进行均匀划分，而是根据状态的重要性情况增加 BF 的个数，需要增加 BF 的区域说明该区域需要更精确的表征，以用于计算精确的 Q 值。

(a) 表征角度的基函数核的位置和个数变化情况　　(b) 表征角速度的基函数核的位置和个数变化情况

图 14.4　基函数的核的位置和个数的变化情况(由上往下变化)

ABF-QI 算法中每一轮迭代后，方差的大小变化示意图如图 14.5 所示(其中纵坐标为对数坐标)，从中可以看出，方差不断变小，且逐渐趋向稳定。这表明可以通过基函数细化来降低方差，参考文献[2]的理论，进而说明模糊近似的效果不断变好。

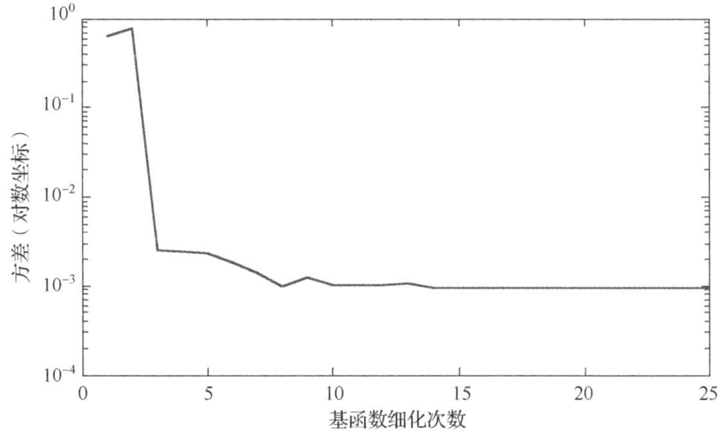

图 14.5　模糊规则库中的中模糊规则的后件参数对应的最大方差

比较在相同的基函数个数下，分别使用均匀划分和基函数细化两种方式获得的基函数来求解行为策略的不同，如表 14.1 所示(其中 N_1 为表征速度的基函数个数，N_2 为表征角速度的基函数个数)。从中可以看出，使用基函数细化方法通常可以以更快的速度获得最优行为策略。

表 14.1　不同的基函数情况下，算法收敛所需的迭代步数

基函数均匀划分方式			基函数细化方式(基于 ABF-QI 的基函数细化方法)		
N_1	N_2	时间步	N_1	N_2	时间步
3	3	175	3	3	175
4	5	259	4	5	162
5	7	166	6	6	248
6	9	239	8	8	221
7	11	153	10	10	144
8	13	226	12	12	183
10	14	225	14	14	189
12	15	208	16	16	186
14	16	215	18	18	168
16	17	196	20	20	160
18	18	206	22	22	168
20	19	187	24	24	168

考虑为什么基函数细化方式会比均匀划分方式以更快的速度获得最优行为策略，在相同的基函数个数下，根据算法所获得的行为策略，分别计算状态空间里的Q-值函数。分析可得，使用基函数细化方式在基函数较少，即泛化较为粗糙处的Q值相比于以均匀划分方式求解的Q值，前者没有被精确计算；而使用基函数细化方式在基函数较多，即泛化较为精确处的Q值相比于以均匀划分方式求解的Q值，前者比后者的计算更加精确。上述说明使用基函数细化方式计算策略时，对需要精确计算的地方会特别地增加基函数个数以加强模糊近似效果，而对不需要精确计算的地方则进行粗糙的泛化，这种工作方式更能反映实际问题的局部重要性。

图 14.6 列出在不同的基函数个数下，当该次的算法迭代结束后，使用求得的策略所产生的角度、角速度和电压在电机转动时的变化情况。

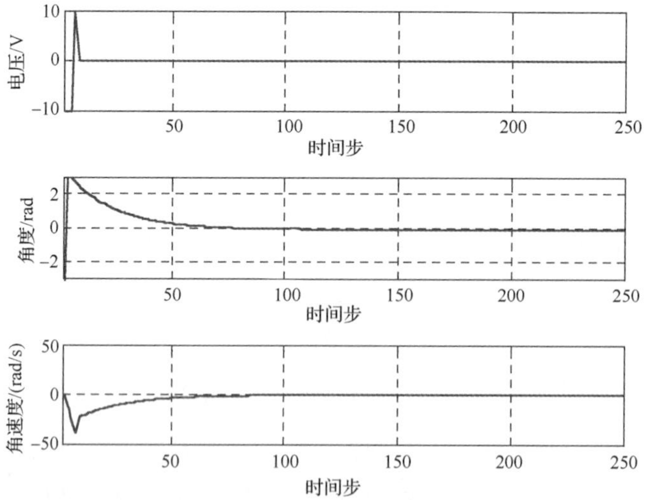

(a) 当N_1=3，N_2=3时，以$\boldsymbol{x}_0=[-\pi,0]^{\mathrm{T}}$为初始状态所得路径的相关变量的变化情况

图 14.6　以 $\boldsymbol{x}_0=[-\pi,0]^{\mathrm{T}}$ 为初始状态所得路径的相关变量的变化情况

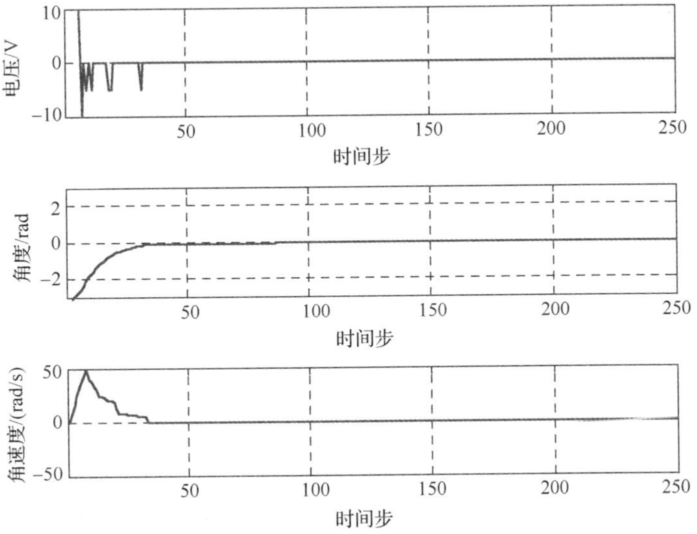

(b) 当N_1=12，N_2=12时，以$\boldsymbol{x}_0=[-\pi,0]^{\mathrm{T}}$为初始状态所得路径的相关变量的变化情况

图 14.6　以 $\boldsymbol{x}_0=[-\pi,0]^{\mathrm{T}}$ 为初始状态所得路径的相关变量的变化情况(续)

14.5　本 章 小 结

本章以基于模型的模糊 Q 值迭代算法为基础，为使模糊近似有更好的近似效果，同时令模糊近似器可以根据实际的问题自适应地进行调整，提出一种带有自适应基函数的模糊值迭代算法(ABF-QI)。预先设定的基函数在经过 ABF-QI 算法后，可以自适应地调整到合适的位置，并选取合适的个数。本章对算法的可行性和收敛性进行了理论分析，并通过实验验证了算法 ABF-QI 的有效性。

算法 ABF-QI 的一个关键部分是评价准则的选取，本章基于模糊规则方差的形式虽然能取得一定效果，但当前有很多其他的评价准则并没有使用，后续考虑研究当前常用的评价准则，并选择更适用于模糊 Q 值迭代算法的评价准则。

参 考 文 献

[1] Cordon O, Herrera F, Zwir I. Fuzzy modeling by hierarchical built fuzzy rule bases. International Journal of Approximate Reasoning, 2001, 27(1): 61-93.

[2] Munos R. A study of reinforcement learning in the continuous case by the means of viscosity solutions. Machine Learning, 2000, 40(3): 265-299.

[3] 穆翔, 刘全, 傅启明, 等. 基于两层模糊划分的时间差分算法. 通信学报, 2013, 34(10): 92-99.

[4] Weng D L, Yang L, Liu Q, et al. Type-2 fuzzy logic based deadlock detection. International Journal of Digital Content Technology and Its Applications, 2012, 6(1): 429-438.

[5] Mendel J. Computing derivatives in interval type-2 fuzzy logic systems. IEEE Transactions on Fuzzy Systems, 2004, 12(1): 84-98.

[6] Khanesar M, Kayacan E, Teshehlab M, et al. Analysis of the noisereduction property of type-2 fuzzy logic systems using a novel type-2 membership function. IEEE Transactions on Systems, Man, and Cybernetics, 2011, 41(5): 1395-1406.

[7] Begian M, Melek W, Mendel J. Stability analysis of type-2 fuzzy systems. The IEEE World Congress on Computational Intelligence, Hong Kong, 2008.

[8] Derhami V, Majd V, Ahmadabadi M. Fuzzy Sarsa learning and the proof of existence of its stationary points. Asian Journal of Control, 2008, 10(5): 535-549.

[9] Yu H, Bertsekas D. Basis function adaptation methods for cost approximation in MDP. The IEEE Symposium on Adaptive Dynamic Programming and Reinforcement Learning, Nashville, 2009.

[10] Xu X, Liu C, Hu D. Continuous-action reinforcement learning with fast policy search and adaptive basis function selection. Soft Computing, 2011, 15(6): 1055-1070.

[11] Reynolds S. Adaptive resolution model-free reinforcement learning: Decision boundary partitioning. The 7th International Conference on Machine Learning, Stanford, 2000.

[12] Monos R. Finite-element methods with local triangulation refinement for continuous reinforcement learning problems. The 9th European Conference on Machine Learning, Rague, 1997.

第 15 章　基于状态空间分解和智能调度的并行强化学习

传统的强化学习算法在可扩展性方面都有所欠缺，在学习任务的状态空间很大或状态空间连续时，开销非常巨大，甚至不能直接应用。针对该问题，本章提出了一种基于智能调度的可扩展强化学习方法(Scalable Reinforcement Learning Method Based on Intelligent Scheduling, IS-SRL)。该方法的主要出发点是人们观察到多数传统的强化学习算法收敛的前提是每个状态或状态动作对能够被 Agent 无限频繁地访问，但这并不意味着人们不能改变 Agent 的采样轨迹和值函数的更新顺序。基于此，IS-SRL 在分而治之策略的基础上，根据某分解策略把原始问题分解成不同的部分，并对这些部分独立求解，一旦这些部分问题学习结束，合并它们的学习结果，从而得到整个问题的解。IS-SRL 保证了学习算法具有较好的扩展性能。

进一步，为了提高学习算法的收敛速度，在 IS-SRL 中融入多 Agent 并行学习调度机制，提出了一种新的并行学习算法——IS-SPRL(Parallel IS-SRL)，该算法能够充分发挥并行体系结构的优势，有效提高算法的学习效率。

15.1　IS-SRL 和 IS-SPRL

15.1.1　子问题的学习过程

在大状态空间或连续状态空间的强化学习任务中，IS-SRL 使用分而治之策略，把学习问题分解成多个规模较小的子问题。问题分解可以预先规定好，也可以利用某种启发式算法(如聚类算法)实现。每个子问题的规模要足够小，使得子问题能够在可用的资源下使用传统的强化学习算法求解。Agent 在学习过程中维护值函数表中与每个子问题相关的那部分内容。在子问题学习了一个周期之后，交换到外存上，利用调度算法选择下一个子问题继续学习。子问题之间在换入换出的过程中互换信息，以保证学习算法的收敛。在学习过程满足算法的终止条件后，把所有子问题对应的值函数表合并到整个问题的最优值函数表，进而得到整个问题的最优控制策略[1-7]。

因为分解后相邻子问题之间是相互依赖的，所以需要一种在子问题间传递信息的方法。信息的传递在换出旧的子问题、换入新的子问题的过程中实现，并且只发生在相邻的子问题之间，每个子问题评估从相邻子问题传递过来的信息的效用值，并根据此效用值来学习。随着算法的执行，对相邻子问题的效用值的估计越来越精确，从而子问题的学习将收敛到正确值。为了说明子问题的学习和相邻子问题间信息交换的过程，首先给出一些形式化的定义。

定义 15.1　状态 $\boldsymbol{x}$ 的邻居状态集，即与 $\boldsymbol{x}$ 直接相连的所有状态的集合，定义为

$$\text{NeighbourNodes}_{\boldsymbol{x}} = \{\boldsymbol{y} \mid P(\boldsymbol{x}, u, \boldsymbol{y}) > 0, u \in A(\boldsymbol{x})\}$$

式中，$P(\boldsymbol{x},u,\boldsymbol{y})$ 表示在状态 $\boldsymbol{x}$ 执行动作 u 转移到状态 $\boldsymbol{y}$ 的概率；$A(\boldsymbol{x})$表示在状态 $\boldsymbol{x}$ 可采用的动作集合（$P(\boldsymbol{x},u,\boldsymbol{y})$ 和 $A(\boldsymbol{x})$的含义在后面保持一致）。

定义 15.2　子问题 $\boldsymbol{X}$ 的边界状态集，记为 $\text{fr}(\boldsymbol{X})$，定义为

$$\text{fr}(\boldsymbol{X}) = \{\boldsymbol{x} \mid \boldsymbol{x} \in \boldsymbol{X}, \text{NeighbourNodes}_{\boldsymbol{x}} - \boldsymbol{X} \neq \varnothing\}$$

从定义 15.2 可以看出，边界状态的邻居状态包含了来自于另一个子问题的状态。

定义 15.3　子问题 $\boldsymbol{X}$ 的邻居子问题集，记为 $\text{Neighbour}(\boldsymbol{X})$，表示与 $\boldsymbol{X}$ 直接相连的所有子问题的集合，定义为

$$\text{Neighbour}(\boldsymbol{X}) = \{\boldsymbol{Y} \mid \forall \boldsymbol{x} \in \text{fr}(\boldsymbol{X}), \text{NeighbourNodes}_{\boldsymbol{x}} \cap \boldsymbol{Y} \neq \varnothing, \boldsymbol{Y} \neq \boldsymbol{X}\}$$

定义 15.4　边界状态 $\boldsymbol{x}$（$\boldsymbol{x} \in \text{fr}(\boldsymbol{X})$）的邻居子问题集，记为 $\text{Neighbour}_{\boldsymbol{x}}$，定义为

$$\text{Neighbour}_{\boldsymbol{x}} = \{\boldsymbol{Y} \mid \boldsymbol{x} \in \text{fr}(\boldsymbol{X}), \boldsymbol{Y} \in \text{Neighbour}(\boldsymbol{X}), \text{NeighbourNodes}_{\boldsymbol{x}} \cap \boldsymbol{Y} \neq \varnothing, \boldsymbol{Y} \neq \boldsymbol{X}\}$$

定义 15.5　子问题 $\boldsymbol{X}$ 的扩展子问题，记为 $\text{Ex}(\boldsymbol{X})$，定义为

$$\text{Ex}(\boldsymbol{X}) = \boldsymbol{X} \cup \{\boldsymbol{y} \mid \boldsymbol{y} \in \text{Neighbour}(\boldsymbol{X}), \exists \boldsymbol{x} \in \boldsymbol{X}, P(\boldsymbol{x},u,\boldsymbol{y}) > 0, u \in A(\boldsymbol{x})\}$$

定义 15.6　子问题 X 的虚拟吸收状态，记为 $\text{VG}(\boldsymbol{X})$，定义为

$$\text{VG}(\boldsymbol{X}) = \{\boldsymbol{x} \mid \boldsymbol{x} \notin \boldsymbol{X}, \boldsymbol{x} \in \text{Ex}(\boldsymbol{X})\}$$

下面以两个相邻的子问题为例，说明子问题间的消息传递和学习过程。

假设 A 和 B 是两个互不重叠的相邻子问题。如果状态空间是二维的，问题分解可以看成一种图分割方法，A 和 B 可看成相邻的两个子图，如图 15.1 所示，图中的圆形节点表示问题的一个状态，子问题 A 由一些实线圆形节点组成，子问题 B 由一些虚线圆形节点组成，中间的粗虚线表示把它们分割成两个相邻的子问题。定义两个扩展的子图，即 $A' = \text{Ex}(A) = A \cup \text{fr}(B)$ 和 $B' = \text{Ex}(B) = B \cup \text{fr}(A)$，在图 15.1 中 A' 和 B' 由圆角矩形框内的节点组成。最左边的一个由双圆弧表示的节点是学习任务的一个目标状态（吸收状态），该状态的奖赏值为 1。

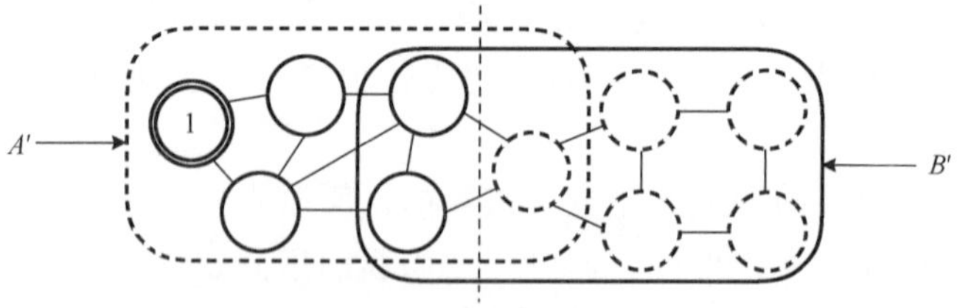

图 15.1　两个相邻的子图及其扩展子图

下面从子问题 A 的角度来描述学习过程。当子问题 A 被调度算法选中，作为下一个要执行的对象时，首先把当前正在学习的子问题的值函数表保存到外存中。然后载入扩展子图 A' 所包含的状态对应的部分值函数表，即不仅需要载入子问题 A 包含的状态的值函数，还要载入与 A 相邻的子问题(这里指 B)的边界状态(fr(B))的值函数。子问题间的消息传递就是以这种方式进行的。学习任务在 A' 中执行时，所有 A' 中属于 fr(B) 的状态(VG(A))都被当成吸收状态处理。如图 15.2 所示，双圆弧表示的节点为吸收状态，左边的吸收状态是整个学习问题的一个吸收状态，右边的双虚线圆弧节点是算法假定的一个虚拟的吸收状态，它只适用于当前子问题 A 的学习任务。因为刚开始时，子问题 B 还没有被学习过，因此这里把这个虚拟吸收状态的值设为 0。选用某种强化学习算法在子问题 A 中学习 T(学习周期)个情节，每个情节的学习终止于 Agent 处于两个吸收状态之一时。接着终止该子问题的学习，保存值函数，调入下一个子问题继续学习。

在子问题 A 第一个学习周期结束时，A 中的每个状态都得到了一个估计值，而 A' 中的虚拟吸收状态的值没有发生变化，如图 15.3 所示。这些变化了的估计值中的一部分(fr(A) 中状态的值)将会在子问题 B 的学习过程中使用到，如图 15.4 所示。

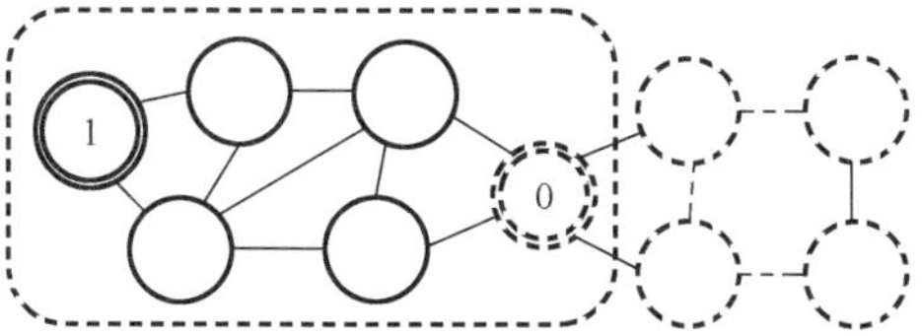

图 15.2　子问题 A 第一次学习前

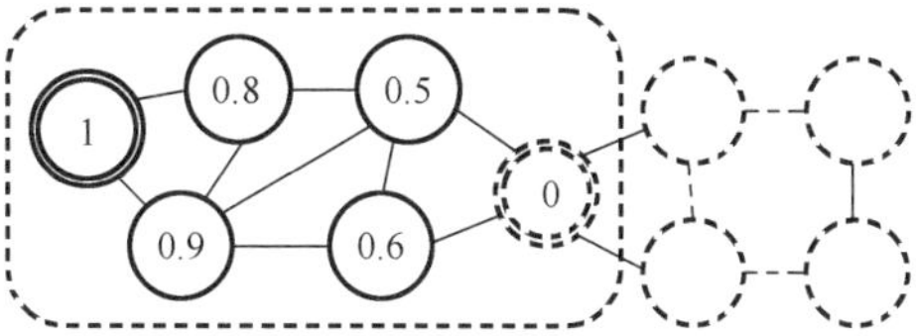

图 15.3　子问题 A 第一次学习后

在学习子问题 B 时，子图 B' 所包含的状态的值函数需要被载入。由于 A' 和 B' 有一部分相互重叠，如图 15.1 所示，B' 中的一部分状态(fr(A))的值函数在子问题 A 的学习过程中已经得到了更新，即它们有一个相对精确的估计值。这些状态是 A 的边界状态，在子问题 B 的学习过程中被当成吸收状态，在图 15.4 中用双圆弧表示。

在子问题 B 一个周期的学习结束后，B 中每个状态的值函数都有了一个较精确的估计值，如图 15.5 所示，而在子问题 A 学习之前，这些值还都为 0。该过程展示了信息如何从子问题 A 传递到子问题 B。现在可以再次学习子问题 A。A' 最右边的虚拟吸收状态的值(0.3)和第一次学习时的值(0)不一样了，如图 15.6 所示，这意味

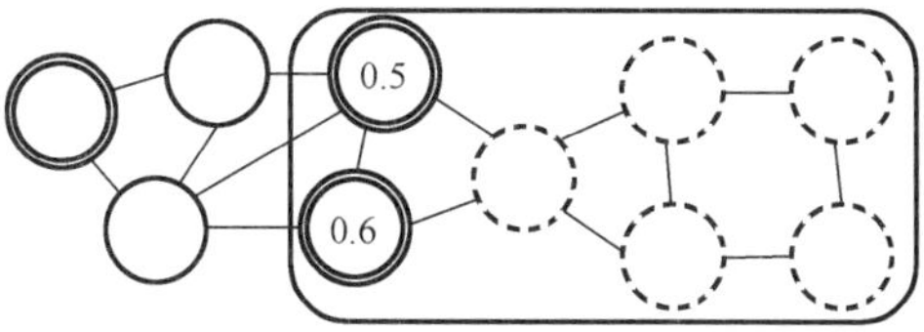

图 15.4　子问题 B 第一次学习前

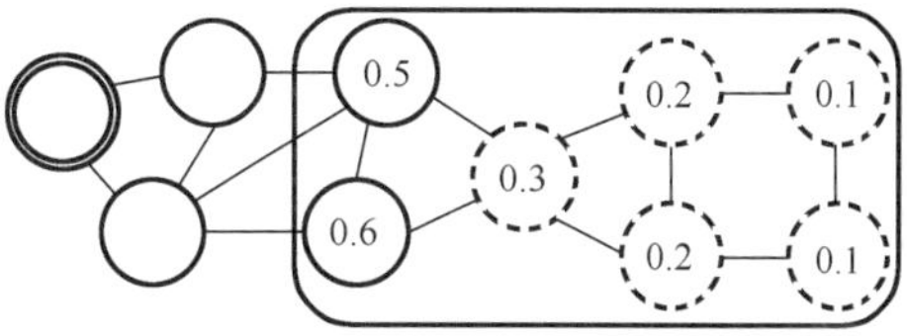

图 15.5　子问题 B 第一次学习后

着信息又从 B 返回到了 A。这对于精确收敛到最优值是必需的，正是由于这样的传递过程，各子问题对内部状态的值函数的估计准确性才得以提高，如图 15.7 所示，从而最终收敛到最优值，进一步得到整个问题的最优控制策略 h^*。

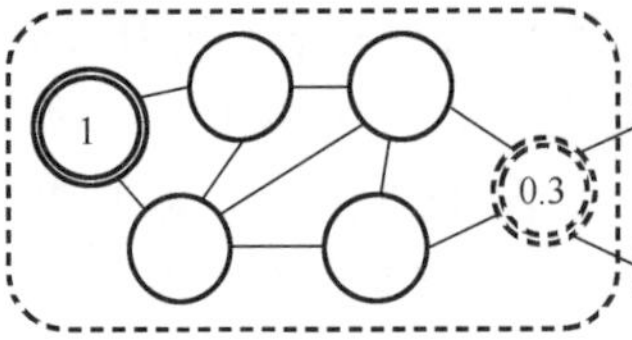

图 15.6　子问题 A 第二次学习前

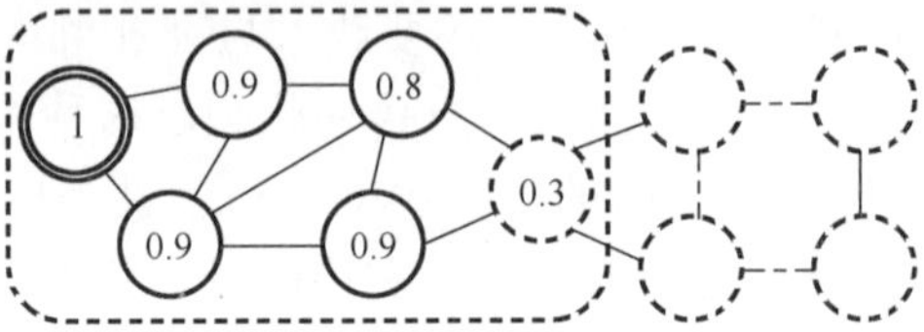

图 15.7　子问题 A 第二次学习后

上述学习过程反复迭代下去，直到符合算法的终止准则。终止准则应能够保证整个问题的收敛。

15.1.2　IS-SPRL 的消息传递和调度

在利用多 Agent 并行学习时，由于有多个子问题同时被载入内存中学习，所以子问题间的信息传递过程比单 Agent 的情况复杂。IS-SPRL 通过引入作业队列和异步消息传递机制来解决这一问题。

IS-SPRL 中，每个子问题模块均包含接收消息和发送消息的功能。每个子问题模块都有一个收信箱，所有模块的收信箱集中存放在调度进程里。当子问题(假定为 $\boldsymbol{X}$)模块被激活时，执行进程首先检查对应的收信箱中的内容，根据此内容更新当前子问题的虚拟吸收状态（$\mathrm{VG}(\boldsymbol{X})$）的值。接着执行一个周期的学习过程，考虑到效率问题，学习过程中不再检查收信箱内的内容有无更新，若有更新，将会在下次该子问题模块被激活时处理。学习结束后，子问题模块检查自己的边界状态（$\boldsymbol{x} \in \mathrm{fr}(\boldsymbol{X})$）的值，若有边界状态的值函数发生了改变(改变的差值需要大于一个阈值)，新值表示了一个更加精确的估计，必须通知与这些边界状态相邻的子问题（$\mathrm{Neighbour}_x$）。把所有值函数发生改变的边界状态按照与它们相邻的子问题进行分类，相邻于同一子问题的状态归为一类(可能有些状态同时处于不同的分类中)。把属于同一类的状态的值函数组合成一条消息，发送到与这些状态相邻的子问题。子问题的收信箱中为每个虚拟吸收状态预留了空间。对于同一状态而言，较晚的更新代表了更精确的估计，因此每个状态的值只需要一份副本。

调度进程的主要目的是根据调度算法选择子问题，分配进程，让子问题并行执行。在消息传递的过程中，它还扮演了“消息服务器”的角色，对消息进行存储转发，如图 15.8 所示。子问题间的信件往来都必须经过调度进程，而不是直接发送给收件人，因为收件人所在的子问题模块当前可能处于休眠状态。

调度进程初始化时创建所有可用的进程。当进程被分配到一个作业时，首先向调度进程请求与该作业对应的子问题的相关信息，接着执行三个基本操作(收信、学

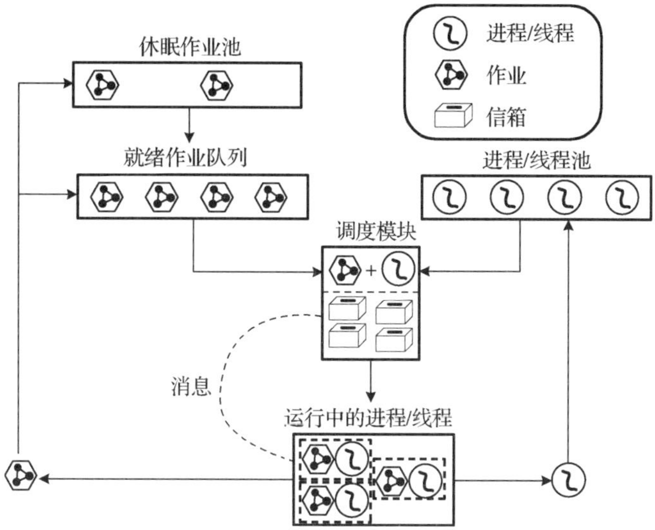

图 15.8 并行调度架构

习、发信)，然后把作业返回给调度进程并尝试请求另一个作业。如果返回的作业还没有局部收敛，调度进程把它添加到就绪作业队列，否则添加到休眠作业池。当有消息发送给休眠作业池中的作业时，该作业被激活，转移到就绪作业队列，等待被选中执行。当所有的作业都在休眠时，进程相继死去。最后一个进程死去后，调度进程也完成自己的使命。

异步消息传递机制的主要特点是各个并行进程(局部算法)不需要在预先设定的时间点等待预先期望的消息，允许其中一些进程的执行速度快于其他进程或比其他进程执行更多的迭代，同时允许一些进程间的通信比另外一些进程间的通信更加频繁，而且对通信延时也没有特殊的要求，能够接受较大的和不可预料的延时。这些特点决定了采用异步消息传递机制的 IS-SPRL 的两个显著优点：①IS-SPRL 具有较小的通信代价和更快的执行速度；②IS-SPRL 能够容忍数据的频繁变化。另外，异步消息传递机制使得 IS-SPRL 实现起来也具有更大的灵活性。

15.1.3 学习步骤

下面给出 IS-SRL 和 IS-SPRL 的学习步骤。

(1)初始化。

分割状态空间，得到子问题的集合$\{\boldsymbol{X}|\boldsymbol{X}$ 是一个子问题$\}$，保证每个子问题的规模足够小，能够在可用资源的限制下得以解决。

(2)选择子问题。

根据调度算法选择一个(IS-SRL)或多个(IS-SPRL)子问题，载入与这些子问题相关的信息，如环境状态、值函数表等，IS-SPRL 还需检查对应子问题模块的收信箱，并更新相应虚拟吸收状态的值。

(3)学习选中的子问题。

使用选定的强化学习算法，对选中的子问题学习一个周期 T。具体选择什么强化学习算法没有限制，只要适合用来学习目标问题即可，但是在子问题间要保持一致，在整个学习过程中不能更换。一个学习周期 T 中情节的个数一般是固定不变的，但若子问题已经局部收敛则可以提前结束该周期的学习。

(4)保存子问题的学习结果。

保存子问题 $\boldsymbol{X}$ 的值函数表，IS-SPRL 还需向调度进程发送消息，接着判断算法终止条件是否满足，若满足则停止学习，否则返回到第(2)步继续学习。

调度模块和一个学习 Agent 的交互过程如图 15.9 所示。值得注意的是，学习周期 T 的大小的设置对算法的性能有较大的影响。如果 T 设置得太小，算法需要较频繁地执行调度操作，开销较大，导致学习速度变慢，性能变差；如果 T 设置得太大，子问题中算法收敛到正确值的前提——相邻子问题的边界状态有正确的值——得不到保证，算法很多时候是基于较旧的虚拟吸收状态的值函数在学习，导致很多学习过程的浪费，从而影响了算法的整体收敛速度。

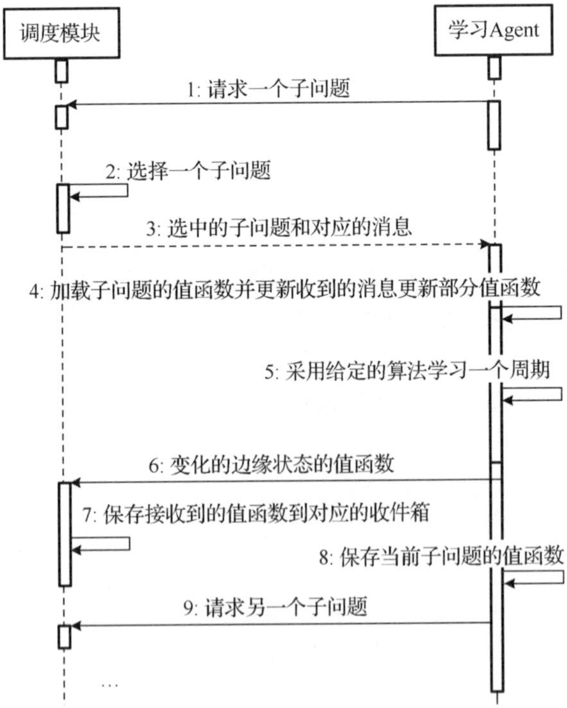

图 15.9　调度模块和一个学习 Agent 的交互过程

15.2　加权优先级调度算法

子问题的调度策略有很多，可以借鉴传统的作业调度策略和 Cache 替换算法，如可以采用随机调度、Round-Robin 调度、LFU(Least Frequently Used)算法和 LRU (Least Recently Used)算法等。在本章提出的任务分解策略下，相邻子问题间相互依赖，某些传统的调度策略可能会产生“饥饿”现象和收敛速度慢、学习过程浪费等不良影响。因此必须使用一种有针对性的符合学习特点的调度策略来避免上述可能存在的缺陷。

在介绍本章的调度策略之前，先给出设计调度策略的三个准则。

(1)尽量少产生无用的重复学习过程。

(2)尽可能克服收敛速度慢的问题。

(3)尽可能不产生“饥饿”现象。

要满足上述三个准则，有必要让调度策略与强化学习中值函数更新顺序的分布相一致。在强化学习中，值函数最主要的更新分布(backup distribution)是根据“在策略”分布从状态空间或状态动作空间中采样，也就是说根据当前正在执行的策略来在线采样。这种生成学习经验和更新值函数的方法称为“循迹采样(trajectory sampling)”[8]。由于强化学习的延时奖惩特性，在学习过程的早期，大多数基于值函数的学习算法对值函数的有效更新总是从一个小范围的状态集或状态动作对集开始，然后逐渐扩大，直至覆盖整个值函数表。也就是说，大多数的强化学习算法在一轮迭代中对值函数的更新总是从与吸收状态相邻的状态开始的，然后更新与吸收状态或者上一步中已获得更新的状态相邻的状态，依次循环直到收敛。经验表明，在整个学习过程中遵循这样的更新顺序分布可以获得比较好的学习性能。图 15.10 刻画

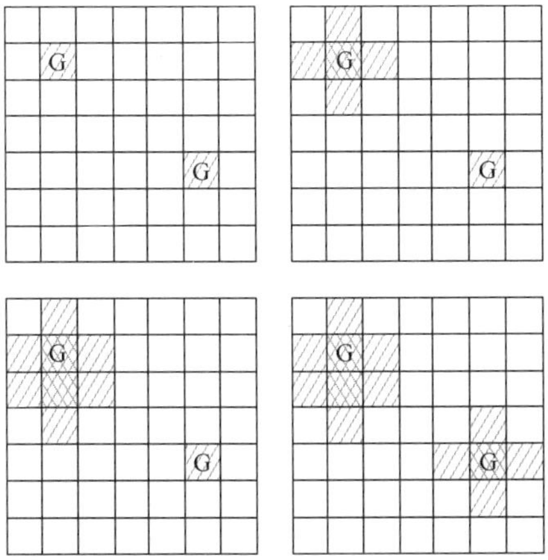

图 15.10　Candidate 的动态变化

了在一轮迭代的前三个学习步，调度算法可选的子问题集合 Candidate 的动态变化过程。定义 15.7 描述了 Candidate 的详细定义。图 15.10 中的每个小方格表示一个子问题，标有 G 的小方格表示含有整个问题的目标状态的子问题，用斜线标注的小方格集合表示 Candidate，其中用双斜线标注的小方格表示在该轮迭代中已经被调度算法选中并学习过的子问题。

定义 15.7 在算法一次迭代过程中，调度算法可选的子问题集合，称为该轮迭代的候选子问题集，记为 Candidate，递归定义如下。

(1) 吸收状态所在的子问题属于 Candidate。

(2) 该轮迭代过程中已经学习过的子问题属于 Candidate。

(3) 与 Candidate 中的某个子问题 $\boldsymbol{X}$ 直接相连的子问题集 U 属于 Candidate，U 的定义如下

$$U=\left\{\boldsymbol{Y}\middle|\exists\boldsymbol{X}\in\text{Neighbour}(\boldsymbol{Y}),\boldsymbol{X}\in\text{Candidate}\right\}$$

从定义 15.7 可以看出，Candidate 的大小随着学习过程中该轮迭代的迭代步数的增加而逐渐变大。调度算法每次都在 Candidate 中选择一个子问题进行学习，这样的调度算法符合强化学习值函数更新顺序分布的特点。

在 Candidate 中，一个具体的子问题的策略可灵活选择，本章采用的是一种加权优先级策略。该策略由以下基本优先级顺序组成。

(E) 选择值函数变化最大的子问题。值函数的变化值指学习周期最后两轮迭代后的值函数向量的距离。

(T) 选择到目前为止总的执行次数最少的子问题。

(L) 选择最近最少访问的子问题，即上次学习距离当前时间最长的子问题。

(R) 随机选择一个子问题。

(N) 选择满足以下条件的子问题：与该子问题相邻的子问题当前不在执行（仅用于 IS-SPRL）。

以所有可能的字典顺序组合这些基本策略，得到一些组合策略。例如，L 表示总是选择最近最少执行的子问题（Round-Robin 调度）；TL 表示在总的执行次数最少的子问题中选择最近最少访问的子问题；NR 表示从没有邻居子问题正在执行的子问题集合中随机选择一个子问题，若所有子问题都有邻居子问题正在执行则随机选择一个子问题。让所有的组合顺序均以 L 或者 R 结尾，且不同时包含 L 和 R，因为它们是两个仅有的保证从不会发生关系的基本策略。因此 IS-SRL 共有 10 种可用的组合策略：R、ER、TR、ETR、TER、L、EL、TL、ETL、TEL。IS-SPRL 共有 32 种：R、ER、TR、NR、ETR、TER、ENR、NER、TNR、NTR、ETNR、ENTR、TENR、TNER、NTER、NETR、L、EL、TL、NL、ETL、TEL、ENL、NEL、TNL、NTL、ETNL、ENTL、TENL、TNEL、NTEL、NETL。

特别地，NR 和所有扩展于 NR 的组合策略(如 NER)都有可能无法避免“饥饿”现象，因为可能有某些子问题总会因为有邻居子问题正在被执行而自己得不到执行。然而，在本章所提的调度架构下，这并不是一个严重的问题，因为收敛的子问题会从就绪作业队列中移除，使得计算节点可以空闲下来执行先前处于饥饿状态的子问题。

这些组合策略可以单独使用，也可以选择其中的部分或全部加权使用。假设选择其中的 m 个，需要设置一个维度为 m 的权值向量 $\boldsymbol{\theta}$ 。θ_i $(i=1,2,\cdots,m)$ 是其中的一个分量，其取值范围为 $[0,1]$，表示在某次调度执行时，第 i 个组合策略被选中的概率，则有 $\sum_{i=1}^{m}\theta_i=1$ 。在调度过程中可以借鉴遗传算法中的个体选择算法来选择组合策略，如轮盘赌选择算法、锦标赛选择算法、截断选择算法、随机遍历抽样等；也可以用强化学习中选择动作的 Softmax 方法来选择组合策略，如 Gibbs-Botzmann 选择算法等。实际上，任何基于概率的选择算法都是可行的，只要保证 θ_i 越大，第 i 种组合策略被选中的可能性越大。另一方面，权值向量 $\boldsymbol{\theta}$ 的赋值是必须谨慎的，不同的赋值方法代表了对这些组合策略的不同偏好，会不同程度地影响算法的性能。权值向量的赋值可以手工完成，也可以使用某种优化算法自动生成，它和选择算子的选择一起构成了一个组合优化问题，可以用现有的优化方法来解决，如遗传算法、模拟退火算法、粒子群优化算法等。

融入上述调度策略后，IS-SRL 的算法步骤如算法 15.1 所示，其中的符号定义如表 15.1 所示。IS-SPRL 的每个子问题模块所采用的算法步骤和 IS-SRL 基本相同，唯一的区别是 IS-SPRL 有单独的调度进程来收集调度统计信息和完成调度操作，而 IS-SRL 把调度算法和学习算法融合在一起。

表 15.1　算法符号定义

符号	定义
t	全局的学习步
τ	值函数变化的阈值
Visited	在一轮学习过程中，已经执行过的子问题的集合
Candidate	在当前步，算法从中作出选择的候选子问题集合
Neighbor	在当前学习周期中，与边界状态中值函数变化较大的状态相邻的子问题集合
Neighbor_x	与状态 $\boldsymbol{x}$ 相邻的子问题的集合
Count_X	子问题 $\boldsymbol{X}$ 从开始到现在为止总的执行次数
Last_X	子问题 $\boldsymbol{X}$ 最近一次被执行的时间
Error_X	子问题 $\boldsymbol{X}$ 的所有状态(或状态动作对)在学习周期的最后两次迭代时值函数向量的距离
m	采用的组合策略的个数，IS-SRL 默认为 10，IS-SPRL 默认为 32
$\boldsymbol{P}$	选中的 m 种组合策略的向量
$\boldsymbol{\theta}$	$\boldsymbol{P}$ 的权重向量

算法 15.1 IS-SRL

(1) 输入$\{\boldsymbol{X} \mid \boldsymbol{X}$是一个子问题$\}$

(2) 初始化：t=1；对于所有的 X，使得 $\text{Count}_X = 0$， $\text{Last}_X = 0$， $\text{Error}_X = 0$；初始化权值向量$\boldsymbol{\theta}$，使得$\sum_{i=1}^{m} \theta_i = 1$

(3) Repeat

(4) Visited $= \varnothing$，Candidate = $\{\boldsymbol{X} \mid \boldsymbol{X}$ 是包含目标状态的子问题$\}$

(5) Repeat

(6) Neighbor $= \varnothing$

(7) 从向量$\boldsymbol{P}$选择一个元素P_i，使得被选中的概率P_i正比于θ_i

(8) 用选定的选择算子根据概率P_i从 Candidate 中选择一个子问题$\boldsymbol{X}$

(9) 用给定的学习算法学习子问题$\boldsymbol{X}$一个周期，记录 Error_X 的值

(10) if $|V_t(\boldsymbol{x}) - V_{t-1}(\boldsymbol{x})| > \tau$ or $|Q_t(\boldsymbol{x},u) - Q_{t-1}(\boldsymbol{x},u)| > \tau, \boldsymbol{x} \in \text{fr}(\boldsymbol{X}), u \in A(\boldsymbol{x})$

(11) $\text{Neighbor} = \text{Neighbor} \cup \text{Neighbor}_{\boldsymbol{x}}$

(12) end if

(13) $\text{Visited} = \text{Visited} \cup \{\boldsymbol{X}\}$

(14) $\text{Candidate} = \text{Candidate} \cup \text{Neighbor}$

(15) $\text{Count}_X = \text{Count}_X + 1$

(16) $\text{Last}_X = 1$

(17) $t = t + 1$

(18) until Visited = $\{\boldsymbol{X} \mid \boldsymbol{X}$是一个子问题$\}$

(19) until 满足终止条件

(20) 输出整个学习任务的最优值函数

15.3 收敛性分析

IS-SRL 和 IS-SPRL 的本质是以异步方式更新值函数，因此证明算法是否收敛的关键在于对该本质特点的分析。收敛性分析离不开具体的强化学习算法。适用于 IS-SRL 和 IS-SPRL 的强化学习算法很多，经典的基于值函数的强化学习算法，如动态规划、蒙特卡罗、时序差分等，都可以与 IS-SRL 和 IS-SPRL 融合。本章选择应用范围较广，具有一定理论基础的 Q 学习算法进行收敛性证明，证明过程中所应用的异步随机近似理论可以扩展应用到其他强化学习算法(如异步动态规划算法[9]、TD(λ) 算法等)的收敛性证明中。

本章在借鉴文献[10]的基础上，对 IS-SRL 和 IS-SPRL 进行建模和假设，并对基于这两种方法的 Q 学习算法的收敛性进行了证明。

15.3.1 模型和假设

设$\mathbb{R}$为实数集，随机近似算法的常用结构如下

$$x_i = x_i + \alpha(F_i(\boldsymbol{x}) - x_i + w_i)$$

式中，$\boldsymbol{x}=(x_1,\cdots,x_n)\in\mathbb{R}^n$；$F_1,\cdots,F_n:\mathbb{R}^n\mapsto\mathbb{R}$；$w_i$是随机噪声；$\alpha$是一个小的，通常是逐渐下降的步长系数。算法更新向量$\boldsymbol{x}$的目的是求解方程$F(\boldsymbol{x})=\boldsymbol{x}$，其中$F(\boldsymbol{x})$是从$\mathbb{R}^n$到其自身的映射，$F_1,\cdots,F_n$是其相应的分量映射，即对于所有的$\boldsymbol{x}\in\mathbb{R}^n$，$F(\boldsymbol{x})=(F_1(\boldsymbol{x}),\cdots,F_n(\boldsymbol{x}))$。

设$\mathbb{N}$为自然数的集合，变量$t\in\mathbb{N}$表示一个离散的时间步，用作连续的值函数更新的索引。设$\boldsymbol{x}(t)$表示向量$\boldsymbol{x}$在时刻t的值，$x_i(t)$表示其第i个元素。T^i是$\mathbb{N}$的一个无限子集，表示x_i被更新的时刻集合。

假设

$$x_i(t+1)=x_i(t),\quad t\notin T^i \tag{15.1}$$

考虑对x_i的更新，假定更新等式的形式如下

$$x_i(t+1)=x_i(t)+\alpha_i(t)(F_i(\boldsymbol{x}^i(t))-x_i(t)+w_i(t)),\quad t\in T^i \tag{15.2}$$

式中，$\alpha_i(t)\in[0,1]$是步长参数；$w_i(t)$是随机噪声；$\boldsymbol{x}^i(t)$表示在t时刻更新x_i时可用的向量$\boldsymbol{x}$，此时$\boldsymbol{x}$中的部分元素可能已经过期。特别地，假设

$$\boldsymbol{x}^i(t)=(x_1(\tau_1^i(t)),\cdots,x_n(\tau_n^i(t))),\quad t\in T^i \tag{15.3}$$

式中，$\tau_j^i(t)$是一个整数，且$0\leqslant\tau_j^i(t)\leqslant t$，表示在$t$时刻更新$x_i$时可用的$x_j$最后一次更新的时刻，当然$\tau_j^i(t)$不一定是$x_j$真正意义上的最后一次更新的时刻，只是在$t$时刻对更新$x_i$的进程而言才是，也就是说在更新$x_i$时可能使用了过期的信息。如果没有任何信息是过期的，那么对于所有的t，$\tau_j^i(t)=t$并且$\boldsymbol{x}^i(t)=\boldsymbol{x}(t)$。为了使式(15.1)和式(15.2)具有相同的形式，让$\alpha_i(t)$、$w_i(t)$和$\tau_j^i(t)$的定义在所有的i、j和t上都有效，且$\alpha_i(t)=0$和$\tau_j^i(t)=t$对所有的$t\notin T^i$成立。

到目前为止引入的所有变量（$\boldsymbol{x}(t)$，$\tau_j^i(t)$，$\alpha_i(t)$，$w_i(t)$）都可以看成定义在概率空间$(\Omega,\mathcal{F},\mathcal{P})$上的随机变量。证明收敛性所需的假设主要处理这些随机变量之间的相互依赖关系。这些假设涉及一个不断增长的序列$\{\mathcal{F}(t)\}_{t=0}^{\infty}$，是$\mathcal{F}$的一个子域。$\mathcal{F}(t)$表示在$\boldsymbol{x}(t+1)$获得更新之前算法的历史，包含确定第$t$次迭代过程中所需的步长参数$\alpha_i(t)$的时刻，但在噪声$w_i(t)$生成之前。另外，在度量理论中，一个随机变量$Z$是$\mathcal{F}(t)-$measurable的，表示$Z$完全由$\mathcal{F}(t)$描述的历史决定。

假设 15.1　对于所有的 i 和 j，$\lim_{t\to\infty}\tau_j^i(t)=\infty$ 以概率 1 成立。

假设 15.1 保证了即使存在过期的信息，旧的信息最终将会被丢弃。

假设 15.2

(1) $\boldsymbol{x}(0)$ 是 $\mathcal{F}(0)-$measurable 的。

(2) 对于所有的 i 和 t，$w_i(t)$ 是 $\mathcal{F}(t+1)-$measurable 的。

(3) 对于所有的 i、j 和 t，$\tau_j^i(t)$、$\alpha_i(t)$ 是 $\mathcal{F}(t)-$measurable 的。

(4) 对于所有的 i 和 t，$E\left[w_i(t)\,|\,\mathcal{F}(t)\right]=0$。

(5) 存在常量 A 和 B 使得下式成立

$$E\left[w_i^2(t)\,|\,\mathcal{F}(t)\right]\leqslant A+B\max_j\max_{\tau\leqslant t}\left|x_j(\tau)\right|^2,\quad \forall i,t$$

假设 15.2 使得在 t 时刻是否根据以往历史更新 x_i 成为可能。假设 15.2 的第(3)部分要求选择哪个将要被更新的元素不取决于还没生产的变量 $w_i(t)$。

假设 15.3

(1) 对于所有的 i，$\sum_{t=0}^{\infty}\alpha_i(t)=\infty$ 以概率 1 成立。

(2) 存在常量 C 使得对于所有的 i，$\sum_{t=0}^{\infty}\alpha_i^2(t)\leqslant C$ 以概率 1 成立。

假设 15.3 关注的步长参数是随机近似算法的标准要求。

定义 15.8　如果 $\boldsymbol{x},\boldsymbol{y}\in\mathbb{R}^n$，不等式 $\boldsymbol{x}\leqslant\boldsymbol{y}$ 解释成对于所有的 i，$x_i\leqslant y_i$；对于任意的正向量 $v=(v_1,\cdots,v_n)$，在 $\mathbb{R}^n$ 上定义范数 $\|\cdot\|_v$ 使得 $\|\boldsymbol{x}\|_v=\max_i\dfrac{|x_i|}{v_i}$，$\boldsymbol{x}\in\mathbb{R}^n$，特别地，如果向量 $\boldsymbol{v}$ 的所有元素都是 1，那么范数 $\|\cdot\|_v$ 就是最大范数 $\|\cdot\|_\infty$。

假设 15.4　存在一个向量 $\boldsymbol{x}^*\in\mathbb{R}^n$，一个正向量 $\boldsymbol{v}$ 和一个标量 $\beta\in[0,1)$，使得

$$\left\|F(\boldsymbol{x})-\boldsymbol{x}^*\right\|_v\leqslant\beta\left\|\boldsymbol{x}-\boldsymbol{x}^*\right\|_v,\quad \forall\boldsymbol{x}\in\mathbb{R}^n$$

定理 15.1　如果假设 15.1～假设 15.4 都成立，那么 $\boldsymbol{x}(t)$ 以概率 1 收敛到 $\boldsymbol{x}^*$。

定理 15.1 的详细证明过程见文献[10]。

15.3.2　基于 IS-SRL 和 IS-SPRL 的 Q 学习算法的收敛性

定理 15.2　考虑折扣率 $\gamma<1$ 的基于 IS-SRL 和 IS-SPRL 的 Q 学习算法，若 $Q_{xu}^*=E\left[r_{xu}\right]+\gamma\sum_{x'}P_{xx'}^uV_{x'}^*$，则对于所有的 $\boldsymbol{x}$ 和 u，当 $t\to\infty$ 时，$Q_{xu}(t)$ 以概率 1 收敛到 $Q_{xu}^*(t)$。

证明　考虑在一个有限状态空间 $\boldsymbol{X}$ 上的马尔可夫决策问题。对于任意的 $\boldsymbol{x}\in\boldsymbol{X}$，有限集 $U(\boldsymbol{x})$ 表示在状态 $\boldsymbol{x}$ 可采用的所有动作。对于所有的 $u\in U(\boldsymbol{x})$，$\sum_{x'\in X}P_{xx'}^u=1$。

定义一个动态规划算子 $T:\mathbb{R}^{|X|}\mapsto\mathbb{R}^{|X|}$，其元素 $T_x(V)=\max\limits_{u\in U(x)}\left\{E\left[R_{xx'}^u\right]+\gamma\sum\nolimits_{x'\in X}P_{xx'}^uV(x')\right\}$。众所周知，如果 $\gamma<1$，T 是关于最大范数 $\|\cdot\|_\infty$ 的压缩映射，并且 V^* 是它唯一的不动点。

Q 学习算法是一种用来计算 V^* 的方法，它基于 Bellman 最优等式 $V^*=T(V^*)$ 的变形。设 $P=\{(\boldsymbol{x},u)\,|\,\boldsymbol{x}\in\boldsymbol{X},u\in U(\boldsymbol{x})\}$ 是所有可能的状态动作对的集合，其基数为 n。在 t 次迭代后，向量 $\boldsymbol{Q}(t)\in\mathbb{R}^n$ 的元素 $Q_{xu}(t)$，$(\boldsymbol{x},u)\in P$ 用如下的等式更新

$$Q_{xu}(t+1)=Q_{xu}(t)+\alpha_{xu}(t)\left[r_{xu}+\gamma\max_{u'\in U(\delta(x,u))}Q_{\delta(x,u),u'}(t)-Q_{xu}(t)\right] \tag{15.4}$$

式中，$\alpha_{xu}(t)$ 是一个非负的步长系数，当 $(\boldsymbol{x},u)\in P$ 但 Q_{xu} 在当前迭代步没有获得更新时，$\alpha_{xu}(t)$ 设为 0；r_{xu} 是在状态 $\boldsymbol{x}$ 执行动作 u 所获得的立即奖赏值的随机样本；$\delta(\boldsymbol{x},u)$ 是一个随机的后继状态，其等于 $\boldsymbol{x}'$ 的概率为 $P_{xx'}^u$。

Q 学习算法有着和式(15.2)一样的形式。记 F 为从 $\mathbb{R}^n$ 到其自身的映射，其组成元素 F_{xu} 定义为

$$F_{xu}(Q)=E[r_{xu}]+\gamma E\left[\max_{u'\in U(\delta(x,u))}Q_{\delta(x,u),u'}\right] \tag{15.5}$$

式中，$E\left[\max\limits_{u'\in U(\delta(x,u))}Q_{\delta(x,u),u'}\right]=\sum\nolimits_{x'\in X}P_{xx'}^u\max\limits_{u'\in U(x')}Q_{x'u'}$。不难看出如果一个向量 $\boldsymbol{Q}$ 是 F 的不动点，并且另一个向量 $\boldsymbol{V}$ 的元素为 $V_x=\max_{u\in U(x)}Q_{xu}$，那么向量 $\boldsymbol{V}$ 是 T 的不动点。从而式(15.4)可以改写成 $Q_{xu}(t+1)=Q_{xu}(t)+\alpha_{xu}(t)\left[F_{xu}(Q(t))-Q_{xu}(t)+w_{xu}(t)\right]$，其中

$$w_{xu}(t)=r_{xu}-E\left[r_{xu}\right]+\gamma\max_{u'\in U(\delta(x,u))}Q_{\delta(x,u),u'}(t)-\gamma E\left[\max_{u'\in U(\delta(x,u))}Q_{\delta(x,u),u'}(t)\middle|\mathcal{F}(t)\right] \tag{15.6}$$

通过说明基于 IS-SRL 和 IS-SPRL 的 Q 学习算法满足假设 15.1～假设 15.4，从而可应用定理 15.1 来证明其收敛。假设 15.1 在 $\tau_j^i(t)=t$ 时显然是成立的，并且在允许使用过期信息的情况下也是可满足的。假设 IS-SRL 或 IS-SPRL 把整个任务划分成 N 个子任务，每个子任务被调度时学习一个周期 T。由于 IS-SRL 和 IS-SPRL 采用的调度算法不会产生“饥饿”现象，所以两个子任务被调度的最大时间差有界，不妨设该最大时间差小于等于 $C\cdot N$，其中 C 为一个常数。由于 Q 学习中选择动作的策略一般是某种 soft 策略，即对所有的 $(\boldsymbol{x},u)$ 来说，$\pi(\boldsymbol{x},u)>0$，所以每个学习情节的迭代步数也有界，假设该上界为 O。因而 $t-\tau_j^i(t)\leqslant C\cdot N\cdot T\cdot O$，从而假设 15.1 成立。

对于假设 15.2，$\mathcal{F}(t)$ 表示前 t 次迭代过程中算法的历史。假设 15.2 的(1)和(2)显然成立，(3)也是很自然的，它假定了所要求的样本在决定了当前迭代步所更新的元素之后确定，而且该决定可以基于过去的经验和探索或者基于一个模拟的学习轨

迹。式(15.6)隐含了假设 15.2 的(4)也是成立的。给定 $\mathcal{F}(t)$，$\max_{u'\in U(\delta(x,u))} Q_{\delta(x,u),u'}$ 的条件方差的上界为该随机变量可能的最大值 $\max_{x\in X}\max_{u\in U(x)} Q_{xu}^2(t)$。取式(15.6)两端的条件方差，得

$$E\left[w_{xu}^2(t)\middle|\mathcal{F}(t)\right]\leqslant \mathrm{Var}(r_{xu})+\max_{x\in X}\max_{u\in U(x)} Q_{xu}^2(t)$$

从而，假设 15.2 的(5)也成立。

假设 15.3 需要强加于 Q 学习算法所用的步长参数上，作为收敛的条件。特别地，它需要每个状态动作对都能无限次访问到。

在折扣率 $\gamma<1$ 的情况下，式(15.5)使得

$$\left|F_{xu}(Q)-F_{xu}(Q')\right|\leqslant \gamma \max_{x'\in X,u'\in U(x')}\left|Q_{x'u'}-Q'_{x'u'}\right|,\quad \forall Q,Q'$$

因此，F 是关于最大范数 $\|\cdot\|_\infty$ 的一个压缩映射。从而假设 15.4 成立。

综上所述，基于 IS-SRL 和 IS-SPRL 的 Q 学习算法满足假设 15.1～假设 15.4，由定理 15.1 可得，定理 15.2 成立。

证毕。

15.4 仿真实验

本章基于 Java 并行处理框架(JPPF)，使用多目标迷宫问题作为实验的仿真平台，实验中使用的二维迷宫和图 15.11 所示的迷宫类似，只是在不同的实验中，使用的迷宫的大小不尽相同。该迷宫问题中，Agent 所在的位置唯一标识学习问题的一个状态。在每个状态 Agent 可以采用的动作集为 U={上，下，左，右}，每个动作导致相应的状态转移，除非这样的动作将会把 Agent 带离迷宫边界或撞到墙上，在这种情况下状态保持不变。每次状态转移将从环境中获得–1 的奖赏值，除非到达目标状态。到达目标状态获得的奖赏值为 1。

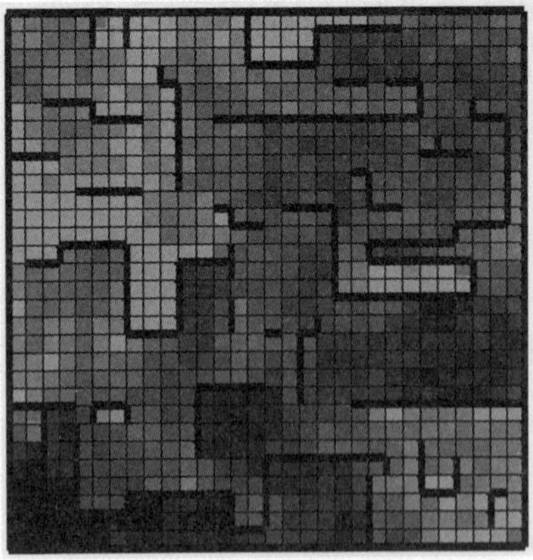

图 15.11　多目标迷宫问题

实验采用了标准的 Q 学习算法，动作选择采用 ε-greedy 方法。除非特别说明，否则实验参数设置如下：$\gamma=0.9$，$\tau=10^{-6}$，$\varepsilon=0.5$ 并且以 0.99 的衰减因子逐渐减小。默认情况下，迷宫的大小为 320×320，采用人工分割的方法，把整个问题分割成大小均匀的 16 块，每个分块的大小为 80×80。

15.4.1　不同调度算法的比较

图 15.12 比较了本章所提的基于加权优先级的调度算法和两种基本的调度算法：随机调度和 Round-Robin 调度。图 15.12 所示的实验结果刻画了在不同数量的工作 Agent 下采用三种调度算法使得基于 IS-SPRL 的 Q 学习算法收敛所需的时间。结果表明，随机调度算法容易产生“饥饿”现象。该算法可能会重复地选择相同的子问题，从而浪费计算。重复学习相同的子问题通常情况下是次优的，因为一旦一个邻居子问题经过了一个周期的学习，第一个子问题的环境发生了很大的变化，从而继续在原来的环境下学习第一个子问题是一种严重的计算浪费。Round-Robin 调度算法看上去能够避免此问题。基于加权优先级的调度算法从构造上避免了产生“饥饿”现象，实验表明它具有最好的性能。

值得注意的是，随着进程数相对于子问题的比率的增长，这些调度算法趋向于相同，因为可供调度算法选择的子问题的数量越来越少。在极限情况下，每一个进程都正好执行一个子问题，没有多余的子问题可供调度，此时所有的调度算法收敛到一个相同的算法。为了更好地理解这一点，需要记住在本章所提的调度架构中只有一个调度进程，并不是每个 Agent 进程都有一个调度模块。不管怎样，在工作 Agent 数量较少的情况下，能够很好地区分这些调度算法的性能优劣。

在以下几个实验中，采用和该实验相同的加权优先级调度算法。

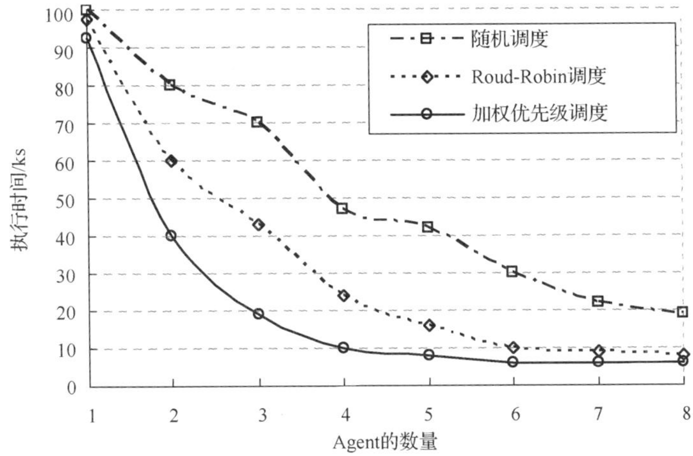

图 15.12　三种调度算法的性能比较

15.4.2　算法在不同参数下的性能比较

实验对不采用分而治之策略的经典 Q 学习算法、基于 IS-SRL 的 Q 学习算法(IS-SQL)和基于 IS-SPRL 的 Q 学习算法(IS-SPQL)的性能进行了比较。本章的实验结果是 50 次实验的平均值。如图 15.13 所示，传统的 Q 学习算法在 9000s 的学习时间内还没收敛，而 IS-SQL 算法在学习了 8000s 左右的时间后就已经收敛。实验还比较了 IS-SPRL 在不同数量的学习 Agent 下算法的性能，从实验结果可以看出，随着学习 Agent 数量的增加，并行程度提高，算法在学习时间上获益越多。

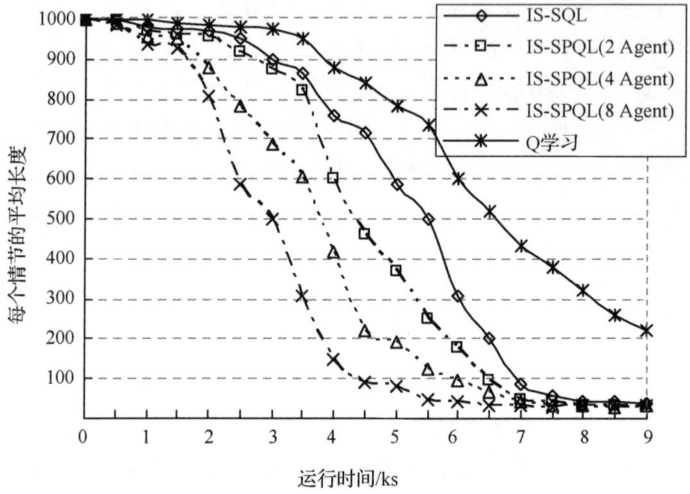

图 15.13　IS-SPRL 的收敛速度比较

IS-SRL 的主要优势并不是加快收敛速度，而是适用于解决大规模学习问题。在另一个版本的实验中，迷宫问题的规模扩大为 32000×32000，如此大规模的学习问题在目前普通配置的 PC 上用传统的 Q 学习算法是没法求解的，因为其所需的内存空间大约为 4GB。在该实验中，整个问题空间按照固定大小分解为 256 个子问题，每个子问题的大小为 2000×2000。实验中 IS-SPQL 算法使用了 16 个计算节点。IS-SQL 学习算法和 IS-SPQL 学习算法在该实验中的运行时间和达到收敛所需的迭代次数如表 15.2 所示。IS-SQL 算法在运行 60h 后收敛，同时，IS-SPQL 算法极大地减少了算法收敛所需的时间，但是需要更多的总迭代次数。

表 15.2　三种算法的性能比较

算法	运行时间	迭代次数
Q 学习	∞	∞
IS-SQL	60h	2356247
IS-SPQL	168min	701106800

更多的实验用来比较不同分解参数对基于 IS-SPRL 的学习算法性能的影响。在这些实验中，最多使用 8 个计算节点。当子问题的数量小于 8 时，实验所用的计算节点的数量与子问题的数量相等。表 15.3 给出了算法在不同参数下达到收敛所需的时间(以

秒为单位)。从实验结果可以看出，在迷宫比较小时，分解成太多的子问题会损失算法的性能，这是由于子问题间额外的通信开销所造成的影响。另一个趋势是当迷宫比较大时，较少的子问题数量有较差的性能，显而易见的原因是并行的程度不高。

表 15.3　不同分解参数对算法性能的影响

迷宫大小	1	2	4	8	16	32	64
80×80	2601	2432	2077	1420	936	598	646
160×160	10763	9254	8839	4897	2701	1591	1201
320×320	46774	30180	19056	13825	7974	4720	4334
640×640	195159	176413	140112	58870	30210	11327	9781

15.4.3　不同算法的收敛速度的比较

文献[11]提出了一种新的启发式加速评估 Q 学习(HAE-QL)算法，通过使用启发函数和评估函数来加速学习。文献[12]提出了一种基于经验知识的 Q 学习(EK-QL)算法，通过使用具有经验知识的函数，使 Agent 在进行无模型学习的同时学习系统模型，避免对环境模型的重复学习，从而加速 Agent 的学习速度。文献[13]提出了一种基于 ART2 的 Q 学习(ART2-QL)算法，其本质是一种函数近似方法，通过引入 ART2 神经网络，让 Agent 针对任务学习一个适当的增量式的状态空间聚类模式，使得该算法在学习较大规模的任务时具有较快的收敛速度和较高的学习精度。本章通过实验比较了基于 IS-SPRL 的 Q 学习(IS-SPQL)算法(8 个计算节点)和经典的 Q 学习算法、HAE-QL 算法、EK-QL 算法、ART2-QL 算法，结果表明 IS-SPQL 算法在收敛速度上具有很大的优势，如图 15.14 所示。

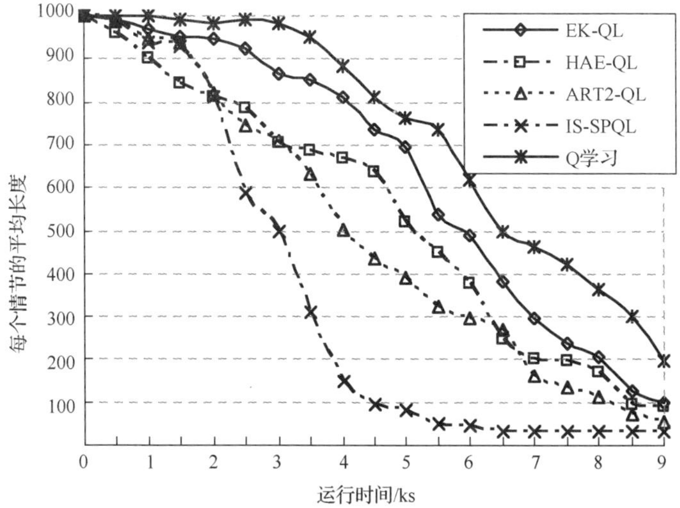

图 15.14　IS-SPQL 算法与几种串行 Q 学习算法的比较

IS-SPQL 算法的另一个优势在于其实现简单，在传统的 Q 学习算法的基础上加上分块方法和并行调度框架即可。IS-SPRL 也能够与其他的学习算法(如 HAE-QL 算法、EK-QL 算法等)相结合，以进一步提高学习效率。

除了顺序的算法，进一步通过实验比较了三种不同的并行强化学习算法和 IS-SPQL 算法的性能。这三种并行算法是 P3VI(Partitioned, Prioritized, Parallel Value Iterator)[14]、MSRL(Max Share RL with Multiple Homogenous Agents)[15]、CC-PQL(Parallel Implementation of Q-learning Based on Communication with Cache)[16]。从图 15.15 所示的学习结果来看，本章所提的 IS-SPQL 算法具有比较好的性能，这受益于 IS-SPRL 所采用的消息通信机制和加权优先级调度算法。

MSRL 算法采用多个同构的 Agent 与一个相同的环境交互，并周期性地交换各个 Agent 的学习经验。由于该方法不分割状态空间并且每个 Agent 都需要学习所有状态动作对的 Q 值，所以该方法的扩展性能较差。更严重的是，在 MSRL 算法中，一些Agent的学习经验将会被丢弃，因为其他Agent也在学习同样的事情；并且Agent之间频繁地共享信息所带来的时间开销较大。P3VI 算法对传统的 VI 算法进行了三个方面的性能加强，然而，和其他动态规划算法一样，P3VI 严重依赖于环境的模型。CC-PQL 算法同样也难以扩展到大状态空间的学习任务，因为整个 Q 值表由一个主节点维护。在 CC-PQL 算法中，从节点在需要外部信息时与主节点通信，请求所需的信息，并把收到的信息保存在本地的缓存中，供下次使用。由于从节点不能及时获取最新的外部信息，所以其学习过程可能会产生浪费，即算法对值函数的更新可能是冗余、无用和次优的。相反，在 IS-SPQL 算法中，任何新产生的值都会及时推送到相应的子问题模块中。IS-SPQL 算法克服了上述三种算法的缺陷，具有较好的鲁棒性。

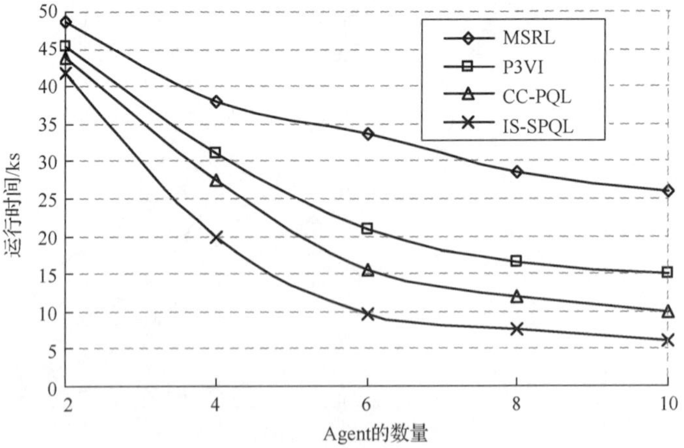

图 15.15　IS-SPQL 算法与几种并行 Q 学习算法的比较

15.4.4　结果分析

以上实验结果表明采用分而治之策略和加权优先级调度策略的并行强化算法能够加快大规模问题的求解速度，对其原因分析如下。

(1) 问题分解有助于减少因并行化而带来的额外开销，并且使数据和代码的组织更适合于并行化。基于状态分解的学习，能够使 Agent 较容易到达传统的学习方法难以到达的状态。“在策略”取样分布是不均匀的，从而状态的值函数的更新也是不均匀的。图 15.11 是采用传统的 Q 学习算法进行一次实验的中间结果，图中颜色越深表示对应的状态获得更新的次数越多。从图中可以看出传统的算法对值函数的更新是不均匀的。在有些复杂的问题中，某些状态在给定的动作选择策略下可能很难到达，而大多数强化学习算法收敛的前提条件是要保证每个状态(或状态动作对)都能够被访问无限次，因而算法的收敛速度较慢。在分治方法中，分解得到的子问题的规模变小，复杂度降低，同时调度算法保证了每个子问题都有机会尽早得到学习，因而问题分解使得 Agent 对状态空间的探索更加合理，所以这种方法能够有效地加快收敛速度。

(2) 本章所提出的调度算法带来了最主要的性能提升，因为它使计算能力集中在问题空间中收益最大的部分。在该调度算法下，学习过程不会产生浪费，值函数的更新比较均匀。学习过程产生浪费的原因主要有两个方面：一是在不采用分治策略时，由于上述“在策略”分布取样的不均匀性，使得容易到达的状态的值函数几乎不再发生变化，而难以到达的状态的值函数的更新次数较少，后期对于易到达状态的学习就是一种浪费；二是在采用分治策略时，若调度算法设计得不够合理，某些子问题的学习就依赖于较旧的相邻子问题的边界状态的值函数，因而产生不必要的无用的学习过程。

(3) 并行方法使系统与相应的串行方法相比具有更好的扩展性，并且能够发现传统的方法难以探索到的问题内部关系。采用并行化的方法，多个 Agent 能够同时学习环境的不同部分，它们之间的交流使得学习经验可以共享，这样在单位时间内并行学习能够获得的学习经验多于非并行学习。

15.5　本 章 小 结

本章旨在尝试解决强化学习中的两个开放问题：“维数灾”问题和收敛速度慢的问题。其创新之处在于，针对大规模状态空间提出了一种基于分而治之策略的可扩展可并行的强化学习算法框架，以及所提出的符合强化学习值函数更新顺序分布的加权优先级调度算法。所提学习框架通过对大规模学习任务进行分块，对各子块逐个学习，并周期性地交换学习经验，保证了基于该学习框架的算法的可用性和有效性。所提调度算法由于优化了值函数的更新顺序，避免了很多不必要的无用学习过程，提高了算法的性能。针对传统学习算法收敛速度慢的问题，在分治策略的基础上，采用多 Agent 同时学习，在有效的并行调度下，大幅度提高了学习速度，产生了较好的实验效果。

本章所提方法的主要贡献总结如下。

(1) 详细阐述了基于状态空间分解的并行强化学习算法中的子问题间的信息交互过程。

(2) 提出了一种新的基于加权优先级的调度算法，该算法考虑了一般强化学习算法对值函数的更新分布规律，关注能够产生最大收益的子问题。

(3) 提出了一种灵活的并行调度架构，该调度架构能够自适应学习 Agent 数量的动态变化。

(4) 基于随机近似理论证明了本章所提方法的收敛性。

(5) 通过多个实验验证了本章所提方法的有效性，结果表明 IS-SPRL 具有良好的可扩展性和较快的学习速度。

参 考 文 献

[1] Yang X, Liu Q, Jing L, et al. A scalable parallel reinforcement learning method based on divide-and-conquer strategy. Chinese of Journal Electronics, 2012, 22(2): 242-246.

[2] 刘全，傅启明，杨旭东，等. 一种基于智能调度的可扩展并行强化学习方法. 计算机研究与发展, 2013, 50(4): 843-851.

[3] Liu Q, Yang X, Jing L, et al. A parallel scheduling algorithm for reinforcement learning in large state space. Frontiers of Computer Science, 2012, 6(6): 631-646.

[4] 孙洪坤，刘全，傅启明，等. 一种优先级扫描的 Dyna 结构优化算法. 计算机研究与发展, 2013, 50(10): 2176-2184.

[5] 刘全，李瑾，傅启明，等. 一种最大集合期望损失的多目标 Sarsa(λ)算法. 电子学报, 2013, 41(8): 1469-1473.

[6] Liu Q, Mu X, Huang W, et al. A Sarsa(λ) algorithm based on double-layer fuzzy reasoning. Mathematical Problems in Engineering, 2013: 1-9.

[7] 肖飞，刘全，傅启明，等. 基于自适应势函数塑造奖赏机制的梯度下降 Sarsa(λ)算法. 通信学报, 2013, 34(1): 77-88.

[8] Sutton R, Barto A. Reinforcement Learning: An Introduction. Cambridge: The MIT Press, 1998.

[9] Bertsekas D, Tsitsiklis J. Parallel and Distributed Computation: Numerical Methods. NJ: Prentice-Hall, 1989.

[10] Tsitsiklis J. Asynchronous stochastic approximation and Q-learning. Machine Learning, 1994, 16(3): 185-202.

[11] 童亮, 陆际联, 龚建伟. 一种快速强化学习方法研究. 北京理工大学学报, 2005, 25(4): 328-331.

[12] 宋清昆, 胡子婴. 基于经验知识的 Q-学习算法. 控制理论与应用, 2006, 25(11): 10-12.

[13] 姚明海, 瞿心昱, 李佳鹤, 等. 基于 ART2 的 Q 学习算法研究. 控制与决策, 2011, 26(2): 227-232.

[14] Wingate D, Seppi K. P3VI: A partitioned, prioritized, parallel value iterator. The 21st International Conference on Machine Learning, New York , 2004.

[15] Kretchmar R. Reinforcement learning algorithms for homogenous multi-agent systems. The Workshop on Agent and Swarm Programming, New York, 2003.

[16] Printista A, Errecalde M, Montoya C. A parallel implementation of Q-learning based on communication with cache. Journal of Computer Science and Technology, 2002, 6: 268-278.

第 16 章　基于资格迹的并行时间信度分配强化学习算法

强化学习涉及两个困难问题：一个是结构信度分配问题，当问题空间太大而无法完全搜索时，智能系统必须有能力根据相似环境下的经验推测到新的环境；另一个是时间信度分配问题，设想一个智能系统执行了一系列动作，最后得到一个结果，它必须解决如何对每个状态或状态动作对给予奖励或惩罚，以调整它的决策，改善它的性能[1-5]。强化学习中的资格迹为解决时间信度分配问题提供了有效的方法。

目前，收敛速度慢是强化学习算法的主要不足之一。通过并行学习的方式可以提高强化学习算法的性能[6-12]。目前对于并行强化学习的研究，主要集中在两个方面。第一个方面是从“功能分解”[13]的角度出发，尝试用多个共享信息的同质 Agent 并行学习来加速学习过程。在这种方法下，每个 Agent 独立地学习相同的任务，并周期性地与其他 Agent 共享学习经验，其学习步骤如图 16.1 所示。虽然该方法可以在一定程度上提高算法的收敛速度，但是在这种并行方式下，某些 Agent 的学习经验可能会被丢弃或浪费，因为其他 Agent 也在学习同样的事情。同时，该方法需要较大的存储空间和较高的通信带宽。由于上述重复学习过程和通信开销的存在，采用这种方式的并行算法难以获得线性加速比(n 个计算节点只需要 $1/n$ 的计算时间)。第二个方面是从“域分解”[14]的角度出发，把大规模学习问题分解为多个规模较小的子问题，这些分解得到的子问题可以并行求解，最后通过融合每个子问题的学习结果得到整个问题的解。文献[15]提出的算法就属于这一范畴。这种方式的并行学习算法的难点在于如何消除子问题间的相互依赖关系，使得每个子问题可以相对独立地学习；以及如何避免子问题间频繁地相互通信。该方法的一个缺陷就是，子问题间缺乏高效的通信方式、子问题的调度顺序难以确定。

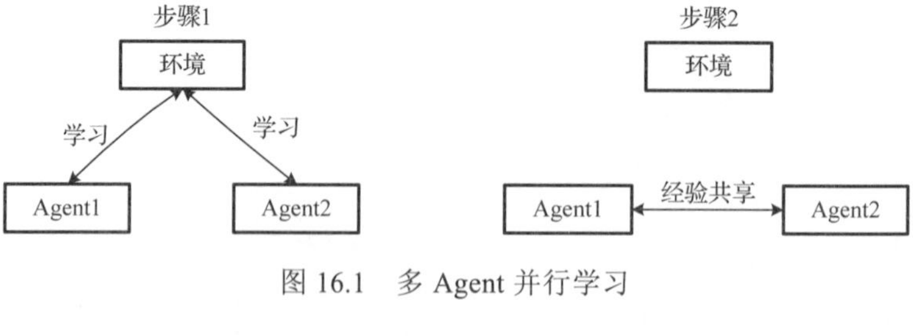

图 16.1　多 Agent 并行学习

本章同时从“域分解”和“功能分解”两个角度出发，利用多个计算节点来并行处理基于资格迹的学习算法，旨在提高学习算法时间信度分配的效率。在本章所提方法中，计算过程被多个计算节点分摊，Agent 的决策时间大大缩短，响应速度有所提高，因而该方法适用于对实时性要求较高的在线学习任务，同时，由于资格迹的使用，该方法能够很好地处理延时反馈学习任务。

16.1　资格迹与强化学习

资格迹这一概念最初是由 Klopf 从认知科学的角度提出的，现已成为一种重要的强化学习基本机制。Sutton 和 Singh 最早把资格迹应用于强化学习[16]。对这一问题比较系统的研究体现在 Sutton 等[17]的博士论文中。

从认知记忆的角度出发，资格迹模拟了一个短期记忆过程，如当一个状态被访问或一个动作被执行时，资格迹表示对该事情的一个随时间逐渐衰减的记忆，这个迹标志着这个状态或动作对于学习是有资格的。当迹不为零时，若一个不可预测的好或坏的事件发生了，那么对应的状态或动作就要赋予一定的信度。

在强化学习中引入资格迹，使得学习算法更有效率和更快收敛。使用资格迹的强化学习 Agent 不仅需要维护值函数表，而且需要维护一个相应的资格迹表，表中的每个元素表示相应的状态(或状态动作对)对于当前事情的信度或资格。Agent 根据当前探索获得的反馈(奖赏值 r)，计算当前状态(或动作)值的较新估计和较旧估计之间的差值 δ，即 TD 误差。在 TD(λ)算法中，$\delta = r + \gamma V(\boldsymbol{x}') - V(\boldsymbol{x})$；在 Q($\lambda$)算法中，$\delta = r + \gamma Q(\boldsymbol{x}', u^*) - Q(\boldsymbol{x}, u)$。学习算法根据 δ 的值更新所有具有资格的状态(或状态动作对)的值函数，通常状态值的更新形式如下：$V(\boldsymbol{x}) \leftarrow V(\boldsymbol{x}) + \alpha\delta e(\boldsymbol{x})$，其中 $V(\boldsymbol{x})$ 表示状态 $\boldsymbol{x}$ 的值函数，$e(\boldsymbol{x})$ 表示状态 $\boldsymbol{x}$ 的资格，即其对于产生 δ 的贡献度，α 是学习率。资格大小的不同会导致不同的更新幅度，具有较大资格的状态(或状态动作对)将会获得较大的更新，即其分配到较大的时间信度；相应地，资格小的状态(或状态动作对)将会获得较小的时间信度，表示它从当前事情中获得的奖励或惩罚较小。资格迹就是用来追踪每个状态(或状态动作对)的资格大小，它通过一些启发信息把刚刚收到的反馈信息分配到以前的状态或行为。可以考虑两种启发信息，即频度和渐新度[17]。频度启发信息是根据记录过去的状态或行为所发生的次数来进行信度分配，发生次数高的状态或行为应该赋予较高的信度。渐新度启发信息根据动作产生的时效性来分配信度，所分配的信度是产生状态或动作和产生反馈信息的时间间隔的单调下降函数，即越早产生的状态或动作分配到的信度就越小，而最近产生的状态或动作分配到的信度就越大，当时间间隔为无穷时信度为零。

通常，资格迹根据折扣因子 γ（$0 \leqslant \gamma \leqslant 1$）和衰减因子 λ（$0 \leqslant \lambda \leqslant 1$）的乘积指数衰减。衰减因子是实现渐新度启发思想的一种通用方法。而频度启发思想体现在资格迹的更新公式中(如式(16.1))。资格迹一般分为累加迹和替换迹两种。用 $e_t(\boldsymbol{x})$ 表示在 t 时刻状态 $\boldsymbol{x}$ 的迹，$\boldsymbol{x}_t$ 表示在 t 时刻 Agent 所处的实际状态，则累加迹定义为

$$e_t(\boldsymbol{x})=\begin{cases}\gamma\lambda e_{t-1}(\boldsymbol{x}), & \boldsymbol{x}\neq\boldsymbol{x}_t\\ \gamma\lambda e_{t-1}(\boldsymbol{x})+1, & \boldsymbol{x}=\boldsymbol{x}_t\end{cases} \tag{16.1}$$

相应地，替换迹定义为

$$e_t(\boldsymbol{x})=\begin{cases}\gamma\lambda e_{t-1}(\boldsymbol{x}), & \boldsymbol{x}\neq\boldsymbol{x}_t\\ 1, & \boldsymbol{x}=\boldsymbol{x}_t\end{cases} \tag{16.2}$$

二者的区别如图 16.2 所示。

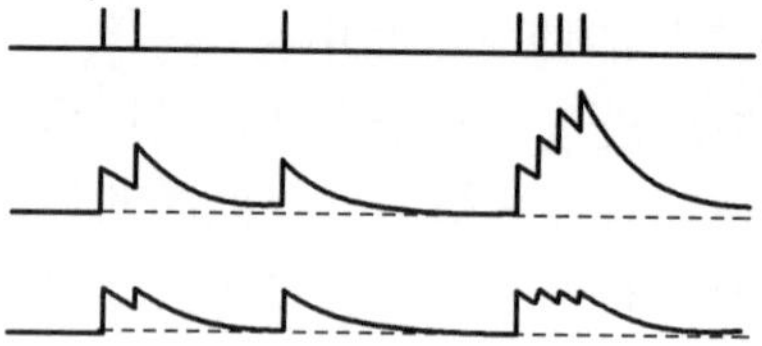

图 16.2　迹的比较

在控制问题中，状态动作对的资格迹更新公式通常有两种，即

$$e_t(\boldsymbol{x},u)=\begin{cases}\gamma\lambda e_{t-1}(\boldsymbol{x},u)+1, & \boldsymbol{x}=\boldsymbol{x}_t,u=u_t\\ 0, & \boldsymbol{x}=\boldsymbol{x}_t,u\neq u_t\\ \gamma\lambda e_{t-1}(\boldsymbol{x},u), & \boldsymbol{x}\neq\boldsymbol{x}_t\end{cases} \tag{16.3}$$

$$e_t(\boldsymbol{x},u)=\begin{cases}\gamma\lambda e_{t-1}(\boldsymbol{x},u)+1, & \boldsymbol{x}=\boldsymbol{x}_t\\ \gamma\lambda e_{t-1}(\boldsymbol{x},u), & \boldsymbol{x}\neq\boldsymbol{x}_t\end{cases} \tag{16.4}$$

式(16.3)和式(16.4)是两种累加迹的更新公式,对应的替换迹的更新公式只需要把相应的分段函数的第一行改成 1 即可得到。式(16.3)用在在策略的算法中，如 Sarsa(λ)算法。像 Q(λ)这样的离策略学习算法需要对其稍作修改，把更新公式的分段函数的条件部分的动作 u 改成 u^*（$Q_t(\boldsymbol{x},u^*)=\max_u Q_t(\boldsymbol{x},u)$），因为这样的算法总是评估和改进贪心的策略。式(16.4)是一种简化的更新策略，相应的算法为 naive Q(λ)[18]。文献[18]通过实验比较了这些更新策略的性能和收敛效果，结果表明 Sarsa(λ)算法和 naive Q(λ)算法的性能和收敛精度类似，均优于 Watkins's Q(λ)[1]算法。该文献同时给出了不同算法的最优参数。

16.2　并行时间信度分配

资格迹的使用使得强化学习算法具有内在的并行性。Agent 需要在学习过程中维护值函数表和资格迹表，这个工作可以用多个计算节点并行实现。理论上，在 Agent 根据当前获得的奖赏值计算出 TD 误差时，需要更新一系列具有信度的状态(或状态动作对)的值函数。在实现时，由于不知道哪部分状态(或状态动作对)具有信度以及它们信度的大小，所以算法需要遍历整个资格迹表，逐个检查和更新每个项的值函数和资格迹。使用资格迹的一个缺陷就是 Agent 在每次决策时都需要更多的计算(相对于不使用资格迹的简单算法)。因而在实时性要求较高的在线学习任务中，如机器人足球赛，基于资格迹的算法可能不满足要求。

针对上述问题，本章提出了一种新的基于资格迹的并行学习算法实现框架，如图 16.3 所示。在该框架中，学习任务被分割成多个相似大小的部分，然后分配到多个计算节点上，这些计算节点可以并行工作。根据域分解的划分策略和可用的计算节点数，强化学习系统的值函数表被划分成多个部分，每个部分由一个计算节点处理。一种极端的划分策略把每个状态分配到一个单独的计算节点上。因此，每个进程只关注在一个状态子集以及和其关联的动作子集上的学习过程。状态空间划分时应尽量使得同一划分内的状态间具有较高的耦合度(存在状态迁移关系)，而不同划分间的状态之间具有较松散的耦合度，从而减少不同节点之间的通信。

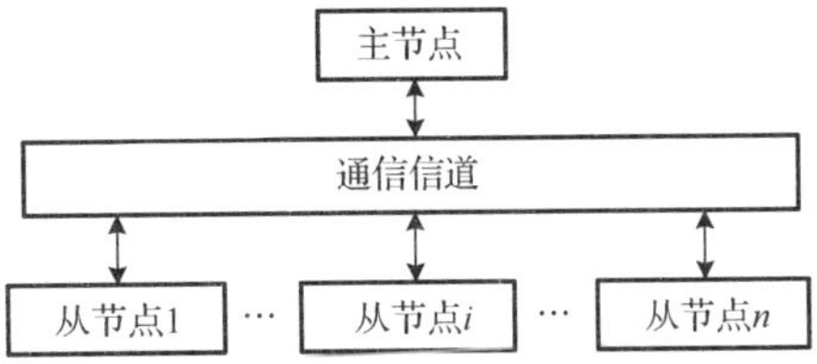

图 16.3　基于资格迹的并行学习框架

从学习算法的特性出发，并行学习框架设计为“主/从(master/slave)”式结构，以防止不同节点间为了同步而相互等待。学习 Agent 运行在主节点，它负责与环境交互，即感知环境状态，选择动作作用于环境，并根据环境的反馈计算相应的 TD 误差。由于主节点并不存储和维护全局的值函数表，而 Agent 需要根据当前的行为策略来选择动作，所以 Agent 需要与某个(或某些)从节点通信，从而获得当前应该采用的动作。为了提高 Agent 的响应速度，主节点只是简单地计算出每次交互产生的 TD 误差，然后将 TD 误差和产生该 TD 误差的状态(或状态动作对)广播到所有的从节点。从节点在本地存储了部分值函数表和资格迹表，对应于相应的子状态空间。每个从节点根据主节点发送过来的消息作出相应的响应。

主节点发送给从节点的消息分为两类：请求消息和通知消息。两者都以广播的形式发送给所有的从节点。请求消息主要是为了查询和某个状态(或状态动作对)相关的当前的值函数。每个从节点接收到请求消息时，根据请求消息内部的状态标志，判断该状态是否在本地的局部子状态空间中，如果在，则给主节点发送应答消息，把所请求的值函数发送给主节点；如果不在，则忽略该请求消息。通知消息主要是为了把主节点刚刚计算出来的 TD 误差发送给所有的从节点，从节点根据此 TD 误差来更新局部的值函数表和资格迹表。由于产生 TD 误差的状态(或状态动作对)的资格迹的更新公式不同于其他的状态(或状态动作对)，所以通知消息中，除了包含 TD 误差的值，还需要包含产生相应 TD 误差的状态(或状态动作对)。对于通知消息，从节点只需要进行内部计算，不需要发送应答消息。

算法 16.1 和算法 16.2 分别给出了在本章所提出的并行学习框架下，主节点和从节点运行的基于累加迹的 Sarsa（λ）学习算法，其中请求消息 request_msg($\boldsymbol{x}'$) 表示请求与状态 $\boldsymbol{x}'$ 相关的所有 Q 值，即 $Q(\boldsymbol{x}',\bullet)$（$\forall u \in U(\boldsymbol{x}'), Q(\boldsymbol{x}',u) \in Q(\boldsymbol{x}',\bullet)$）；通知消息 notify_msg($\delta,\boldsymbol{x},u$) 表示一条包含 TD 误差和产生该 TD 误差的状态动作对等内容的消息。其他使用资格迹的算法也可以采用类似的并行结构。

算法 16.1　主节点的 Sarsa（λ）学习算法

（1）repeat（对于每个情节）
（2）　　初始化 $\boldsymbol{x}$, u
（3）　　repeat（对于情节的每个学习步）
（4）　　　　执行动作 u，得到奖赏值 r 和后继状态 $\boldsymbol{x}'$
（5）　　　　广播 request_mse($\boldsymbol{x}'$) 请求消息给所有的从节点
（6）　　　　接受 Q 值列表：$Q(\boldsymbol{x}',\cdot)$
（7）　　　　采用从 $Q(\boldsymbol{x}',\cdot)$ 中得出的策略为状态 $\boldsymbol{x}'$ 选择动作 u'（例如，采用 ε-greedy 动作选择策略）
（8）　　　　$\delta = r + \gamma Q(\boldsymbol{x}',u') - Q(\boldsymbol{x},u)$
（9）　　　　广播 notify_msg($\delta,\boldsymbol{x},u$) 通知消息给所有的从节点
（10）　　　　$\boldsymbol{x} \leftarrow \boldsymbol{x}'; u \leftarrow u'$
（11）　　until $\boldsymbol{x}$ 是终止状态
（12）until 满足算法的终止条件

算法 16.2　从节点的 Sarsa（λ）学习算法

（1）初始化：对于局部的所有（$\boldsymbol{x}$, u），$Q(\boldsymbol{x},u)$ 设为任意值，$e(\boldsymbol{x},u)=0$
（2）repeat forever
（3）　　if 收到请求消息 request_mse($\boldsymbol{x}'$)，then
（4）　　　　发送 Q 值列表 $Q(\boldsymbol{x}',\cdot)$ 给主节点
（5）　　end if
（6）　　if 收到通知消息 notify_msg($\delta,\boldsymbol{x}_t,u_t$)，then
（7）　　　　if $e(\boldsymbol{x}_t,u_t)$ 在局部内存中, then
（8）　　　　　　$e(\boldsymbol{x}_t,u_t) \leftarrow e(\boldsymbol{x}_t,u_t)+1$
（9）　　　　end if
（10）　　　　for all $\boldsymbol{x}$, u in local memory
（11）　　　　　　$Q(\boldsymbol{x},u) \leftarrow Q(\boldsymbol{x},u)+\alpha\delta e(\boldsymbol{x},u)$
（12）　　　　　　if $\boldsymbol{x}=\boldsymbol{x}_t, u \ne u_t$，then
（13）　　　　　　　　$e(\boldsymbol{x},u) \leftarrow 0$

(14)		else
(15)		$e(\boldsymbol{x},u) \leftarrow \gamma\lambda e(\boldsymbol{x},u)$
(16)		end if
(17)		end for
(18)	end if	

　　在满足学习算法的停止条件后，通过合并所有从节点的局部值函数表，汇总得到整个问题的值函数表，从而得到最终的控制策略。应用该并行学习框架，算法的部分计算可以同时进行。除了实现方式的不同，应用此并行学习框架的算法和对应的串行算法并无本质不同，因而不会影响算法的收敛性。

16.3　性能优化与系统容错

16.3.1　状态迁移预测

　　在算法 16.1 所示的算法中，主节点广播请求消息后，需要等待相应的应答消息，等待过程会导致进程的阻塞。为了充分利用 CPU 资源，主节点可以创建一个新的线程，该线程根据某种算法进行状态迁移的预测，并根据预测的新状态广播一个伪请求消息。从节点收到伪请求消息后像对待真正的请求消息一样处理，除非在伪请求消息还没有处理完毕时又接收到了新的真请求消息，这个时候，从节点立即处理真请求消息。该新的线程收到从节点对伪请求消息的应答后，把相关内容保存在缓存中。主节点可以根据以往的状态迁移统计信息或学到的环境模型来对状态迁移进行预测。另外，主节点在观察到新的状态时，判断新的状态是不是和预测的状态一致，如果一致则不需要广播请求消息，而直接使用预先取过来的值；如果不一致，则像原来那样广播请求消息并等待答复。预测的命中率依赖于环境和预测算法的智能。如果环境是确定性的，预测算法可以设计得很简单，只需要记录和使用历史信息即可；如果环境是不确定的，即转移到哪个新状态不依赖于执行的动作，那么预测算法需要能够学习环境的模型知识，找出状态迁移的概率分布。进一步，可以在主节点中开辟一块内存用作 Cache，把所有迁移概率较高的下一状态的值函数都取过来，保存在 Cache 中，这样预测算法的预测命中率会有显著提高。状态迁移预测特别适用于环境比较复杂的学习任务，特别是 Agent 从原始感知计算出具体的环境状态需要一定的计算时间时，如在机器人足球赛中，Agent 需要根据足球在一段时间内的位置来计算出足球运行的速率和角度。

16.3.2　故障预防和恢复

　　本章提出的并行算法模型可以适用于多种并行体系结构，如基于共享内存的对称多处理器结构的并行系统，或由网络相连的 PC Cluster 并行系统。后者由于种种因素，节点的故障率较高。为了使本章的算法具有一定的鲁棒性，可以采用故障预防和故障恢复方法。为了防止从节点故障，导致学习的失败，可以采取冗余计算的办法。在系统中，可以用多个节点维护完全相同的部分值函数，它们的初始值和计算过程完全相同，所以在任一时刻，它们内部存储的值都应该是相同的。这样在某些节点不能正常工作时，不会影响学习过程。当然，主节点必须能够检测和忽略冗余的应答消息。

更进一步，为了应对主节点故障，或同一从节点的所有副本都发生故障，可以使用某种故障恢复机制。借鉴数据库系统中的事务处理机制，主节点周期性地写出检查点(check point)，把当前学习的状态保存到一个全局的存储系统或者分布式文件系统中，同时通知所有的从节点做同样的事情。这样，当系统发生不可逆转的故障时，可以从最新的检查点中加载信息，继续学习过程。

16.4 仿真实验

博弈程序一直是人工智能新算法的实验场，由于其具有延时回报的特点，所以适合用基于资格迹的强化学习算法求解。因此，本章选择一种经典的棋类游戏(Tic-tac-toe)作为学习问题进行实验仿真，将串行的单节点 Sarsa(λ)算法、基于多 Agent 的并行 Sarsa(λ)(Multi-Agent Parallel Sarsa(λ)，MAP-Sarsa(λ))算法(并行方式采用文献[19]提出的 Constant Share RL 算法)以及基于状态空间分解的并行 Sarsa(λ)(State Division Parallel Sarsa(λ)，SDP-Sarsa(λ))算法(采用文献[20]提出的方法)和本章提出的基于资格迹的分布式并行 Sarsa(λ)(Eligibility Based Parallel Sarsa(λ)，EBP-Sarsa(λ))算法进行对比。

Tic-tac-toe(也称为 Noughts 或 Crosses，起源于公元前二世纪)是一种简单的二人对弈棋类游戏，博弈双方轮流在一个 3×3 的棋盘上放置棋子，最先把三个棋子连成一条直线的玩家赢得比赛。该问题的状态空间的大小为 5000 左右，能够通过 9 层的 min-max 搜索来求解。

为了考察本章所提算法的性能，在实验中，四种学习算法都学习如何对抗采用随机下棋策略的固定玩家。在学习中，当学习 Agent 赢得比赛时获得奖赏值 1，输了比赛时获得奖赏值−1，平局和其余的状态迁移获得的奖赏值为 0。实验参数采用文献[18]得出的最佳值：$\lambda=0.9$，$\varepsilon=0.1$，$\alpha=0.007$，$\gamma=0.93$。

第一个实验比较了串行的单节点 Sarsa(λ)算法和采用不同个数的计算节点的 EBP-Sarsa(λ)算法的性能，实验结果如图 16.4 所示，结果数据是 100 次实验的平均值。从图 16.4 的结果可以看出 EBP-Sarsa(λ)算法的有效性，其性能随着计算节点的增加而提高。相对于串行的 Sarsa(λ)算法，单节点的 EBP-Sarsa(λ)算法并不具有优势，其收敛速度慢于串行的 Sarsa(λ)算法，这是因为 EBP-Sarsa(λ)算法把计算分为两个部分，两部分之间需要进行较频繁的通信，通信所带来的时间开销导致了性能的下降。使用两个并行计算节点的 EBP-Sarsa(λ)算法性能有所改善，相对于串行的算法具有一定的优势。在计算节点数多于 4 个时，EBP-Sarsa(λ)算法的性能有大幅度的改善，这归功于算法并行度的提高。

第二个实验比较了三种并行 Sarsa(λ)学习算法的性能，实验结果如表 16.1 所示。表 16.1 中的数据是 100 次实验的平均值。表中列出了三种算法在不同数量的计算节点下的平均收敛时间和收敛时间的标准差(±号后面的值)，单位是毫秒。算法的终止条件是连续两次迭代过程中，所有状态动作对的值函数的改变量中的最大值小于一个阈值(设为 10^{-4})。同时，表 16.1 还给出了三种算法在不同数量的计算节点下的加速比率(加速比除以计算节点数)。

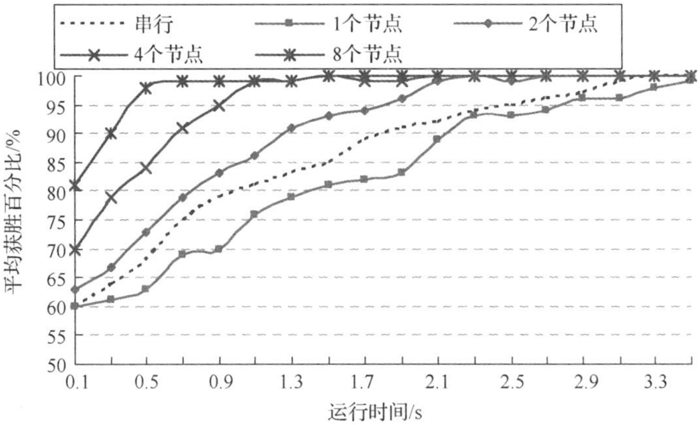

图 16.4　Sarsa(λ)算法和不同计算节点的 EBP-Sarsa(λ)算法的比较

表 16.1　三种并行学习算法的比较

算法	参数	计算节点数				
		1	2	4	8	16
MAP-Sarsa(λ)	运行时间	3812±489	1985±347	1047±227	567±108	331±25
	加速比率	1.0	0.96	0.91	0.84	0.72
SDP-Sarsa(λ)	运行时间	4284±482	3455±339	2279±302	1727±196	1488±131
	加速比率	1.0	0.62	0.47	0.31	0.18
EBP-Sarsa(λ)	运行时间	3968±425	2045±278	1044±188	539±70	273±19
	加速比率	1.0	0.97	0.95	0.92	0.91

从表 16.1 中的数据，可以看出本章所提出的 EBP-Sarsa(λ)学习算法具有最好的性能，基于多 Agent 的 MAP-Sarsa(λ)学习算法次之，基于状态空间分解的 SDP-Sarsa(λ)学习算法在该问题的实验中表现最差。进一步分析该结果的原因，发

现 EBP-Sarsa(λ)算法和 MAP-Sarsa(λ)算法比较稳定，不会因为具体学习问题的不同而带来性能的剧烈波动；而 SDP-Sarsa(λ)学习算法的性能依赖于具体的学习问题，在某些学习问题(如 Tic-tac-toe)中性能较差。原因在于博弈问题的状态迁移为树形结构，状态空间不具备很强的聚合性，导致难以合理地划分状态空间。本章的实验中，对状态空间采用随机划分的方法，因而分解得到的子问题间具有较强的相互依赖关系，导致在学习过程中，子问题间需要频繁地通信。该算法对网络带宽的要求较高。频繁的通信开销在很大程度上压制了并行所带来的性能提升，因而该算法在该学习任务中远远不能达到线性的加速比。相反，EBP-Sarsa(λ)算法对于状态空间的分布具有较强的免疫力，因为其主从式的并行结构，主节点和从节点之间的通信采用广播的形式，主节点不需要知道其所请求的内容存储在哪一个从节点中，只有真正具有义务的从节点才需要答复主节点的请求消息。因而，EBP-Sarsa(λ)算法的通信开销相对较小。

另一方面，MAP-Sarsa(λ)算法由于采用了多 Agent 并行学习，其在单位时间内能够获得更多的交互信息和探索经验，因而在学习过程的初期其性能较优。从表 16.1 可以看出，在计算节点比较少的情况下，MAP-Sarsa(λ)算法的收敛速度要快于 EBP-Sarsa(λ)算法。然而随着学习过程的进行，该算法的值函数基本稳定，多个 Agent 的动作选择几乎一致，因此 Agent 重复学习的概率逐渐增加。计算节点数越多，该算法浪费的学习过程越多。另外，由于该算法中多个 Agent 共享同一个值函数表，所以计算节点数越多，越难以处理同步问题，在某一时刻，可能有多个 Agent 同时存取同一 Q 值，因而该算法需要复杂的同步机制。另外，由于多个 Agent 统一存取一个全局的值函数表，导致该算法也需要频繁地通信。在计算节点数越多时，MAP-Sarsa(λ)算法同步和通信的开销也就越大，导致算法性能的提升幅度有所降低，所以该算法也不能达到线性的加速比。这也是在计算节点数较多时，其性能反而不如 EBP-Sarsa(λ)算法的原因。与 MAP-Sarsa(λ)算法不同的是，EBP-Sarsa(λ)算法只有一个 Agent 和环境交互，其不会产生重复的学习过程，也没有额外的开销。由于计算的并行，EBP-Sarsa(λ)算法能够达到近似的线性加速比。

16.5 本 章 小 结

为了提高强化学习的效率，提出了一种基于资格迹的并行强化学习模型，给出了该模型的结构和通信过程，并提出了一些可行的优化途径。同时，以 Sarsa(λ)学习为基本算法实现了一种并行算法。在 Tic-tac-toe 博弈问题中的应用表明了该方法的可行性和有效性。提出的并行强化学习算法具有以下几个特点。

(1)简单性：各个计算节点执行相同的算法步骤，算法容易理解，便于实现。

(2)鲁棒性：在学习过程中，如果某个计算节点出现了故障，通过冗余节点或者检查点机制可以忽略该故障节点或很快从故障中恢复。

(3) 可扩展性：在学习过程中，每个从节点的计算都是独立进行的，因而整个系统很容易扩充。

(4) 高效性：如实验结果所示，并行计算极大地提高了整个系统的学习效率。

参 考 文 献

[1] 杨旭东，刘全，李瑾. 一种基于资格迹的并行强化学习算法. 苏州大学学报(自然科学版)，2012, 28(1): 26-33.

[2] Liu Q, Yang X, Jing L, et al. A parallel scheduling algorithm for reinforcement learning in large state space. Frontiers of Computer Science, 2012, 6(6): 631-646.

[3] 刘全，傅启明，杨旭东，等. 一种基于智能调度的可扩展并行强化学习方法. 计算机研究与发展, 2013, 50(4): 843-851.

[4] 傅启明，刘全，尤树华，等. 一种新的基于值函数迁移的快速 Sarsa 算法. 电子学报，2014, 42(11): 2157-2161.

[5] 傅启明，刘全，伏玉琛，等. 一种基于高斯过程的带参近似策略迭代算法. 软件学报，2013, 24(11): 2676-2686.

[6] 傅启明，刘全，孙洪坤，等.一种二阶 TD Error 快速 Q(λ)算法. 模式识别与人工智能，2013, 26(3): 282-292.

[7] 施梦宇，刘全，傅启明. 支持合并的自适应 tile coding 算法. 通信学报，2015, 36(2): 2015047-1-2015047-7.

[8] 刘全，肖飞，傅启明，等. 基于自适应归一化 RBF 网络的 Q-V 值函数协同逼近模型. 计算机学报, 2014, 38(7): 1386-1396.

[9] 朱斐，刘全，傅启明，等. 一种用于连续动作空间的最小二乘行动者-评论家方法. 计算机研究与发展, 2014, 51(3): 548-558

[10] 黄蔚，刘全，孙洪坤，等. 基于拓扑序列更新的值迭代算法. 通信学报, 2014, 35(8): 56-62.

[11] 周鑫，刘全，傅启明，等. 一种批量最小二乘策略迭代方法. 计算机科学，2014, 41(9): 232-238.

[12] Watkins C. Learning with delayed rewards. Cambridge: University of Cambridge, 1989.

[13] Toselli A, Widlund O. Domain Decomposition Methods-Algorithms and Theory. Berlin: Springer, 2005.

[14] Foster I. Designing and Building Parallel Programs: Concepts and Tools for Parallel Software Engineering. New Jersey: Addison-Wesley, 1995.

[15] Printista A, Errecalde M, Montoya C. A parallel implementation of Q-learning based on communication with cache. Journal of Computer Science and Technology, 2002, 6: 268-278.

[16] Sutton R, Barto A. Reinforcement Learning: An Introduction. Cambridge: The MIT Press, 1998.

[17] Sutton R. Temporal Credit Assignment in Reinforcement Learning. Amherst: University of Massachusetts, 1984.

[18] 孙羽, 张汝波, 徐东. 强化学习中资格迹的作用. 计算机工程, 2002, 28(5): 128-130.

[19] Leng J, Fyfe C, Jain C. Experimental analysis on Sarsa(λ) and Q(λ) with different eligibility traces strategies. Journal of Intelligent and Fuzzy Systems, 2009, 20(1): 73-82.

[20] Kretchmar R. Reinforcement learning algorithms for homogenous multi-agent systems. The Workshop on Agent and Swarm Programming, New York, 2003.

第 17 章 基于并行采样和学习经验复用的 E^3 算法

收敛速度慢是传统强化学习算法的主要不足之一。一些经典的模型无关的强化学习算法，如 TD 学习、Q 学习等，不能保证在有限时间内收敛，尤其是在不确定性环境下，需要的学习时间明显过长[1-3]。直观上，基于模型的强化学习方法具有一定的优势，因为基于模型的方法把 Agent 与环境的交互经验传递到整个状态空间[4-6]。和与模型无关的方法相比，充分利用每步学习获得的经验知识，可以减少所需的探索过程，从而加快算法的收敛速度。因此，在学习的过程中构建环境的模型是有益的，正是基于这一思想，一些基于模型的方法被提出，如 E^3(Explicit Explore or Exploit)、R-max、MBIE、OIM 等，这些方法及其变体都已经证明能够在多项式的时间内收敛到近似最优策略。在一个具有 N 个状态的有限 MDP 模型中，目前最好的采样复杂度的界限是 $O(N\ln N)$[7]，可以想象找到一个采样复杂度更低的算法几乎是不可能了。但是，如果 N 很大，这些算法仍然需要较长的学习时间。另外，考虑到空间复杂度也会随着 N 的增大而增加，这就导致这些原始算法在大规模学习问题中难以有效应用。所幸的是，采样复杂度和算法的实际运行时间并没有必然的联系，通过并行化的方法可以在采样复杂度一定时，成倍数地减少实际所需的运行时间。

在强化学习中，利用先验知识可以加快算法的收敛速度，而值函数是融合先验知识的一种最自然的途径[8-13]。通常，值函数向量会被初始化为 0 或在值域范围内的一个随机向量。这种方式没有利用任何的先验知识，一般情况下，值函数向量的初始值和最优值之间的距离较大，因而需要较多的迭代才能逼近最优值函数。如果能以某种合理的方式设置初始值函数，使之尽可能接近最优值函数，则可以减少不必要的学习过程，加快算法的收敛。考虑到 E^3 算法需要多次进入利用阶段，每一次进入利用阶段都需要计算目前估计出的近似环境模型的最优值函数，而且连续的先后两次估计出的环境模型差异不大，因此可以通过保留上一轮计算出的值函数，作为本轮迭代的初始值，这样可以减少迭代计算所需要的时间。

本章正是基于以上的观察，提出了一种通过多 Agent 并行采样的模型构建方法和学习经验复用的方法，对 E^3 算法的探索阶段和利用阶段进行改进，旨在缩短 E^3 算法收敛到近似最优策略的学习时间，提高算法的收敛速度，扩大算法的应用范围。

17.1 E^3 算 法

E^3 算法[14]是第一个获得理论证明的能够在多项式时间内收敛到近似最优策略的强化学习算法，由 Kearns 和 Singh 在 1998 年提出。

与其他基于模型的算法一样，E^3 算法也是先学习构建一个环境的部分 MDP 模型，然后尝试从构建的模型中计算出解决问题的最优策略。因而，算法在形式上明显地分为两个阶段：探索阶段和利用阶段。

探索阶段(exploration phase)的主要任务是从学习经验中收集环境的原始 MDP 模型知识。给定学习 Agent 在特定时间步 t 下的特定状态 $\boldsymbol{x}_t$，算法的学习经验是指在状态 $\boldsymbol{x}_t$ 下执行动作 u，转移到状态 $\boldsymbol{x}_{t+1}$，获得环境的奖赏值 r_t 所组成的四元组 $<\boldsymbol{x}_t, u, \boldsymbol{x}_{t+1}, r_t>$。在该阶段算法采用固定的策略选择动作，该策略称为 Balanced Wandering，它在每个状态总是选择到目前为止执行次数最少的动作。在 MDP 中，状态迁移概率分布决定了 Agent 在一个给定的状态下执行选定的动作将导致环境迁移到哪一个新状态。奖赏值函数决定了伴随着状态的迁移过程，Agent 能获得多少奖赏值。探索阶段的每一个学习步 Agent 都会收集这样的经验知识，并以一种显而易见的方式构建一个近似的环境状态迁移概率分布和奖赏值函数模型。

利用阶段(exploitation phase)利用到目前为止收集到的统计信息，尝试计算出一个近似最优策略。这一阶段，主要是利用学习到的模型知识，使用动态规划算法计算出近似模型的最优值函数，并评估该近似最优值函数与真实的最优值函数的差异，以决定是否需要转入探索阶段继续收集模型知识。

在学习过程中，这两个阶段是交织在一起的。也就是说，算法首先通过在真实的环境中探索(探索阶段)并收集统计信息，然后在某一时刻，切换到利用阶段，并尝试用到目前为止已经构建出来的近似模型计算出最优策略。当计算出来的策略不能够足够好地逼近最优策略时，算法回到探索阶段，继续收集环境中未知部分的新信息。算法如此反复进行，直到找到一个足够好的近似最优策略。值得注意的是，算法在某些情况下可能不会尝试构建出一个完整的近似环境模型，除非构建完整的近似模型是找到近似最优策略的必要步骤。

E^3 算法的一个主要贡献是它提供了一种显式地平衡强化学习中的探索和利用问题的方法，一个明确的确定何时应该在算法的两个阶段之间切换的方法。这也是算法名称的由来。E^3 算法的一个关键特性是定义了状态的类型，算法把一个已经被访问足够多次数的状态定义为 known 的状态。

定义 17.1[15] 假设 M 是一个具有 N 个状态的 MDP，M 中的一个状态 $\boldsymbol{x}$ 的每个动作都至少被执行了 $m_{\text{known}} = O(((\text{NTR}_{\max})/\varepsilon)^4 \ln(1/\delta))$ 次，则称状态 $\boldsymbol{x}$ 是 known 的。

算法认为一个 known 状态的迁移概率的估计值足够好地近似它的真实值。根据鸽巢原理，采用 Balanced Wandering 的动作选择策略，Agent 不会在某个状态变为 known 之前在环境中永远徘徊。然而，从定义 17.1 可以看出，一个状态成为 known 的条件是这个状态的每个动作至少要被执行的次数正比于 N^4，这也就是 E^3 算法在大状态空间的问题中难以有效应用的原因。Domingo 对 Balanced Wandering 的动作选择策略进行了改进，提出了一种自适应采样(adaptive sampling)策略[15]，使得改进

的算法能够更早地确定一个状态是否成为 known 的。具体地，Domingo 指出采用自适应采样策略，$m_{known}=O(|U|\ln(2|U|N/\delta)/\alpha^2\sigma)$，其中 $\alpha=O(\varepsilon/\text{NTR}_{max})$，$\sigma$ 是 α 和最小迁移概率两者之间的较大值。

采用 E^3 算法时，当 Agent 遇到一个 known 的状态时，算法会根据当前所有的 known 状态集构建一个新的 MDP 模型。准确地说，假设 $\boldsymbol{X}$ 是当前已知的 known 状态集，算法会在 $\boldsymbol{X}$ 上构建一个新的 MDP 模型，记为 M_X。在 M_X 中，状态集 $\boldsymbol{X}$ 中的已知的状态迁移被保留下来，其他的状态迁移会重新定位到一个特殊的新状态，记为 $\boldsymbol{x}_0$。$\boldsymbol{x}_0$ 直观上代表了所有的当前未知和未被访问的状态，该状态只能转移到它自身并且获得最大的立即奖赏值，如图 17.1 所示。

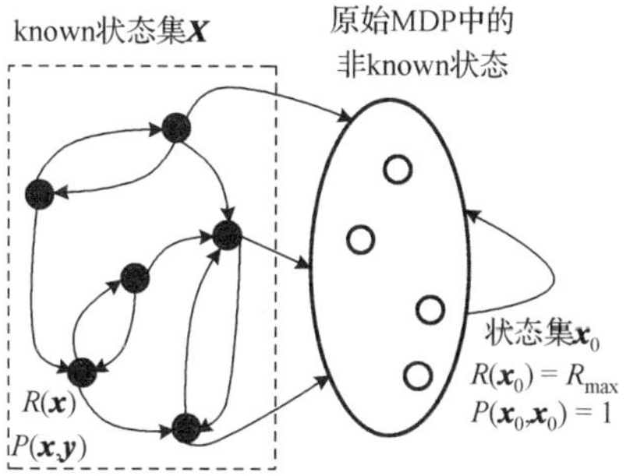

图 17.1　算法构建的近似 MDP 模型

根据 Kearns 和 Singh 对算法的分析，从 M_X 中计算出来的最优策略要么能够获得很高的回报值，要么能够以足够高的概率使环境迁移到 $\boldsymbol{X}$ 之外的状态(在 M_X 中迁移到 $\boldsymbol{x}_0$)。也就是说，算法要么提供了一种计算出近似最优策略的方法，要么能够使 Agent 在未知的或者未被访问过的状态间收集统计信息。同时，Kearns 和 Singh 指出 E^3 算法能够以高于 $1-\delta$ 的概率，在以 N、T、$1/\varepsilon$、$1/\delta$ 和 R_{max} 为项的多项式时间内学习到一个近似最优策略(误差小于 ε)，其中 N 为状态空间的大小，T 为时间范围，R_{max} 为奖赏值的上界。

通常用期望折扣回报值来度量一个策略的好坏，然而，由于 E^3 算法的目标是在有限的时间步数内获得收敛的学习结果，所以改用 T 步的期望折扣回报值来评价一个策略的好坏。

定义 17.2[14]　假设 M 是一个 MDP，h 是 M 中的一个策略，从状态 $\boldsymbol{x}$ 开始的 T 步的期望折扣回报值定义为 $V_M^h(\boldsymbol{x},T)=\sum_p \Pr_M^h[p]V_M(p)$。其中 p 表示从状态 $\boldsymbol{x}$ 开始的一条含有 T+1 个状态(T 个状态迁移)的路径；$\Pr_M^h[p]$ 为在 M 中从状态 $\boldsymbol{x}$ 开始执行策略 h 的概率，它是连续 T 个状态迁移概率的乘积；$V_M(p)=r_1+\gamma r_2+\gamma^2 r_3+\cdots+\gamma^{T-1}r_T$ 是 Agent 在路径 p 上获得的折扣奖赏和。

定理 17.1　假设 $V^*(\boldsymbol{x})$ 表示 M 中最优策略的值函数，E^3 算法将会在以 N、$T=1/(1-\gamma)$、$1/\varepsilon$、$1/\delta$ 和 R_{max} 为项的多项式动作执行次数和计算时间内，以不低于 $1-\delta$ 的概率返回一个状态 $\boldsymbol{x}$ 和策略 h，使得 $V_M^h(\boldsymbol{x})\geq V^*(\boldsymbol{x})-\varepsilon$。

定理 17.1 的详细证明过程见文献[14]。由此可见，E^3 算法是一种 PAC-MDP 算法。

17.2 学习经验复用

考虑一个有限状态的 MDP M，当值函数 V 的一阶导数 V' 满足条件 $0 \leqslant |V'| < 1$ 时，由等式 $V = UV$ 所决定的更新过程最终将收敛到唯一的不动点，$U: \mathbb{R}^{|\boldsymbol{X}|} \to \mathbb{R}^{|\boldsymbol{X}|}$ 是贝尔曼运算符。$(UV)(\cdot)$ 定义为

$$(UV)(\boldsymbol{x}) = R(\boldsymbol{x}) + \gamma \sum_{\boldsymbol{x}' \in \boldsymbol{X}, u \in U} T(\boldsymbol{x}, u, \boldsymbol{x}') V(\boldsymbol{x}') \tag{17.1}$$

等式 $V = UV$ 也可以写成

$$R + \gamma PV = V \tag{17.2}$$

式中，$V \in \mathbb{R}^{|\boldsymbol{X}|}$；$R \in \mathbb{R}^{|\boldsymbol{X}|}$；$P \in \mathbb{R}^{|\boldsymbol{X}| \times |\boldsymbol{X}|}$，$P_{\boldsymbol{x}\boldsymbol{x}'} = \sum_{u \in U} T(\boldsymbol{x}, u, \boldsymbol{x}')$。

从式(17.2)可以看出，给定 M(即奖赏值函数 R、状态迁移函数 P 和折扣率 γ 保持不变)，值函数的收敛效率受到初始值函数取值的影响。假设 V^* 表示 M 在给定策略下学习收敛到的值函数(不动点)，则初始值函数 V^0 和 V^* 的距离 $\|V^* - V^0\|$ 决定了学习算法收敛需要的迭代步数。因此，找到一个接近于 V^* 的 V^0，可以减少许多不必要的迭代计算。

E^3 算法在利用阶段通过动态规划方法计算当前的估计模型 M_X 的值函数。随着学习过程的进行，known 状态集 $\boldsymbol{X}$ 的规模不断变大。假设算法在第 m 次进入利用阶段时，状态集 $\boldsymbol{X}$ 记为 $\boldsymbol{X}_m$，包含 N_m 个状态。从而，$\boldsymbol{X}_m \subseteq \boldsymbol{X}_{m+1}$，并且 $\boldsymbol{X}_{m+1}$ 和 $\boldsymbol{X}_m$ 共同拥有的 N_m 个状态之间的迁移概率即奖赏值函数在 $M_{\boldsymbol{X}_m}$ 和 $M_{\boldsymbol{X}_{m+1}}$ 中基本一致。由此可知，$M_{\boldsymbol{X}_{m+1}}$ 和 $M_{\boldsymbol{X}_m}$ 是比较接近的，只是 $M_{\boldsymbol{X}_{m+1}}$ 比 $M_{\boldsymbol{X}_m}$ 的规模更大一些而已。基于此，对于 $\boldsymbol{X}_m$ 中 N_m 个状态的值函数，利用 $M_{\boldsymbol{X}_m}$ 计算的结果应该和利用 $M_{\boldsymbol{X}_{m+1}}$ 计算的结果比较接近。

从以上分析可知，如果把 E^3 算法第 m 次利用阶段计算出来的值函数 V^m 保存下来，作为算法第 m+1 次利用阶段值函数的初始值，并对状态集合 $\boldsymbol{X}_{m+1} - \boldsymbol{X}_m$ 中的状态在值域范围 $[0, R_{\max}/(1-\gamma)]$ 内随机地赋初始值，那么算法在第 m+1 次利用阶段计算值函数的迭代次数会明显减少。

本章正是通过这种保留最优值函数的方式(保留动作值 Q 而不是状态值 V)复用算法的学习经验，减少算法不必要的计算开销，从而提升算法的性能。在状态空间较大时，可以利用文献[16]提出的方法对 M_S 分块并行求解。

17.3 并行 E^3 算法

通过多 Agent 并行采样方法，能够使得算法更快地声明一个状态是 known 的，并且能够在理论上保证与原始的 E^3 算法具有一样的可靠性，同时大幅度减少算法的

运行时间。由于这样的改进并不影响算法的其他部分，所以关于算法收敛性的证明依然有效。

与原始 E^3 算法相比，多个 Agent 相互协作，可以提高对环境进行采样的效率，更快速地收集到环境尽可能多的信息，从而更快地构建出环境的近似模型。这些 Agent 并行地和环境交互，探索环境的不同部分，收集环境的状态迁移和奖赏值信息，并周期性地与模型构建模块通信。学习系统的结构如图 17.2 所示。

在学习初始阶段，每个 Agent 从一个随机的初始状态开始，采用 Balanced Wandering 的策略选择动作作用于环境，并收集环境的反馈信息。Agent 之间不需要通信。模型构建模块负责汇总所有 Agent 的统计信息，维护 known 状态集 $\boldsymbol{X}$，计算出近似的环境模型 $M_{\boldsymbol{X}}$，并通过动态规划中的值迭代算法计算出在模型 $M_{\boldsymbol{X}}$ 下的最优策略 $h^*_{M_X}$。一旦计算出最优策略 $h^*_{M_X}$，模型构建模块广播通知所有的 Agent。Agent 在接收到模型构建模块的策略更新指示后，更新自己的动作选择策略。从而，在以后的探索过程中，Agent 将会在状态集 $\boldsymbol{X}$ 上采用计算出的最优动作策略，在状态集 $\boldsymbol{X}$ 以外的状态仍然采用 Balanced Wandering 的动作选择策略。

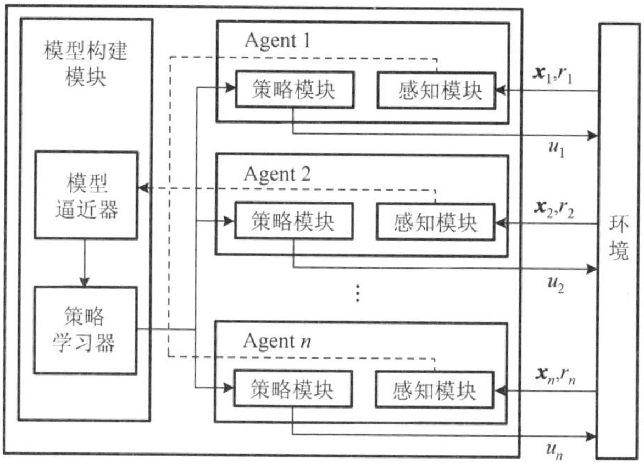

图 17.2　并行学习系统结构

模型构建模块构建近似模型的基本思路如下：定义 $n(\boldsymbol{x},u,\boldsymbol{x}')$ 为 Agent 选择动作 u 从状态 $\boldsymbol{x}$ 迁移到状态 $\boldsymbol{x}'$ 的次数，$r(\boldsymbol{x},u,\boldsymbol{x}')$ 为在状态 $\boldsymbol{x}$ 执行动作 u 转移到动作 $\boldsymbol{x}'$ 时所得的奖赏值总和，由此可得估计状态迁移概率为 $P(\boldsymbol{x},u,\boldsymbol{x})=n(\boldsymbol{x},u,\boldsymbol{x}')/\sum_{x'\in X}n(\boldsymbol{x},u,\boldsymbol{x}')$ 和期望估计奖赏值为 $R(\boldsymbol{x},u,\boldsymbol{x}')=r(\boldsymbol{x},u,\boldsymbol{x}')/n(\boldsymbol{x},u,\boldsymbol{x}')$。

模型构建模块以消息为基础驱动进程的执行，它等待 Agent 发送过来的消息并处理之，若没有消息则什么也不做。当模型构建模块接收到消息时，首先解析消息的内容，并汇总每个状态动作对上的统计数据。当某个状态的所有动作的执行次数均超过一个预先设定的阈值 m_{known} 时，把该状态加入 known 状态集 $\boldsymbol{X}$，并利用当前计算出来的近似模型 M_X 迭代计算出模型中每个状态动作对的值函数，从而得到当前的最优近似策略。若该最优近似策略能够以很高的精度逼近最优策略，则停止学习；否则把当前的最优近似策略广播给每个 Agent 进程。Agent 进程在接收到模型构建模块发送过来的消息后，更新局部的最优策略，并继续探索环境，收集统计信息。

Agent 和环境构建模块的算法伪代码如算法 17.1 和算法 17.2 所示。

算法 17.1　Agent 的算法

---

(1) 初始化：

(2) for all $(\boldsymbol{x},u,\boldsymbol{x}')\in \boldsymbol{X}\times U\times \boldsymbol{X}$ do

(3)　　$n(\boldsymbol{x},u,\boldsymbol{x}')=0$； $n(\boldsymbol{x},u)=0$； $r(\boldsymbol{x},u,\boldsymbol{x}')=0$

(4) $h=\varPhi$ // <$\boldsymbol{x}$, u>的集合

(5) $\boldsymbol{x}$ =从 $\boldsymbol{X}$ 中选择的一个任意状态

(6) repeat

(7)　　$u=h(\boldsymbol{x})$

(8)　　if u = null then

(9)　　　　$u=$ 在状态 $\boldsymbol{x}$ 执行次数最少的动作　　//执行 Balanced Wandering 策略

(10)　　end if

(11)　　交互：执行动作 u，观察获得的奖赏值 r 和后继状态 $\boldsymbol{x}$

(12)　　$n(\boldsymbol{x},u,\boldsymbol{x}')=n(\boldsymbol{x},u,\boldsymbol{x}')+1$； $n(\boldsymbol{x},u)=n(\boldsymbol{x},u)+1$； $r(\boldsymbol{x},u,\boldsymbol{x}')=r(\boldsymbol{x},u,\boldsymbol{x}')+r$

(13)　　$t=t+1$； $\boldsymbol{x}=\boldsymbol{x}$

(14)　　if 从上次收到广播消息之后经过了 p 步, then

(15)　　　　$\text{changed}\leftarrow\{(\boldsymbol{x},u,\boldsymbol{x}')|n(\boldsymbol{x},u)\neq 0\wedge(\boldsymbol{x},u,\boldsymbol{x}')\in \boldsymbol{X}\times U\times \boldsymbol{X}\}$

(16)　　　　$m\leftarrow\{\langle n(\boldsymbol{x},u),n(\boldsymbol{x},u,\boldsymbol{x}'),r(\boldsymbol{x},u,\boldsymbol{x}')\rangle|(\boldsymbol{x},u,\boldsymbol{x}')\in \text{changed}\}$

(17)　　　　发送消息 m 给模型构建模块

(18)　　　　$n(\boldsymbol{x},u,\boldsymbol{x}')=0$； $n(\boldsymbol{x},u)=0$； $r(\boldsymbol{x},u,\boldsymbol{x}')=0$ //在 $(\boldsymbol{x}, u)$ 重新开始采样

(19)　　end if

(20)　　for 所有从上次检查之后接收到的消息 m do

(21)　　　　for all $(\boldsymbol{x},u)\in m$ do

(22)　　　　　　$h(\boldsymbol{x})=u$ //更新局部策略

(23)　　　　end for

(24)　　end for

(25) until 情节结束

算法 17.2　模型构建模块的算法

---

(1) 初始化： $\boldsymbol{X}=\varPhi$； $N=0$； $Q=0$

(2) for all $(\boldsymbol{x},u,x)\in \boldsymbol{X}\times U\times \boldsymbol{X}$ do

$n_c(\boldsymbol{x},u,\boldsymbol{x})=0$； $n_c(\boldsymbol{x},u)=0$； $r_c(\boldsymbol{x},u,\boldsymbol{x})=0$
end for
repeat
　for 所有从上次检查之后接收到的消息 m do
　　for all $\langle n(\boldsymbol{x},u),n(\boldsymbol{x},u,\boldsymbol{x}),r(\boldsymbol{x},u,\boldsymbol{x})\rangle\in m$ do
　　　$n_c(\boldsymbol{x},u,\boldsymbol{x})=n_c(\boldsymbol{x},u,\boldsymbol{x})+n(\boldsymbol{x},u,\boldsymbol{x})$； $n_c(\boldsymbol{x},u)=n_c(\boldsymbol{x},u)+n(\boldsymbol{x},u)$
　　　$r_c(\boldsymbol{x},u,\boldsymbol{x})=r_c((\boldsymbol{x},u,\boldsymbol{x})+r(\boldsymbol{x},u,\boldsymbol{x})$
　　end for
　end for
　for all $(\boldsymbol{x},u)\in\boldsymbol{X}\times U$ do
　　if $n_c(\boldsymbol{x},u)\geqslant m_{\text{known}}$ then
　　　$\boldsymbol{X}=\boldsymbol{X}\cup\{\boldsymbol{x}\}$
　　　$P(\boldsymbol{x},u,\boldsymbol{x})=n_c(\boldsymbol{x},u,\boldsymbol{x})/n_c(\boldsymbol{x},u)$； $R(\boldsymbol{x},u,\boldsymbol{x})=r_c(\boldsymbol{x},u,\boldsymbol{x})/n_c(\boldsymbol{x},u,\boldsymbol{x})$
　　end if
　end for
　if $|\boldsymbol{X}|>N$ then
　　$N=|\boldsymbol{X}|$
　　$Q'=\text{SolveMDP}(\boldsymbol{X},U,P,R,\gamma,Q)$
　　$m'\leftarrow\{(\boldsymbol{x},u)|\boldsymbol{x}\in\boldsymbol{X},u=\arg\max_{u'}Q'(\boldsymbol{x},u')\}$ //与当前模型相关的贪心动作
　　$Q=Q'$
　　广播消息 m' 给所有的 Agent
　end if
until 广播消息给所有 Agent

Agent 和模型构建模块之间的通信采用异步消息传输机制。因而，模型构建模块和每个 Agent 不需要在预先设定的时间点等待预先期望的消息，并且允许其中一些 Agent 的执行速度快于其他 Agent。该异步消息传输机制对通信延时也没有特殊的要求，能够接受较大的和不可预料的延时。这些特点决定了并行 E^3 算法具有两个显著优点：具有较小的通信代价以及能够自适应 Agent 数量的动态变化，具有较好的鲁棒性。

17.4 系 统 容 错

节点失效是并行系统的一个常见问题，为了使并行 E^3 算法具有一定的鲁棒性，可以在本章所提的并行学习系统中融入某种故障预防和恢复方法。

为了防止 Agent 节点故障，导致算法的性能降低，可以采取冗余计算的办法。在系统中，启动多个 Agent 节点，并且让每个 Agent 节点定期向模型构建节点发送心跳信息。模型构建节点若在一段时间内没有收到某个 Agent 节点的心跳信息，则把该节点标记为失效节点，以后不再向该节点发送广播消息。同时，模型构建节点若检测到当前存活的 Agent 节点数量低于某个阈值，则在系统中启动新的 Agent 节点。这些新启动的 Agent 节点在初始化时，向模型构建节点发送一条空的消息，以促使模型构建模块重新广播最新的近似策略。这样某些节点不能正常工作的时候，不会影响整个学习过程。

更进一步，为了应对模型构建节点故障，可以使用热备份的方法，及时把模型构建模块的进程状态和数据复制到系统中的某台镜像机上，当模型构建节点发生故障时可以立即切换到镜像机上运行。或者借鉴数据库系统中的事务处理机制，模型构建节点周期性地写出检查点，把当前学习的数据保存到一个全局的存储系统或者分布式文件系统中。这样，当系统发生不可逆转的故障时，可以从最新的检查点中加载信息，继续学习过程。

17.5　仿 真 实 验

为了验证通过共享经验知识构建环境模型方法的有效性，以一个 10×10 的栅格世界问题为平台进行仿真实验。栅格环境如图 17.3 所示。在该栅格世界中，Agent 在每个状态有 4 个可选的动作：向上、向下、向左、向右。执行这 4 个动作之一，会导致 Agent 沿着相应方向移动到相邻的位置，除非 Agent 原本处于以下三种情况之一：一是若 Agent 处于栅格世界的边缘，并且选择的动作将会导致 Agent 离开栅格，这个时候 Agent 会保持在原来的位置（状态）；二是若 Agent 处于 Stick Region（图中的灰色阴影区域），这时 Agent 会有 0.5 的概率保持位置不变；三是若 Agent 移动到 Windy Region（图中的箭头所示区域），这时 Agent 会有 0.3 的概率被风吹到左边的栅格。图中右上角标有“G”的栅格是 Agent 的目标状态。Agent 的目标是以最少的步数到达目标状态。如果 Agent 到达目标状态，则获得奖赏值 1，其他情况，Agent 每执行一个动作，获得的奖赏值为−1，除非当 Agent 处于 Puddle Region（图中的斜线区域），这时 Agent 获得的奖赏值为−100。

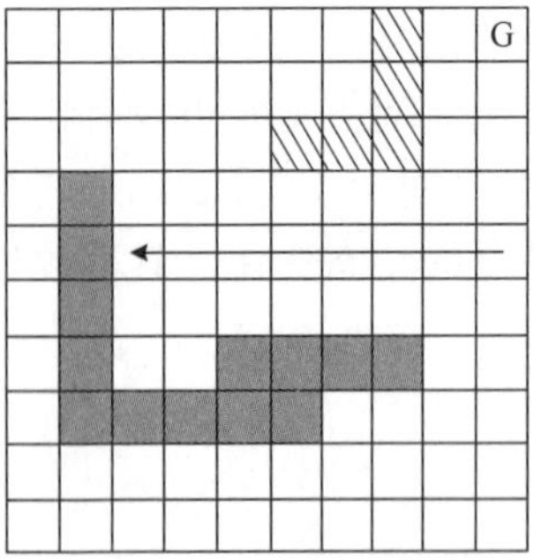

图 17.3　栅格世界

实验采用值迭代的方法来求解模型构建模块估计出的近似环境模型，算法的参数如下：折扣率 $\gamma = 0.9$，消息同步周期 p=100，$m_{\text{known}} = 200000$。为了度量算法的性能，算法每执行 10s 就暂停，然后开始测试学习结果的精度和计算算法估计出的近似模型的平均误差。在算法暂停期间，使用学习到的策略，从栅格的左下角的状态开始，试图寻找一条到达右上角的最短路径，并统计路径的长度。每次该测试程序共执行 50 次，取 50 次测试结果的平均值。

第 1 个实验比较了使用学习经验复用策略的 E^3 算法和原始的 E^3 算法的相对收敛速度，实验结果如图 17.4 所示。可以看出，学习经验复用策略能够加快算法的收敛速度。

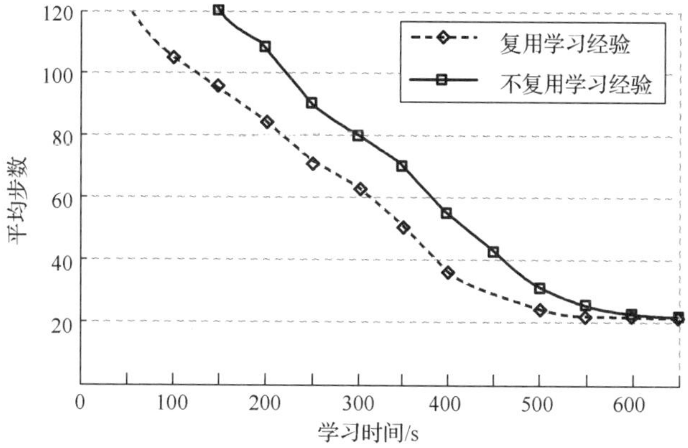

图 17.4　学习经验复用对收敛速度的影响

第 2 个实验比较了不同并行程度的加速比和算法构建的近似模型的精度。不同 Agent 数量下，路径平均长度随着执行时间的变化趋势如图 17.5 所示。并行 E^3 算法学习到的模型和真实模型的误差与学习时间的关系如图 17.6 所示。从该实验结果可以看出，Agent 的数量越多，采样的并行程度越高，单位时间内获取的经验知识越多，越能够在尽可能短的时间内估计出近似的环境模型，从而带来算法收敛速度的大幅度提高。

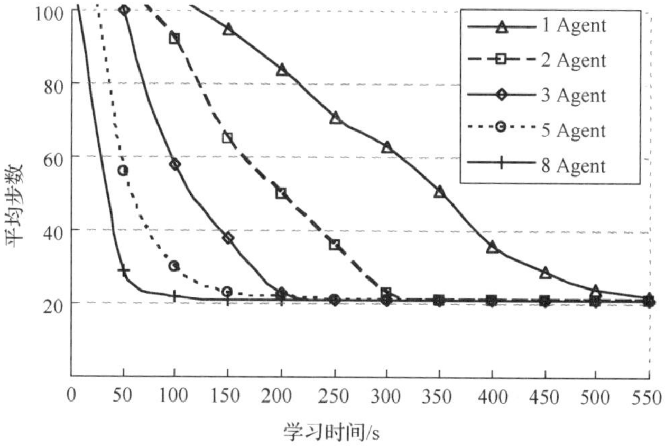

图 17.5　平均步数与学习时间的关系

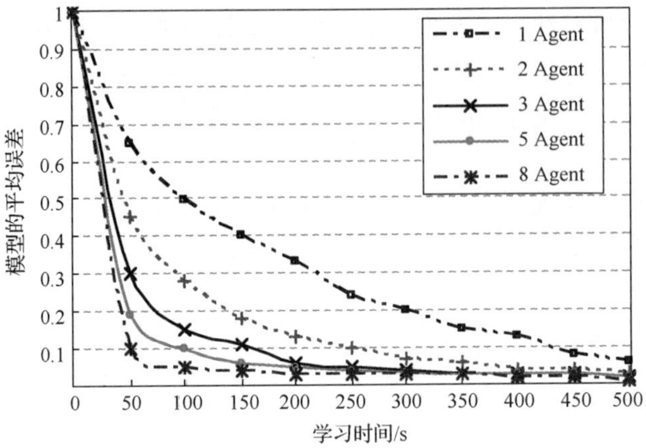

图 17.6　模型的平均误差与学习时间的关系

算法在不同 Agent 数量下学习到近似最优策略所需的时间和相应的加速比率(加速比/学习 Agent 数量)如表 17.1 所示。从表 17.1 中可以看出，本章所提并行 E^3 算法能够获得近似的线性加速比。

表 17.1　不同 Agent 数量下的学习时间和加速比率

参数	学习 Agent 数量				
	1	2	3	5	8
学习时间/s	536.4	279.4	190.2	121.9	84.9
加速比率	1	0.96	0.94	0.88	0.79

第 3 个实验比较了并行 E^3 算法和其他两种并行强化学习算法的性能。这两种算法分别是 MSRL[17](Max Share RL)和 CC-PQL[18](Parallel Implementation of Q-learning Based on Communication with Cache)，它们都是不利用模型知识的算法。之所以选择这两种算法进行性能比较，是因为目前尚不存在同时学习环境模型和行为策略的并行强化学习算法。文献[16]提出了一种基于模型的并行强化学习算法，但是它并不在线学习模型知识，而是直接利用预先设定好的先验知识，因而不适合与并行 E^3 算法比较。

从图 17.7 所示的实验结果可知，并行 E^3 算法具有较大的性能优势。与另外两种方法相比，一方面，并行 E^3 算法的通信开销较小，因为 Agent 和模型构建模块之间交换的是经过统计加工的学习经验和策略；另一方面，由于并行 E^3 算法是基于模型的方法，利用学到的模型知识可以很快地计算出对应的最优策略，充分利用了 Agent 在每个探索步学习到的经验；同时，通过复用学习经验，进一步提高了算法的性能。因而，并行 E^3 算法与 MSRL 算法、CC-PQL 算法相比具有更快的学习速率。

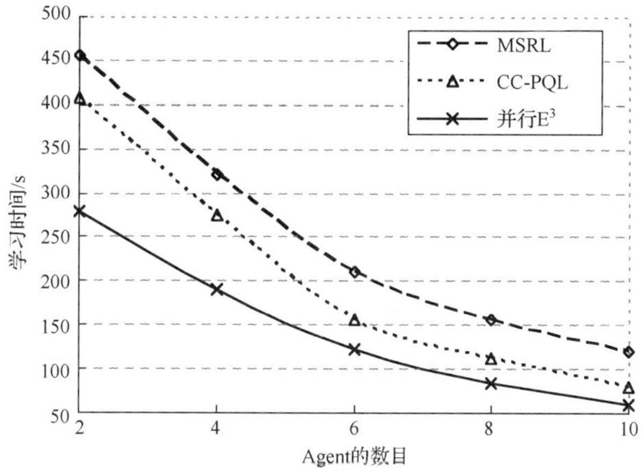

图 17.7　并行 E^3 算法与其他两种并行强化学习算法的比较

17.6　本章小结

为了提高 E^3 算法的学习效率，在探索阶段，提出了一种基于多 Agent 并行采样的模型构建方法，给出了该并行版本的 E^3 算法的实现模型结构和通信过程，并提出了一些可行的优化途径来提高算法的鲁棒性；在利用阶段，提出了一种在学习的不同阶段复用以前的学习经验的方法，通过设定初始值函数的方法来融入模型先验知识，提高了算法收敛速率。在一个复杂的栅格世界问题中的应用表明了所提方法的可行性和有效性。

本章所提并行强化学习方法，本质上属于多 Agent 并行学习，并周期性地交换学习经验来加速算法的收敛速度。不同的是，在本章的方法中，Agent 之间交换的是原始的交互经验。

参考文献

[1] 刘全, 杨旭东, 荆玲, 等. 基于多 Agent 并行采样和学习经验复用的 E^3 算法. 吉林大学学报(工学版), 2013, 1(1): 135-140.

[2] Liu Q, Yang X, Jing L, et al. A parallel scheduling algorithm for reinforcement learning in large state space. Frontiers of Computer Science, 2012, 6(6):631-646.

[3] Yang X, Liu Q, Jing L, et al. A scalable parallel reinforcement learning method based on divide-and-conquer strategy. Chinese of Journal Electronics, 2012, 22(2): 242-246.

[4] 刘全, 傅启明, 杨旭东, 等. 一种基于智能调度的可扩展并行强化学习方法. 计算机研究与发展, 2013, 50(4): 843-851.

[5] Fu Q, Liu Q, Xiao F, et al. The second order temporal difference error for Sarsa(λ). The 2013 IEEE Symposium on Adaptive Dynamic Programming And Reinforcement Learning, Singapore, 2013.

[6] 傅启明, 刘全, 伏玉琛, 等. 一种基于高斯过程的带参近似策略迭代算法. 软件学报, 2013, 24(11): 2676-2686.

[7] Szita I, Szepesvari C. Model-based reinforcement learning with nearly tight exploration complexity bounds. The 27th International Conference on Machine Learning, Haifa, 2010.

[8] 肖飞, 刘全, 傅启明, 等. 基于自适应势函数塑造奖赏机制的梯度下降 Sarsa(λ)算法. 通信学报, 2013, 34(1): 77-88.

[9] 周鑫, 刘全, 傅启明, 等. 一种批量最小二乘策略迭代方法. 计算机科学, 2014, 41(9): 232-238.

[10] 孙洪坤, 刘全, 傅启明, 等. 一种优先级扫描的 Dyna 结构优化算法. 计算机研究与发展, 2013, 50(10): 2176-2184.

[11] 刘全, 李瑾, 傅启明, 等. 一种最大集合期望损失的多目标 Sarsa(λ)算法. 电子学报, 2013, 41(8): 1469-1473.

[12] 于俊, 刘全, 傅启明, 等. 一种基于Dyna结构的贝叶斯Q学习算法. 通信学报, 2013, 34(11): 129-139.

[13] 穆翔, 刘全, 傅启明, 等. 基于两层模糊划分的时间差分算法. 通信学报，2013, 34(10): 92-99.

[14] Kearns M, Singh S. Near-optimal reinforcementlearning in polynomial time. Machine Learning, 2002, 49(2-3): 209-232.

[15] Domingo C. Faster near-optimal reinforcement learning: Adding adaptiveness to the E^3 algorithm. The 10th International Conference on Algorithmic Learning Theory, London, 1999: 241-251.

[16] Wingate D, Seppi K. P3VI: A partitioned, prioritized, parallel value iterator. The 21st International Conference on Machine Learning, New York, 2004.

[17] Kretchmar R. Reinforcement learning algorithms for homogenous multi-agent systems. The Workshop on Agent and Swarm Programming, New York, 2003.

[18] Printista A, Errecalde M, Montoya C. A parallel implementation of Q-learning based on communication with cache. Journal of Computer Science and Technology, 2002, 6: 268-278.

第 18 章　基于线性函数逼近的离策略 Q(λ)算法

针对传统的基于查询表和函数逼近的 Q(λ)学习算法在大规模状态空间中收敛速度慢或者无法收敛的问题，提出一种基于线性函数逼近的离策略算法。该算法通过引入重要性关联因子，在迭代次数逐步增长的过程中，使得在策略与离策略相统一，确保算法的收敛性。同时在保证在策略与离策略的样本数据一致性的前提下，对算法的收敛性给予理论证明。将所提出的算法用于 Baird 反例、Mountain Car 和 Random Walk 仿真平台，实验结果表明，该算法与传统的基于函数逼近的离策略算法相比，具有较好的收敛性；与传统的基于查询表的算法相比，具有更快的收敛速度，且对于状态空间的增长具有较强的鲁棒性。相关研究进展请参考文献[1]～文献[14]。

18.1　离策略强化学习

原则上任何函数逼近方法都可以用于监督学习，如人工神经网络、决策树和各种多元线性回归方法等。然而，对于强化学习来讲，并不是所有的方法都适用。大部分的逼近方法，如人工神经网络、遗传算法等，都假设有一个稳定静态的训练集，所有的逼近操作都是基于稳定静态的训练集。但是在强化学习中，学习的过程是在线的、动态的，逼近方法所需要的训练集是 Agent 与环境交互动态实时得到的，因此就需要逼近方法能够有效地从增量式的训练数据中进行学习。

在强化学习中，还需要逼近方法能够解决目标函数不确定的问题，例如，在 GPI(General Policy Iteration)控制问题中，当目标策略 h 改变时，方法要能够逼近新的动作值函数 Q^h。或者即使目标函数是确定的，如果 Agent 与环境交互得到的样本数据是基于自举式(bootstrapping)方法得到的，那么样本数据对应的状态(动作)值也是不稳定的，这就要求逼近方法也要能够对这类问题具有较好的鲁棒性。

18.1.1　梯度下降法与线性函数逼近

梯度下降法是利用负梯度方向来决定每次迭代的搜索方向，使得每次迭代能使待优化的目标函数呈非递增变化，它是 2 范数下的梯度下降法。它的简单形式为

$$f(k+1)=f(k)+\alpha\nabla_k f(k) \tag{18.1}$$

式中，$f(k)$ 是目标函数；$\nabla_k f(k)$ 是 $f(k)$ 的梯度。

在基于梯度下降的逼近方法中，线性函数逼近是最常用、最重要的逼近形式。

由于其函数构造形式简单，计算量较小，近年来，在基于函数逼近的强化学习方法中得到广泛的应用。本章也采用线性函数来构造动作值函数(Q-值函数)，如式(18.2)所示。

考虑在标准的强化学习框架下，Agent 与环境交互构成一个有限马尔可夫决策过程。在策略 h 下，每个时间步 t，环境状态为 $\boldsymbol{x}_t$（$\boldsymbol{x}_t \in \boldsymbol{X}$，$\boldsymbol{X}$ 为状态空间），Agent 选择的动作为 u_t（$u_t \in U$，U 为动作选择空间），状态动作对 $(\boldsymbol{x}_t, u_t)$ 由特征向量 $\boldsymbol{\phi}(\boldsymbol{x}_t, u_t)$ 表示（$\boldsymbol{\phi}(\boldsymbol{x}_t, u_t) = \{\phi(1), \phi(2), \cdots, \phi(n-1), \phi(n)\}$，$\boldsymbol{\phi}(\boldsymbol{x}_t, u_t) \in \mathbb{R}^n$），简写为 $\boldsymbol{\phi}_t$；环境给出一个奖赏值 r_t（$r_t \in \mathbb{R}$），动作值函数记为 $Q(\boldsymbol{x}_t, u_t)$，简写为 Q_t；Q_t 是关于参数向量（$\boldsymbol{\theta}_t = (\theta_t(1), \theta_t(2), \cdots, \theta_t(n))^{\mathrm{T}}$，且 $\boldsymbol{\theta}_t \in \mathbb{R}^n$）与特征向量 $\boldsymbol{\phi}_t$ 的函数，记为 $Q_t(\boldsymbol{\theta}_t)$，$Q_t^h$ 是在策略 h 下 $(\boldsymbol{x}_t, u_t)$ 的期望值。随着 Agent 与环境的不断交互，可以得到一组状态、动作、回报值的序列，$\boldsymbol{x}_1, u_1, r_2, \boldsymbol{x}_2, u_2, r_3, \cdots$，将该序列表示为一组四元组 $(\boldsymbol{x}_1, u_1, r_2, \boldsymbol{x}_2), (\boldsymbol{x}_2, u_2, r_3, \boldsymbol{x}_3), \cdots$，由于状态动作对 $(\boldsymbol{x}_t, u_t)$ 用 $\boldsymbol{\phi}_t$ 表示，所以将序列简化为 $(\boldsymbol{\phi}_1, r_2, \boldsymbol{\phi}_2), (\boldsymbol{\phi}_2, r_3, \boldsymbol{\phi}_3), \cdots$

$$Q_t(\boldsymbol{\theta}_t) = \boldsymbol{\theta}_t^{\mathrm{T}} \boldsymbol{\phi}_t = E\left\{\sum_{n=0}^{\infty} \gamma^n r_{t+n+1} \mid \boldsymbol{x} = \boldsymbol{x}_t, u = u_t\right\} \tag{18.2}$$

式中，γ 是折扣因子。Agent 对于环境未知，仅从观察的一组状态转移序列中估计动作值。

在在策略 TD(0)中，一步 TD Error 和线性 TD Solution 如式(18.3)、式(18.4)所示

$$\delta_t = r + \gamma \boldsymbol{\theta}_t^{\mathrm{T}} \boldsymbol{\phi}_{t+1} - \boldsymbol{\theta}_t^{\mathrm{T}} \boldsymbol{\phi}_t \tag{18.3}$$

$$E[\delta \boldsymbol{\phi}] = \boldsymbol{0} \tag{18.4}$$

定义 18.1　在在策略 TD(λ)中，λ-TD Error 和线性 λ-TD Solution 如式(18.7)、式(18.8)所示。

$$R_t^{(n)}(\boldsymbol{\theta}) = r_{t+1} + \gamma r_{t+2} + \gamma^2 r_{t+3} + \cdots + \gamma^{n-1} r_{t+n} + \gamma^n \boldsymbol{\theta}_t^{\mathrm{T}} \boldsymbol{\phi}_{t+n} \tag{18.5}$$

$$R_t^{\lambda}(\boldsymbol{\theta}) = \sum_{n=1}^{T-t-1} (1-\lambda) \lambda^{n-1} R_t^{(n)}(\boldsymbol{\theta}) \tag{18.6}$$

$$\begin{aligned}
\delta^{\lambda} &= R_t^{\lambda}(\boldsymbol{\theta}) - Q_t(\boldsymbol{\theta}) = R_t^{\lambda}(\boldsymbol{\theta}) - \boldsymbol{\theta}_t^{\mathrm{T}} \boldsymbol{\phi}_t \\
&= -\boldsymbol{\theta}_t^{\mathrm{T}} \boldsymbol{\phi}_t + (1-\lambda)\lambda^0 [r_{t+1} + \gamma \boldsymbol{\theta}_t^{\mathrm{T}} \boldsymbol{\phi}_{t+1}] + (1-\lambda)\lambda^1 [r_{t+1} + \gamma r_{t+2} + \gamma^2 \boldsymbol{\theta}_t^{\mathrm{T}} \boldsymbol{\phi}_{t+2}] \\
&\quad + (1-\lambda)\lambda^2 [r_{t+1} + \gamma r_{t+2} + \gamma^2 r_{t+3} + \gamma^3 \boldsymbol{\theta}_t^{\mathrm{T}} \boldsymbol{\phi}_{t+3}] \\
&\qquad \vdots \\
&= -\boldsymbol{\theta}_t^{\mathrm{T}} \boldsymbol{\phi}_t + (\gamma\lambda)^0 [r_{t+1} + \gamma \boldsymbol{\theta}_t^{\mathrm{T}} \boldsymbol{\phi}_{t+1} - \gamma\lambda \boldsymbol{\theta}_t^{\mathrm{T}} \boldsymbol{\phi}_{t+1}] + (\gamma\lambda)^1 [r_{t+2} + \gamma \boldsymbol{\theta}_t^{\mathrm{T}} \boldsymbol{\phi}_{t+2} - \gamma\lambda \boldsymbol{\theta}_t^{\mathrm{T}} \boldsymbol{\phi}_{t+2}] \\
&\quad + (\gamma\lambda)^2 [r_{t+3} + \gamma \boldsymbol{\theta}_t^{\mathrm{T}} \boldsymbol{\phi}_{t+3} - \gamma\lambda \boldsymbol{\theta}_t^{\mathrm{T}} \boldsymbol{\phi}_{t+3}] \\
&\qquad \vdots
\end{aligned}$$

$$
\begin{aligned}
&=(\gamma\lambda)^0[r_{t+1}+\gamma\boldsymbol{\theta}_t^{\mathrm{T}}\boldsymbol{\phi}_{t+1}-\boldsymbol{\theta}_t^{\mathrm{T}}\boldsymbol{\phi}_t]+(\gamma\lambda)^1[r_{t+2}+\gamma\boldsymbol{\theta}_t^{\mathrm{T}}\boldsymbol{\phi}_{t+2}-\boldsymbol{\theta}_t^{\mathrm{T}}\boldsymbol{\phi}_{t+1}]\\
&\quad+(\gamma\lambda)^2[r_{t+3}+\gamma\boldsymbol{\theta}_t^{\mathrm{T}}\boldsymbol{\phi}_{t+3}-\boldsymbol{\theta}_t^{\mathrm{T}}\boldsymbol{\phi}_{t+2}]\\
&\qquad\vdots\\
&\approx\sum_{i=t}^{T-1}(\gamma\lambda)^{i-t}\delta_i\\
&=\sum_{i=t}^{T-1}(\gamma\lambda)^{i-t}r_{i+1}+\sum_{i=t}^{T-1}(\gamma\lambda)^{i-t}[\gamma\boldsymbol{\theta}_t^{\mathrm{T}}\boldsymbol{\phi}_{i+1}-\boldsymbol{\theta}_t^{\mathrm{T}}\boldsymbol{\phi}_i]\\
&=\sum_{i=t}^{T-1}(\gamma\lambda)^{i-t}r_{i+1}+\sum_{i=t}^{T-1}(\gamma\lambda)^{i-t}[\boldsymbol{\theta}_t^{\mathrm{T}}\boldsymbol{\phi}_{i+1}-\boldsymbol{\phi}_i]^{\mathrm{T}}\boldsymbol{\theta}
\end{aligned}
\tag{18.7}
$$

$$
E[\delta^\lambda\boldsymbol{\phi}]=\boldsymbol{A}\boldsymbol{\theta}-\boldsymbol{b}=\boldsymbol{0}\tag{18.8}
$$

式(18.5)中，$R_t^{(n)}(\boldsymbol{\theta})$ 是 n 步截断回报值，简称 n 步回报值；$R_t^{\lambda}(\boldsymbol{\theta})$ 是 λ-回报值；$\boldsymbol{A}=E\left\{\boldsymbol{\phi}_i\sum_{i=t}^{T-1}(\gamma\lambda)^{i-t}[\gamma\boldsymbol{\phi}_{i+1}-\boldsymbol{\phi}_i]^{\mathrm{T}}\right\}$；$\boldsymbol{b}=E\left\{\boldsymbol{\phi}_i\sum_{i=t}^{T-1}(\gamma\lambda)^{i-t}r_{i+1}\right\}$。向量 $E[\delta^\lambda\boldsymbol{\phi}]$ 可以认为是当前 $\boldsymbol{\theta}$ 的差分值，目标需使得 $E[\delta^\lambda\boldsymbol{\phi}]$ 等于 $\boldsymbol{0}$。因此，取其 2 范数描述当前 $\boldsymbol{\theta}$ 值与目标 $\boldsymbol{\theta}$ 值的距离，即

$$
M(\boldsymbol{\theta})=E[\delta^\lambda\boldsymbol{\phi}]^{\mathrm{T}}E[\delta^\lambda\boldsymbol{\phi}]\tag{18.9}
$$

根据梯度下降法，在每一次迭代过程中，对 $\boldsymbol{\theta}$ 的更新如式(18.10)所示

$$
\boldsymbol{\theta}_{t+1}=\boldsymbol{\theta}_t+\alpha_t\nabla_{\boldsymbol{\theta}}M(\boldsymbol{\theta}_t)\tag{18.10}
$$

式中，α_t 是步长参数。将式(18.9)代入式(18.10)，在每个时间步 t 对 $\boldsymbol{\theta}_t$ 的更新如式(18.11)所示

$$
\begin{aligned}
\boldsymbol{\theta}_{t+1}&=\boldsymbol{\theta}_t+\alpha_t\nabla_{\boldsymbol{\theta}}(E[\delta^\lambda\boldsymbol{\phi}]^{\mathrm{T}}E[\delta^\lambda\boldsymbol{\phi}])\\
&=\boldsymbol{\theta}_t+2\alpha_t\nabla_{\boldsymbol{\theta}}(E[\delta^\lambda\boldsymbol{\phi}])E[\delta^\lambda\boldsymbol{\phi}]\\
&=\boldsymbol{\theta}_t+2\alpha_t(E[\boldsymbol{\phi}(\nabla_{\boldsymbol{\theta}}\delta^\lambda)^{\mathrm{T}}]^{\mathrm{T}})E[\delta^\lambda\boldsymbol{\phi}]\\
&=\boldsymbol{\theta}_t+2\alpha_t E\left\{\boldsymbol{\phi}\sum_{i=t}^{T-1}(\gamma\lambda)^{i-t}[\gamma\boldsymbol{\phi}_{i+1}-\boldsymbol{\phi}_i]^{\mathrm{T}}\right\}E[\delta\boldsymbol{\phi}]
\end{aligned}
\tag{18.11}
$$

考虑式(18.11)中存在两个期望的乘积，无法通过迭代的方法逼近最优 $\boldsymbol{\theta}$，因此考虑采用样本值计算其中一个，迭代计算另一个。考虑用样本值计算 $E\left\{\boldsymbol{\phi}_i\sum_{i=t}^{T-1}(\gamma\lambda)^{i-t}[\gamma\boldsymbol{\phi}_{i+1}-\boldsymbol{\phi}_i]^{\mathrm{T}}\right\}$，迭代计算 $E[\delta\boldsymbol{\phi}]$。令 μ_t 为第 t 个时间步后对 $E[\delta\boldsymbol{\phi}]$ 的估计

$$
\mu_{t+1}=\mu_t+\beta_t(\delta_t^\lambda\boldsymbol{\phi}_t-\mu_t)\tag{18.12}
$$

$$
\boldsymbol{\theta}_{t+1}=\boldsymbol{\theta}_t+\alpha_t\sum_{i=t}^{T-1}(\gamma\lambda)^{i-t}[\gamma\boldsymbol{\phi}_{i+1}-\boldsymbol{\phi}_i]\boldsymbol{\phi}_i^{\mathrm{T}}\mu_t\tag{18.13}
$$

式中，$\mu_1=0$；$\beta_t>0$；$\alpha_t>0$，β_t、α_t 是步长参数。

18.1.2 离策略强化学习算法

离策略学习是一种将目标策略与行为策略分离的学习方式。在将函数逼近与离策略学习结合时，面临这样一个问题——逼近求解所需要的样本数据概率分布与行为策略生成的样本数据概率分布不一致。因此，当求解的 $\boldsymbol{\theta}$ 收敛时，目标策略却无法收敛。本章主要以 Q(λ) 算法为基础，分析离策略强化学习算法运行流程和发散原因，认为解决这一问题主要有以下两种途径：①在学习过程中，利用与目标改进策略接近的行为策略来生成样本数据；②将目标改进策略与行为策略以某种方式进行关联，使得生成的样本数据与改进目标策略逼近所需要的数据在概率分布上保持一致。假设 h 是目标改进策略，b 是行为策略，本章引入重要性关联因子 ρ。

定义 18.2　假设环境状态为 $\boldsymbol{x}_t$，动作为 u_t，在目标策略 h 和行为策略 b 下，在状态 $\boldsymbol{x}_t$ 下选择 u_t 的概率分别为 $h(\boldsymbol{x}_t,u_t)$ 和 $b(\boldsymbol{x}_t,u_t)$，且满足 $h(\boldsymbol{x}_t,u_t)>0$，$b(\boldsymbol{x}_t,u_t)>0$，则重要性关联因子 $\rho_t=h(\boldsymbol{x}_t,u_t)/b(\boldsymbol{x}_t,u_t)$，简称关联因子 ρ_t。

在 Q(λ) 算法中，利用关联因子，重写式(18.5)～式(18.8)、式(18.12)、式(18.13)，如式(18.14)～式(18.19)所示

$$\begin{aligned}\overline{R}_t^{(n)}(\boldsymbol{\theta})=&\, r_{t+1}+\gamma r_{t+2}\rho_{t+1}+\cdots+\gamma^{n-1}r_{t+n}\rho_{t+1}\rho_{t+2}\cdots\rho_{t+n-1}\\&+\gamma^n\max_{\boldsymbol{\theta}}\boldsymbol{\theta}^{\mathrm{T}}\boldsymbol{\phi}_{t+n}\rho_{t+1}\rho_{t+2}\cdots\rho_{t+n}\end{aligned}\tag{18.14}$$

$$\overline{R}_t^{\lambda}(\boldsymbol{\theta})=\sum_{n=1}^{T-t-1}(1-\lambda)\lambda^{n-1}\overline{R}_t^{(n)}(\boldsymbol{\theta})\tag{18.15}$$

$$\overline{\delta}^{\lambda}=\sum_{i=t}^{T-1}(\gamma\lambda)^{i-t}\prod_{j=1}^{i-t}\rho_{t+j}r_{i+1}+\sum_{i=t}^{T-1}(\gamma\lambda)^{i-t}\prod_{j=1}^{i-t}\rho_{t+j}[\gamma\boldsymbol{\theta}^{\mathrm{T}}\boldsymbol{\phi}_{i+1}-\boldsymbol{\theta}^{\mathrm{T}}\boldsymbol{\phi}_i]\tag{18.16}$$

$$E[\overline{\delta}^{\lambda}\boldsymbol{\phi}]=\boldsymbol{A}\boldsymbol{\theta}-\boldsymbol{b}=0\tag{18.17}$$

式中，$\boldsymbol{A}=E\left\{\boldsymbol{\phi}_i\sum_{i=t}^{T-1}(\gamma\lambda)^{i-t}\prod_{j=1}^{i-t}\rho_{t+j}[\gamma\boldsymbol{\phi}_{i+1}-\boldsymbol{\phi}_i]^{\mathrm{T}}\right\}$；$\boldsymbol{b}=E\left\{\boldsymbol{\phi}_i\sum_{i=t}^{T-1}(\gamma\lambda)^{i-t}\prod_{j=1}^{i-t}\rho_{t+j}r_{i+1}\right\}$。

$$\mu_{t+1}=\mu_t+\beta_t(\overline{\delta}_t^{\lambda}\boldsymbol{\phi}_t-\mu_t)\tag{18.18}$$

$$\boldsymbol{\theta}_{t+1}=\boldsymbol{\theta}_t+\alpha_t\sum_{i=t}^{T-1}(\gamma\lambda)^{i-t}\prod_{j=1}^{i-t}\rho_{t+j}[\gamma\boldsymbol{\phi}_{i+1}-\boldsymbol{\phi}_i]\boldsymbol{\phi}_i^{\mathrm{T}}\mu_t\tag{18.19}$$

Precup 等[10,15]在 2001 年首次提出离策略 n 步回报，并证明

$$E_b\{\overline{R}_t^{\lambda}\mid\boldsymbol{x}=\boldsymbol{x}_t,u=u_t\}=E_\pi\{R_t^{\lambda}\mid\boldsymbol{x}=\boldsymbol{x}_t,u=u_t\},\quad\forall\boldsymbol{x}_t\in\boldsymbol{X},u_t\in U$$

本章将观点延伸至基于线性函数逼近的 Q(λ) 中。由式(18.13)和式(18.19)可知

$$\Delta\boldsymbol{\theta}_t=\alpha_t(R_t^{\lambda}-\boldsymbol{\theta}^{\mathrm{T}}\boldsymbol{\phi}_t)\boldsymbol{\phi}_t\tag{18.20}$$

$$\Delta\bar{\boldsymbol{\theta}}_t = \alpha_t(\bar{R}_t^\lambda - \boldsymbol{\theta}^{\mathrm{T}}\boldsymbol{\phi}_t)\boldsymbol{\phi}_t\rho_1\rho_2\cdots\rho_t$$
$$= \alpha(\bar{R}_t^\lambda - \boldsymbol{\theta}^{\mathrm{T}}\boldsymbol{\phi}_t)\boldsymbol{\phi}_t\prod_{i=1}^{t}\rho_i \tag{18.21}$$

定理 18.1　在策略与离策略算法关于样本数据分布的一致性证明。令 $\Delta\boldsymbol{\theta}_t$ 与 $\Delta\bar{\boldsymbol{\theta}}_t$ 分别是在策略 TD(λ) 与离策略 Q(λ) 算法在一个情节结束之后关于 $\boldsymbol{\theta}$ 的增量和，假设两个算法分别从 $(\boldsymbol{x}_0,u_0)$ 开始，策略 b 和 h 分别是 Q(λ) 算法的行为策略和目标策略，ρ_t 是关联因子，则

$$E_b\{\Delta\bar{\boldsymbol{\theta}}_t \mid \boldsymbol{x}=\boldsymbol{x}_t, u=u_t\} = E_h\{\Delta\boldsymbol{\theta}_t \mid \boldsymbol{x}=\boldsymbol{x}_t, u=u_t\}$$

证明　根据式(18.20)、式(18.21)，重写 $\Delta\boldsymbol{\theta}$ 与 $\Delta\bar{\boldsymbol{\theta}}$，并令

$$E_h\{\Delta\boldsymbol{\theta}_t\} = E_h\{\Delta\boldsymbol{\theta}_t \mid \boldsymbol{x}=\boldsymbol{x}_t, u=u_t\}$$
$$E_b\{\Delta\bar{\boldsymbol{\theta}}_t\} = E_b\{\Delta\bar{\boldsymbol{\theta}}_t \mid \boldsymbol{x}=\boldsymbol{x}_t, u=u_t\}$$

得

$$E_h\{\Delta\boldsymbol{\theta}_t\} = E_\pi\left\{\sum_{t=1}^{T}\alpha_t(R_t^\lambda - \boldsymbol{\theta}^{\mathrm{T}}\boldsymbol{\phi}_t)\boldsymbol{\phi}_t\right\}$$
$$E_b\{\Delta\bar{\boldsymbol{\theta}}_t\} = E_b\left\{\sum_{t=1}^{T}\alpha_t(\bar{R}_t^\lambda - \boldsymbol{\theta}^{\mathrm{T}}\boldsymbol{\phi}_t)\boldsymbol{\phi}_t\prod_{i=1}^{t}\rho_i\right\}$$

因此，要证明 $E_b\{\Delta\bar{\boldsymbol{\theta}}_t\} = E_h\{\Delta\boldsymbol{\theta}_t\}$，即要证明

$$E_b\left\{\sum_{t=1}^{T}(\bar{R}_t^\lambda - \boldsymbol{\theta}^{\mathrm{T}}\boldsymbol{\phi}_t)\boldsymbol{\phi}_t\prod_{i=1}^{t}\rho_i\right\} = E_h\left\{\sum_{t=1}^{T}(R_t^\lambda - \boldsymbol{\theta}^{\mathrm{T}}\boldsymbol{\phi}_t)\boldsymbol{\phi}_t\right\}$$

令 Ω_t 为 Agent 从 $(\boldsymbol{x}_0,u_0)$ 开始在 t 时刻所能得到的状态转移序列集合，ω 是其中的一个样本序列，即 $\omega\in\Omega_t$，$p_b(\omega)$ 为在行为策略 b 下得到 ω 序列的概率，则

$$E_b\left\{\sum_{t=1}^{T}(\bar{R}_t^\lambda - \boldsymbol{\theta}^{\mathrm{T}}\boldsymbol{\phi}_t)\boldsymbol{\phi}_t\prod_{i=1}^{t}\rho_i\right\}$$
$$= \sum_{t=1}^{T}\sum_{\omega\in\Omega_t}p_b(\omega)\boldsymbol{\phi}_t\prod_{i=1}^{t}\rho_i E_b\{\bar{R}_t^\lambda - \boldsymbol{\theta}^{\mathrm{T}}\boldsymbol{\phi}_t \mid \boldsymbol{x}=\boldsymbol{x}_t, u=u_t\}$$
$$= \sum_{t=1}^{T}\boldsymbol{\phi}_t\sum_{\omega\in\Omega_t}\prod_{j=1}^{t}p_{\boldsymbol{x}_{j-1},\boldsymbol{x}_j}^{u_j}b(\boldsymbol{x}_j,u_j)\prod_{i=1}^{t}\frac{h(\boldsymbol{x}_j,a_j)}{b(\boldsymbol{x}_j,a_j)}(E_b\{\bar{R}_t^\lambda \mid \boldsymbol{x}=\boldsymbol{x}_t, u=u_t\} - \boldsymbol{\theta}^{\mathrm{T}}\boldsymbol{\phi}_t)$$
$$= \sum_{t=1}^{T}\boldsymbol{\phi}_t\sum_{\omega\in\Omega_t}\prod_{j=1}^{t}p_{\boldsymbol{x}_{j-1},\boldsymbol{x}_j}^{u_j}h(\boldsymbol{x}_j,u_j)(E_b\{\bar{R}_t^\lambda \mid \boldsymbol{x}=\boldsymbol{x}_t, u=u_t\} - \boldsymbol{\theta}^{\mathrm{T}}\boldsymbol{\phi}_t)$$

又因为 $\forall\boldsymbol{x}_t\in\boldsymbol{X}, u_t\in U$，$E_b\{\bar{R}_t^\lambda \mid \boldsymbol{x}=\boldsymbol{x}_t, u=u_t\} = E_h\{\bar{R}_t^\lambda \mid \boldsymbol{x}=\boldsymbol{x}_t, u=u_t\}$，可得

$$E_b\left\{\sum_{t=1}^{T}(\overline{R}_t^{\lambda}-\boldsymbol{\theta}^{\mathrm{T}}\boldsymbol{\phi}_t)\boldsymbol{\phi}_t\prod_{i=1}^{t}\rho_i\right\}=\sum_{t=1}^{T}\boldsymbol{\phi}_t\sum_{\omega\in\Omega_t}\prod_{j=1}^{t}p_{\boldsymbol{x}_{j-1},\boldsymbol{x}_j}^{u_j}h(\boldsymbol{x}_j,u_j)(E_b\{R_t^{\lambda}\mid\boldsymbol{x}=\boldsymbol{x}_t,u=u_t\}-\boldsymbol{\theta}^{\mathrm{T}}\boldsymbol{\phi}_t)$$
$$=\sum_{t=1}^{T}\boldsymbol{\phi}_t\sum_{\omega\in\Omega_t}p_h(\omega)(E_h\{R_t^{\lambda}\mid\boldsymbol{x}=\boldsymbol{x}_t,u=u_t\}-\boldsymbol{\theta}^{\mathrm{T}}\boldsymbol{\phi}_t)$$
$$=E_h\left\{\sum_{t=1}^{T}(R_t^{\lambda}-\boldsymbol{\theta}^{\mathrm{T}}\boldsymbol{\phi}_t)\boldsymbol{\phi}_t\right\}$$

因此，$E_b\{\Delta\overline{\boldsymbol{\theta}}_t\mid\boldsymbol{x}=\boldsymbol{x}_t,u=u_t\}=E_h\{\Delta\boldsymbol{\theta}_t\mid\boldsymbol{x}=\boldsymbol{x}_t,u=u_t\}$ 成立。

证毕。

由定理 18.1 可知，在 Q(λ) 中引入关联因子，在任意 t 时刻，对于 $\boldsymbol{\theta}$ 的差分累加和与在策略 TD(λ) 中 $\boldsymbol{\theta}$ 的差分累加和是一致的。进一步可认为，在引入关联因子的 Q(λ) 算法中，行为策略所生成的样本数据与改进目标策略所需要的样本数据的分布是一致的，确保算法不会因为样本数据的不一致性导致无法收敛。

18.2　GDOP-Q(λ) 算法

18.1.2 节中主要从向前的观点证明引入重要性关联因子的 Q(λ) 能够取得与在策略 TD(λ) 算法分布一致的样本数据，确保算法不会因为样本数据的不一致性导致无法收敛。本节将利用向后的观点具体阐述基于线性函数逼近的离策略 Q(λ)（Off Policy Q(λ) Algorithm based on Gradient-Descent, GDOP-Q(λ)）算法的执行流程，并证明算法的收敛性。

18.2.1　GDOP-Q(λ)

在向前的观点中，主要引入 n 步回报值，即对当前动作值的估计是基于后续 n 个奖赏值，但是在实际执行过程中，无法利用增量的方式计算后续 n 个奖赏值的估计。Sutton 在文献[2]中提出了在概念和计算上比较方便的向后的观点。利用向后的观点，可以轻易实现算法的增量式更新。在向后观点中，资格迹（eligibility traces）是一个新引入的参数，它反映了当前状态（或状态动作对）之前 n 个状态（或状态动作对）对当前时间差分误差（TD Error）的影响程度。

定义 18.3　假设当前时刻 t，状态动作对 $(\boldsymbol{x}_t,u_t)$，$\boldsymbol{\phi}(\boldsymbol{x}_t,u_t)$ 是关于 $(\boldsymbol{x}_t,u_t)$ 的特征向量，$\boldsymbol{\phi}(\boldsymbol{x}_t,u_t)=\{\phi(1),\phi(2),\cdots,\phi(n-1),\phi(n)\}$，$\boldsymbol{e}_t$ 是在策略下的资格迹，$\boldsymbol{e}_t=\{e_t[1],e_t[2],\cdots,e_t[n]\}$，$\boldsymbol{e}_t'$ 是离策略下的资格迹，$\boldsymbol{e}_t'=\{e_t'[1],e_t'[2],\cdots,e_t'[n]\}$，则

$$e_t[i]=I_{xx_t}I_{uu_t}+\begin{cases}\gamma\lambda e_{t-1}(i), & Q(\boldsymbol{x}_t,u_t)=\max_u Q(\boldsymbol{x}_t,u),\ \phi(i)\in\boldsymbol{\phi}(\boldsymbol{x}_t,u_t)\\ 0, & \text{其他}\end{cases}\tag{18.22}$$

$$e_t'[i]=\begin{cases}\gamma\lambda e_t[i]\omega+e_t'[i], & Q(\boldsymbol{x}_t,u_t)=\max_u Q(\boldsymbol{x}_t,u),\ \phi(i)\in\boldsymbol{\phi}(\boldsymbol{x}_t,u_t)\\ 0, & \text{其他}\end{cases}\tag{18.23}$$

$$\omega=\begin{cases}\omega\rho(\boldsymbol{x}_t,u_t), & Q(\boldsymbol{x}_t,u_t)=\max_u Q(\boldsymbol{x}_t,u_t)\\ 1, & \text{其他}\end{cases} \tag{18.24}$$

式中，γ 是折扣因子；λ 是衰减因子；ω 是迹因子；$\rho(\boldsymbol{x}_t,u_t)$ 是重要性关联因子；I_{xy} 是一致性标识函数，如果 $x=y$，$I_{xy}=1$，否则 $I_{xy}=0$。

利用定义 18.3 给出的离策略下的资格迹，下面给出完整的 GDOP-Q(λ) 算法。

算法 18.1 GDOP-Q(λ) 算法

(1) 初始化：任意值初始化资格迹 $\boldsymbol{e}$ 和 $\boldsymbol{e}'$，$\boldsymbol{\theta}=\boldsymbol{0}$，$h$ 是 greedy 策略，b 是 ε-greedy 策略

(2) 在每个时间步 t，状态动作对 $(\boldsymbol{x}_t,u_t)$，$\boldsymbol{\phi}(\boldsymbol{x}_t,u_t)$ 是关于 $(\boldsymbol{x}_t,u_t)$ 的特征向量，判断当前动作 u_t 是否是贪心动作，即判断是否 $Q(\boldsymbol{x}_t,u_t)=\max_a Q(\boldsymbol{x}_t,u)$。如果判断成立，则 $\omega=\omega\rho(\boldsymbol{x}_t,u_t)$，对于任意 $\phi(i)\subset\boldsymbol{\phi}(\boldsymbol{x}_t,u_t)$，有

$$e_t[i]=\gamma\lambda e_{t-1}[i]+1$$

$$e_t'[i]=\gamma\lambda e_t[i]\omega+e_t'[i]$$

否则 $\omega=1$，且 $\boldsymbol{e}_t=\boldsymbol{0}$

(3) 采用动作 u_t，得到立即奖赏 r_{t+1}，环境迁移至下一个状态 $\boldsymbol{x}_t'$。如果 u_t 是贪心动作，转至第 (4) 步，否则，转至第 (2) 步

(4) 计算 $Q(\boldsymbol{x}_t,u_t)=\boldsymbol{\theta}^{\mathrm{T}}\boldsymbol{\phi}(\boldsymbol{x}_t,u_t)$，$\delta_t=r_{t+1}-Q(\boldsymbol{x}_t,u_t)$

(5) 对于所有 $u_t'=A(\boldsymbol{x}_t')$，$U(\boldsymbol{x}_t')$ 是状态 $\boldsymbol{x}_t'$ 下的动作集合，计算 $Q(\boldsymbol{x}_t',u_t')=\boldsymbol{\theta}^{\mathrm{T}}\boldsymbol{\phi}(\boldsymbol{x}_t',u_t')$

(6) 取 $\boldsymbol{x}_t'$ 下的贪心动作，$u_t'=\arg\max_u Q(\boldsymbol{x}_t',u)$

(7) 计算 $\delta_t=\delta_t+\gamma Q(\boldsymbol{x}_t',u_t')$，$\boldsymbol{\theta}_t=\boldsymbol{\theta}_{t-1}+\alpha_t\delta_t\boldsymbol{e}_t$，$\alpha_t=k\alpha_{t-1},(k\in(0,1])$，如果 $\boldsymbol{\theta}$ 收敛，算法终止，否则转至第 (2) 步

18.2.2 收敛性分析

向前观点主要从理论的角度理解算法，向后的观点主要从概念和计算的角度描述算法。算法 18.1 给出了 GDOP-Q(λ) 算法完整的执行流程。接下来再次利用向前观点，证明算法的收敛，下面给出算法收敛性定理。

定理 18.2 GDOP-Q(λ) 算法的收敛性。根据向前的观点，利用式 (18.18)、式 (18.19) 计算 $\boldsymbol{\theta}$ 值。设其中 $\beta_t=\eta\alpha_t$，$\eta>0$，β_t，$\alpha_t\in(0,1]$，且 $\sum_{t=0}^{\infty}\alpha_t=\infty$，$\sum_{t=0}^{\infty}(\alpha_t)^2<\infty$。进一步假设 $(\boldsymbol{\phi}_t,r_t,\boldsymbol{\phi}_t')$ 满足独立同分布，令

$$\boldsymbol{A}=E\left\{\boldsymbol{\phi}_t\sum_{i=t}^{T-1}(\gamma\lambda)^{i-t}\prod_{j=1}^{i-t}\rho_{t+j}[\gamma\boldsymbol{\phi}_{t+1}-\boldsymbol{\phi}_t]^{\mathrm{T}}\right\}$$

$$\boldsymbol{B}=E\left\{\boldsymbol{\phi}_t\sum_{i=t}^{T-1}(\gamma\lambda)^{i-t}\prod_{j=1}^{i-t}\rho_{t+j}r_{i+1}\right\}$$

且假设 $\boldsymbol{A}$ 是满秩矩阵，则 $\boldsymbol{\theta}$ 必定收敛，且满足 $\boldsymbol{A\theta}-\boldsymbol{B}=\boldsymbol{0}$ (λ-TD Solution)。

证明　首先利用式(18.19)、式(18.20)，将 $\boldsymbol{\mu}_t$、$\boldsymbol{\theta}_t$ 合并写成一个长度为 $2n$ 的向量，$\boldsymbol{\rho}_t^{\mathrm{T}}=(\boldsymbol{v}_t^{\mathrm{T}},\boldsymbol{\theta}_t^{\mathrm{T}})$。$\boldsymbol{v}_t=\boldsymbol{\mu}_t/\sqrt{\eta}$，同时构造一个长度为 $2n$ 的向量，$\boldsymbol{\varsigma}_{t+1}^{\mathrm{T}}=\left(\boldsymbol{\phi}_t\sum_{i=t}^{T-1}(\gamma\lambda)^{i-t}\prod_{j=1}^{i-t}\rho_{t+j}r_{i+1},\boldsymbol{0}^{\mathrm{T}}\right)$，且 $\boldsymbol{\rho}_{t+1}=\boldsymbol{\rho}_t+\alpha_t\sqrt{\eta}(\boldsymbol{G}_{t+1}\boldsymbol{\rho}_t+\boldsymbol{\varsigma}_{t+1})$，其中

$$\boldsymbol{G}_{t+1}=\begin{bmatrix}-\sqrt{\eta}\boldsymbol{I} & \boldsymbol{\phi}_t\sum_{i=t}^{T-1}(\gamma\lambda)^{i-t}\prod_{j=1}^{i-t}\rho_{t+j}[\boldsymbol{\phi}_i-\gamma\boldsymbol{\phi}_{i+1}]^{\mathrm{T}}\\ \sum_{i=t}^{T-1}(\gamma\lambda)^{i-t}\prod_{j=1}^{i-t}\rho_{t+j}[\gamma\boldsymbol{\phi}_{i+1}-\boldsymbol{\phi}_i]\boldsymbol{\phi}_t^{\mathrm{T}} & \boldsymbol{0}\end{bmatrix}$$

设 $\boldsymbol{G}$ 是 $\boldsymbol{G}_t$ 的期望，$\boldsymbol{\varsigma}$ 是 $\boldsymbol{\varsigma}_t$ 的期望，则

$$\boldsymbol{G}=\begin{bmatrix}-\sqrt{\eta}\boldsymbol{I} & -\boldsymbol{A}\\ \boldsymbol{A}^{\mathrm{T}} & \boldsymbol{0}\end{bmatrix},\qquad \boldsymbol{\varsigma}=\begin{bmatrix}\boldsymbol{B}\\ \boldsymbol{0}\end{bmatrix}$$

则由 $\boldsymbol{G}\boldsymbol{\rho}+\boldsymbol{\varsigma}=\boldsymbol{0}$ 可以推导出 $\boldsymbol{A}\boldsymbol{\theta}-\boldsymbol{B}=\boldsymbol{0}$，其中 $\boldsymbol{\rho}^{\mathrm{T}}=(\boldsymbol{v}^{\mathrm{T}},\boldsymbol{\theta}^{\mathrm{T}})$。

令 $\boldsymbol{\rho}_{t+1}=\boldsymbol{\rho}_t+\alpha_t\sqrt{\eta}(\boldsymbol{G}\boldsymbol{\rho}_t+\boldsymbol{\varsigma}+(\boldsymbol{G}_{t+1}-\boldsymbol{G})\boldsymbol{\rho}_t+(\boldsymbol{\varsigma}_{t+1}-\boldsymbol{\varsigma}))=\boldsymbol{\rho}_t+\alpha_t'(h(\boldsymbol{\rho}_t)+\boldsymbol{M}_{t+1})$，其中 $\alpha_t'=\alpha_t\sqrt{\eta}$，$h(\boldsymbol{\rho}_t)=\boldsymbol{G}\boldsymbol{\rho}_t+\boldsymbol{\varsigma}$，$\boldsymbol{M}_{t+1}=(\boldsymbol{G}_{t+1}-\boldsymbol{G})\boldsymbol{\rho}_t+(\boldsymbol{\varsigma}_{t+1}-\boldsymbol{\varsigma})$。令 $\boldsymbol{\Gamma}_t=\sigma(\boldsymbol{\rho}_1,\boldsymbol{M}_1,\boldsymbol{\rho}_2,\boldsymbol{M}_2,\cdots,\boldsymbol{\rho}_t,\boldsymbol{M}_t)$。若能证明 $\boldsymbol{\rho}_{t+1}=\boldsymbol{\rho}_t+\alpha_t'(h(\boldsymbol{\rho}_t)+\boldsymbol{M}_{t+1})$ 收敛于 $\boldsymbol{G}\boldsymbol{\rho}+\boldsymbol{\varsigma}=0$，则可以推出 $\boldsymbol{A}\boldsymbol{\theta}-\boldsymbol{B}=\boldsymbol{0}$，定理得证。

下面证明 $\boldsymbol{\rho}_{t+1}=\boldsymbol{\rho}_t+\alpha_t'(h(\boldsymbol{\rho}_t)+\boldsymbol{M}_{t+1})$ 收敛。为此，利用文献[16]给出的定理 2.2。根据定理 2.2，只需要验证以下四个条件。

(1) 函数 $h(\boldsymbol{\rho}_t)$ 满足 Lipschitz 条件且 $h_\infty(\boldsymbol{\rho})=\lim_{r\to\infty}h(r\boldsymbol{\rho})/r$ 存在。

验证：对于 $\forall\boldsymbol{\rho}_1,\boldsymbol{\rho}_2$，有

$$\begin{aligned}\|h(\boldsymbol{\rho}_1)-h(\boldsymbol{\rho}_1)\|^2&=\|\boldsymbol{\varsigma}+\boldsymbol{G}\boldsymbol{\rho}_1-(\boldsymbol{\varsigma}+\boldsymbol{G}\boldsymbol{\rho}_2)\|^2\\&=\|\boldsymbol{G}(\boldsymbol{\rho}_1-\boldsymbol{\rho}_2)\|^2\\&\leqslant\|\boldsymbol{G}\|\|\boldsymbol{\rho}_1-\boldsymbol{\rho}_2\|^2\end{aligned}$$

可见函数 $h(\boldsymbol{\rho}_t)$ 满足 Lipschitz 条件。

其次，$\lim_{r\to\infty}h(r\boldsymbol{\rho})/r=\lim_{r\to\infty}(\boldsymbol{\varsigma}+r\boldsymbol{G}\boldsymbol{\rho})/r=\lim_{r\to\infty}\boldsymbol{\varsigma}/r+\boldsymbol{G}\boldsymbol{\rho}$，由于 $\boldsymbol{\varsigma}$ 有限，所以，$\lim_{r\to\infty}\boldsymbol{\varsigma}/r=0$，从而 $h_\infty(\boldsymbol{\rho})=\lim_{r\to\infty}h(r\boldsymbol{\rho})/r$ 存在成立。

(2) 数列 $(\boldsymbol{M}_t,\boldsymbol{\Gamma}_t)$ 是熵差分序列，存在 τ 满足 $E[\|\boldsymbol{M}_{t+1}\|^2\boldsymbol{\Gamma}_t]\leqslant\tau(1+\|\boldsymbol{\rho}_t\|^2)$。

验证

$$\begin{aligned}\|\boldsymbol{M}_{t+1}\|^2&=\|(\boldsymbol{G}_{t+1}-\boldsymbol{G})\boldsymbol{\rho}_t+(\boldsymbol{\varsigma}_{t+1}-\boldsymbol{\varsigma})\|^2\\&\leqslant\|(\boldsymbol{G}_{t+1}-\boldsymbol{G})\boldsymbol{\rho}_t\|^2+\|(\boldsymbol{\varsigma}_{t+1}-\boldsymbol{\varsigma})\|^2\\&\leqslant\|(\boldsymbol{G}_{t+1}-\boldsymbol{G})\|^2\|\boldsymbol{\rho}_t\|^2+\|(\boldsymbol{\varsigma}_{t+1}-\boldsymbol{\varsigma})\|^2\end{aligned}$$

令 $\tau=\max\{\|(\boldsymbol{G}_{t+1}-\boldsymbol{G})\|^2,\|(\boldsymbol{\varsigma}_{t+1}-\boldsymbol{\varsigma})\|^2\}$，则 $\|\boldsymbol{M}_{t+1}\|^2\leqslant\tau(1+\|\boldsymbol{\rho}_t\|^2)$，条件成立。

(3) 由定理条件可知，$\sum_{t=0}^{\infty}\alpha_t=\infty$，$\sum_{t=0}^{\infty}(\alpha_t)^2<\infty$，条件成立。

(4) 常微分方程 $\dot{\boldsymbol{\rho}}=h(\boldsymbol{\rho})$ 存在一个全局稳定近似解。

验证：由线性微分方程组理论可知，如果 $\boldsymbol{G}$ 的所有特征值的实部均为负数，便可推出 $\dot{\boldsymbol{\rho}}=h(\boldsymbol{\rho})=\boldsymbol{\varsigma}+\boldsymbol{G\rho}$ 满足条件。问题可转化为验证 $\boldsymbol{G}$ 的所有特征值都小于 0。

由 $\boldsymbol{G}=\begin{bmatrix}-\sqrt{\eta}\boldsymbol{I} & -\boldsymbol{A}\\ \boldsymbol{A}^{\mathrm{T}} & \boldsymbol{0}\end{bmatrix}$，得

$$
\begin{aligned}
|\boldsymbol{G}|&=\left|-\sqrt{\eta}\boldsymbol{I}\right|\left|\boldsymbol{0}-\boldsymbol{A}^{\mathrm{T}}(-\sqrt{\eta}\boldsymbol{I})(-\boldsymbol{A})\right|\\
&=(-\sqrt{\eta})^n(-1)^n(1/\sqrt{\eta})^n\left|\boldsymbol{A}^{\mathrm{T}}\boldsymbol{A}\right|=\left|\boldsymbol{A}^{\mathrm{T}}\boldsymbol{A}\right|
\end{aligned}
$$

由于 $|\boldsymbol{A}|\neq 0$，且 $\left|\boldsymbol{A}^{\mathrm{T}}\right|=|\boldsymbol{A}|$，得 $|\boldsymbol{G}|=|\boldsymbol{A}|^2\neq 0$。

设 $\boldsymbol{G}$ 的所有特征值为 $\lambda_1,\lambda_2,\cdots,\lambda_{2n}$，则 $|\boldsymbol{G}|=\prod_{k=1}^{2n}\lambda_k\neq 0$，则 $\boldsymbol{G}$ 的所有特征值均不为 0。

设 λ 是 $\boldsymbol{G}$ 的一个特征值，$\boldsymbol{x}$ 是标准特征向量，则 $\boldsymbol{Gx}=\lambda\boldsymbol{x}$，且 $\boldsymbol{x}^{\mathrm{T}}\boldsymbol{x}=1$。因此 $\boldsymbol{x}^{\mathrm{T}}\boldsymbol{Gx}=\boldsymbol{x}^{\mathrm{T}}\lambda\boldsymbol{x}=\lambda\boldsymbol{x}^{\mathrm{T}}\boldsymbol{x}$，得 $\boldsymbol{x}^{\mathrm{T}}\boldsymbol{Gx}=\lambda$。

令 $\boldsymbol{x}=\begin{pmatrix}\boldsymbol{x}_1\\ \boldsymbol{x}_2\end{pmatrix}$，其中 $\boldsymbol{x}_1,\boldsymbol{x}_2\in\mathbb{R}^n$，则

$$
\begin{aligned}
\lambda&=\boldsymbol{x}^{\mathrm{T}}\boldsymbol{Gx}\\
&=(\boldsymbol{x}_1^{\mathrm{T}},\boldsymbol{x}_2^{\mathrm{T}})\begin{bmatrix}-\sqrt{\eta}\boldsymbol{I} & -\boldsymbol{A}\\ \boldsymbol{A}^{\mathrm{T}} & \boldsymbol{0}\end{bmatrix}(\boldsymbol{x}_1,\boldsymbol{x}_2)\\
&=(\boldsymbol{x}_1^{\mathrm{T}},\boldsymbol{x}_2^{\mathrm{T}})\begin{bmatrix}-\sqrt{\eta}\boldsymbol{x}_1-\boldsymbol{A}\boldsymbol{x}_2\\ \boldsymbol{A}^{\mathrm{T}}\boldsymbol{x}_1\end{bmatrix}\\
&=-\sqrt{\eta}\boldsymbol{x}_1^{\mathrm{T}}\boldsymbol{x}_1-\boldsymbol{x}_1^{\mathrm{T}}\boldsymbol{A}x_2+\boldsymbol{x}_2^{\mathrm{T}}\boldsymbol{A}^{\mathrm{T}}\boldsymbol{x}_1
\end{aligned}
$$

由于 $\boldsymbol{x}_1^{\mathrm{T}}\boldsymbol{A}\boldsymbol{x}_2=\boldsymbol{x}_2^{\mathrm{T}}\boldsymbol{A}^{\mathrm{T}}\boldsymbol{x}_1$，得

$$
\lambda=\boldsymbol{x}^{\mathrm{T}}\boldsymbol{Gx}=-\sqrt{\eta}|\boldsymbol{x}_1|^2\leqslant 0
$$

因此，λ 的实部就是 $-\sqrt{\eta}|\boldsymbol{x}_1|^2$，又因为 $\boldsymbol{G}$ 的所有特征值均不为 0，故 $\lambda\neq 0$。因此 λ 的实部 $\mathrm{Re}(\lambda)<0$，问题得证，满足第四个条件。

根据文献[16]给出的定理 2.2，且定理满足以上四个条件，则 $\boldsymbol{\rho}_{t+1}=\boldsymbol{\rho}_t+\alpha_t'(h(\boldsymbol{\rho}_t)+\boldsymbol{M}_{t+1})$ 收敛于 $\boldsymbol{G\rho}+\boldsymbol{\varsigma}=\boldsymbol{0}$，因此可推出 $\boldsymbol{A\theta}-\boldsymbol{B}=\boldsymbol{0}$。

证毕。

18.3　仿 真 实 验

为了验证算法的有效性，本节以强化学习中经典的 Baird 反例、Mountain Car 和 Random Walk 为例。其中 Baird 反例[17]是经典的用于验证基于函数逼近的离策略学习算法无法收敛的实例，如图 18.1 所示。Mountain Car 是强化学习中另一个经典的连续状态空间、情节式任务(情节式任务是指包含终结状态的强化学习任务)，其中状态的表示较 Baird 反例和 Random Walk 更为复杂，状态空间也更大，如图 18.2 所示。Random Walk 是一个典型的无折扣、情节式的强化学习任务，经典的 Random Walk 是在一条直线上包含 5 个状态，在直线的两端各有一个终结状态。当 Agent 到达最右端的终结状态时，立即奖赏为 1，其他情况下，立即奖赏为 0，如图 18.3 所示。为了验证算法对于状态空间增长的鲁棒性，将经典的 Random Walk 扩展为 19 个状态，并验证算法的有效性。

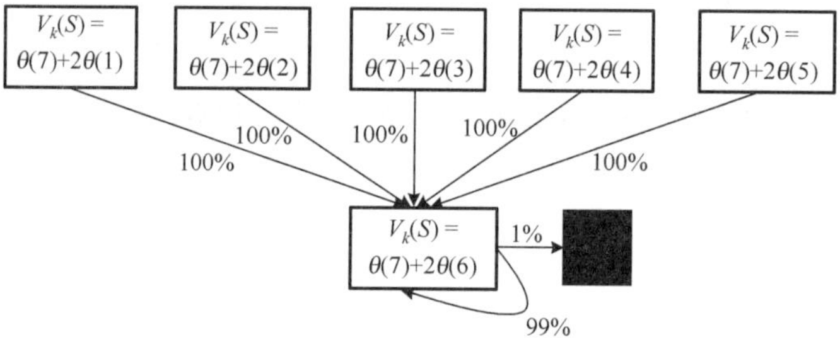

图 18.1　Baird 反例

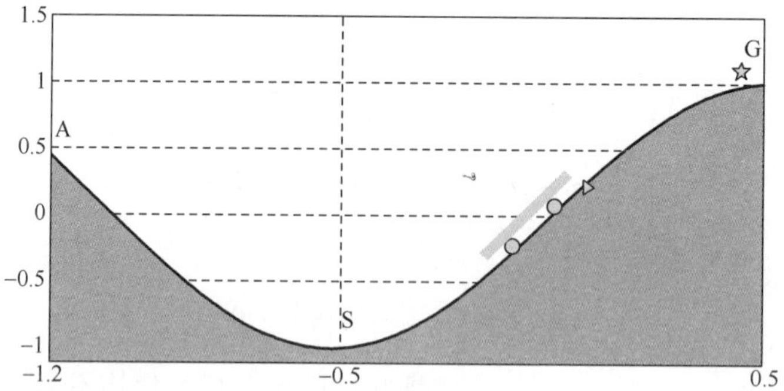

图 18.2　Mountain Car

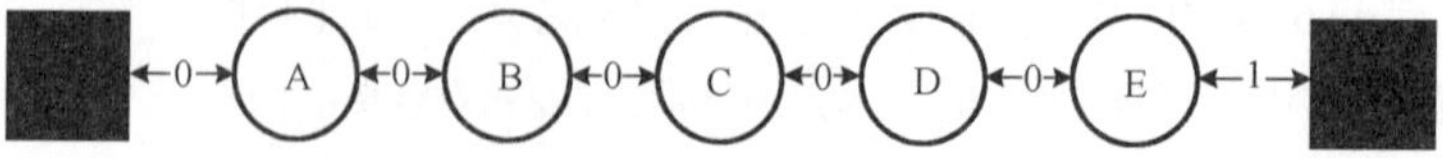

图 18.3　Random Walk

第一个实验是强化学习中经典的 Baird 反例，由 Baird 在 1995 年提出，用于说明经典的基于函数逼近的离策略强化学习算法无法收敛。该实验包含 6 个状态，状态表示函数和状态之间的转移情况如图 18.1 所示，且对于所有状态转移的立即奖赏值都是 0。因此，该实验中每个状态的真实状态值(或者动作值)都是 0，状态表示函数的参数 θ 值都是 0。将经典的离策略动态规划算法、基于函数逼近的 Q(λ) 算法——Watkins'sQ(λ) 算法及本章提出的 GDOP-$Q(\lambda)$ 用于 Baird 反例，其中 $\gamma=0.99$，$\alpha=0.01$，$\lambda=0.1$，实验结果如图 18.4～图 18.6 所示。图中横坐标表示算法所执行的情节数目，纵坐标表示 θ 值，以 $\theta(1)$ 的值为例。实验表明，对于 Baird 反例，经典的离策略动态规划算法和 Watkins's Q(λ) 算法无法收敛。而本章提出的离策略 GDOP- Q(λ) 利用关联因子，保证行为策略所生成的实验数据和目标策略所需要的数据一致，在算法中通过修正资格迹 $\boldsymbol{e}_t$ 给出新的 θ 更新策略。实验结果表明，对于小状态空间的 Baird 反例，算法大约在 20 个情节之后就呈现收敛状态，且 $\theta(1)$ 的值为 0。

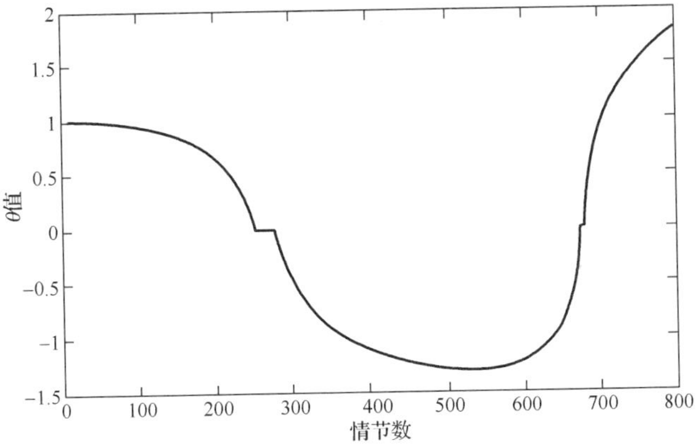

图 18.4　动态规划算法收敛图

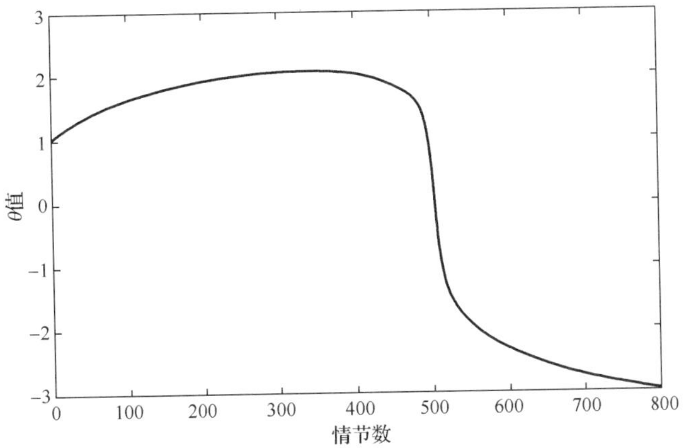

图 18.5　Watkins's Q(λ) 算法收敛图

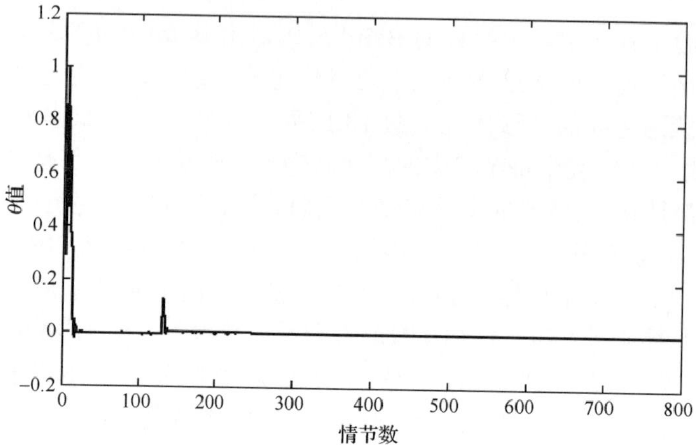

图 18.6　GDOP- Q(λ)算法收敛图

第二个实验将 Greedy-GQ 和 GDOP-Q(λ)算法用于 Mountain Car，用于比较算法性能，其中 $\gamma=1.0$，$\alpha=0.5$，$\lambda=0.95$，$\varepsilon=0.01$。Mountain Car 是强化学习中一个经典连续状态空间案例，如图 18.2 所示。实验结果如图 18.7 和图 18.8 所示，图中横坐标表示算法所执行的情节数目，纵坐标表示小车爬上坡顶所需要的步数。比较图 18.7 和图 18.8，Greedy-GQ 和 GDOP-Q(λ)算法都能收敛，但 GDOP-Q(λ)算法略优于 Greedy-GQ。这是因为利用相关性因子，保证行为策略所生成的实验数据和改进策略所需要的数据一致，进而保证算法收敛。综合比较所有算法性能图，GDOP-Q(λ)算法能在保证收敛的情况下，具有更好的收敛性能。

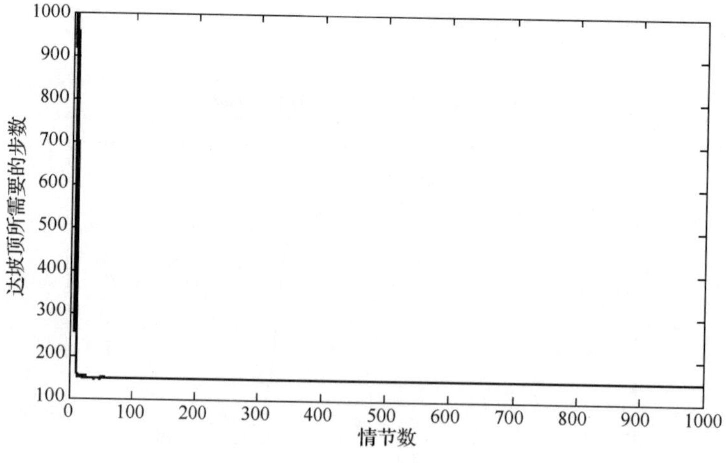

图 18.7　GDOP-Q(λ)算法收敛图

第三个实验主要用于检验算法在状态空间发生变化时收敛性能的鲁棒性。将基于查询表的 Sarsa(λ)、Least Squares Sarsa (λ)和 GDOP-Q(λ)算法用于 Random Walk，

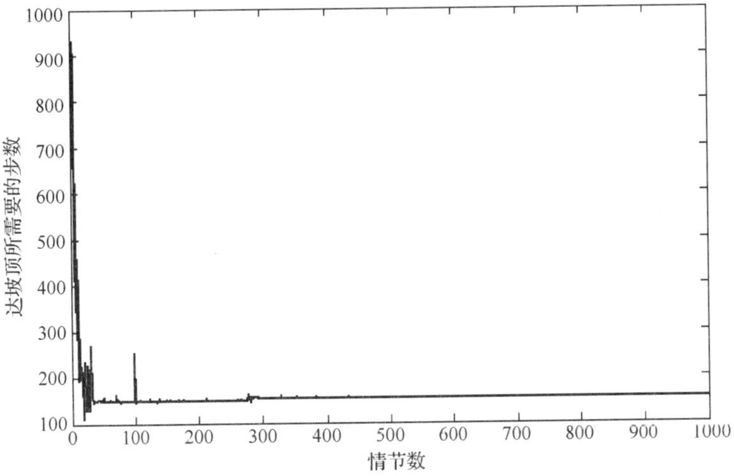

图 18.8　Greedy-GQ 收敛图

其中 $\gamma=1.0$，$\alpha=0.5$，$\lambda=0.95$，$\varepsilon=0.01$。经典的 Random Walk 中包含 5 个状态，两端各有一个终结状态，呈线性排列，状态之间的转移情况如图 18.3 所示。当到达右侧终结状态时，立即奖赏为 1，其他情况下，立即奖赏为 0。为了验证算法对于状态空间发生变化时的鲁棒性，将经典的 5 个状态的 Random Walk 扩展为 19 个状态。实验结果如图 18.9 所示，图中每个点的数据值是对每个算法重复执行 100 次之后状态值标准差(Root Mean Square, RMS)的平均值，其中横坐标表示算法执行的情节数目，纵坐标是在当前情节数下算法执行 100 次之后 RMS 的平均值。对于 5 个状态的 Random Walk，三个算法都取得类似的实验结果。但是当 Random Walk 中包含 19 个状态时，不难发现，对于 Least Squares Sarsa(λ) 和 GDOP-Q(λ) 算法，在收敛

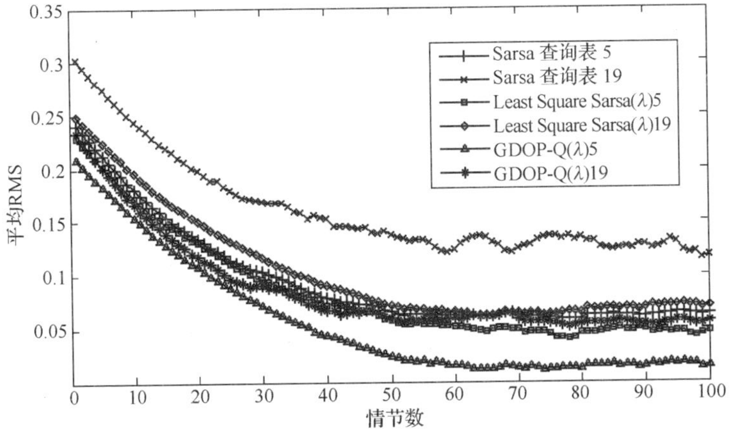

图 18.9　基于查询表 Sarsa(λ)、Least Squares Sarsa (λ) 及 GDOP-Q(λ) 算法在状态空间发生变化时的收敛图

性能上与只有 5 个状态的 Random Walk 下的性能基本一致，GDOP-Q(λ)在收敛速度和收敛性能上略优于 Least Squares Sarsa(λ)。但是对于基于查询表的Sarsa(λ)算法，在相同的训练次数下，在收敛速度和收敛性能上都明显下降。这是由于基于函数逼近的学习算法所求的θ值与具体的状态无关，仅与组成状态的特征相关。在相同的训练次数下，基于函数逼近的学习算法可以取得更好的收敛性能。因此，GDOP-Q(λ)的收敛性能在状态空间发生变化时具有较强的鲁棒性。

18.4 本 章 小 结

针对当前强化学习领域中经典的基于查询表的强化学习算法在大规模状态空间中收敛速度慢或无法收敛的问题，本章提出利用函数逼近方法求解强化学习的策略。并进一步针对将函数逼近用于经典离策略强化学习算法——Q(λ)算法无法收敛的问题，引入重要性关联因子，并证明利用重要性关联因子可以将在策略与离策略相统一。基于以上分析，提出一种基于线性函数逼近的离策略 Q(λ)算法——GDOP-Q(λ)，并证明算法的收敛性。本章以经典的 Baird 反例、Mountain Car 和 Random Walk 为例，将 GDOP-Q(λ)与经典动态规划算法、基于查询表的在策略Sarsa(λ)算法、Least Squares Sarsa(λ)、Greedy-GQ、Watkins's Q(λ)算法相比较。实验结果表明，该算法不同于经典的 Watkins's Q(λ)算法，在三个例子中都能够收敛；同时与 Least Squares Sarsa(λ)算法相比，算法性能基本一致，收敛速度略有提高；与基于查询表的Sarsa(λ)相比，在状态空间发生变化，算法具有较强的鲁棒性。

参 考 文 献

[1] 傅启明, 刘全, 王辉, 等. 基于线性函数逼近的离策略 Q(λ)算法. 计算机学报, 2014, 37(3): 677-687.

[2] 刘全, 肖飞, 傅启明, 等. 基于自适应归一化 RBF 网络的 Q-V 值函数协同逼近模型. 计算机学报, 2014, 38(7): 1386-1396.

[3] 朱斐, 刘全, 傅启明, 等. 一种用于连续动作空间的最小二乘行动者-评论家方法. 计算机研究与发展, 2014, 51(3): 548-558

[4] 周鑫, 刘全, 傅启明, 等. 一种批量最小二乘策略迭代方法. 计算机科学, 2014, 41(9): 232-238.

[5] 孙洪坤, 刘全, 傅启明, 等. 一种优先级扫描的 Dyna 结构优化算法. 计算机研究与发展, 2013, 50(10): 2176-2184.

[6] 黄蔚, 刘全, 孙洪坤, 等. 基于拓扑序列更新的值迭代算法. 通信学报, 2014,35(8): 56-62.

[7] Gordon G. Stable function approximation in dynamic programming. The 12th International

Conference on Machine Learning, California, 1995.

[8] Tadic V. On the convergence of temporal-difference learning with linear function approximation. Machine Learning, 2001, 42(3): 241-267.

[9] Lagoudakis M, Parr R. Least squares policy iteration. Journal of Machine Learning Research, 2003, 4: 1107-1149.

[10] Precup D, Sutton R, Dasgupta S. Off-policy temporal- difference learning with function approximation. The 18th International Conference on Machine Learning, Williamstown, 2001.

[11] Geramifard A, Bowling M, Sutton R. Incremental least-square temporal difference learning. The 21th National Conference on Artificial Intelligence, Boston, 2006.

[12] Sutton R, Szepesvari C, Maei H. A convergent O(n) algorithm for off-policy temporal-difference Learning with linear function approximation. The 22th Annual Conference on Neural Information Processing Systems, Vancouver, 2008.

[13] Sutton R, Hamid R, Precup D, et al. Fast gradient-descent methods for temporal-difference learning with linear function approximation. The 26th International Conference on Machine Learning, Montreal, 2009.

[14] Maei H, Szepesvari C, Bhatnagar S, et al. Toward off-policy learning control with function approximation. The 27th International Conference on Machine Learning, Haifa, 2010.

[15] Precup D, Sutton R, Singh S. Eligibility traces for off-policy policy evaluation. Proceedings of The 17th International Conference on Machine Learning, Stanford, 2000.

[16] Borkar V, Meyn S. The ODE method for convergence of stochastic approximation and reinforcement learning. SIAM Journal on Control and Optimization, 2000, 38(2): 447-469.

[17] Baird L. Residual algorithms: Reinforcement learning with function approximation. The 12th International Conference on Machine Learning, California, 1995.

第 19 章 基于二阶 TD Error 的 Q(λ) 算法

针对经典的 Q(λ) 学习算法执行效率低、收敛速度慢的问题，从 TD Error 的角度出发，给出 n 阶 TD Error 的概念，并将 n 阶 TD Error 用于经典的 Q(λ) 学习算法，提出一种二阶 TD Error 快速 Q(λ) 学习算法(Fast Q(λ) Algorithm based on Second Order TD Error，SOE-FQ(λ))。该算法利用二阶 TD Error 修正 Q-值函数，并通过资格迹将 TD Error 传播至整个状态动作空间，加快算法的收敛速度。在此基础之上，分析算法的收敛性和收敛效率，在仅考虑一步更新的情况下，算法所要执行的迭代次数 T 主要指数依赖于 $\frac{1}{1-\gamma}$、$\frac{1}{\varepsilon}$。将 SOE-FQ(λ) 算法用于 Random Walk 和 Mountain Car 问题，实验结果表明，算法具有较快的收敛速度和较好的收敛精度。

19.1 二阶 TD Error 快速 Q(λ) 算法

TD 学习是强化学习中的核心算法，由 Sutton 在 1988 年提出。该方法能够直接利用样本经验进行学习，不需要了解环境模型，通过 TD Error 对值函数进行更新，最终获取问题的最优解(在实际问题中，一般只能求解问题的近似最优解)[1-6]。根据值函数的更新策略，TD 学习又可以分为 TD(0) 和 TD(λ)。其中 TD(0) 仅利用后续一个样本值函数对当前值函数进行更新，而 TD(λ) 则是利用后续无限多个样本值函数对当前值函数进行更新。

TD 学习主要用于求解预测问题，Q 学习主要用于求解控制问题，但两者在求解的思路上是一致的，Q 学习属于 TD 学习的一种特殊的形式[7-13]。根据学习过程中行为策略(behavior policy)与目标策略是否一致，将 TD 学习分为两大类：在策略学习和离策略学习。Q 学习算法是一种经典的离策略算法，行为策略一般选择 ε-greedy 策略(也可以选择其他策略，只要保证任意状态动作对能够被无限次访问)，目标策略是 greedy 策略。

19.1.1 二阶 TD Error

从向后的观点(backward view)来看，Q 学习算法通过 TD Error 修正当前状态动作对的值，而 Q(λ) 学习通过引入资格迹，将 TD Error 传播至整个状态动作空间[14-16]。因此，对于 Q(λ) 学习，资格迹和 TD Error 的构造是整个算法的核心。在任意第 t 轮迭代计算中，任意时刻 k，当前动作对是 $(\boldsymbol{x}_k, u_k)$，传统的 Q 学习和 Q(λ) 学习算

法利用前后两次对 $(\boldsymbol{x}_k,u_k)$ 的 Q 值估计的差作为 TD Error，如式(19.1)所示

$$\mathrm{TDE}_t(\boldsymbol{x}_k,u_k)=\alpha_t[r_{k+1}(\boldsymbol{x}_k,u_k)+\gamma(MQ_{t-1})(\boldsymbol{x}_{k+1},u_{k+1})-Q_{t-1}(\boldsymbol{x}_k,u_k)] \tag{19.1}$$

式中，$\mathrm{TDE}_t(\boldsymbol{x}_k,u_k)$ 是第 t 轮，在 k 时刻，状态动作对 $(\boldsymbol{x}_k,u_k)$ 的 TD Error；$r_{k+1}(\boldsymbol{x}_k,u_k)$ 是当前状态动作对 $(\boldsymbol{x}_k,u_k)$ 的奖赏值，可简写为 r_{k+1}；γ 是折扣因子；α_t 是学习因子；$Q_{t-1}(\boldsymbol{x}_k,u_k)$ 是第 t–1 轮状态动作对 $(\boldsymbol{x}_k,u_k)$ 的 Q 值的估计值。从式(19.1)可以看出，对于当前 Q 值的估计值是基于后续状态动作对 Q 值估计值的最大值，即利用后续状态动作对的 Q 值样本极值来代替状态动作对的 Q 值真实极值，进而影响 TD Error 的计算值，这也是限制 Q 学习和 Q(λ)学习算法快速收敛的重要因素。针对该问题，本章给出 TD Error 阶的定义和 n 阶 TD Error 的定义。

定义 19.1　n 阶 TD Error。在第 t 轮，任意时刻 k，立即奖赏为 r_{k+1}，记 $(T_tQ_m)(\boldsymbol{x}_k,u_k)=r_{k+1}+\gamma(MQ_m)(\boldsymbol{x}_{k+1},u_{k+1})$，其中 $Q_m(\boldsymbol{x}_{k+1},u_{k+1})$ 是第 m 轮，状态动作对 $(\boldsymbol{x}_{k+1},u_{k+1})$ 的 Q 值的估计值。n 阶 TD Error 的定义如式(19.2)所示，记为 $\mathrm{TDE}^{(n)}$，其中 α_t 是学习因子，且 $n\geqslant1$，n 称为 TD Error 的阶数。当 $n=2$ 时，称为二阶 TD Error，记为 $\mathrm{TDE}^{(2)}$，如式(19.3)所示。当 $n=1$ 时，称为一阶 TD Error，记为 $\mathrm{TDE}^{(1)}$，简写为 TDE

$$\begin{aligned}\mathrm{TDE}_t^{(n)}(\boldsymbol{x}_k,u_k)=&(1-\alpha_t)\{\alpha_t[(T_tQ_{t-n})(\boldsymbol{x}_k,u_k)-Q_{t-1}(\boldsymbol{x}_k,u_k)]\\&+\sum_{i=1}^{n-1}\alpha_t^{i+1}[(T_tQ_{t-i})(\boldsymbol{x}_k,u_k)-(T_tQ_{t-i-1})(\boldsymbol{x}_k,u_k)]\}\end{aligned} \tag{19.2}$$

$$\begin{aligned}\mathrm{TDE}_t^{(2)}(\boldsymbol{x}_k,u_k)=&\alpha_t[(T_tQ_{t-2})(\boldsymbol{x}_k,u_k)-Q_{t-1}(\boldsymbol{x}_k,u_k)]\\&+(1-\alpha_t)[(T_tQ_{t-1})(\boldsymbol{x}_k,u_k)-(T_tQ_{t-2})(\boldsymbol{x}_k,u_k)]\end{aligned} \tag{19.3}$$

式(19.2)中，系数 $1-\alpha_t$ 是保证各分量前面的系数和为 1。式(19.3)是式(19.2)的简化形式，当 $n=2$ 时，忽略分量前面系数 α_t 的指数次幂，仅需保证两个分量的系数和为 1。

为了分析 TDE 与 $\mathrm{TDE}^{(2)}$ 之间的差异，将式(19.1)变形，如式(19.4)所示

$$\begin{aligned}\mathrm{TDE}_t(\boldsymbol{x}_k,u_k)=&\alpha_t[(T_tQ_{t-2})(\boldsymbol{x}_k,u_k)-Q_{t-1}(\boldsymbol{x}_k,u_k)]\\&+\alpha_t[(T_tQ_{t-1})(\boldsymbol{x}_k,u_k)-(T_tQ_{t-2})(\boldsymbol{x}_k,u_k)]\end{aligned} \tag{19.4}$$

比较式(19.3)与式(19.4)，不难发现两者的区别在于对 $(T_tQ_{t-1})(\boldsymbol{x}_k,u_k)-(T_tQ_{t-2})(\boldsymbol{x}_k,u_k)$ 系数的设定，式(19.3)中，使用 $1-\alpha_t$ 作为 $(T_tQ_{t-1})(\boldsymbol{x}_k,u_k)-(T_tQ_{t-2})(\boldsymbol{x}_k,u_k)$ 的系数。在式(19.4)使用相同的系数，且式(19.4)是式(19.3)的一种特殊形式，当且仅当 $1-\alpha_t=\alpha_t$ 成立。当算法收敛时，不难发现 $(T_tQ_{t-1})(\boldsymbol{x}_k,u_k)-(T_tQ_{t-2})(\boldsymbol{x}_k,u_k)=0$，即 $\forall(\boldsymbol{x}_k,u_k)\in\boldsymbol{Z}$，$(T_tQ_{t-1})(\boldsymbol{x}_k,u_k)=(T_tQ_{t-2})(\boldsymbol{x}_k,u_k)=Q_t(\boldsymbol{x}_k,u_k)$。从计算 TD Error 的角度分析，式(19.3)利用连续两次后续状态动作对的 Q 值极值的加权平均值，代替式(19.1)

中的一次样本 Q 值的极值。从算法收敛的角度分析，需要给 $(T_tQ_{t-1})(\boldsymbol{x}_k,u_k)-(T_tQ_{t-2})(\boldsymbol{x}_k,u_k)$ 更大的权重，因为对于 $\exists\varepsilon\to 0$，当 $|(T_tQ_{t-1})(\boldsymbol{x}_k,u_k)-(T_tQ_{t-2})(\boldsymbol{x}_k,u_k)|\leqslant\varepsilon$ 成立时，则可认定算法收敛。通常令 $\alpha_t=1/t$ 或者 $\alpha_t=1/1+t$，且 $t\geqslant 2$，则 $1-\alpha_t>\alpha_t$。

19.1.2 资格迹

资格迹是强化学习领域中很重要的学习机制。通过资格迹，可以将传统的蒙特卡罗算法与 TD(0) 学习（一般简记为 TD 学习）有机地统一起来，同时可以将资格迹与经典的 TD 学习、Q 学习、Sarsa 学习等相结合，得到 TD(λ)、Q(λ)、Sarsa(λ) 学习等。从算法执行的角度分析，可以将资格迹看成存储当前状态动作对相关信息的存储变量，通过资格迹可以记录当前状态动作对经历的状态动作对的访问路径，认为只有当前状态动作对之前被访问的状态动作对与当前的 TD Error 是相关联的。通过资格迹可以将当前的 TD Error 传播至整个状态空间，并且保证只有当前状态动作对之前被访问的状态动作对的 Q 值将被修改，加快算法的收敛速度[17-20]。

根据更新方式，资格迹可以分为累加迹和替代迹。在任意时刻 k，当前状态动作对是 $(\boldsymbol{x}_k,u_k)$，累加迹记为 $\hat{e}_k(\boldsymbol{x}_k,u_k)$，如式 (19.5) 所示

$$\hat{e}_k(\boldsymbol{x},u)=\begin{cases}\gamma\lambda\hat{e}_{k-1}(\boldsymbol{x}_k,u_k), & (\boldsymbol{x},u)\neq(\boldsymbol{x}_k,u_k)\\ \gamma\lambda\hat{e}_{k-1}(\boldsymbol{x}_k,u_k)+1, & (\boldsymbol{x},u)=(\boldsymbol{x}_k,u_k)\end{cases}\tag{19.5}$$

式中，γ 是折扣因子；λ 是衰减因子。根据式 (19.5)，任意状态动作对 $(\boldsymbol{x}_k,u_k)$ 被访问时，资格迹 $\hat{e}_k(\boldsymbol{x}_k,u_k)$ 将被加 1。考虑一个极端情况，当某一个状态动作对 $(\boldsymbol{x}_k,u_k)$ 被频繁访问时，则 $\hat{e}_k(\boldsymbol{x}_k,u_k)\to\infty$，在这种情况下，算法的收敛情况并不理想。替代迹则可以避免这种情况的发生，当某一个状态动作对 $(\boldsymbol{x}_k,u_k)$ 被频繁访问时，可以控制其资格迹 $\hat{e}_k(\boldsymbol{x}_k,u_k)$ 的值，记为 $e_k(\boldsymbol{x}_k,u_k)$，如式 (19.6) 所示

$$e_k(\boldsymbol{x},u)=\begin{cases}\gamma\lambda e_{k-1}(\boldsymbol{x}_k,u_k), & (\boldsymbol{x},u)\neq(\boldsymbol{x}_k,u_k)\\ 1, & (\boldsymbol{x},u)=(\boldsymbol{x}_k,u_k)\end{cases}\tag{19.6}$$

比较式 (19.5) 和式 (19.6)，不难发现，任意状态被无限次访问时，始终保证 $e_k(\boldsymbol{x}_k,u_k)\leqslant 1$，保证算法在一些极端情况下，不会出现收敛缓慢或者无法收敛的情况。当然，对于在算法中使用累加迹还是替代迹，还是要针对具体的问题。在一般实际问题中，因为一些极端情况很少出现，使用累加迹的算法的收敛速度要略快于使用替代迹的算法的收敛速度。

19.1.3 SOE-FQ(λ)

SOE-FQ(λ) 算法在 Q(λ) 算法的基础之上，通过构造二阶 TD Error，减小样本极值代替真实极值所带来的影响，引入控制算法收敛的变量，修正 Q-值函数，加速算

法的收敛。按照算法的执行流程，根据对 Q 值更新的时间，可以分为同步 SOE-FQ(λ)算法与异步 SOE-FQ(λ) 算法。同步的 SOE-FQ(λ) 算法在 Q 值更新的过程中同步更新状态动作空间中所有的 Q 值；而异步 SOE-FQ(λ) 算法在 Q 值更新的过程中，利用临时存储空间存储新的 Q 值，并在计算结束之后，统一修正状态动作空间中的 Q 值。因此，同步的 SOE-FQ(λ) 算法在 Q 值更新过程中可能会利用本轮新的 Q 值，而异步 SOE-FQ(λ) 算法对 Q 值的更新都是基于前两轮旧的 Q 值。

为了分析方便，本章仅给出同步 SOE-FQ(λ) 算法，并简称为 SOE-FQ(λ) 算法，算法的执行流程如算法 19.1 所示。

算法 19.1 SOE-FQ(λ) 算法

(1) 输入折扣因子 γ、衰减因子 λ、学习因子 α_0、资格迹 e_0 及精度因子 ε

(2) 初始化：初始化 Q_0 值，令 $Q_{-1}=Q_0$

(3) 令迭代次数为 t，初始 t=1。判断 $|Q_t-Q_{t-1}|\leqslant\varepsilon$，如果条件成立，则算法结束；否则令 $\alpha_t=1/t$

(4) 设当前时刻为 k，状态动作对是 $(\boldsymbol{x}_k,u_k)$，下一个状态是 $\boldsymbol{x}_{k+1}$，且 $\boldsymbol{x}_{k+1}\sim P(\cdot|\boldsymbol{x}_k,u_k)$，利用式(19.6)更新状态动作空间中所有资格迹的值 $e_k(\boldsymbol{x},u)$，利用式(19.3)计算二阶 TD Error

(5) 根据 $e_k(\boldsymbol{x},u)$ 和 $\mathrm{TDE}_t^{(2)}(\boldsymbol{x}_k,u_k)$ 修正状态动作空间中所有的 Q 值。对于任意 $(\boldsymbol{x},u)\in\boldsymbol{X}\times U$，根据式(19.7)修正 Q 值

$$Q_t(\boldsymbol{x},u)=Q_{t-1}(\boldsymbol{x},u)+\mathrm{TDE}_t^{(2)}(\boldsymbol{x}_k,u_k)e_k(\boldsymbol{x},u) \tag{19.7}$$

(6) 令 $t=t+1$，并再次判断 $|Q_t-Q_{t-1}|\leqslant\varepsilon$

(7) 输出值函数 $Q(\boldsymbol{x},u)$

算法 19.1 给出了 SOE-FQ(λ) 的执行流程，将二阶 TD Error 与 Q(λ) 算法相结合，利用二阶 TD Error 修正 Q 值，通过资格迹，将 TD Error 传播至整个状态空间。19.1.4 节将从算法收敛性和时间复杂性的角度，证明算法的收敛性，并推导出算法收敛所需要的迭代次数 T 的近似函数。

19.1.4 算法收敛性及时间复杂度分析

在给出算法的收敛性证明之前，为了证明方便，给出一些符号的定义。结合式(19.3)，将式(19.7)变形，如式(19.8)所示，为了描述方便，将公式中的 $Q(\boldsymbol{x},u)$ 简写成 Q，且 $\alpha_t=1/t$，即

$$\begin{aligned}Q_t'&=Q_{t-1}'+\mathrm{TDE}_t^{(2)}e_t\\&=Q_{t-1}'+\{\alpha_t[T_tQ_{t-2}-Q_{t-1}]+(1-\alpha_t)[T_tQ_{t-1}-T_tQ_{t-2}]\}e_t\\&=Q_{t-1}'-\alpha_te_tQ_{t-1}+\{\alpha_tT_tQ_{t-2}+(1-\alpha_t)[T_tQ_{t-1}-T_tQ_{t-2}]\}e_t\end{aligned}$$

$$
\begin{aligned}
&= Q'_{t-1} - \alpha_t e_t Q_{t-1} + \{(1-\alpha_t)T_t Q_{t-1} + (2\alpha_t - 1)T_t Q_{t-2}\}e_t \\
&= Q'_{t-1} - \alpha_t e_t Q_{t-1} + \alpha_t\{(t-1)T_t Q_{t-1} - (t-2)T_t Q_{t-2}\}e_t \\
&= Q'_{t-1} - \alpha_t e_t Q_{t-1} + \alpha_t e_t H_t[Q_{t-1}, Q_{t-2}]
\end{aligned}
\tag{19.8}
$$

式中，Q'_t 是状态动作空间中任意 $(\boldsymbol{x},u)$ 在第 t 轮迭代的 Q 值；$H_t[Q_{t-1},Q_{t-2}] = (t-1)T_tQ_{t-1} - (t-2)T_tQ_{t-2}$。对于 $\forall(\boldsymbol{x},u)\in \boldsymbol{Z}$，$F_t$ 是根据 $P(\cdot\,|\,\boldsymbol{x},u)$ 所得到的随机序列，$F_t = \{y_i \,|\, y_i \sim P(\cdot\,|\,\boldsymbol{x},u), i\in[1,m]\}$，设 $H[Q_{t-1},Q_{t-2}]$ 是在 F_t 的条件下关于 $H_t[Q_{t-1},Q_{t-2}]$ 的期望，即

$$
\begin{aligned}
H[Q_{t-1},Q_{t-2}] &\triangleq E[H_t[Q_{t-1},Q_{t-2}]\,|\,F_t] \\
&= (t-1)E[T_tQ_{t-1}] - (t-2)E[T_tQ_{t-2}] \\
&= (t-1)TQ_{t-1} - (t-2)TQ_{t-2}
\end{aligned}
\tag{19.9}
$$

定义关于 $H_t[Q_{t-1},Q_{t-2}]$ 的估计值与期望值的误差 σ_t，如式(19.10)所示

$$
\sigma_t = H[Q_{t-1},Q_{t-2}] - H_t[Q_{t-1},Q_{t-2}] \tag{19.10}
$$

当算法收敛时，对于任意 Q 值的估计值与期望值相等，即 $E[\sigma_t\,|\,F_{t-1}] = 0$。因此，对于 $\forall(\boldsymbol{x},u)$，序列 $\{\sigma_1,\sigma_2,\sigma_3,\cdots,\sigma_m\}$ 是关于 F_t 的鞅差序列。假设 E_t 是关于估计误差 σ_t 的和，即 $E_t = \sum_{i=1}^{m}\sigma_i$。

定理 19.1　SOE-FQ(λ) 算法的有界性。假设 MDP 有界，对于 $\forall(\boldsymbol{x},u)\in\boldsymbol{Z}$，初始 Q 值 $Q_0(\boldsymbol{x},u) = Q_{-1}(\boldsymbol{x},u)$，且 $\exists Q_{\max}\in\mathbb{R}$，使得 $Q_0(\boldsymbol{x},u) = Q_{-1}(\boldsymbol{x},u) < Q_{\max}$。则对于 $\forall t \geqslant 1$，$\|H_t[Q_{t-1},Q_{t-2}]\| < Q_{\max}$，$\|\sigma_t\| \leqslant 2Q_{\max}$ 及 $\|Q_t\| \leqslant Q_{\max}$ 成立。

证明　(1) 首先，证明 $\|H_t[Q_{t-1},Q_{t-2}]\| < Q_{\max}$，利用数学归纳法进行证明。当 $t=1$ 时，有

$$
\begin{aligned}
\|H_1[Q_0,Q_{-1}]\| &= \|-T_0Q_{-1}\| \\
&= \|r + \gamma MQ_{-1}\| \\
&\leqslant \|r\| + \gamma\|MQ_{-1}\| \\
&\leqslant C + \gamma Q_{\max} \\
&\leqslant Q_{\max}
\end{aligned}
$$

因此，当 t=1 时，$\|H_t[Q_{t-1},Q_{t-2}]\| < Q_{\max}$ 成立。假设当 t=k 时，$\|H_k[Q_{k-1},Q_{k-2}]\| < Q_{\max}$ 成立，则当 t=k+1 时，有

$$
\begin{aligned}
\|H_{k+1}[Q_k,Q_{k-1}]\| &= \|kT_{k+1}Q_k - (k-1)T_{k+1}Q_{k-1}\| \\
&= \|k(r+\gamma MQ_k) - (k-1)(r+\gamma MQ_{k-1})\| \\
&= \|r + \gamma[kMQ_k - (k-1)MQ_{k-1}]\| \\
&\leqslant \|r\| + \gamma\|kMQ_k - (k-1)MQ_{k-1}\|
\end{aligned}
$$

$$\begin{aligned}
&\leqslant \|r\| + \gamma \| kM[(1-\alpha_k)e_k Q_{k-1} + \alpha_k e_k H_k[Q_{k-1}, Q_{k-1}]] - (k-1)MQ_{k-1} \| \\
&= \|r\| + \gamma \left\| kM\left[\frac{k-1}{k} e_k Q_{k-1} + \tfrac{1}{k} e_k H_k[Q_{k-1}, Q_{k-1}]\right] - (k-1)MQ_{k-1} \right\| \\
&= \|r\| + \gamma \| M[e_k H_k[Q_{k-1}, Q_{k-1}]] - (k-1)(1-e_k)MQ_{k-1} \| \\
&\leqslant \|r\| + \gamma \| e_k H_k[Q_{k-1}, Q_{k-1}] \| \\
&\leqslant C + \gamma e_k Q_{\max} \\
&\leqslant Q_{\max}
\end{aligned}$$

因此，对于 $\forall t \geqslant 1$，$\|H_t[Q_{t-1}, Q_{t-2}]\| < Q_{\max}$ 成立。

(2) 根据 σ_t 的定义，对于 $\forall t \geqslant 1$，有

$$\|\sigma_t\| = \|H[Q_{t-1}, Q_{t-2}] - H_t[Q_{t-1}, Q_{t-2}]\| \leqslant \|H[Q_{t-1}, Q_{t-2}]\| + \|H_t[Q_{t-1}, Q_{t-2}]\| \leqslant 2Q_{\max}$$

(3) 由 H_t 的定义，可得 $Q_t = \frac{1}{t}\sum_{i=1}^{t} H_i[Q_{i-1}, Q_{i-2}]$，则

$$\begin{aligned}
\|Q_t\| &= \left\| \frac{1}{t}\sum_{i=1}^{t} H_i[Q_{i-1}, Q_{i-2}] \right\| \\
&\leqslant \frac{1}{t} t Q_{\max} \\
&= Q_{\max}
\end{aligned}$$

因此，对于 $\forall t \geqslant 1$，$\|Q_t\| \leqslant Q_{\max}$ 成立。

证毕。

定理 19.2　假设 MDP 有界，仅考虑当前访问的状态动作对 $(\boldsymbol{x}, u)$，且对于 $\forall(\boldsymbol{x}, u) \in \boldsymbol{Z}$，$Q_0(\boldsymbol{x}, u) = Q_{-1}(\boldsymbol{x}, u)$。则对于 $\forall t \geqslant 1$，有

$$Q_t(\boldsymbol{x}, u) = \frac{1}{t}(TQ_0(\boldsymbol{x}, u) + (t-1)TQ_{t-1}(\boldsymbol{x}, u) - E_{t-1})$$

证明　仅考虑当前访问的状态动作对 $(\boldsymbol{x}, u)$，根据式(19.6)，$e(\boldsymbol{x}, u) = 1$。为了分析方便，$Q(\boldsymbol{x}, u)$ 简写成 Q，根据式(19.6)，式(19.8)可写成

$$\begin{aligned}
Q_t &= (1-\alpha_t e_t)Q_{t-1} + \alpha_t e_t H_t[Q_{t-1}, Q_{t-2}] \\
&= (1-\alpha_t)Q_{t-1} + \alpha_t H_t[Q_{t-1}, Q_{t-2}]
\end{aligned} \tag{19.11}$$

利用数学归纳法进行证明。当 $t=1$ 时

$$\begin{aligned}
Q_1 &= (TQ_0 - E_0) \\
&= r_2 + \gamma MQ_0 - \varepsilon_0 \\
&= r_2 + \gamma MQ_0
\end{aligned}$$

因此，当 $t=1$ 时，$Q_t = \frac{1}{t}(TQ_0 + (t-1)TQ_{t-1} - E_{t-1})$。假设当 $t=k$ 时，$Q_k = \frac{1}{k}(TQ_0 + (k-1)TQ_{k-1} - E_{k-1})$ 成立，则当 $t = k+1$ 时

$$
\begin{aligned}
Q_{k+1} &= (1-\alpha_{k+1})Q_k + \alpha_{k+1}H_{k+1}[Q_k, Q_{k-1}] \\
&= \frac{k}{1+k}\left(\frac{1}{k}(TQ_0 + (k-1)TQ_{k-1} - E_{k-1})\right) + \frac{1}{1+k}(kTQ_k + (k-1)TQ_{k-1} - \varepsilon_k) \\
&= \frac{1}{1+k}(TQ_0 + kTQ_k - E_{k-1} - \varepsilon_k) \\
&= \frac{1}{1+k}(TQ_0 + kTQ_k - E_k)
\end{aligned}
$$

因此，当 $t = k+1$ 时，$Q_t = \frac{1}{t}(TQ_0 + (t-1)TQ_{t-1} - E_{t-1})$ 成立。则对于 $\forall t \geqslant 1$，在仅考虑当前访问的状态动作对 $(\boldsymbol{x}, u)$ 时，$Q_t = \frac{1}{t}(TQ_0 + (t-1)TQ_{t-1} - E_{t-1})$ 成立。

证毕。

推论 19.1　假设定理 19.2 成立，则对于 $\forall t \geqslant 1$，有

$$
\left\|Q^* - Q_t\right\| \leqslant \frac{2\gamma\beta}{t}Q_{\max} + \frac{1}{t}\sum_{j=1}^{t}\gamma^{t-j}\left\|E_{j-1}\right\|
$$

证明　利用数学归纳法进行证明。当 $t=1$ 时

$$
\begin{aligned}
\left\|Q^* - Q_1\right\| &\leqslant \left\|TQ^* - T_1Q_0\right\| \\
&\leqslant \left\|TQ^* - (TQ_0 + \varepsilon_0)\right\| \\
&\leqslant \left\|(r + \gamma Q^*) - (r + \gamma Q_0) + \varepsilon_0\right\| \\
&\leqslant \left\|\gamma Q^*\right\| + \left\|\gamma Q_0\right\| + \left\|\varepsilon_0\right\| \\
&\leqslant 2\gamma Q_{\max} + \left\|E_0\right\| \\
&\leqslant 2\gamma\beta Q_{\max} + \left\|E_0\right\|
\end{aligned}
$$

因此，当 $t=1$ 时，结论成立。假设当 $t=k$ 时，$\left\|Q^* - Q_k\right\| \leqslant \frac{2\gamma\beta}{k}Q_{\max} + \frac{1}{k}\sum_{j=1}^{k}\gamma^{k-j}\left\|E_{j-1}\right\|$ 成立。则当 $t = k+1$ 时，根据定理 19.2 得

$$
\begin{aligned}
\left\|Q^* - Q_{k+1}\right\| &\leqslant \left\|Q^* - \frac{1}{1+k}(TQ_0 + kTQ_k - E_k)\right\| \\
&= \left\|TQ^* - \frac{1}{1+k}(TQ_0 + kTQ_k - E_k)\right\| \\
&\leqslant \left\|\frac{1}{1+k}(TQ^* - TQ_0) - \frac{k}{1+k}(TQ^* - TQ_k) + \frac{1}{1+k}E_k)\right\| \\
&= \left\|\frac{1}{1+k}(\gamma Q^* - \gamma Q_0) - \frac{k}{1+k}(\gamma Q^* - \gamma Q_k) + \frac{1}{1+k}E_k)\right\| \\
&\leqslant \frac{\gamma}{1+k}\left\|Q^* - Q_0\right\| + \frac{k\gamma}{1+k}\left\|Q^* - Q_k\right\| + \frac{1}{1+k}\left\|E_k\right\| \\
&\leqslant \frac{2\gamma}{1+k}Q_{\max} + \frac{k\gamma}{1+k}\left[\frac{2\gamma\beta C}{k} + \frac{1}{k}\sum_{j=1}^{k}\gamma^{k-j}\left\|E_{j-1}\right\|\right] + \frac{1}{1+k}\left\|E_k\right\|
\end{aligned}
$$

$$\leqslant \frac{2\gamma\beta}{1+k}Q_{\max} + \frac{k}{1+k}\left[\frac{2\gamma\beta C}{k} + \frac{1}{k}\sum_{j=1}^{k}\gamma^{k-j}\left\|E_{j-1}\right\|\right] + \frac{1}{1+k}\left\|E_k\right\|$$

$$= \frac{2\gamma\beta}{1+k}Q_{\max} + \frac{1}{1+k}\sum_{j=1}^{k}\gamma^{k-j}\left\|E_{j-1}\right\| + \frac{1}{1+k}\left\|E_k\right\|$$

$$= \frac{2\gamma\beta}{1+k}Q_{\max} + \frac{1}{1+k}\sum_{j=1}^{k+1}\gamma^{k-j}\left\|E_{j-1}\right\|$$

因此，当 $t=k+1$ 时，$\left\|Q^* - Q_{k+1}\right\| \leqslant \frac{2\gamma\beta}{k+1}Q_{\max} + \frac{1}{k+1}\sum_{j=1}^{k+1}\gamma^{k-j}\left\|E_{j-1}\right\|$ 成立。因此，对于 $\forall t \geqslant 1$，结论成立。

证毕。

推论 19.2　假设定理 19.2 成立，且假设当 $t=T$ 时，Q 值收敛。则对于 $\forall\delta>0$，至少以 $1-\delta$ 的概率使得式(19.12)成立，即

$$\left\|Q^* - Q^{\mathrm{T}}\right\| \leqslant 2\beta^2 C\left[\frac{\gamma}{T} + \sqrt{\frac{2\ln\frac{2n}{\delta}}{T}}\right] \tag{19.12}$$

证明　根据推论 19.1，问题可以转化为，对于 $\forall\delta>0$

$$P\left\{\sum_{j=1}^{T}\gamma^{T-j}\left\|E_{j-1}\right\| \leqslant 2\beta^2 C\sqrt{2T\ln\frac{2n}{\delta}}\right\} \geqslant 1-\delta$$

又因为

$$\begin{aligned}\sum_{j=1}^{T}\gamma^{T-j}\left\|E_{j-1}\right\| &\leqslant \sum_{j=1}^{T}\gamma^{T-j}\max_{1\leqslant t\leqslant T}\left\|E_{t-1}\right\| \\ &\leqslant \beta\max_{1\leqslant t\leqslant T}\left\|E_{t-1}\right\| \\ &\leqslant \beta\max_{1\leqslant t\leqslant T}\left\|E_{t-1}\right\| \\ &\leqslant \beta\max_{(\boldsymbol{x},u)\in\boldsymbol{Z}}\max_{1\leqslant t\leqslant T}\left|E_{t-1}(\boldsymbol{x},u)\right|\end{aligned}$$

令 $\varepsilon = 2\beta C\sqrt{2T\ln\frac{2n}{\delta}}$，则只需要证明 $P\{\max_{1\leqslant t\leqslant T}\left|E_{t-1}(\boldsymbol{x},u)\right| \leqslant \varepsilon\} \geqslant 1-\delta$。

又因为

$$\begin{aligned}P\{\max_{1\leqslant t\leqslant T}\left|E_{t-1}(\boldsymbol{x},u)\right| \leqslant \varepsilon\} &= P\{(\max_{1\leqslant t\leqslant T}E_{t-1}(\boldsymbol{x},u) \leqslant \varepsilon) \cup (\max_{1\leqslant t\leqslant T} - E_{t-1}(\boldsymbol{x},u) \leqslant \varepsilon)\} \\ &\leqslant P\{(\max_{1\leqslant t\leqslant T}E_{t-1}(\boldsymbol{x},u) \leqslant \varepsilon)\} + P\{(\max_{1\leqslant t\leqslant T} - E_{t-1}(\boldsymbol{x},u) \leqslant \varepsilon)\}\end{aligned}$$

因此，接下来分别证明 $P\{(\max_{1\leqslant t\leqslant T}E_{t-1}(\boldsymbol{x},u) \leqslant \varepsilon)\}$ 和 $P\{(\max_{1\leqslant t\leqslant T} - E_{t-1}(\boldsymbol{x},u) \leqslant \varepsilon)\}$。

又因为 $\{\sigma_1,\sigma_2,\sigma_3,\cdots,\sigma_m\}$ 是关于 F_t 的鞅差序列，且 $E_t = \sum_{i=1}^{m}\sigma_i$，又根据定理 19.1，可知 $\left\|\sigma_t\right\| \leqslant 2Q_{\max}$。根据最大 Hoeffding-Azuma 不等式可知，对于 $\forall\varepsilon>0$

$$P\{(\max_{1\leqslant t\leqslant T}E_{t-1}(\boldsymbol{x},u) \leqslant \varepsilon)\} \geqslant \exp\left(\frac{-\varepsilon^2}{2TL^2}\right)$$

$$P\{(\max_{1\leqslant t\leqslant T} - E_{t-1}(\boldsymbol{x},u)\leqslant \varepsilon)\}\geqslant \exp\left(\frac{-\varepsilon^2}{2TL^2}\right)$$

则 $P\{\max_{1\leqslant t\leqslant T}|E_{t-1}(\boldsymbol{x},u)|\leqslant \varepsilon\}\geqslant 2\exp\left(\frac{-\varepsilon^2}{2TL^2}\right)$，将 $\varepsilon = 2\beta C\sqrt{2T\ln\frac{2n}{\delta}}$ 代入得

$$P\left\{\left(\max_{1\leqslant t\leqslant T} - E_{t-1}(\boldsymbol{x},u)\leqslant 2\beta C\sqrt{2T\ln\frac{2n}{\delta}}\right)\right\}\geqslant 1-\delta$$

则对于 $\forall\delta>0$，$P\left\{\frac{2\gamma\beta^2}{T}C+\sum_{j=1}^{T}\gamma^{T-j}\|E_{j-1}\|\leqslant 2\beta^2 C\left[\frac{\gamma}{T}+\sqrt{\frac{2\ln\frac{2n}{\delta}}{T}}\right]\right\}\geqslant 1-\delta$ 成立。

证毕。

推论 19.3　假设推论 19.2 成立，对于 $\forall\varepsilon>0$，在 $T=\frac{11.66\beta^4C^2\ln\frac{2n}{\delta}}{\varepsilon^2}$ 之后，至少以 $1-\delta$ 使得 $\|Q^*-Q^T\|\leqslant\varepsilon$ 成立。

证明　根据推论 19.2 得，令 $\varepsilon = 2\beta^2 C\left[\frac{\gamma}{T}+\sqrt{\frac{2\ln\frac{2n}{\delta}}{T}}\right]$，求解得 $T=\frac{11.66\beta^4C^2\ln\frac{2n}{\delta}}{\varepsilon^2}$，即 $T=\frac{11.66C^2\ln\frac{2n}{\delta}}{\varepsilon^2(1-\gamma)^4}$。

证毕。

根据推论 19.3，可知在仅考虑一步更新的情况下，算法收敛所需要执行的迭代次数 T 主要依赖于 $\frac{1}{1-\gamma}$、$\frac{1}{\varepsilon}$。

19.2　仿真实验

19.2.1　Random Walk 问题

实验中 Random Walk 是一个由 21 个状态组成的马尔可夫链，其中包含 19 个中间状态和两个吸收状态。当 Agent 处于每个中间状态时，有两个动作可选——向左和向右。根据所选择的动作，Agent 会到达一个新的相邻状态。当 Agent 到达吸收状态时，情节结束。实验中 $\gamma=0.98$, $\alpha=0.01$，$\lambda=0.8$。

因为 Random Walk 问题是一个小规模状态空间、确定性环境问题，可以利用查询表来描述 Q-值函数。为了说明在小规模状态空间下，算法在基于查询表的表示方法和近似函数表示方法下的收敛性。实验中采用两种状态表示方法：①查询表，对 21 个状态进行编号，即 $\boldsymbol{x}_i=0,1,\cdots,21$；②采用高斯核函数作为基函数，如式(19.13)

所示

$$\begin{cases} k(\boldsymbol{x}_i,\mu_i)=\exp\left(-\dfrac{(\boldsymbol{x}_i-\mu_i)^2}{4}\right) \\ \mu_i=\{4n \mid n=1,2,\cdots,5\} \end{cases} \tag{19.13}$$

式中，$k(\boldsymbol{x}_i,u_i)$是高斯核函数，μ_i是核函数中心，i是状态编号。

图 19.1 是在两种表示方法下，SOE-FQ(λ) 算法在 Random Walk 问题上的性能图。图中横坐标是情节的数量，纵坐标是算法收敛后值函数的 MSE。图中虚线是用查询表来表示值函数的收敛性能曲线，实线是用近似函数表示值函数的收敛性能曲线。在用近似函数表示值函数的情况下，算法的收敛速度略快于用查询表表示值函数的算法收敛速度。从图中可以看出，在 130 个情节之前，利用函数逼近的算法的 MSE 略大于利用查询表的算法的 MSE，这是由 V 值更新公式和表示方法共同决定的，在算法运行的前期，由于算法没有收敛，前后两次 V 值的变化较大，根据式(19.3)最右侧括号中所计算的值，可以推出，前期对 V 值的更新较大，在利用近似函数存储值函数时，由于算法更新参数向量，影响了整个状态空间的值，所以，当参数变化较大时，容易导致值函数的 MSE 较大，但当算法趋向收敛时，MSE 将逐渐减小；而利用查询表的方式存储值函数，当前的更新量只改变当前状态之前所有状态的 Q 值，不影响整个状态空间，所以容易使得算法的 MSE 相对较小，但当算法逐渐收敛时，MSE 也将逐渐减小；综合分析两种表示方法下算法的收敛性，可以看出，在小数量、离散状态空间中，两种表示方法下算法的收敛结果基本一致。这也与将函数逼近用于强化学习的目的是一致的，只有在大规模、连续状态空间的情况下，用近似函数表示值函数，才能明显减少值函数的存储量和计算量，提高算法的收敛性能；而在小规模状态空间中，两种表示方法下，算法的性能基本一致，甚至在一些特殊的情况下，用查询表表示值函数的算法性能更优。

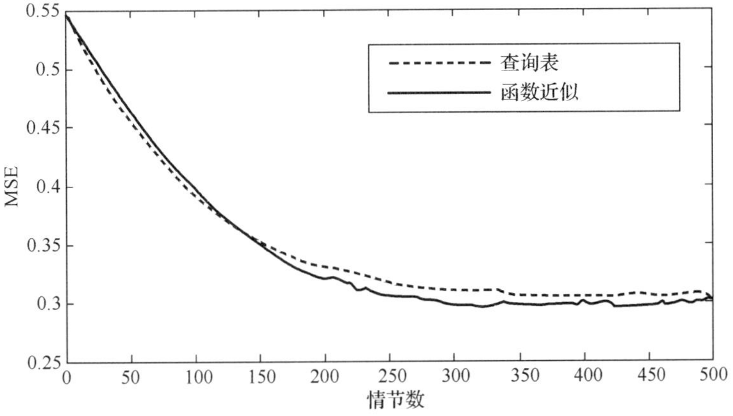

图 19.1　近似函数与查询表表示下算法的收敛性能图

图 19.2 是将 SOE-FQ(λ) 算法、Sarsa(λ) 和 Double Q-Learning[15]用于 Random Walk 的性能比较图。图中横坐标是情节的数量，纵坐标是算法收敛后值函数的 MSE。从图 19.2 的实验结果可以看出，在离散小状态空间的 Random Walk 问题中，SOE-FQ(λ) 的收敛性能和收敛速度均略优于 Double Q-Learning；与 Sarsa(λ) 相比，收敛性能上的优势较为明显。与传统的更新方法相比，式(19.3)是在考虑当前的样本经验信息和历史经验信息的基础上，修正值函数，可以从两个角度分析公式的优越性：①从算法收敛的角度，在算法执行前期，由于算法未收敛，所以，对于值函数修正的幅度较大，加快算法的收敛；而在算法执行后期，由于算法趋近收敛，为了保证算法收敛的精度，应减小值函数修正的幅度，而这两方面在式(19.3)中可以通过最右侧括号中的部分进行调整；②从 TD Error 的角度，传统的 TD Error 是基于前一次的值函数给定的，而式(19.3)是基于前两次的值函数给定的，因此，式(19.3)中的 TD Error 可以理解为前两次值函数误差的加权平均值，对于值函数的修正更加精确。而实验结果也正说明算法利用式(19.3)对值函数进行更新，在收敛的精度和速度上都有一定的改进。

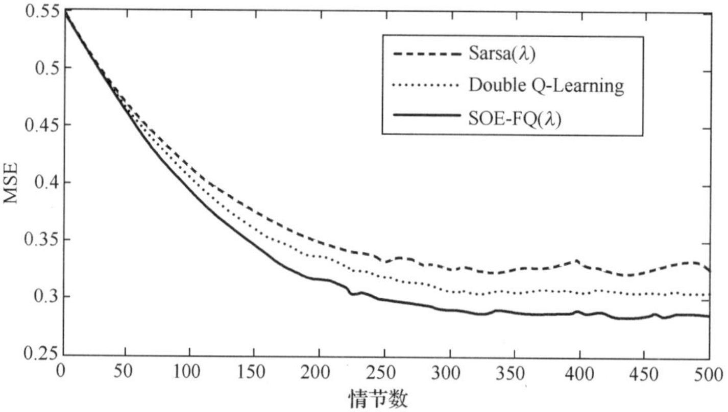

图 19.2　Random Walk 问题中三种算法的收敛性能比较图

图 19.3 是将 SOE-FQ(λ) 算法用于 Random Walk 实验平台，验证算法的收敛速度与折扣因子 γ 关联性的分析图。实验中选择 $\alpha=0.01$，$\lambda=0.8$，图中自下而上五条线分别是算法在选择 $\gamma=0.98$、$\gamma=0.9$、$\gamma=0.8$、$\gamma=0.6$、$\gamma=0.5$ 时的收敛性能曲线，横坐标是情节的数量，纵坐标是算法收敛后值函数的 MSE。从图 19.3 可以看出，当 $\gamma=0.98$ 时，算法大约在 300 个情节之后收敛；当 $\gamma=0.9$ 时，算法大约在 250 个情节之后收敛；当 $\gamma=0.8$ 时，算法大约在 150 个情节之后收敛；当 $\gamma=0.6$ 时，算法大约在 130 个情节之后收敛；当 $\gamma=0.5$ 时，算法大约在 100 个情节之后收敛。可以认为算法的收敛速度与 γ 成正比，即近似与 $1-\gamma$ 成反比，且由推论 19.3 可知，算法收敛的时刻 T 主要依赖于 $\frac{1}{1-\gamma}$、$\frac{1}{\varepsilon}$。因此，通过实验图 19.2 可以验证推论 19.3 的正确性。

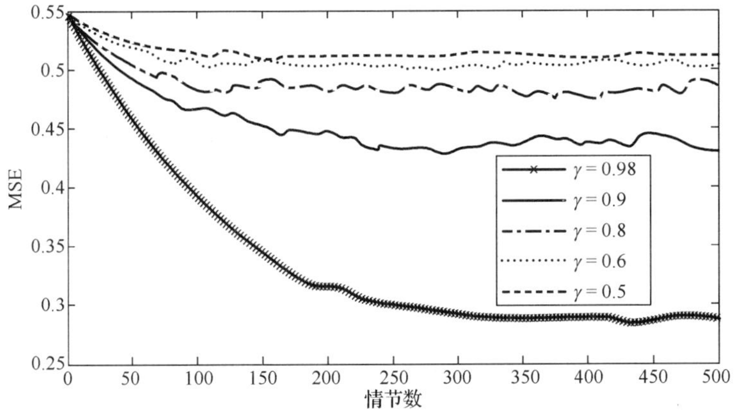

图 19.3　算法收敛性与 γ 的关联性

19.2.2 Mountain Car 问题

实验过程中，利用平铺编码对状态动作对进行编码，其中每个平铺片是一个 9×9 的网格，一共利用 10 个平铺片，且编码过程中利用 Hash 操作对状态空间进行压缩。其中 $\gamma=0.98, \alpha=0.01$， $\lambda=0.8$ 。

图 19.4 是将 SOE-FQ(λ) 算法、Sarsa(λ) 和 Double Q-Learning[15]用于 Mountain Car 问题的性能比较图。图中横坐标是情节的数量，纵坐标是小车爬上坡顶所需要的步数，自上而下三条线分别是 Sarsa(λ)、Double Q-Learning 和 SOE-FQ(λ) 算法的收敛性能曲线。从图中可以看出，在算法执行前期，Sarsa(λ)、Double Q-Learning 算法的曲线波动较 SOE-FQ(λ) 的曲线波动要小，原因与图 19.1 说明中的解释是一致的，由于式(19.3)最右侧括号中的值在算法执行前期较大，所以，对于值函数的影

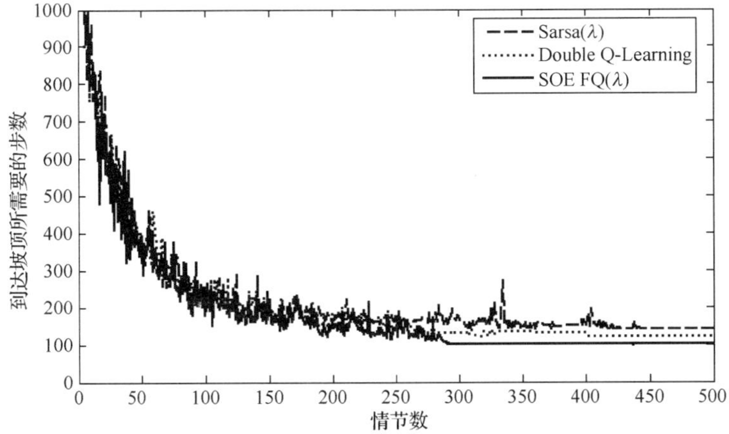

图 19.4　Mountain Car 问题中三种算法的收敛性能比较图

响较大，该问题反映在 Mountain Car 中的现象就是，在算法执行早期，小车爬上坡顶所需要的步数的波动较大。综合分析三个算法在 Mountain Car 问题中的收敛性，不难发现，SOE-FQ(λ) 从收敛速度和收敛精度两个方面都要优于 Double Q-Learning 和 Sarsa(λ)，且收敛后算法的波动较小。因此，即使在大规模、连续状态空间中，SOE-FQ(λ) 依然可以取得较好的收敛性能。

为了验证算法在模型发生变化时的收敛情况，在原有模型的基础之上，通过对模型中重力加速度 g 和动作 u 加上一个干扰噪声，分别是在[−0.00005,0.00005]和[−0.2,0.2]上的均匀分布，得到两个新的模型，即表 19.1、表 19.2 中的模型 2 和模型 3，其中模型 1 是初始模型。N 是当前所执行的情节的数量，D-QL、SOE-FQ 分别是 Double-Q-Learning 和 SOE-FQ(λ) 的缩写。表 19.1 中统计的是在当前情节数量(即一定的样本数量)的情况下，小车到达坡顶所需步数在 200 以内的比例；而表 19.2 统计的是在当前情节数量的情况下，小车达到坡顶所需的平均步数。从表 19.1 可以看出，在不同模型情况下，SOE-FQ(λ) 的收敛性能要优于 Double Q-Learning 和 Sarsa(λ)。从表 19.2 可以看出，在不同模型情况下，SOE-FQ(λ) 所给出的最优策略要优于 Double Q-Learning 和 Sarsa(λ) 的最优策略。

表 19.1 小车在 200 以内到达坡顶的比例

参数	N=100			N=250			N=500		
	Sarsa(λ)	D-QL	SOE-FQ	Sarsa(λ)	D-QL	SOE-FQ	Sarsa(λ)	D-QL	SOE-FQ
模型 1	0.02	0.01	0.04	0.207	0.08	0.28	0.31	0.28	0.395
模型 2	0.04	0.03	0.06	0.26	0.14	0.307	0.36	0.335	0.425
模型 3	0.02	0.02	0.04	0.193	0.073	0.267	0.3	0.265	0.365

表 19.2 小车达到坡顶所需步数的平均值

参数	N=100			N=250			N=500		
	Sarsa(λ)	D-QL	SOE-FQ	Sarsa(λ)	D-QL	SOE-FQ	Sarsa(λ)	D-QL	SOE-FQ
模型 1	472.2	477.3	446.4	301.8	299.7	279.7	228.3	215.6	192.4
模型 2	453.6	446.5	418.9	290.7	282.2	2619.2	201.9	192.7	196.8
模型 3	496.3	492.5	478.4	325.3	310.6	291.4	242.4	231.7	203.4

19.3 本 章 小 结

本章主要从 Q(λ) 算法的收敛速度出发，针对 Q(λ) 执行效率低、收敛速度慢的问题，分析算法过程中用于更新 Q 值的迭代公式。分析得出对于 Q 值的更新，在不考虑样本数据的前提下，主要依赖于资格迹 $\boldsymbol{e}$ 和 TD Error。本章在传统的 TD Error 的基础之上，给出 $\boldsymbol{n}$ 阶 TD Error 的概念，并将二阶 TD Error 与 Q(λ) 相结合，提出一种二阶 TD Error 快速 Q(λ) 算法。算法通过二阶 TD Error 修正 Q 值，并通过资格迹将二阶 TD Error 传播至整个状态动作空间，加快算法的收敛性。并在此基础之上，分析算法收敛所需的执行次数 T 主要指数依赖于 $\frac{1}{1-\gamma}$、$\frac{1}{\varepsilon}$。利用 Random Walk 和 Mountain Car 实验平台，本章从多个角度将 SOE-FQ(λ) 与 Sarsa(λ) 及 Double Q-Learning 进行比较分析，实验结果表明，在算法执行前期，SOE-FQ(λ) 对于值函数的更新幅度较大，后两个算法更新幅度相对比较平缓，主要是由二阶 TD Error 公式的结构所决定的；通过对 Random Walk 中 γ 参数的调整，发现 SOE-FQ(λ) 收敛所需的训练次数与 γ 成正比，即近似与 $\frac{1}{1-\gamma}$ 成正比，很好地验证了前面的推论的正确性；综合三个算法在两个平台上的收敛情况，SOE-FQ(λ) 具有较快的收敛速度和较优的收敛性能。

参 考 文 献

[1] Sutton R, Barto G. Reinforcement Learning: An Introduction. Cambridge: MIT Press, 1998.

[2] 傅启明, 刘全, 孙洪坤, 等. 一种二阶 TD Error 快速 Q(λ) 算法. 模式识别与人工智能, 2013, 26(3): 282-292.

[3] Liu Q, Fu Q, Xiao F, et al. A gradient descent Sarsa(λ) algorithm based on the adaptive reward-shaping mechanism. Intelligent Automation and Soft Computing, 2013, 19(4): 599-612.

[4] Fu Q, Liu Q, Xiao F, et al. The second order temporal difference error for Sarsa(λ). The 2013 IEEE Symposium on Adaptive Dynamic Programming and Reinforcement Learning (ADPRL), Singapore, 2013.

[5] 施梦宇, 刘全, 傅启明. 支持合并的自适应 tile coding 算法. 通信学报, 2015, 36(2): 2015047-1-2015047-7.

[6] 朱斐, 刘全, 傅启明, 等. 一种用于连续动作空间的最小二乘行动者-评论家方法. 计算机研究与发展, 2014, 51(3): 548-558.

[7] 刘全, 肖飞, 傅启明, 等. 基于自适应归一化 RBF 网络的 Q-V 值函数协同逼近模型. 计算机学报, 2015, 38(7): 1386-1396.

[8] Watkins C, Dayan P. Q-learning. Machine Learning, 1992, 8: 279-292.

[9] Szepesvari C. The asymptotic convergence-rate of Q-learning. The 10th Neural Information Processing Systems, Cambridge, 1997.

[10] Watkins C. Learning From Delayed Rewards. Cambridge: Kings College, 1989.

[11] Even-Dar E, Mansour Y. Learning rates for Q-learning. Journal of Machine Learning Research, 2003, 5:1-25.

[12] Ernst D, Geurts P, Wehenkel L. Tree-based batch mode reinforcement learning. Journal of Machine Learning Research, 2005, 6(1):503-556.

[13] Strehl A, Li L, Wiewiora E, et al. PAC Model-free reinforcement learning. The 23rd International Conference on Machine Learning, Pittsburgh, 2006: 881-888.

[14] Maei H, Szepesvari C, Bhatnagar S, et al. Toward off-policy learning control with function approximation. The 27th International Conference on Machine Learning, Haifa, 2010: 719-726.

[15] Hasselt V. Double Q-learning. The Neural Information Processing Systems, Vancouver, 2010: 2613-2621.

[16] Engel Y, Mannor S, Meir R. Reinforcement learning with Gaussian processes. The 22nd International Conference on Machine Learning, Bonn, 2005: 201-208.

[17] Xin X, Dewen H, Xicheng L. Kernel-Based least squares policy iteration for reinforcement learning. IEEE Transaction on Neural Networks, 2007, 18(4): 973-992.

[18] Grzes M, Kudenko D. Online learning of shaping rewards in reinforcement learning. Neural Networks, 2010, 23: 541-550.

[19] Sutton R. Learning to predict by the method of temporal differences. Machine Learning, 1988, 3:9-44.

[20] Peng J, Williams R. Incremental multi-step Q-Learning. Machine Learning, 1996, 22: 283-290.

第 20 章 基于值函数迁移的快速 Q-Learning 算法

在理论研究中，通常同一个算法、同一个 Agent 仅针对一个问题，但是在实际应用中，同一个 Agent 在很长的一段时间内通常可能用于处理多个类似的实际问题，如实际生活中的扫地机器人，它的生命周期可能是 10 年，那么在这 10 年内，它可能用于不同的实际环境中，如不同的房间、不同的楼层等，但是它所处理的问题是一样的，如捡垃圾罐，且这些环境存在一定的共性。因此，可以考虑将以往学习到的经验知识通过某种手段迁移至新的环境中，这就是机器学习领域的知识迁移。通过这种方式，可以使得 Agent 不断重复利用以往学习的经验信息，提高 Agent 解决新问题的速度和精度[1-4]。针对 MDP，国外的 Taylor 等和国内的王皓等都对当前强化学习领域现存的知识迁移方法进行了全面的介绍[5,6]。一般来讲，知识迁移包含两个目的：①通过知识迁移，加快 Agent 解决新问题的速度；②通过知识迁移，提高 Agent 解决新的复杂问题的能力。通常，强化学习领域更加关注第一个目的，而更加一般的机器学习方法尤为关注第二个目的。

目前，关于知识迁移在强化学习领域的研究已经引起研究者的广泛关注。Sunmola 和 Wyatt[7]通过参数匹配方法将目标任务的先验信息与历史任务的经验信息进行关联，构造更为精确的任务模型，加速算法的收敛；Konidaris 和 Barto[8]利用 MDP 之间的同态特征和构造合理的 option，实现具有不同状态空间和动作空间的问题之间的知识迁移；Ferrante 等[9]在假设不同任务共享相同的状态空间和动作空间的基础上，通过构造基于策略的原型值函数，实现不同任务之间的信息迁移，加快算法的收敛；Lazaric 等[10]在假设目标任务与历史任务具有类似的状态转移函数和奖赏函数的情况下，通过将历史任务中收集到的样本数据迁移到目标任务中，结合目标任务中的样本数据，利用基于批处理的强化学习方法进行学习，减少在目标任务中所需要的样本数据，加快算法的收敛；Sorg 和 Singh[11]提出利用 MDP 之间的软同态特征，构造不同任务中状态之间的映射关系，实现不同任务间的迁移学习，并给出由知识迁移所导致的损失函数的理论边界；Ammar 等[12]通过构造不同任务之间的映射关系，实现类似任务之间信息的迁移，减少算法在后续任务中收敛所需要的样本数量，提高算法的收敛性能；Konidaris 等[13]在假设任务间存在类似特征空间的情况下，通过共享特征实现不同任务之间信息的迁移，提高算法在后续任务中的收敛性能。

本章提出在学习过程中通过迁移值函数信息，减少算法收敛所需要的样本数量，加快算法的收敛速度。基于强化学习中经典的离策略 Q 学习算法的学习框架，结合值函数迁移方法，优化算法初始值函数的设置，提出一种新的基于值函数迁移的快速 Q-Learning 算法(Q-Learning Based on Value Function Transfer, VFT-Q-Learning)。该算法在执行前期，通过引入自模拟度量方法，在状态空间和动作空间一致的情况下，对目标任务中的状态与历史任务中的状态之间的距离进行度量，对其中相似并满足一定条件的状态进行值函数迁移，而后再通过学习算法进行学习。将 VFT-Q-Learning 算法用于 Windy Grid World 问题，并与经典的 Q 学习算法、Sarsa 算法以及具有较好收敛速度的 Q-V 算法进行比较，实验结果表明，该算法在保证收敛精度的基础上，具有更快的收敛速度。

20.1　自模拟度量与状态之间的距离

自模拟关系由 Givan 等[14]在 2003 年首次引入 MDP，并度量 MDP 中状态之间的关系。简单来讲，如果两个状态满足自模拟关系，那么这两个状态应该共享相同的最优值函数和最优动作。

定义 20.1　自模拟(bisimulation)关系。若关系 $E\subseteq \boldsymbol{X}\times\boldsymbol{X}$ 是自模拟关系，则对于 $\boldsymbol{x}',\boldsymbol{x}''\in\boldsymbol{X}$， $\boldsymbol{x}'E\boldsymbol{x}''$ 满足以下性质。

(1) 对于 $\forall u\in U$，$\rho(\boldsymbol{x}',u)=\rho(\boldsymbol{x}'',u)$。

(2) 对于 $\forall u\in U$，$\forall C\in \boldsymbol{X}/E$, $\sum_{t\in C} f(\boldsymbol{x}',u,t)=\sum_{t\in C} f(\boldsymbol{x}'',u,t)$。

其中，$\boldsymbol{X}/E$ 是状态集合 $\boldsymbol{X}$ 关于 E 的等价集合。若两个状态 $\boldsymbol{x}',\boldsymbol{x}''\in\boldsymbol{X}$，满足自模拟关系，可记为 $\boldsymbol{x}'\sim\boldsymbol{x}''$。

定义 20.2　度量(metric)。定义在状态集合 $\boldsymbol{X}$ 上的一个半度量 $d:\boldsymbol{X}\times\boldsymbol{X}\to[0,\infty)$，对于 $\forall\boldsymbol{x}',\boldsymbol{x}'',\boldsymbol{x}'''\in\boldsymbol{X}$，满足以下性质。

(1) $\boldsymbol{x}'=\boldsymbol{x}''\Rightarrow d(\boldsymbol{x}',\boldsymbol{x}'')=0$。

(2) $d(\boldsymbol{x}',\boldsymbol{x}'')=d(\boldsymbol{x}'',\boldsymbol{x}')$。

(3) $d(\boldsymbol{x}',\boldsymbol{x}''')\leqslant d(\boldsymbol{x}',\boldsymbol{x}'')+d(\boldsymbol{x}'',\boldsymbol{x}''')$。

如果性质(1)的逆命题也成立，那么 d 称为状态集 $\boldsymbol{X}$ 上的度量。

对于任意两个状态，两者之间的自模拟关系是“是”或者“非”的关系，即要么两者满足自模拟关系，要么两者不满足自模拟关系。但是，在实际应用中，这种描述两个状态之间关系的度量方法太过于严格，只有在两个状态的奖赏分布和状态转移概率分布完全一致的情况下，才认为这两个状态是满足自模拟关系的。然而，如果两个状态的奖赏分布和状态转移概率分布仅存在很小的差别，在状态空间中，这两个状态是非常接近的，因此，可以推测这两个状态具有类似的最优值函数和最优动作，但是自模拟关系却无法区分这种微小的差别。针对这个问题，Ferns 等在自模拟关系的基础上，利用 Kantorovich 距离衡量两个概率分布之间的距离，提出一种可用于衡量两个状态之间远近关系的自模拟度量(bisimulation metric)方法。Kantorovich 距离 $T_K(d)(P,Q)$，其中 P 和 Q 是两个概率分布，d 是状态集合 $\boldsymbol{X}$ 上的一个度量，可以用下面的带约束的线性规划(Linear Program, LP)描述，即

$$T_K(d)(P,Q)=\max_{a_i,i=1,\cdots,|\boldsymbol{X}|,b_j,i=1,\cdots,|\boldsymbol{X}|}\sum_{i=1}^{|\boldsymbol{X}|}P(\boldsymbol{x}_i)a_i-\sum_{j=1}^{|\boldsymbol{X}|}Q(\boldsymbol{x}_j)b_j$$

$$\text{Subject to:}\quad \begin{aligned}&\forall i,j,a_i-b_j\leqslant d(\boldsymbol{x}_i,\boldsymbol{x}_j)\\&\forall i,0\leqslant a_i,b_i\leqslant 1\end{aligned}$$

该线性规划等价于下面的对偶线性规划

$$\min_{l_{kj},i=1,\cdots,|\boldsymbol{X}|,j=1,\cdots,|\boldsymbol{X}|}\sum_{k,j=1}^{|\boldsymbol{X}|}l_{kj}d(\boldsymbol{x}_k,\boldsymbol{x}_j)$$

$$\text{Subject to:}\quad \begin{aligned}&\forall k,\sum_j l_{kj}=P(\boldsymbol{x}_k)\\&\forall j,\sum_k l_{kj}=P(\boldsymbol{x}_j)\\&\forall k,j,0\leqslant l_{kj}\leqslant 1\end{aligned}$$

通过其对偶形式，容易求解 Kantorovich 距离，该计算的时间复杂度为 $O(|\boldsymbol{X}|^2\ln|\boldsymbol{X}|)$。

定理 20.1　D 为定义在状态集 $\boldsymbol{X}$ 上的度量集合，度量 $d\in D$。对于 $\forall\boldsymbol{x}',\boldsymbol{x}''\in\boldsymbol{X}$，定义

$$G:D\to D,G(d)(\boldsymbol{x}',\boldsymbol{x}'')=\max_{u\in U}(d_u(\boldsymbol{x}',\boldsymbol{x}'')+\gamma T_K(d)(f(\boldsymbol{x}',u,\cdot),f(\boldsymbol{x}'',u,\cdot)))$$

式中，$d_u(\boldsymbol{x}',\boldsymbol{x}'')=|\rho(\boldsymbol{x}',u)-\rho(\boldsymbol{x}'',u)|$；$0<\gamma<1$，则 G 存在一个最小不动点 $d_\sim$，$d_\sim$ 是一个自模拟度量，$d_\sim(\boldsymbol{x}',\boldsymbol{x}'')$ 是状态 $\boldsymbol{x}'$ 和 $\boldsymbol{x}''$ 之间的距离。

关于该定理的证明请参考 Ferns 等[15]的论文。同时，Ferns 等还证明，在给定度量误差 ς 的情况下，可以通过迭代计算逼近最优自模拟度量 $d_\sim$，需要的迭代次数至少是 $\left\lceil\dfrac{\ln\varsigma}{\ln\gamma}\right\rceil$。

根据上述描述，给出计算两个状态之间距离的算法，如算法 20.1 所示。

算法 20.1　状态之间距离度量算法

(1) 输入两个状态，$\boldsymbol{x}_1$ 和 $\boldsymbol{x}_2$

(2) 初始化：$d(\boldsymbol{x}_1,\boldsymbol{x}_2)=0$，$\gamma$，$\varsigma$

(3) for $k=1$ to $k\leqslant\left\lceil\dfrac{\ln\varsigma}{\ln\gamma}\right\rceil$ do

(4) 　　for $i=1$ to $|U|$ do

(5) 　　　　$T_K(d)(f(\boldsymbol{x}_1,u_i,\cdot),f(\boldsymbol{x}_2,u_i,\cdot))$

(6)　end for

(7)　$d(\boldsymbol{x}_1,\boldsymbol{x}_2)=\max_{u\in U}\{d_u(\boldsymbol{x}_1,\boldsymbol{x}_2)+\gamma T_K(d)(f(\boldsymbol{x}_1,u_i,\cdot),f(\boldsymbol{x}_2,u_i,\cdot))\}$

(8) end for

(9) 输出 $d_{\sim}(\boldsymbol{x}_1,\boldsymbol{x}_2)$

20.2　基于值函数迁移的 Q-Learning 算法

通常针对一个给定的 MDP，可以通过迭代方法，如值迭代或者策略迭代，求解最优状态值函数 $V^*(\boldsymbol{x})$ 或者动作值函数 $Q^*(\boldsymbol{x},u)$，再根据最优值函数确定最优策略。针对每一个 MDP，都需要利用迭代方法计算最优值函数，但是利用迭代方法计算值函数是一个非常消耗计算资源的过程，因此，考虑在不同 MDP 之间是否可以重复利用所求解的历史最优值函数，或者至少将历史最优值函数作为后续 MDP 最优值函数的初始解。直觉上，如果两个状态非常相似，这两个状态应该具有类似的最优值函数。因此，考虑在自模拟度量关系的基础上，对类似问题中的相似状态进行值函数迁移。

20.2.1　基于自模拟度量的值函数迁移

假设 20.1　两个 MDP，即 M_1 和 M_2，具有相同的离散状态集合 $\boldsymbol{X}$ 和离散动作集合 U，不同的奖赏函数和状态转移函数，即 $M_1=\langle \boldsymbol{X},U,f_1,\rho_1\rangle$，$M_2=\langle \boldsymbol{X},U,f_2,\rho_2\rangle$。

满足假设 20.1 的两个 MDP M_1 和 M_2，其中 M_1 是原始 MDP(用于迁移值函数的 MDP)，M_2 是目标 MDP(被迁移值函数的 MDP)。令 V_1^* 和 h_1^* 分别是 M_1 的最优状态值函数和最优策略，V_2^* 和 h_2^* 分别是 M_2 的最优状态值函数和最优策略。为了区分两个状态来自不同的 MDP，分别表示为 $\boldsymbol{x}_1$ 和 $\boldsymbol{x}_2$，其后续状态分别为 $\boldsymbol{x}_1'$ 和 $\boldsymbol{x}_2'$，其中 $\boldsymbol{x}_1$ 和 $\boldsymbol{x}_1'$ 是 M_1 中的状态，$\boldsymbol{x}_2$ 和 $\boldsymbol{x}_2'$ 是 M_2 中的状态。定理 20.2 可以说明最优状态值函数误差与状态距离之间的关系。

定理 20.2　假设 $d_{\sim}(\boldsymbol{x}_1,\boldsymbol{x}_2)=\delta$，则 $|V_1^*(\boldsymbol{x}_1)-V_2^*(\boldsymbol{x}_2)|\leqslant\delta$。

证明　根据最优状态值函数的定义，对 $|V_1^*(\boldsymbol{x}_1)-V_2^*(\boldsymbol{x}_2)|$ 展开可得

$$
\begin{aligned}
|V_1^*(\boldsymbol{x}_1)-V_2^*(\boldsymbol{x}_2)|=&\Big|\max_{u_1\in U}\{\rho(\boldsymbol{x}_1,u_1)+\gamma\sum\nolimits_{\boldsymbol{x}_1'\in X}f_1(\boldsymbol{x}_1,u_1,\boldsymbol{x}_1')V_1^*(\boldsymbol{x}_1')\}\\
&-\max_{u_2\in U}\{\rho(\boldsymbol{x}_2,u_2)+\gamma\sum\nolimits_{\boldsymbol{x}_2'\in X}f_2(\boldsymbol{x}_2,u_2,\boldsymbol{x}_2')V_2^*(\boldsymbol{x}_2')\}\Big|\\
\leqslant&\max_{u\in U}\Big|(\rho(\boldsymbol{x}_1,u)+\gamma\sum\nolimits_{\boldsymbol{x}_1'\in X}f_1(\boldsymbol{x}_1,u,\boldsymbol{x}_1')V_1^*(\boldsymbol{x}_1'))\\
&-(\rho(\boldsymbol{x}_2,u)+\gamma\sum\nolimits_{\boldsymbol{x}_2'\in X}f_2(\boldsymbol{x}_2,u,\boldsymbol{x}_2')V_2^*(\boldsymbol{x}_2'))\Big|\\
=&\max_{u\in U}|(\rho(\boldsymbol{x}_1,u)-\rho(\boldsymbol{x}_2,u))
\end{aligned}
$$

$$
\begin{aligned}
&+\gamma\left(\sum\nolimits_{x_1'\in X} f_1(\boldsymbol{x}_1,u,\boldsymbol{x}_1')V_1^*(\boldsymbol{x}_1')-\sum\nolimits_{x_2'\in X} f_2(\boldsymbol{x}_2,u,\boldsymbol{x}_2')V_2^*(\boldsymbol{x}_2')\right)|\\
&=\max_{u\in U}|d_u(\boldsymbol{x}_1,\boldsymbol{x}_2)+\gamma T_K(d)(f_1(\boldsymbol{x}_1,u,\bullet),f_2(\boldsymbol{x}_2,u,\bullet))|\\
&=d_{\sim}(\boldsymbol{x}_1,\boldsymbol{x}_2)\\
&=\delta
\end{aligned}
$$

因此，对于 $\forall \boldsymbol{x}_1,\boldsymbol{x}_2\in X$ ，$|V_1^*(\boldsymbol{x}_1)-V_2^*(\boldsymbol{x}_2)|\leqslant d_{\sim}(\boldsymbol{x}_1,\boldsymbol{x}_2)=\delta$ 成立。

证毕。

可以通过一个简单的例子来说明上述定理的正确性。考虑两个确定 MDP M_1 和 M_2，共享相同的状态空间和动作，状态空间中包含两个状态 $\{\boldsymbol{x},\boldsymbol{x}'\}$，动作空间中包含两个动作 $\{a,b\}$，系统的状态转移情况和立即奖赏如图 20.1 所示。

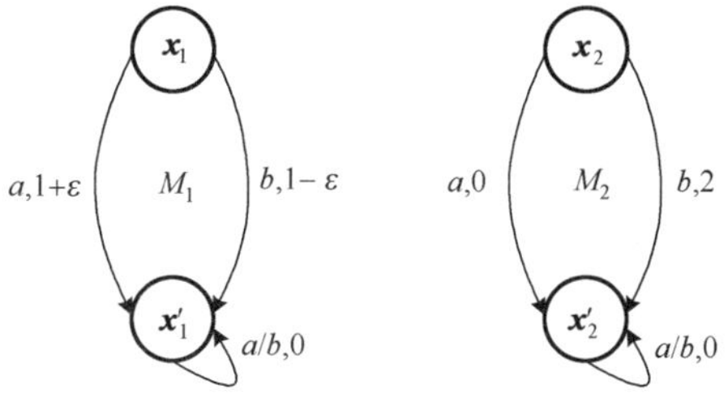

图 20.1　M_1 和 M_2 中状态转移示意图

图 20.1 中为了区别不同 MDP 中的相同状态，用 $\boldsymbol{x}_1$ 和 $\boldsymbol{x}_1'$ 表示在 M_1 中的状态 $\boldsymbol{x}$ 和 $\boldsymbol{x}'$，用 $\boldsymbol{x}_2$ 和 $\boldsymbol{x}_2'$ 表示在 M_2 中的状态 $\boldsymbol{x}$ 和 $\boldsymbol{x}'$；图 20.1 中动作后面的数值是在采用当前动作的情况下所获得的立即奖赏，如 $a,1+\varepsilon$ 是指在状态 $\boldsymbol{x}_1$ 下采用动作 a 获得立即奖赏 $1+\varepsilon$（其中 $\varepsilon\in[0,1]$）。根据图 20.1 所示，M_1 中状态 $\boldsymbol{x}_1$ 下的最优动作是 a，$\boldsymbol{x}_1$ 和 $\boldsymbol{x}_1'$ 的最优状态值函数是 $V_1^*(\boldsymbol{x}_1)=1+\varepsilon$，$V_1^*(\boldsymbol{x}_1')=0$；$M_2$ 中状态 $\boldsymbol{x}_2$ 下的最优动作是 b，$\boldsymbol{x}_2$ 和 $\boldsymbol{x}_2'$ 的最优状态值函数是 $V_2^*(\boldsymbol{x}_2)=2$，$V_2^*(\boldsymbol{x}_2')=0$。根据自模拟度量的定义和图 20.1 中的状态迁移情况，$d_{\sim}(\boldsymbol{x}_1,\boldsymbol{x}_2)=1+\varepsilon$，$d_{\sim}(\boldsymbol{x}_1',\boldsymbol{x}_2)=2$，$d_{\sim}(\boldsymbol{x}_1,\boldsymbol{x}_2')=1+\varepsilon$，$d_{\sim}(\boldsymbol{x}_1',\boldsymbol{x}_2')=0$（$\boldsymbol{x}_1'$ 和 $\boldsymbol{x}_2'$ 是严格满足自模拟关系的两个状态，根据定义 20.2，可以认为两者是完全等价的状态）。可得关系如下

$$
\begin{aligned}
|V_1^*(\boldsymbol{x}_1)-V_2^*(\boldsymbol{x}_2)|&=1-\varepsilon\leqslant d_{\sim}(\boldsymbol{x}_1,\boldsymbol{x}_2)=1+\varepsilon\\
|V_1^*(\boldsymbol{x}_1')-V_2^*(\boldsymbol{x}_2')|&=0\leqslant d_{\sim}(\boldsymbol{x}_1',\boldsymbol{x}_2')=0\\
|V_1^*(\boldsymbol{x}_1')-V_2^*(\boldsymbol{x}_2)|&=2\leqslant d_{\sim}(\boldsymbol{x}_1',\boldsymbol{x}_2)=2\\
|V_1^*(\boldsymbol{x}_1)-V_2^*(\boldsymbol{x}_2')|&=1+\varepsilon\leqslant d_{\sim}(\boldsymbol{x}_1,\boldsymbol{x}_2')=1+\varepsilon
\end{aligned}
$$

因此，通过这个例子也可以说明定理 20.2 的正确性。下面根据定理 20.2，给出“正迁移”的定义。

定义 20.3　正迁移。满足假设 20.1 的两个 MDP M_1 和 M_2，为了区别两者的状

态空间，$\boldsymbol{X}_1$ 表示 M_1 的状态空间，$\boldsymbol{X}_2$ 表示 M_2 的状态空间，V_1^* 是 M_1 的最优值函数。给定阈值 ξ，对于 $\forall \boldsymbol{x}_2 \in \boldsymbol{X}_2$，有

$$V_2(\boldsymbol{x}_2)=\begin{cases} V_1^*(\boldsymbol{x}), & \boldsymbol{x}=\underset{\boldsymbol{x}\in \boldsymbol{X}_1}{\arg\min}\, d_{\sim}(\boldsymbol{x},\boldsymbol{x}_2),\ d_{\sim}(\boldsymbol{x},\boldsymbol{x}_2) \leqslant \xi \\ 0, & \text{其他} \end{cases}$$

当 $\boldsymbol{x}=\underset{\boldsymbol{x}\in \boldsymbol{X}_1}{\arg\min}\, d_{\sim}(\boldsymbol{x},\boldsymbol{x}_2)$ 且 $d_{\sim}(\boldsymbol{x},\boldsymbol{x}_2)\leqslant \xi$ 时，所进行的值函数迁移称为“正迁移”。

根据以上定义，给出两个 MDP 之间的值函数迁移算法，如算法 20.2 所示。

算法 20.2　基于自模拟度量的值函数迁移算法

(1) 输入两个 MDP M_1 和 M_2，M_1 中的最优状态值函数 V_1^* 以及阈值参数 ξ
(2) for $k=1$ to $k\leqslant|\boldsymbol{X}_1|$ do
(3) 　for $m=1$ to $m\leqslant|\boldsymbol{X}_2|$ do
(4) 　　计算 $d_{\sim}(\boldsymbol{x}_k,\boldsymbol{x}_m)$
(5) 　end for
(6) end for
(7) for $i=1$ to $i\leqslant|\boldsymbol{X}_2|$ do
(8) 　$\boldsymbol{x}=\underset{\boldsymbol{x}\in \boldsymbol{X}_1}{\arg\min}\, d_{\sim}(\boldsymbol{x},\boldsymbol{x}_i)$
(9) 　if $d_{\sim}(\boldsymbol{x},\boldsymbol{x}_i)\leqslant\xi$ then
(10) 　　$V_2(\boldsymbol{x}_i)=V_1^*(\boldsymbol{x})$
(11) 　else
(12) 　　$V_2(\boldsymbol{x}_i)=0$
(13) 　end if
(14) end for
(15) 输出 V_2

20.2.2　VFT-Q-Learning

基于值函数迁移的 VFT-Q-Learning 算法主要利用基于自模拟度量的值函数迁移方法，对历史值函数信息在相似状态之间迁移，提高状态值函数初始值的精确性。该算法结合 Q 学习算法的框架，利用 Q-V 算法中状态值函数和动作值函数的更新方法更新值函数[16]，加快算法收敛。

VFT-Q-Learning 算法的具体流程，如算法 20.3 所示。

算法 20.3　VFT-Q-Learning 算法

(1) 输入阈值参数 δ，学习因子 α、β，贪心因子 ε
(2) 初始化：利用算法 20.2 初始化状态值函数 V_0，且对于 $\forall(\boldsymbol{x},u)\in \boldsymbol{X}\times U$，$Q_0(\boldsymbol{x},u)=0$

(3) 令 $k=1$

(4) repeat（对于每一个情节）

(5) 　初始状态动作对 $(\boldsymbol{x},u)$

(6) 　repeat（对于情节中的每一个时间步）

(7) 　　$\boldsymbol{x}'$ 是 $\boldsymbol{x}$ 的后续状态，奖赏值为 r，并利用 ε-greedy 策略选择 $\boldsymbol{x}'$ 下的动作 u'

(8) 　　$V_k(\boldsymbol{x})=V_{k-1}(\boldsymbol{x})+\alpha(r+\gamma V_{k-1}(\boldsymbol{x}')-V_{k-1}(\boldsymbol{x}))$

(9) 　　$Q_k(\boldsymbol{x},u)=Q_{k-1}(\boldsymbol{x},u)+\beta(r+\gamma V_{k-1}(\boldsymbol{x}')-Q_{k-1}(\boldsymbol{x},u))$

(10) 　　令 $\boldsymbol{x}\leftarrow\boldsymbol{x}'$，且 $u\leftarrow u'$

(11) 　until 情节结束

(12) 　if $\|Q_k-Q_{k-1}\|_\infty\leqslant\delta$ then

(13) 　　算法终止

(14) 　end if

(15) $k=k+1$

(16) until $\|Q_k-Q_{k-1}\|_\infty\leqslant\delta$

(17) 输出 $\forall\boldsymbol{x}\in\boldsymbol{X}$，策略 $h(\boldsymbol{x})=\arg\max\limits_{u\in U}Q(\boldsymbol{x},u)$

20.3 仿真实验

为了验证算法的有效性，将 VFT-Q-Learning、Q 学习、Sarsa 以及 Q-V 算法用于经典的 Windy Grid World 问题。同时为了增加问题的复杂性、体现值函数迁移的有效性，在这个问题原始设定基础上加上一定的“随机扰动”，即在 Windy Grid World 中将风力设为一个随机值。

20.3.1 问题描述

Windy Grid World 问题是一个包含 5×6 个格子的格子世界问题，其中包含一个起始状态 (1,1)、一个吸收状态 (3,4)，如图 20.2 所示。每个情节中，Agent 从起始状态出发，即图中的 Start 状态，到达吸收状态结束，即图中的 Target 状态。在任意状态下，Agent 有四个动作可供选择——$\{u_0,u_1,u_2,u_3\}$，分别是上、下、左和右，如图中的实线箭头所示，在该列无风的情况下，Agent 根据所选择的动作进行状态的迁移，即选择向右的动作，状态迁移到当前状态右侧的状态，选择向左的动作，状态迁移到当前状态左侧的状态等，例如，当前 Agent 处于 (3,0) 的状态，如果 Agent 选择向右的动作，则状态迁移至 (3,1)；但是如果该列有风，则状态的迁移还需要考虑风力的影响。例如，Agent 处于状态 (2,2)，当前风力是 1（图中虚线箭头表示该列有风，虚线上的数值表示风力，如“0/1”表示该列可能风力为 0，也可能风力为 1），选择向右的动作，状态迁移至(1,3)。状态迁移的过程中，到达吸收状态，Agent 可以获得一个较大的立即奖赏，其他情况下，Agent 获得较小的立即奖赏。

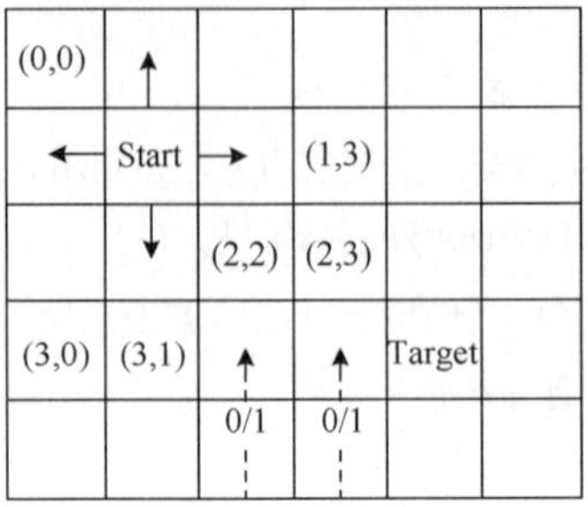

图 20.2　Windy Grid world 示意图

20.3.2　实验设置

(1) 两个 MDP 的设置。在本实验中，两个 MDP 具有相同的状态空间和动作空间，每列的风力为 0 或者 1，在两个 MDP 中对不同的风力设定不同的概率。在第一个 MDP 中，到达吸收状态时的立即奖赏为 10，其他情况下立即奖赏为 1，在第二个 MDP 中，达到吸收状态的立即奖赏为 20，其他情况下立即奖赏为 2。

(2) 实验次数。将本章所提出的 VFT-Q-Learning、Q 学习、Sarsa 以及 Q-V 算法在相同的实验环境下独立重复 20 次实验，取实验结果的平均值比较各算法的性能。

(3) 动作选择策略。在学习过程中，为了保证一定的探索，采用 ε-greedy 策略选择动作。

(4) 情节数。在本实验中，最大情节数设定为 500，每个情节中最大时间步数是 20000，即当 Agent 达到吸收状态时，情节结束，或者时间步到达 20000，情节结束。

(5) 相关参数设置。状态距离度量误差 $\varsigma = 0.001$，折扣因子 $\gamma = 0.8$，学习率 $\alpha = \beta = \{0.01, 0.02, 0.05, 0.1, 0.3, 0.5\}$，阈值参数 $\xi = 0.998$，$\delta = 0.001$，探索因子 $\varepsilon = 0.7$。

20.3.3　实验分析

图 20.3 为将 VFT-Q-Learning、Q 学习、Sarsa 以及 Q-V 算法用于带有随机风的 Windy Grid World 问题的性能比较图，其中 6 幅子图分别是不同学习率 α 下各算法的性能比较图。学习率 α 主要影响学习的收敛速度和收敛精度，一般情况下，α 越大，速度越快，相对精度越小，反之亦然。对于 Sarsa、Q 学习以及 Q-V 算法，从各子图中可以看出，当 α 值较小时，如 $\alpha = 0.01$，算法收敛速度较慢，500 个情节难以使得 Sarsa、Q 学习算法收敛，但实验中当情节数超过 5000 之后，收敛效果较好；而当 α 值较大时，算法收敛速度明显加快，但收敛精度相对较低。对比

VFT-Q-Learning 在不同 α 值下的收敛情况，可以发现 VFT-Q-Learning 对不同的 α 值具有较强的鲁棒性，在不同 α 下，算法都能够较快地收敛，且取得较好的收敛结果。这主要是由于利用值函数迁移算法，在有效“正迁移”的情况下，可以使得新环境下的初始 V-值函数更加接近最优 V-值函数，不同的学习率并不能导致较大的值函数波动，并很快使得 Q-值函数收敛至最优，最终算法能够很快收敛。综上所述，与 Q 学习、Sarsa 以及 Q-V 算法相比，VFT-Q-Learning 在保证收敛精度的情况下，能够取得较快的收敛速度，同时，对不同学习率的取值具有较强的鲁棒性。

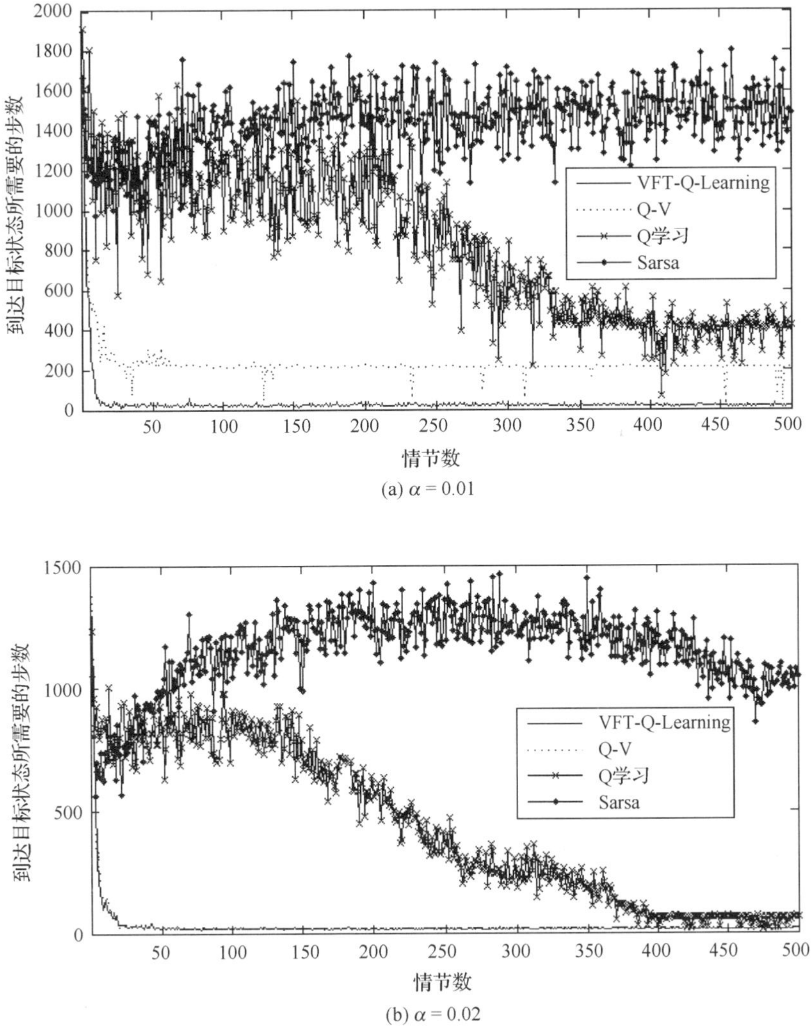

图 20.3　不同 α 值下各算法性能比较图

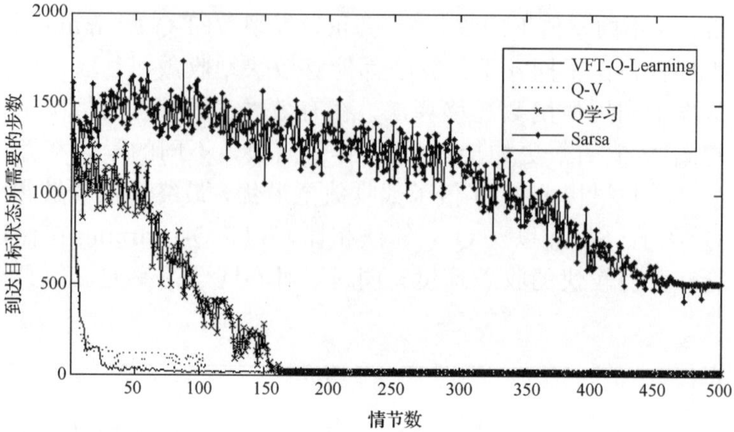

(c) $\alpha = 0.05$

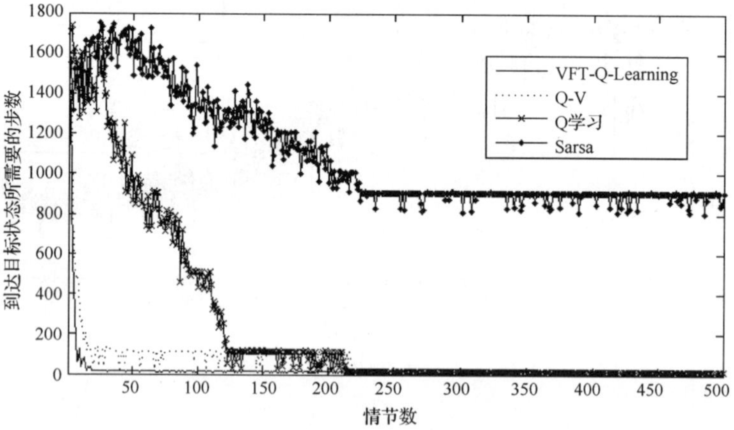

(d) $\alpha = 0.10$

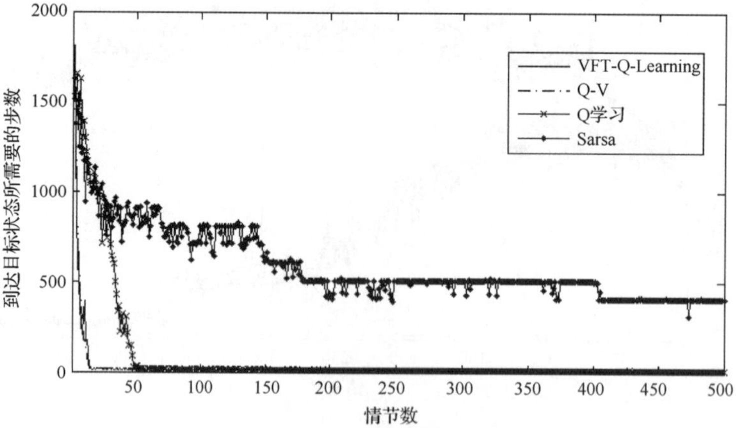

(e) $\alpha = 0.30$

图 20.3　不同 α 值下各算法性能比较图(续)

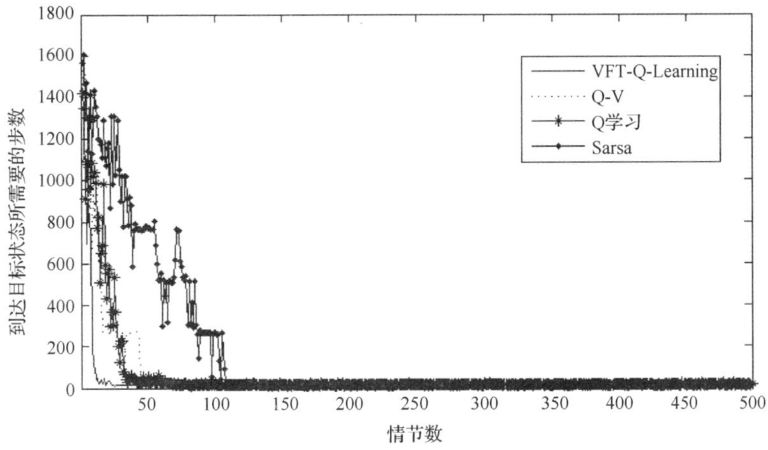

(f) $\alpha = 0.50$

图 20.3　不同 α 值下各算法性能比较图(续)

图 20.4 主要用于说明目标任务中吸收状态变化后 VFT-Q-Learning、Q-Learning、Sarsa 以及 Q-V 算法的性能比较图，其中 α 和 β 的值为 0.1。图 20.4(a)是吸收状态为 (2,5) 时各算法性能比较图，图 20.4(b)是吸收状态为 (4,0) 时各算法性能比较图。从图 20.2 可以看出，状态 (2,5) 距离状态 (3,4) 较近，分别以两者作为吸收状态时，任务具有类似的目标；而状态 (4,0) 距离状态 (3,4) 相对较远，分别以两者作为吸收状态时，任务的目标具有较大的差异。从图 20.4 中可以看出，当目标任务与历史任务的目标相近时，值函数迁移对于算法的收敛具有促进作用，VFT-Q-Learning 算法具有较优的性能；而当目标任务与历史任务的目标相距较远甚至相反时，值函数迁

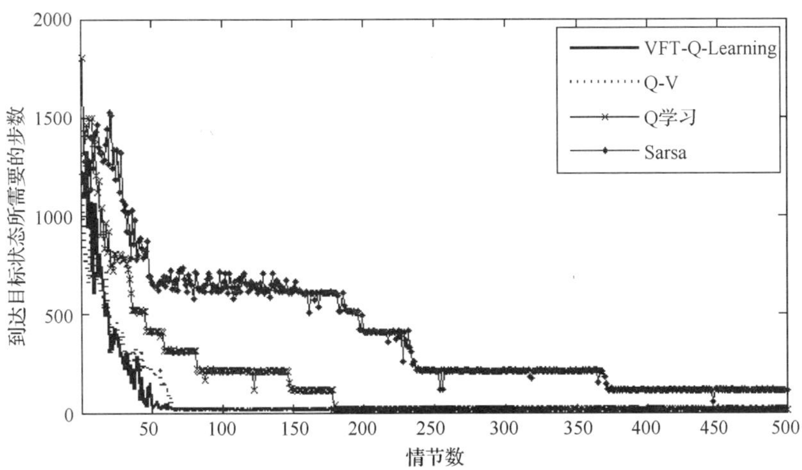

(a) 吸收状态为(2,5)

图 20.4　目标任务中吸收状态变化时各算法性能比较图

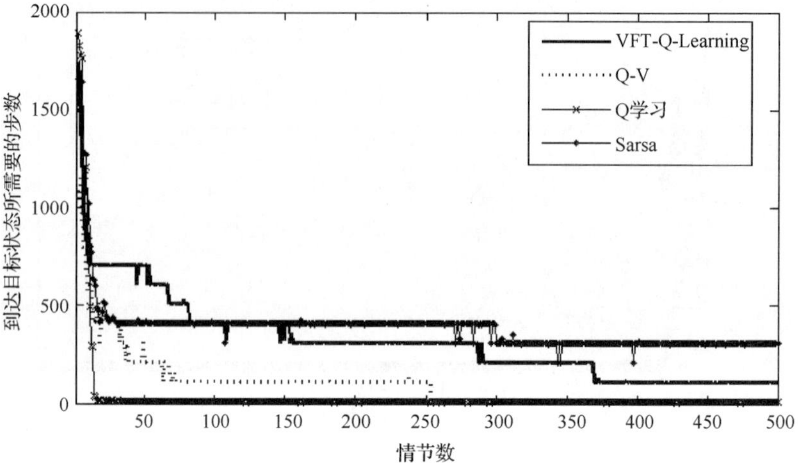

(b) 吸收状态为(4,0)

图 20.4　目标任务中吸收状态变化时各算法性能比较图(续)

移可能对算法的收敛产生负面作用。这主要是由于当任务间目标相近时，任务中的值函数才可能相近，但是当任务间目标相距较远甚至相反时，无论是值函数还是最优策略都存在较大的差异；即使是在历史任务和目标任务的环境完全一致的情况下，由于前后任务的目标发生变化，两者之间的值函数和最优策略都必然发生较大的变化，所以，值函数迁移的合理性也必然无法得到保证。综上所述，在历史任务与目标任务的目标一致的情况下，VFT-Q-Learning 算法具有较优的收敛性能。

20.4　本 章 小 结

本章从知识迁移的角度，在不同任务之间具有相同状态空间和动作空间的情况下，利用自模拟度量方法构造不同环境下状态之间的距离关系，设置一定的阈值，根据状态之间的距离，实现不同环境下状态值函数之间的“正迁移”，并从理论上证明不同环境下状态最优值函数之间的误差与状态之间距离的关系，理论上保证值函数迁移的正确性。基于值函数迁移算法，利用 Q 学习算法的执行框架，结合 Q-V 算法中 Q-值函数和 V-值函数的更新规则，提出一种基于值函数迁移的 VFT-Q-Learning 算法。将 VFT-Q-Learning、Q 学习、Sarsa 以及 Q-V 算法用于带有随机风的 Windy Grid World 实验平台，实验结果表明基于自模拟度量的值函数迁移的正确性，以及 VFT-Q-Learning 在保证收敛精度的情况下，具有较快的收敛速度，同时对学习率的不同取值具有较强的鲁棒性。

参考文献

[1] 傅启明, 刘全, 尤树华, 等. 一种新的基于值函数迁移的快速 Sarsa 算法. 电子学报, 2014, 42(11): 2157-2161.

[2] You S, Liu Q, Fu Q, et al. A Bayesian Sarsa learning algorithm with bandit-based method. The 22nd International Conference on Neural Information Processing, Istanbul, 2015.

[3] 刘全, 李瑾, 傅启明, 等. 一种最大集合期望损失的多目标 Sarsa(λ)算法. 电子学报, 2013, 41(8): 1469-1473.

[4] 刘全, 肖飞, 傅启明, 等. 基于自适应归一化 RBF 网络的 Q-V 值函数协同逼近模型. 计算机学报, 2014, 38(7): 1386-1396.

[5] Taylor J, Precup D, Panangaden P. Bounding performance loss in approximate MDP homomorphisms. The 22nd Annual Conference on Neural Information Processing Systems, New York, 2008.

[6] 王皓, 高阳, 陈兴国. 强化学习中的迁移: 方法和进展. 电子学报, 2008, 36(12A): 39-43.

[7] Sunmola F,Wyatt J. Model transfer for Markov decision tasks via parameter matching. The 25th Workshop of the UK Planning and Scheduling Special Interest Group, Nottingham, 2006.

[8] Konidaris G, Barto A. Building portable options: Skill transfer in reinforcement learning. The 20th International Joint Conference on Artificial Intelligence, CA , 2007.

[9] Ferrante E, Lazaric A, Restelli M. Transfer of task representation in reinforcement learning using policy-based proto-value functions. The 7th International Conference on Autonomous Agents and Multi-Agent Systems, Estoril, 2008.

[10] Lazaric A, Restelli M, Bonarini A. Transfer of samples in batch reinforcement learning. The 25th International Conference on Machine Learning, New York, 2008.

[11] Sorg J, Singh S. Transfer via soft homomorphisms. The 8th International Conference on Autonomous Agents and Multiagent Systems Hungary, 2009.

[12] Ammar H B, Taylor M, Tuyls K, et al. Reinforcement learning transfer using a sparse coded inter-task mapping. The 9th European Workshop on Multi-agent Systems, Berlin, 2012.

[13] Konidaris G, Scheidwasser I, Barto A. Transfer in reinforcement learning via shared features. Journal of Machine Learning Research, 2012, 13:1333-1371.

[14] Givan R, Dean T, Greig M. Equivalence notions and model minimization in Markov decision processes. Artificial Intelligence, 2003, 147(1-2): 163-223.

[15] Ferns N, Panangaden P, Precup D. Metrics for finite markov decision processes. The 20th Conference on Uncertainty in Artificial Intelligence, Arlington, 2004.

[16] Wiering M, Hasselt V. The QV family compared to other reinforcement learning algorithms. The IEEE International Symposium on Approximate Dynamic Programming and Reinforcement Learning, Nashville, 2009.

第 21 章　离策略带参贝叶斯强化学习算法

本章提出一种基于高斯过程的离策略近似策略迭代算法。该算法利用高斯过程对带参的值函数进行建模，结合重要性关联因子构建生成模型，根据贝叶斯推理，求解值函数的后验分布。且在学习过程中，根据值函数的概率分布，求解动作的信息价值增益，结合值函数的期望值，选择相应的动作。在一定程度上，该算法可以解决探索和利用的平衡问题，加快算法的收敛速度。将算法用于平衡杆问题，实验结果表明算法具有较快的收敛速度和较好的收敛精度。相关研究进展请参考文献[1]～文献[15]。

21.1　高 斯 过 程

高斯过程(Gaussian Process, GP)是一组随机变量的集合，每一个随机变量都包含一个输入变量 y（$y \in Y$），其中任意有限个随机变量都服从联合高斯分布[16]。这里用 F 表示一个高斯过程，对于任意给定的 $y \in Y$， $F(y)$ 就是其中一个随机变量，且与其他随机变量服从联合高斯分布。根据输入变量集合 Y 的可数性和有限性，高斯过程可以分为三种形式：当 X 是一个可数、有限集合时，高斯过程 F 可以理解为一个随机向量；当 Y 是一个可数、无限集合时，F 可以理解为一组随机序列；当 Y 是一个不可数、无限集合时， F 可以理解为一组随机函数，即 F 中任意一个元素可以表示为 $f: Y \to \mathbb{R}$ 。给出一个高斯过程的形式化公式为

$$F \sim \mathrm{GP}(m,k) \tag{21.1}$$

式中， m 是均值函数； k 是协方差函数， $F(y) \sim N(m(y),k(y,y))$ 。

高斯过程可以用于直接对函数空间进行建模，而不受限于具体的参数化模型。根据高斯过程的先验信息，结合概率生成模型，利用贝叶斯推理，可以求得当前高斯过程的后验。当似然函数和先验都服从高斯分布时，根据贝叶斯推理所求得的后验同样服从高斯分布。因此，整个计算过程都在一个封闭的空间中进行，可以避免在迭代计算过程中前后两次计算结果形式上不一致的问题。此外，在利用高斯过程方法求解问题的过程中，构造合适的概率生成模型非常关键。通常概率生成模型需要包含以下三个要素。

(1) 构造一个连接可观测随机过程与不可观测随机过程的等式，且通常等式中还包含一个噪声项。等式中的不可观测随机过程是求解的焦点。

(2) 指定噪声项服从某一概率分布。等式中的噪声项也可以理解为一个随机过程。

(3) 指定不可观测随机过程服从某一先验概率分布。这也是进行贝叶斯推理的前提。

根据以上分析，给出一个线性概率生成模型的形式化表示，如式(21.2)所示

$$Y = HF + N \tag{21.2}$$

式中，H 是线性操作；F 是不可观测的随机过程；Y 是可观测的随机过程；N 是噪声项，F 和 N 都服从某一高斯分布，且两者之间相互独立。

在学习过程中，对于一组给定的样本数据 $\{(y_i, z_i)\}_{i=1}^{t}$，其中 $y_i \in Y$ 是输入变量，$z_i \in Z$ 是可观测变量，可以得到 t 组等式，如式(21.3)所示

$$\boldsymbol{Z}_t = \boldsymbol{H}_t \boldsymbol{F}_t + \boldsymbol{N}_t \tag{21.3}$$

式中，$\boldsymbol{Z}_t = (Z(y_1), Z(y_2), \cdots, Z(y_t))^{\mathrm{T}}$；$\boldsymbol{H}_t$ 是一个 $t \times t$ 维的矩阵；$\boldsymbol{F}_t = (F(y_1), F(y_2), \cdots, F(y_t))^{\mathrm{T}}$；$\boldsymbol{N}_t = (N(y_1), N(y_2), \cdots, N(y_t))^{\mathrm{T}}$。

21.2　基于高斯过程的离策略带参近似策略迭代算法

本节考虑在确定环境问题中，利用带参的线性函数对值函数进行建模，再利用高斯过程对值函数空间进行建模，并给定一定的先验信息，构造合适的概率生成模型，根据贝叶斯理论，求得高斯过程的后验，即值函数空间的后验。并在学习的过程中，利用值函数的后验分布，求得动作的短期信息价值增益，结合值函数的期望，选择相应动作，平衡探索和利用的问题，加快算法的收敛速度。

21.2.1　基于高斯过程的值函数参数估计

在强化学习中，通常利用值函数对策略进行评估，且根据值函数所关注的对象——状态或者状态动作对，值函数可以分为状态值函数和动作值函数。在预测问题中，通常采用状态值函数；而在控制问题中，通常采用动作值函数，因为在控制问题中，必须结合状态值函数和环境模型，才可以确定相应的动作，而一般情况下，强化学习中所关注的环境模型是未知的。本章所关注的主要是控制问题，因此，主要利用线性函数对动作值函数进行建模，式(21.4)给出了动作值函数的形式化表示方法，即

$$Q(\boldsymbol{x}, u) = \sum\nolimits_{i=1}^{n} \phi_i(\boldsymbol{x}, u)\omega_j = \boldsymbol{\phi}(\boldsymbol{x}, u)^{\mathrm{T}} \boldsymbol{W} \tag{21.4}$$

式中，$\boldsymbol{x}$ 是当前的状态；u 是当前的动作；ϕ_i 是第 i 个基函数；ω_i 是第 i 个参数；$\boldsymbol{\phi} = (\phi_1, \phi_2, \cdots, \phi_n)^{\mathrm{T}}$ 是由 n 个基函数所构造的特征向量；$\boldsymbol{W} = (\omega_1, \omega_2, \cdots, \omega_n)$ 是一个 n 维的参数向量。

假设 21.1　假定 $\boldsymbol{W}$ 中任意两个参数之间相互独立，且关于 $\boldsymbol{W}$ 先验服从标准 n 维高斯分布，即 $\boldsymbol{W} \sim N(\boldsymbol{0}, \boldsymbol{I})$，$\boldsymbol{I}$ 是 $n \times n$ 的单位矩阵。

利用高斯过程对值函数空间进行建模，为了与强化学习中的符号表示相一致，高斯过程用 Q 表示，即 $Q(z)$ 是当前状态动作对 z 的动作值函数，其中 $z\in\boldsymbol{Z}$。根据假设 21.1 和式(21.4)，可以给出动作值函数的期望和任意两个动作值函数的协方差，如式(21.5)和式(21.6)所示

$$E\{Q(z)\}=E\{\boldsymbol{\phi}(z)^{\mathrm{T}}\boldsymbol{W}\}=\boldsymbol{\phi}(z)^{\mathrm{T}}E\{\boldsymbol{W}\}=0 \tag{21.5}$$

$$\begin{aligned}\mathrm{Cov}\{Q(z),Q(z')\}&=\mathrm{Cov}\{\boldsymbol{\phi}(z)^{\mathrm{T}}\boldsymbol{W},\boldsymbol{\phi}(z')^{\mathrm{T}}\boldsymbol{W}\}\\&=\boldsymbol{\phi}(z)^{\mathrm{T}}E\{\boldsymbol{W}\boldsymbol{W}^{\mathrm{T}}\}\boldsymbol{\phi}(z')\\&=\boldsymbol{\phi}(z)^{\mathrm{T}}\boldsymbol{\phi}(z')\end{aligned} \tag{21.6}$$

式中，$m(z)=E\{Q(z)\}$，$k(z,z')=\mathrm{Cov}\{Q(z),Q(z')\}=\boldsymbol{\phi}(z)^{\mathrm{T}}\boldsymbol{\phi}(z')$，即在先验高斯过程中，对于任意 $z\in\boldsymbol{Z}$，$Q(z)\sim N(m(z),k(z,z'))$。因此，关于动作值函数的高斯过程的形式化表示为

$$Q\sim \mathrm{GP}(m,k) \tag{21.7}$$

在确定环境问题的在线学习过程中，根据式(2.6)和定义 18.2 中给出的重要性关联因子，可得

$$Q(z)=\hat{r}(z)+\gamma\rho(z')Q(z') \tag{21.8}$$

式中，z' 是在当前策略下，状态动作对 z 的后续状态动作对；$\hat{r}(z)$ 是当前状态动作对下立即奖赏 $r(z)$ 的期望。因此，$\hat{r}(z)$ 可以表示为

$$\hat{r}(z)=r(z)-N(z) \tag{21.9}$$

式中，N 是噪声项。

将式(21.9)代入式(21.8)，可得

$$r(z)=Q(z)-\gamma\rho(z')Q(z')+N(z) \tag{21.10}$$

假设 21.2 设各状态动作对的立即奖赏的噪声项相互独立服从于高斯分布，均值为 0，方差为 $\sigma^2(z)$，即 $N(z)\sim N(0,\sigma^2(z))$。

假设给定一组包含 $t+1$ 个状态的样本序列 $\{z_i,r(z_i),z_{i+1}\}_{i=0}^{i=t-1}$，其中 z_{i+1} 是 z_i 的后续状态动作对，则对于第 i 个样本，$\hat{r}(z_i)=r(z_i)-N(z_i)$。将这一组样本的动作值函数、立即奖赏和噪声分别写成向量的形式，即

$$\boldsymbol{Q}_t=(Q(z_0),Q(z_1),\cdots,Q(z_t))^{\mathrm{T}} \tag{21.11}$$

$$\boldsymbol{r}_{t-1}=(r(z_0),r(z_1),\cdots,r(z_{t-1}))^{\mathrm{T}} \tag{21.12}$$

$$\boldsymbol{N}_{t-1}=(N(z_0),N(z_1),\cdots,N(z_{t-1}))^{\mathrm{T}} \tag{21.13}$$

根据假设 21.2 和式(21.13)，噪声向量 $\boldsymbol{N}_{n-1}$ 的分布形式为

$$\boldsymbol{N}_{t-1} \sim N(\boldsymbol{0},\boldsymbol{\Sigma}_t)\,,\quad \boldsymbol{\Sigma}_t=\begin{bmatrix}\sigma_0^2 & 0 & \cdots & 0\\ 0 & \sigma_1^2 & \cdots & 0\\ \vdots & \vdots & & \vdots\\ 0 & 0 & \cdots & \sigma_{t-1}^2\end{bmatrix} \tag{21.14}$$

式中，$\sigma_i=\sigma(z_i)$。

根据这组样本序列和式(21.10)，可得一个包含t个等式的线性方程组，即

$$\boldsymbol{r}_{t-1} = \boldsymbol{H}_t\boldsymbol{Q}_t+\boldsymbol{N}_{t-1} \tag{21.15}$$

式中，$\boldsymbol{H}_t$是一个$t\times(t+1)$的矩阵，如式(21.16)所示

$$\boldsymbol{H}_t=\begin{bmatrix}1 & -\gamma\rho(z_1) & 0 & \cdots & 0\\ 0 & 1 & -\gamma\rho(z_2) & \cdots & 0\\ \vdots & \vdots & \vdots & & \vdots\\ 0 & 0 & \cdots & 1 & -\gamma\rho(z_t)\end{bmatrix} \tag{21.16}$$

将式(21.4)代入式(21.15)，可得关于参数向量$\boldsymbol{W}$的线性方程组，即

$$\boldsymbol{r}_{t-1}=\boldsymbol{H}_t\boldsymbol{\Phi}_t^{\mathrm{T}}\boldsymbol{W}+\boldsymbol{N}_{t-1} \tag{21.17}$$

式中，$\boldsymbol{\Phi}_t^{\mathrm{T}}$是一个$(t+1)\times n$的矩阵，即$\boldsymbol{\Phi}_t^{\mathrm{T}}=(\boldsymbol{\phi}(z_0),\boldsymbol{\phi}(z_2),\cdots,\boldsymbol{\phi}(z_t))^{\mathrm{T}}$，$\boldsymbol{\phi}(z_i)=(\phi_1(z_i),\phi_2(z_i),\cdots,\phi_n(z_i))^{\mathrm{T}}$。式(21.17)也是在进行贝叶斯推理过程中所利用到的概率生成模型。

定理 21.1　在假设 21.1、假设 21.2 成立的条件下，对于一组给定的样本序列$\{\boldsymbol{z}_i,r(\boldsymbol{z}_i),\boldsymbol{z}_{i+1}\}_{i=0}^{i=t-1}$，其中立即奖赏向量$\boldsymbol{r}_{t-1}$的分布满足

$$\boldsymbol{r}_{t-1} \sim N(\boldsymbol{0},\boldsymbol{H}_t\boldsymbol{\Phi}_t^{\mathrm{T}}\boldsymbol{\Phi}_t\boldsymbol{H}_t^{\mathrm{T}}+\boldsymbol{\Sigma}_t) \tag{21.18}$$

证明　根据假设21.1、假设21.2可知，$\boldsymbol{W}\sim N(\boldsymbol{0},\boldsymbol{I})$，$\boldsymbol{N}_{t-1}\sim N(\boldsymbol{0},\boldsymbol{\Sigma}_t)$。结合式(21.17)，可知

$$\begin{aligned}E\{\boldsymbol{r}_{t-1}\}&=E\{\boldsymbol{H}_t\boldsymbol{\Phi}_t^{\mathrm{T}}\boldsymbol{W}+\boldsymbol{N}_{t-1}\}\\&=\boldsymbol{H}_t\boldsymbol{\Phi}_t^{\mathrm{T}}E\{\boldsymbol{W}\}+E\{\boldsymbol{N}_{t-1}\}\\&=\boldsymbol{0}\end{aligned}$$

$$\begin{aligned}\mathrm{Cov}(\boldsymbol{r}_{t-1},\boldsymbol{r}_{t-1})&=\mathrm{Cov}(\boldsymbol{H}_t\boldsymbol{\Phi}_t^{\mathrm{T}}\boldsymbol{W}+\boldsymbol{N}_{t-1},\boldsymbol{H}_t\boldsymbol{\Phi}_t^{\mathrm{T}}\boldsymbol{W}+\boldsymbol{N}_{t-1})\\&=\mathrm{Cov}(\boldsymbol{H}_t\boldsymbol{\Phi}_t^{\mathrm{T}}\boldsymbol{W},\boldsymbol{H}_t\boldsymbol{\Phi}_t^{\mathrm{T}}\boldsymbol{W})+\mathrm{Cov}(\boldsymbol{N}_{t-1},\boldsymbol{N}_{t-1})\\&=\boldsymbol{H}_t\boldsymbol{\Phi}_t^{\mathrm{T}}\mathrm{Cov}(\boldsymbol{W},\boldsymbol{W})\boldsymbol{\Phi}_t\boldsymbol{H}_t^{\mathrm{T}}+\mathrm{Cov}(\boldsymbol{N}_{t-1},\boldsymbol{N}_{t-1})\\&=\boldsymbol{H}_t\boldsymbol{\Phi}_t^{\mathrm{T}}\boldsymbol{\Phi}_t\boldsymbol{H}_t^{\mathrm{T}}+\boldsymbol{\Sigma}_t\end{aligned}$$

因此，$\boldsymbol{r}_{t-1}\sim N(\boldsymbol{0},\boldsymbol{H}_t\boldsymbol{\Phi}_t^{\mathrm{T}}\boldsymbol{\Phi}_t\boldsymbol{H}_t^{\mathrm{T}}+\boldsymbol{\Sigma}_t)$。

证毕。

定理 21.2　假设 $\boldsymbol{A}$ 是一个 $n\times m$ 的矩阵，$\boldsymbol{B}$ 是一个 $m\times n$ 的矩阵，且 $\boldsymbol{BA}+\boldsymbol{I}$ 是非奇异矩阵，那么 $\boldsymbol{AB}+\boldsymbol{I}$ 也是非奇异矩阵，且 $\boldsymbol{A}(\boldsymbol{BA}+\boldsymbol{I})^{-1}=(\boldsymbol{AB}+\boldsymbol{I})^{-1}\boldsymbol{A}$。

证明　利用反证法证明。假设 $\boldsymbol{AB}+\boldsymbol{I}$ 是奇异矩阵，则存在一个向量 $\boldsymbol{a}\neq\boldsymbol{0}$，使得式(21.19)成立，即

$$(\boldsymbol{AB}+\boldsymbol{I})\boldsymbol{a}=\boldsymbol{0} \tag{21.19}$$

在式(21.19)两边同时左乘 $\boldsymbol{B}$，得

$$\boldsymbol{B}(\boldsymbol{AB}+\boldsymbol{I})\boldsymbol{a}=(\boldsymbol{BA}+\boldsymbol{I})\boldsymbol{Ba}=\boldsymbol{0} \tag{21.20}$$

令 $\boldsymbol{b}\overset{\text{def}}{=}\boldsymbol{Ba}$，根据式(21.19)可知，$\boldsymbol{a}=-\boldsymbol{ABa}=-\boldsymbol{Ab}$，若 $\boldsymbol{b}=\boldsymbol{0}$，则 $\boldsymbol{a}=\boldsymbol{0}$，因此，$\boldsymbol{b}\neq\boldsymbol{0}$。再根据式(21.20)可知，$\boldsymbol{BA}+\boldsymbol{I}$ 也是奇异矩阵，与条件不符。因此，如果 $\boldsymbol{BA}+\boldsymbol{I}$ 是非奇异矩阵，则 $\boldsymbol{AB}+\boldsymbol{I}$ 也是非奇异矩阵。

当 $\boldsymbol{AB}+\boldsymbol{I}$ 是非奇异矩阵，即 $\boldsymbol{AB}+\boldsymbol{I}$ 存在逆矩阵时，可得

$$\begin{aligned}\boldsymbol{A}(\boldsymbol{BA}+\boldsymbol{I})^{-1}&=(\boldsymbol{AB}+\boldsymbol{I})^{-1}(\boldsymbol{AB}+\boldsymbol{I})\boldsymbol{A}(\boldsymbol{BA}+\boldsymbol{I})^{-1}\\&=(\boldsymbol{AB}+\boldsymbol{I})^{-1}\boldsymbol{A}(\boldsymbol{BA}+\boldsymbol{I})(\boldsymbol{BA}+\boldsymbol{I})^{-1}\\&=(\boldsymbol{AB}+\boldsymbol{I})^{-1}\boldsymbol{A}\end{aligned}$$

因此，$\boldsymbol{A}(\boldsymbol{BA}+\boldsymbol{I})^{-1}=(\boldsymbol{AB}+\boldsymbol{I})^{-1}\boldsymbol{A}$。

证毕。

定理 21.3　在假设 21.1、假设 21.2 成立的条件下，对于一组给定的样本序列 $\{z_i,r(z_i),z_{i+1}\}_{i=0}^{i=t-1}$，参数向量 $\boldsymbol{W}$ 与立即奖赏向量 $\boldsymbol{r}_{t-1}$ 的联合概率分布如式(21.21)所示，且参数向量的后验 $\boldsymbol{W}|\boldsymbol{r}_{t-1}$ 满足

$$\begin{bmatrix}\boldsymbol{W}\\\boldsymbol{r}_{t-1}\end{bmatrix}\sim N\left\{\begin{bmatrix}\boldsymbol{0}\\\boldsymbol{0}\end{bmatrix},\begin{bmatrix}\boldsymbol{I} & \boldsymbol{\Phi}_t\boldsymbol{H}_t^{\mathrm{T}}\\\boldsymbol{H}_t\boldsymbol{\Phi}_t^{\mathrm{T}} & \boldsymbol{H}_t\boldsymbol{\Phi}_t^{\mathrm{T}}\boldsymbol{\Phi}_t\boldsymbol{H}_t^{\mathrm{T}}+\boldsymbol{\Sigma}_t\end{bmatrix}\right\} \tag{21.21}$$

$$\boldsymbol{W}|\boldsymbol{r}_{t-1}\sim N(\boldsymbol{\Phi}_t\boldsymbol{H}_t^{\mathrm{T}}(\boldsymbol{H}_t\boldsymbol{\Phi}_t^{\mathrm{T}}\boldsymbol{\Phi}_t\boldsymbol{H}_t^{\mathrm{T}}+\boldsymbol{\Sigma}_t)^{-1}\boldsymbol{r}_{t-1},(\boldsymbol{\Phi}_t\boldsymbol{H}_t^{\mathrm{T}}\boldsymbol{\Sigma}_t^{-1}\boldsymbol{H}_t\boldsymbol{\Phi}_t^{\mathrm{T}}+\boldsymbol{I})^{-1}) \tag{21.22}$$

证明　根据 $\boldsymbol{W}$ 的先验，以及概率生成模型式(21.17)，可知

$$\begin{aligned}\mathrm{Cov}(\boldsymbol{W},\boldsymbol{r}_{t-1})&=\mathrm{Cov}(\boldsymbol{W},\boldsymbol{H}_t\boldsymbol{\Phi}_t^{\mathrm{T}}\boldsymbol{W}+\boldsymbol{N}_{t-1})\\&=\mathrm{Cov}(\boldsymbol{W},\boldsymbol{H}_t\boldsymbol{\Phi}_t^{\mathrm{T}}\boldsymbol{W})\\&=\mathrm{Cov}(\boldsymbol{W},\boldsymbol{W})\boldsymbol{\Phi}_t\boldsymbol{H}_t^{\mathrm{T}}\\&=\boldsymbol{\Phi}_t\boldsymbol{H}_t^{\mathrm{T}}\end{aligned}$$

结合定理 21.1，可得

$$\begin{bmatrix}\boldsymbol{W}\\\boldsymbol{r}_{t-1}\end{bmatrix}\sim N\left\{\begin{bmatrix}\boldsymbol{0}\\\boldsymbol{0}\end{bmatrix},\begin{bmatrix}\boldsymbol{I} & \boldsymbol{\Phi}_t\boldsymbol{H}_t^{\mathrm{T}}\\\boldsymbol{H}_t\boldsymbol{\Phi}_t^{\mathrm{T}} & \boldsymbol{H}_t\boldsymbol{\Phi}_t^{\mathrm{T}}\boldsymbol{\Phi}_t\boldsymbol{H}_t^{\mathrm{T}}+\boldsymbol{\Sigma}_t\end{bmatrix}\right\}$$

因此，式(21.21)得证。

根据式(21.21)和条件高斯分布的后验形式，可知

$$
\begin{aligned}
E\{\boldsymbol{W} \mid \boldsymbol{r}_{t-1}\} &= E\{\boldsymbol{W}\} + \mathrm{Cov}(\boldsymbol{W}, \boldsymbol{r}_{t-1})\mathrm{Cov}(\boldsymbol{r}_{t-1}, \boldsymbol{r}_{t-1})^{-1}(\boldsymbol{r}_{t-1} - E\{\boldsymbol{r}_{t-1}\}) \\
&= \boldsymbol{\Phi}_t \boldsymbol{H}_t^{\mathrm{T}} (\boldsymbol{H}_t \boldsymbol{\Phi}_t^{\mathrm{T}} \boldsymbol{\Phi}_t \boldsymbol{H}_t^{\mathrm{T}} + \boldsymbol{\Sigma}_t)^{-1} \boldsymbol{r}_{t-1}
\end{aligned}
$$

$$
\begin{aligned}
\mathrm{Cov}(\boldsymbol{W} \mid \boldsymbol{r}_{t-1}, \boldsymbol{W} \mid \boldsymbol{r}_{t-1}) &= \mathrm{Cov}(\boldsymbol{W}, \boldsymbol{W}) - \mathrm{Cov}(\boldsymbol{W}, \boldsymbol{r}_{t-1})\mathrm{Cov}(\boldsymbol{r}_{t-1}, \boldsymbol{r}_{t-1})^{-1}\mathrm{Cov}(\boldsymbol{r}_{t-1}, \boldsymbol{W}) \\
&= \boldsymbol{I} - \boldsymbol{\Phi}_t \boldsymbol{H}_t^{\mathrm{T}} (\boldsymbol{H}_t \boldsymbol{\Phi}_t^{\mathrm{T}} \boldsymbol{\Phi}_t \boldsymbol{H}_t^{\mathrm{T}} + \boldsymbol{\Sigma}_t)^{-1} \boldsymbol{H}_t \boldsymbol{\Phi}_t^{\mathrm{T}}
\end{aligned}
$$

根据定理 21.2 可知

$$
\begin{aligned}
E\{\boldsymbol{W} \mid \boldsymbol{r}_{t-1}\} &= \boldsymbol{\Phi}_t \boldsymbol{H}_t^{\mathrm{T}} (\boldsymbol{H}_t \boldsymbol{\Phi}_t^{\mathrm{T}} \boldsymbol{\Phi}_t \boldsymbol{H}_t^{\mathrm{T}} + \boldsymbol{\Sigma}_t)^{-1} \boldsymbol{r}_{t-1} \\
&= (\boldsymbol{\Phi}_t \boldsymbol{H}_t^{\mathrm{T}} \boldsymbol{H}_t \boldsymbol{\Phi}_t^{\mathrm{T}} + \boldsymbol{\Sigma}_t)^{-1} \boldsymbol{\Phi}_t \boldsymbol{H}_t^{\mathrm{T}} \boldsymbol{r}_{t-1} \\
&= (\boldsymbol{\Phi}_t \boldsymbol{H}_t^{\mathrm{T}} \boldsymbol{\Sigma}_t^{-1} \boldsymbol{H}_t \boldsymbol{\Phi}_t^{\mathrm{T}} + \boldsymbol{I})^{-1} \boldsymbol{\Phi}_t \boldsymbol{H}_t^{\mathrm{T}} \boldsymbol{\Sigma}_t^{-1} \boldsymbol{r}_{t\ 1}
\end{aligned}
$$

$$
\begin{aligned}
\mathrm{Cov}(\boldsymbol{W} \mid \boldsymbol{r}_{t-1}, \boldsymbol{W} \mid \boldsymbol{r}_{t-1}) &= \boldsymbol{I} - \boldsymbol{\Phi}_t \boldsymbol{H}_t^{\mathrm{T}} (\boldsymbol{H}_t \boldsymbol{\Phi}_t^{\mathrm{T}} \boldsymbol{\Phi}_t \boldsymbol{H}_t^{\mathrm{T}} + \boldsymbol{\Sigma}_t)^{-1} \boldsymbol{H}_t \boldsymbol{\Phi}_t^{\mathrm{T}} \\
&= \boldsymbol{I} - (\boldsymbol{\Phi}_t \boldsymbol{H}_t^{\mathrm{T}} \boldsymbol{\Sigma}_t^{-1} \boldsymbol{H}_t \boldsymbol{\Phi}_t^{\mathrm{T}} + \boldsymbol{I})^{-1} \boldsymbol{\Phi}_t \boldsymbol{H}_t^{\mathrm{T}} \boldsymbol{\Sigma}_t^{-1} \boldsymbol{H}_t \boldsymbol{\Phi}_t^{\mathrm{T}} \\
&= (\boldsymbol{\Phi}_t \boldsymbol{H}_t^{\mathrm{T}} \boldsymbol{\Sigma}_t^{-1} \boldsymbol{H}_t \boldsymbol{\Phi}_t^{\mathrm{T}} + \boldsymbol{I})^{-1} (\boldsymbol{\Phi}_t \boldsymbol{H}_t^{\mathrm{T}} \boldsymbol{\Sigma}_t^{-1} \boldsymbol{H}_t \boldsymbol{\Phi}_t^{\mathrm{T}} + \boldsymbol{I}) \\
&\quad - (\boldsymbol{\Phi}_t \boldsymbol{H}_t^{\mathrm{T}} \boldsymbol{\Sigma}_t^{-1} \boldsymbol{H}_t \boldsymbol{\Phi}_t^{\mathrm{T}} + \boldsymbol{I})^{-1} \boldsymbol{\Phi}_t \boldsymbol{H}_t^{\mathrm{T}} \boldsymbol{\Sigma}_t^{-1} \boldsymbol{H}_t \boldsymbol{\Phi}_t^{\mathrm{T}} \\
&= (\boldsymbol{\Phi}_t \boldsymbol{H}_t^{\mathrm{T}} \boldsymbol{\Sigma}_t^{-1} \boldsymbol{H}_t \boldsymbol{\Phi}_t^{\mathrm{T}} + \boldsymbol{I})^{-1}
\end{aligned}
$$

因此，$\boldsymbol{W}|\boldsymbol{r}_{t-1} \sim N((\boldsymbol{\Phi}_t \boldsymbol{H}_t^{\mathrm{T}} \boldsymbol{\Sigma}_t^{-1} \boldsymbol{H}_t \boldsymbol{\Phi}_t^{\mathrm{T}} + \boldsymbol{I})^{-1} \boldsymbol{\Phi}_t \boldsymbol{H}_t^{\mathrm{T}} \boldsymbol{\Sigma}_t^{-1} \boldsymbol{r}_{t-1}, (\boldsymbol{\Phi}_t \boldsymbol{H}_t^{\mathrm{T}} \boldsymbol{\Sigma}_t^{-1} \boldsymbol{H}_t \boldsymbol{\Phi}_t^{\mathrm{T}} + \boldsymbol{I})^{-1})$。

证毕。

21.2.2　基于 VPI 的动作选择方法

强化学习通过 Agent 与环境的交互在线求解最优策略，那么，在 Agent 与环境的交互过程中，如何平衡探索和利用的问题就将直接影响算法的收敛速度。目前，常见的方法是通过人工设定的相关参数控制算法在学习过程中探索和利用的比例，如常见的 ε-greedy 方法或者模拟退火方法，但是这类算法仅仅是机械地反映两者之间的比例，而在实际学习过程中，通常可以根据某些启发式信息指导探索和利用的平衡问题，动态地调整动作的选择策略，达到合理探索的目的。

探索的目的是找到更好的策略，因此，在学习过程中，需要格外关注能够改变动作选择策略的信息。通常有两种情况能够导致策略发生变化：①新信息显示当前状态下的非最优动作要优于最优动作；②新信息显示当前状态下的最优动作要劣于次优动作。对于第一种情况，假设动作 u_1 是最优动作，即 $\forall u' \neq u_1$， $E\{Q(\boldsymbol{x},u_1)\} \geqslant E\{Q(\boldsymbol{x},u')\}$，且新信息显示动作 u 可能是一个更优的动作，即 $E\{Q(\boldsymbol{x},u_1)\} \leqslant Q(\boldsymbol{x},u)$，其中 $Q^*(\boldsymbol{x},u)$ 是在动作 u 下可能获得的较优动作值函数。因此，在执行动作 u 时，可以获得额外的奖励，即 $Q^*(\boldsymbol{x},u) - E\{Q(\boldsymbol{x},u_1)\}$。对于第二种情况，假设动作 u_1 是最优

动作，u_2是次优动作，即$\forall u' \neq u_1, u' \neq u_2$，$E\{Q(\boldsymbol{x},u_1)\} \geqslant E\{Q(\boldsymbol{x},u_2)\} \geqslant E\{Q(\boldsymbol{x},u')\}$，且信息显示当前的最优动作$u_1$可能会劣于次优动作$u_2$，即在动作$u_1$下可能获得某一次的值函数$Q'(\boldsymbol{x},u_1)$，$Q'(\boldsymbol{x},u_1) < E\{Q(\boldsymbol{x},u_2)\}$，即通过执行动作$u_2$，可以得到额外的奖励，即$E\{Q(\boldsymbol{x},u_2)\} - Q'(\boldsymbol{x},u_1)$。但是，不管上述哪一种情况，都是在执行当前动作的情况下所获得的额外信息，因此，根据以上两种情况，可以得到

$$\text{Info}_{x,u}(Q(\boldsymbol{x},u)) = \begin{cases} Q(\boldsymbol{x},u) - E\{Q(\boldsymbol{x},u_1)\}, & u \neq u_1,\ Q(\boldsymbol{x},u) = Q^*(\boldsymbol{x},u) > E\{Q(\boldsymbol{x},u_1)\} \\ E\{Q(\boldsymbol{x},u_2)\} - Q(\boldsymbol{x},u), & u = u_1,\ Q(\boldsymbol{x},u) = Q'(\boldsymbol{x},u) < E\{Q(\boldsymbol{x},u_2)\} \\ 0, & \text{其他} \end{cases} \tag{21.23}$$

式中，$u_1,u_2 \in U$，且u_1是最优动作，u_2是次优动作。然而，强化学习是一种在线的学习方法，在学习过程中，Agent 无法事先知道所采取的动作可能获取的较优或者较劣的值函数，$Q^*(\boldsymbol{x},u)$或者$Q'(\boldsymbol{x},u)$，因此，只能根据先验信息进行估计，计算当前动作下的额外奖赏的期望，即信息价值增益(Value of Perfect Information, VPI)。

定义 21.1　信息价值增益是指针对所考虑的动作，根据先验信息所能获取关于该动作的额外奖赏(或者惩罚)，并可以利用该额外奖赏(或者惩罚)指导动作的选择。信息价值增益的计算为

$$\text{VPI}(\boldsymbol{x},y) = \int_{-\infty}^{\infty} \text{info}_{x,u}(y) P(Q(\boldsymbol{x},u) = y) \mathrm{d}y \tag{21.24}$$

式中，$P(Q(\boldsymbol{x},u) = y)$是当前状态动作对$(\boldsymbol{x},u)$的值函数为$y$时的概率密度。在在线学习的过程中，信息价值增益主要用于指导动作的选择，不参与任何值函数的修正。在获取信息价值增益的情况下，动作的选择需满足

$$E\{Q(\boldsymbol{x},u)\} + \text{VPI}(\boldsymbol{x},u) \tag{21.25}$$

根据值函数的先验以及信息价值增益的计算公式，可以得出，当 Agent 对当前值函数的估计相当“确信”时，信息价值增益的值将逐渐趋向于 0，在这种情况下，动作的选择完全取决于值函数的期望，且 Agent 将会选择带来较大回报的动作，这也符合强化学习求解最优策略的目标。

21.2.3　GP-OPPAPI

结合 21.2.1 节给出的参数估计方法和 21.2.2 节的动作选择策略，给出一个基于高斯过程的离策略带参近似策略迭代算法(Gaussian Process-based Off-Policy Parametric Approximation Policy Iteration, GP-OPPAPI)，由于所设计的生成模型的局限性，算法只能用于确定环境下的问题求解。接下来将详细介绍算法的求解方法。

为了计算方便，进行如下的定义，令

$$\boldsymbol{P}_t = \text{Cov}(\boldsymbol{W} \mid \boldsymbol{r}_{t-1}, \boldsymbol{W} \mid \boldsymbol{r}_{t-1}) = (\boldsymbol{\varPhi}_t \boldsymbol{H}_t^{\mathrm{T}} \boldsymbol{\Sigma}_t^{-1} \boldsymbol{H}_t \boldsymbol{\varPhi}_t^{\mathrm{T}} + \boldsymbol{I})^{-1}$$

$$\boldsymbol{W}_t = E\{\boldsymbol{W} \mid \boldsymbol{r}_{t-1}\} = (\boldsymbol{\Phi}_t \boldsymbol{H}_t^{\mathrm{T}} \boldsymbol{\Sigma}_t^{-1} \boldsymbol{H}_t \boldsymbol{\Phi}_t^{\mathrm{T}} + \boldsymbol{I})^{-1} \boldsymbol{\Phi}_t \boldsymbol{H}_t^{\mathrm{T}} \boldsymbol{\Sigma}_t^{-1} \boldsymbol{r}_{t-1}$$

式中，$\boldsymbol{\Phi}_t$ 是 $n \times (t+1)$ 的矩阵；$\boldsymbol{\Phi}_t^{\mathrm{T}} = (\boldsymbol{\phi}(z_0), \boldsymbol{\phi}(z_1), \ldots, \boldsymbol{\phi}(z_t))^{\mathrm{T}}$，$\boldsymbol{\phi}(z_i) = (\phi_1(z_i), \phi_2(z_i), \cdots, \phi_n(z_i))^{\mathrm{T}}$；$\boldsymbol{H}_t$ 是 $(t+1) \times n$ 的矩阵。

再令 $\Delta\boldsymbol{\Phi}_t = \boldsymbol{\Phi}(\boldsymbol{z}_{t-1}) - \gamma\rho(\boldsymbol{z}_t)\Phi(\boldsymbol{z}_t)$，$\Delta\boldsymbol{\Phi}_t = \boldsymbol{\Phi}_t \boldsymbol{H}_t^{\mathrm{T}} = (\Delta\boldsymbol{\Phi}_1, \Delta\boldsymbol{\Phi}_2, \cdots, \Delta\boldsymbol{\Phi}_t)$，则 $\boldsymbol{P}_t$、$\boldsymbol{W}_t$ 分别可以由式(21.26)、式(21.27)表示，即

$$\boldsymbol{P}_t = (\Delta\boldsymbol{\Phi}_t \boldsymbol{\Sigma}_t^{-1} \Delta\boldsymbol{\Phi}_t^{\mathrm{T}} + \boldsymbol{I})^{-1} \tag{21.26}$$

$$\boldsymbol{W}_t = E\{\boldsymbol{W} \mid \boldsymbol{r}_{t-1}\} = \boldsymbol{P}_t \Delta\boldsymbol{\Phi}_t \boldsymbol{\Sigma}_t^{-1} \boldsymbol{r}_{t-1} \tag{21.27}$$

再分别令

$$\begin{aligned}
\boldsymbol{B}_t &= \Delta\boldsymbol{\Phi}_t \boldsymbol{\Sigma}_t^{-1} \Delta\boldsymbol{\Phi}_t^{\mathrm{T}} \\
&= (\Delta\boldsymbol{\Phi}_1, \Delta\boldsymbol{\Phi}_2, \cdots, \Delta\boldsymbol{\Phi}_t) \begin{bmatrix} 1/\sigma_0^2 & 0 & \cdots & 0 \\ 0 & 1/\sigma_1^2 & \cdots & 0 \\ \vdots & \vdots & & \vdots \\ 0 & 0 & \cdots & 1/\sigma_{t-1}^2 \end{bmatrix} (\Delta\boldsymbol{\Phi}_1, \Delta\boldsymbol{\Phi}_2, \cdots, \Delta\boldsymbol{\Phi}_t)^{\mathrm{T}} \\
&= \sum\nolimits_{i=1}^{t} \frac{1}{\sigma_{i-1}^2} \Delta\boldsymbol{\Phi}_i \Delta\boldsymbol{\Phi}_i^{\mathrm{T}} \\
&= \boldsymbol{B}_{t-1} + \frac{1}{\sigma_{t-1}^2} \Delta\boldsymbol{\Phi}_t \Delta\boldsymbol{\Phi}_t^{\mathrm{T}}
\end{aligned}$$

$$\begin{aligned}
\boldsymbol{b}_t &= \Delta\boldsymbol{\Phi}_t \boldsymbol{\Sigma}_t^{-1} \boldsymbol{r}_{t-1} \\
&= (\Delta\boldsymbol{\Phi}_1, \Delta\boldsymbol{\Phi}_2, \cdots, \Delta\boldsymbol{\Phi}_t) \begin{bmatrix} 1/\sigma_0^2 & 0 & \cdots & 0 \\ 0 & 1/\sigma_1^2 & \cdots & 0 \\ \vdots & \vdots & & \vdots \\ 0 & 0 & \cdots & 1/\sigma_{t-1}^2 \end{bmatrix} (r(\boldsymbol{z}_0), r(\boldsymbol{z}_2), \cdots, r(\boldsymbol{z}_{t-1}))^{\mathrm{T}} \\
&= \sum\nolimits_{i=1}^{t} \frac{1}{\sigma_{i-1}^2} \Delta\boldsymbol{\Phi}_i r(\boldsymbol{z}_{t-1}) \\
&= \boldsymbol{b}_{t-1} + \frac{1}{\sigma_{t-1}^2} \Delta\boldsymbol{\Phi}_t r(\boldsymbol{z}_{t-1})
\end{aligned}$$

则式(21.26)、式(21.27)可以写成

$$\boldsymbol{P}_t = (\boldsymbol{B}_t + \boldsymbol{I})^{-1} \tag{21.28}$$

$$\boldsymbol{W}_t = \boldsymbol{P}_t \boldsymbol{b}_t \tag{21.29}$$

对式(21.28)进行如下变化

$$
\begin{aligned}
\boldsymbol{P}_t &= (\boldsymbol{B}_t+\boldsymbol{I})^{-1} \\
&= \left(\boldsymbol{B}_{t-1}+\boldsymbol{I}+\frac{1}{\sigma_{t-1}^2}\Delta\boldsymbol{\Phi}_t\Delta\boldsymbol{\Phi}_t^{\mathrm{T}}\right)^{-1} \\
&= (\boldsymbol{B}_{t-1}+\boldsymbol{I})^{-1}-(\boldsymbol{B}_{t-1}+\boldsymbol{I})^{-1}\frac{1}{\sigma_{t-1}^2}\Delta\boldsymbol{\Phi}_t\left(1+\Delta\boldsymbol{\Phi}_t^{\mathrm{T}}(\boldsymbol{B}_{t-1}+\boldsymbol{I})^{-1}\frac{1}{\sigma_{t-1}^2}\Delta\boldsymbol{\Phi}_t\right)^{-1}\Delta\boldsymbol{\Phi}_t^{\mathrm{T}}(\boldsymbol{B}_{t-1}+\boldsymbol{I})^{-1} \\
&= \boldsymbol{P}_{t-1}-\boldsymbol{P}_{t-1}\Delta\boldsymbol{\Phi}_t(\sigma_{t-1}^2+\Delta\boldsymbol{\Phi}_t^{\mathrm{T}}\boldsymbol{P}_{t-1}\Delta\boldsymbol{\Phi}_t)^{-1}\Delta\boldsymbol{\Phi}_t^{\mathrm{T}}\boldsymbol{P}_{t-1} \\
&= \boldsymbol{P}_{t-1}-(\sigma_{t-1}^2+\Delta\boldsymbol{\Phi}_t^{\mathrm{T}}\boldsymbol{P}_{t-1}\Delta\boldsymbol{\Phi}_t)^{-1}\boldsymbol{P}_{t-1}\Delta\boldsymbol{\Phi}_t\Delta\boldsymbol{\Phi}_t^{\mathrm{T}}\boldsymbol{P}_{t-1}
\end{aligned}
$$

令 $\boldsymbol{k}_t=(\sigma_{t-1}^2+\Delta\boldsymbol{\Phi}_t^{\mathrm{T}}\boldsymbol{P}_{t-1}\Delta\boldsymbol{\Phi}_t)^{-1}\boldsymbol{P}_{t-1}\Delta\boldsymbol{\Phi}_t\Delta\boldsymbol{\Phi}_t^{\mathrm{T}}$，则式(21.28)可以写成

$$
\boldsymbol{P}_t=\boldsymbol{P}_{t-1}-\boldsymbol{k}_t\boldsymbol{P}_{t-1} \tag{21.30}
$$

对式(21.29)进行如下变化

$$
\begin{aligned}
\boldsymbol{W}_t &= \boldsymbol{P}_t\boldsymbol{b}_t \\
&= (\boldsymbol{P}_{t-1}-\boldsymbol{k}_t\boldsymbol{P}_{t-1})\left(\boldsymbol{b}_{t-1}+\frac{1}{\sigma_{t-1}^2}\Delta\boldsymbol{\Phi}_t r(z_{t-1})\right) \\
&= \boldsymbol{P}_{t-1}\boldsymbol{b}_{t-1}-\boldsymbol{k}_t\boldsymbol{P}_{t-1}\boldsymbol{b}_{t-1}+\boldsymbol{P}_t\frac{1}{\sigma_{t-1}^2}\Delta\boldsymbol{\Phi}_t r(z_{t-1}) \\
&= \boldsymbol{W}_{t-1}-\boldsymbol{k}_t\boldsymbol{W}_{t-1}+\frac{1}{\sigma_{t-1}^2}\boldsymbol{P}_t\Delta\boldsymbol{\Phi}_t r(z_{t-1}) \\
&= (\boldsymbol{I}-\boldsymbol{k}_t)\boldsymbol{W}_{t-1}+\frac{1}{\sigma_{t-1}^2}\boldsymbol{P}_t\Delta\boldsymbol{\Phi}_t r(z_{t-1})
\end{aligned}
$$

则式(21.29)可以写成

$$
\boldsymbol{W}_t=(\boldsymbol{I}-\boldsymbol{k}_t)\boldsymbol{W}_{t-1}+\frac{1}{\sigma_{t-1}^2}\boldsymbol{P}_t\Delta\boldsymbol{\Phi}_t r(z_{t-1}) \tag{21.31}
$$

接下来，给出完整的 GP-OPPAPI 算法，算法的执行流程如算法 21.1 所示。

算法 21.1　GP-OPPAPI 算法

(1) 初始化：令 $\boldsymbol{W}_0=\boldsymbol{0}$，$\boldsymbol{P}_0=\boldsymbol{I}$，且 $\forall i\in\mathbb{R}$，$\sigma_i^2=\sigma$。

(2) 令当前的采样序号为 t，初始 $t=1$，且当前初始状态为 $\boldsymbol{x}_{t-1}=\boldsymbol{x}_0$。

(3) 根据式(21.24)和当前参数向量的分布，计算当前状态 $\boldsymbol{x}_{t-1}$ 下所有动作的 VPI，并根据式(21.25)选择相应的动作 u_{t-1}

(4) 执行动作 u_{t-1}，立即奖赏 $r(\boldsymbol{x}_{t-1},u_{t-1})$，后续状态 $\boldsymbol{x}_t$。计算 $\boldsymbol{x}_t$ 下所有动作的 VPI，并选择相应的动作 u_t。

(5) 计算 $\Delta\boldsymbol{\Phi}_t=\boldsymbol{\Phi}(\boldsymbol{x}_{t-1},u_{t-1})-\gamma\rho(\boldsymbol{x}_t,u_t)\boldsymbol{\Phi}(\boldsymbol{x}_t,u_t)$ 及

$$
\boldsymbol{k}_t=(\sigma_{t-1}^2+\Delta\boldsymbol{\Phi}_t^{\mathrm{T}}\boldsymbol{P}_{t-1}\Delta\boldsymbol{\Phi}_t)^{-1}\boldsymbol{P}_{t-1}\Delta\boldsymbol{\Phi}_t\Delta\boldsymbol{\Phi}_t^{\mathrm{T}}
$$

(6) 根据式(21.30)、式(21.31)，计算 $\boldsymbol{P}_t$ 和 $\boldsymbol{W}_t$。

(7) 令 $t=t+1$,并跳转至第(4)步

21.3　仿真实验

为了验证算法的有效性，本章将 GP-OPPAPI 算法、最小二乘策略迭代算法用于强化学习中经典的平衡杆问题，如图 9.1 所示。

实验过程中，利用高斯径向基函数进行编码，对状态的两个维度分别分成 3 份，一共包含 3×3 个径向基函数，其中高斯径向基函数如式(21.32)所示

$$\phi(\boldsymbol{x},\overline{\boldsymbol{x}}_i)=\exp\left(-\frac{(\theta-\overline{\theta}_i)(\dot{\theta}-\overline{\dot{\theta}}_i)}{2\tau^2}\right) \tag{21.32}$$

式中，$\overline{\boldsymbol{x}}_i$ 是第 i 个基函数的中心，即 $\overline{\boldsymbol{x}}_i=[\overline{p}_i,\overline{v}_i]^{\mathrm{T}}$，且 $\tau^2=0.82$。

图 21.1 是将 GP-OPPAPI、LSPI 用于平衡杆问题的性能比较图。实验中三个算法都采用高斯径向基函数进行编码，且都包含 3×3 个径向基函数。图中，横坐标表示算法执行的情节数，纵坐标表示小车保持杆子不倒的时间步(这里，假设当小车能够保持杆子在 5000 个时间步时依然不倒，杆子就可以一直保持不倒，即可以认为算法收敛到一个较优的策略)。从图中可以看出，GP-OPPAPI 的收敛性能要明显优于 LSPI，且在 LSPI 中，当 $\varepsilon\geqslant0.01$ 时，算法基本无法收敛，只有当 ε 的值趋近于 0 时，算法才能收敛，而在强化学习算法中，为了平衡探索和利用的问题，如果采用 ε-greedy 方法作为动作选择策略，一般不能将 ε 设得趋近于 0。如果 ε 的值为 0，则

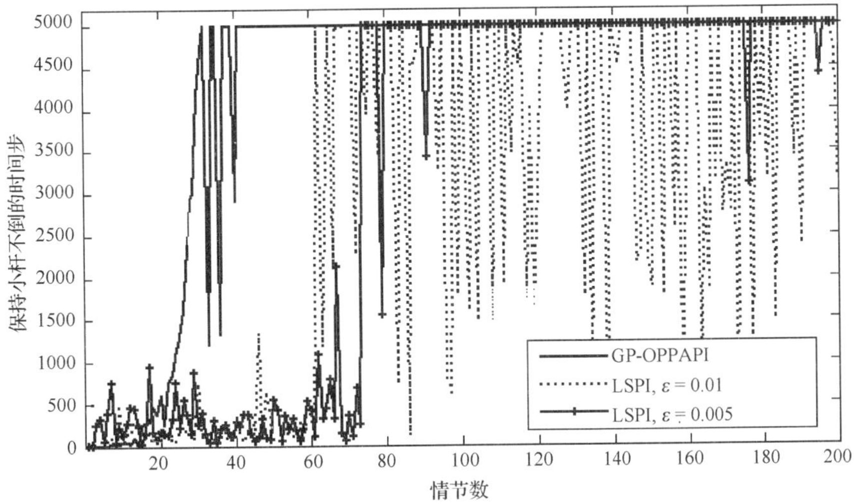

图 21.1　算法在平衡杆问题上的收敛性能比较图

算法在执行过程中缺少探索的过程，这样算法在一定程度上无法收敛至最优策略。从另外一个角度分析，LSPI 算法对于参数的设定较为敏感，而 GP-OPPAPI 算法所需要设定的参数相对较少，因此，对于不同的问题，与 LSPI 算法相比，GP-OPPAPI 算法更具有鲁棒性。

图 21.2 主要用于分析环境中立即奖赏的噪声对于算法收敛性的影响，其中噪声服从 $N(0,1)$ 的标准高斯分布。横坐标表示算法执行的情节数，纵坐标表示小车保持杆子不倒的时间步，其中 LSPI 中，ε 的值设为 0.005。从图中可以看出，GP-OPPAPI 算法大约在执行 40 个情节之后收敛，且收敛之后略有波动，而 LSPI 算法在这种情况下无法收敛。与图 21.1 对比分析，可以发现，GP-OPPAPI 算法在添加噪声之后，依然可以收敛，且基本上需要相同的情节数之后可以收敛，但收敛后略有波动；而对于 LSPI 算法，在没有噪声的环境中，当 ε 的取值为 0.005 时，算法大约在 80 个情节之后可以收敛，且收敛后略有波动，而在有噪声的环境中，算法则无法收敛。因此，可以认为，GP-OPPAPI 算法对于环境的噪声也具有一定的鲁棒性。而该实验结果与 GP-OPPAPI 算法的计算方法是有一定的关系的，在 21.2.1 节基于高斯过程的值函数参数估计中，提到该算法的计算主要是基于概率生成模型，即式(21.10)，而在式(21.10)中，已经对立即奖赏的噪声进行了估计，即认为环境中是存在噪声的，也就是说，GP-OPPAPI 的计算本身就是针对有噪声的环境给出值函数参数的估计(在图 21.1 的实验中，仅仅是假设环境中不存在噪声)，因此，对于存在立即奖赏噪声的平衡杆问题，GP-OPPAPI 算法依然可以收敛，而 LSPI 算法却无法收敛。

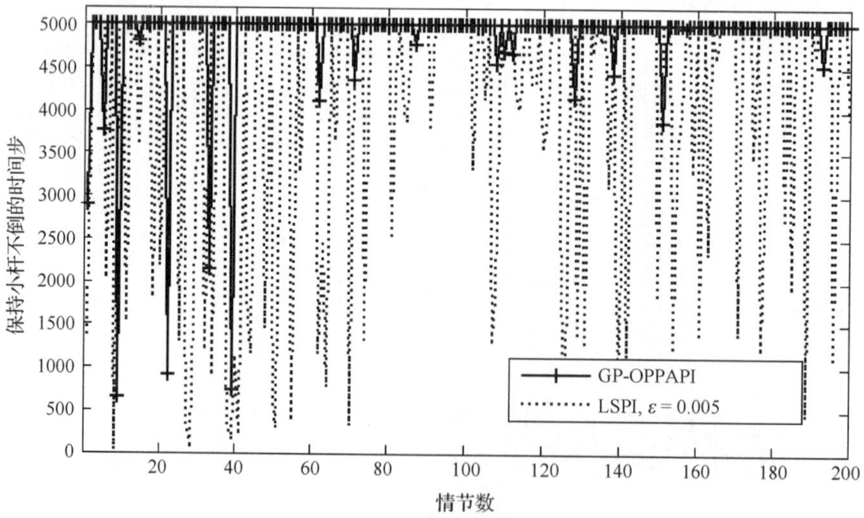

图 21.2　奖赏噪声对算法影响的分析图

图 21.3 主要用于分析 GP-OPPAPI 算法中σ值的先验信息对于算法收敛性的影响。实验中，每个状态下的立即奖赏噪声服从 $N(0,0.1)$ 的高斯分布，而在 GP-OPPAPI 算法中，设定σ的值分别为 0.01、0.1 和 1。为了使图中线条更加清晰，分别从上至下给出三幅收敛的曲线图，分别对应σ的值为 1、0.1 和 0.01。图中横坐标表示算法执行的情节数，纵坐标表示小车保持杆子不倒的时间步。从图中可以看出，当σ的值取 0.01 时，算法的收敛速度较快，大约在两个情节之后就可收敛，但收敛后的曲线的波动相对较大；而当σ的值取 0.1 时，算法大约在 60 个情节之后可以收敛，且收敛后的曲线波动较小，可以认为比较稳定；而当σ的值取 1 时，算法大约在 40 个情节之后，可以认为收敛，且收敛后的曲线的波动介于前两者之间。综合分析上面三种情况，可以认为 GP-OPPAPI 算法对于σ的取值的敏感性较低，即对于不同σ的值具有一定的鲁棒性，收敛性能相对比较理想。

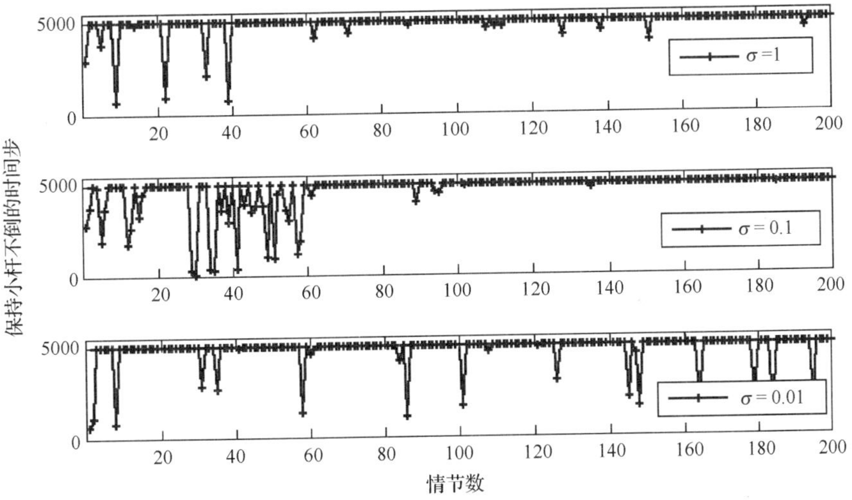

图 21.3　先验σ的取值对算法收敛的影响

21.4　本 章 小 结

本章主要针对值函数的参数估计以及学习过程中的探索和利用问题，提出了一种基于高斯过程的离策略带参近似策略迭代算法。该算法利用高斯过程对带参的值函数进行建模，并根据贝尔曼公式，结合重要性关联因子建立确定环境问题下的概率生成模型，利用贝叶斯推理，求解值函数参数的后验分布，与传统的点估计方法相比，该方法具有更优的计算性能，不仅可以获得参数向量的期望，还可以给出参数向量相应的协方差矩阵，提高计算的精确性。同时，在算法执行过程中，通过求解动作的信息价值增益指导动作的选择，在一定程度上可以平衡探索和利用的问题。以平衡杆问题作为实验平台，本章从多个角度对 GP-OPPAPI 算法的收敛性能进行分析，通过与 LSPI 进行比较，得出 GP-OPPAPI 算法在两个问题中都表现出较优的收敛性能；与 LSPI 方法相比，GP-OPPAPI 方法具有更好的计算性能，且参数较少，对于不同的问题，具有更好的鲁棒性；另外，通过对环境噪声对算法的影响的分析，可以发现，GP-OPPAPI 算法对于环境的噪声也具有较强的鲁棒性。

参 考 文 献

[1] 傅启明, 刘全, 伏玉琛, 等. 一种基于高斯过程的带参近似策略迭代算法. 软件学报, 2013, 24(11): 2676-2686.

[2] 刘全, 傅启明, 杨旭东, 等. 一种基于智能调度的可扩展并行强化学习方法. 计算机研究与发展, 2013, 50(4): 843-851.

[3] Fu Q, Liu Q, Xiao F, et al. The second order temporal difference error for Sarsa(λ). The 2013 IEEE Symposium on Adaptive Dynamic Programming and Reinforcement Learning (ADPRL), Singapore, 2013.

[4] 刘全, 傅启明, 龚声蓉, 等. 一种最小状态变元平均报酬的强化学习方法. 通信学报, 2011, 32(1): 66-71.

[5] 孙洪坤, 刘全, 傅启明, 等. 一种优先级扫描的 Dyna 结构优化算法. 计算机研究与发展, 2013, 50(10): 2176-2184.

[6] 肖飞, 刘全, 傅启明, 等. 基于自适应势函数塑造奖赏机制的梯度下降 Sarsa(λ)算法. 通信学报, 2013, 34(1): 77-88.

[7] Engel Y, Mannor S, Meir R. Reinforcement learning with Gaussian processes. The 22nd International Conference on Machine Learning, Bonn, 2005.

[8] Sutton R, Szepesvari C, Maei H. A convergent O(n) algorithm for off-policy temporal-difference learning with linear function approximation. The 22nd Annual Conference on Neural Information Processing Systems, Vancouver, 2008.

[9] Sutton R, Hamid R, Precup D, et al. Fast gradient-descent methods for temporal-difference learning with linear function approximation. The 26th International Conference on Machine Learning, Montreal, 2009.

[10] Dearden R, Friedman N, Russell S. Bayesian Q-learning. The 15th National/10th Conference on Artificial Intelligence/Innovative Applications of Artificial Intelligence, CA, 1998.

[11] Ghavamzadeh M, Engel Y. Bayesian actor-critic algorithms. The 24th International Conference on Machine Learning, Corvalis, 2007.

[12] Dimitrakakis C, Rothkopf C. Bayesian multitask inverse reinforcement learning. The 9th

European Workshop on Reinforcement Learning, Athens, 2012.

[13] Xu X, Hu D, Lu X. Kernel-based least squares policy iteration for reinforcement learning. IEEE Transaction on Neural Networks, 2007, 18(4):973-992.

[14] Wingate D, Goodman N, Roy D, et al. Bayesian policy search with policy priors. The 22nd International Joint Conference on Artificial Intelligence, Barcelona, 2011.

[15] Ross S, Pineau J. Model-based Bayesian reinforcement learning in large structured domains. The 24th Conference in Uncertainty in Artificial Intelligence, Helsinki, 2008.

[16] Rasmussen C, Williams C. Gaussian Processes for Machine Learning. Cambridge: MIT Press, 2006.